U0960050

新编高等职业教育规划系列教材

建筑结构

主　编：李启华　沈　毅

天津大学出版社
TIANJIN UNIVERSITY PRESS

图书在版编目(CIP)数据

建筑结构/李启华,沈毅主编.—天津:天津大学出版社,2009.11(2014.2重印)

ISBN 978-7-5618-3221-9

Ⅰ.建…　Ⅱ.①李…②沈…　Ⅲ.建筑结构　Ⅳ.TU3

中国版本图书馆CIP数据核字(2009)第166410号

出版发行	天津大学出版社
出版人	杨欢
地　　址	天津市卫津路92号天津大学内(邮编:300072)
电　　话	发行部:022-27403647
网　　址	publish.tju.edu.cn
印　　刷	昌黎太阳红彩色印刷有限责任公司
经　　销	全国各地新华书店
开　　本	185mm×260mm
印　　张	20.25
字　　数	512千
版　　次	2009年11月第1版
印　　次	2014年2月第2次
印　　数	3 001—5 000
定　　价	38.00元

凡购本书,如有缺页、倒页、脱页等质量问题,烦请向我社发行部门联系调换

版权所有　　侵权必究

前　言

本教材是在贯彻落实《国务院关于深化教育改革，全面推进素质教育的决定》和教育部、建设部《关于实施职业学校建设行业技能型紧缺人才培养工程的通知》两个文件精神的基础上，以为社会培养具有“关键能力”的技术人才为宗旨，根据教育部、建设部制定的教学指导方案，从市场需求和教学实际出发而编写的。全书以“理论够用为度，重在实践能力的培养”为原则，面向施工生产第一线的技能型应用人才，可作为各种层次高等职业院校土建类专业的教材，也可供有关在职职工的岗位培训及工程技术人员参考。

本教材依据我国现行的《混凝土结构设计规范》(GB 50010－2002)、《砌体结构设计规范》(GB 50003－2001)、《建筑抗震设计规范》(GB 50011－2001)、《钢结构设计规范》(GB 50017－2003)、《高层建筑混凝土结构技术规程》(JGJ 3－2002)、《混凝土结构施工图平面整体表示方法制图规则和构造详图》(03G 101 系列)及其他相应的标准编写。书中注重反映基本概念和基本理论，简明扼要，通俗易懂，附有一定的例题，能做到紧贴工程实际及职业岗位群，体现知识与能力的结合，力求反映职业教育的教材特点。

本教材由浙江建设职业技术学院、济南工程职业技术学院、浙江同济科技职业学院、兰州工业高等专科学校、浙江杭州市滨江区农村多层住宅建设管理中心共同参加编写。

本教材由浙江建设职业技术学院李启华、沈毅任主编，浙江同济科技职业学院马景善、兰州工业高等专科学校马守才任副主编。

本教材由济南工程职业技术学院侯洪涛担任主审，浙江省杭州市滨江区农村多层住宅建设管理中心孙中民担任副主审。

第 1 篇第 1 章由沈毅和马守才编写，第 1 篇第 2 章由李启华和刘宇编写，第 2

篇第1章由马景善编写，第2篇第2章、第2篇第4章由徐汉勇编写，第2篇第3章由王伟编写，第2篇第5章由余伯增编写，第2篇第6章由马景善和郭勇编写，第2篇第7章由金怡编写，第2篇第8章由陈伟东编写，第3篇由沈克仁编写，第4篇由沈毅编写，第5篇由李启华编写、第6篇由夏玲涛编写。全书由沈毅统稿。

在编写过程中参阅了较多的文献资料，谨向这些文献的作者致以诚挚的谢意。由于水平有限，教材中难免有不足之处，敬请读者批评指正。

编　者

2009年5月

目　　录

第1篇　建筑结构基本知识

第1章　建筑结构概述

1.1　建筑结构的概念

建筑物是人类在大自然中建造的人工空间，稳固的人工空间能够保证人类的正常活动。为了使建筑物在各种自然的和人为的作用下，保持其自身的工作状态，必须有相应的受力、传力体系，这个体系构成建筑物的承重骨架，称为建筑结构，简称结构。

组成建筑结构的基本构件有梁、板、墙(或柱)、基础等，如图1.1.1所示。它们既是建筑物的承重构件，又都是建筑物的围护构件。梁、板用以承受竖向荷载，墙(或柱)支撑水平构件或承受水平荷载，基础将建筑物承受的荷载传至地基。

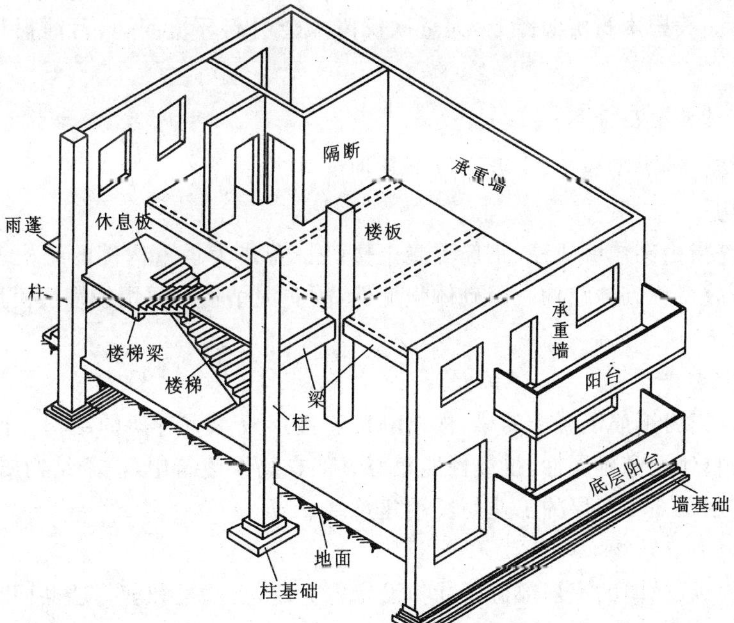

图1.1.1　建筑结构的基本构件

结构必须是安全的，在各种作用下保持其基本强度要求——不破坏；基本刚度要求——不发生大的变形；基本稳定要求——不出现整体和局部的倾覆。

1.2 建筑结构的分类

1.2.1 按材料种类分类

建筑结构按承重结构所用的材料不同，可分为以下4种结构。

1. 钢筋混凝土结构

钢筋混凝土结构是将钢筋和混凝土两种材料结合在一起，组成建筑承重构件的结构。这是目前应用最广泛的结构形式，主要用于大型公共建筑、工业建筑和高层住宅。它具有承载力高、耐火性能和耐久性能好、抗震性能好的特点，但结构自重大，抗裂性能差，工期长。

2. 砌体结构

由块材和铺砌的砂浆黏结而成的材料称为砌体，由砌体砌筑的结构称为砌体结构。因砌体强度较低，故在建筑物中适宜于将砌体做成承重墙、柱、过梁等受压构件。砌体结构具有造价低廉，施工简便，可采用地方材料，节约了水泥、钢材，具有较好的保温、隔热和耐火性能的优点。缺点是自重大，抗震性能差，砌筑劳动强度大。一般用于多层民用建筑。

3. 钢结构

钢结构即指主要承重构件全部采用型钢、钢板制作，它自重轻，能建超高摩天大楼；又能制成大跨度、高净高的空间，具有广阔的发展前景，特别适合大型公共建筑和工业建筑。但钢结构建筑材料价格昂贵，装配施工组织要求高，钢材易腐蚀、耐火性能差。

4. 木结构

木结构是指全部或大部分承重构件用木材制作的结构，易于就地取材，制作简单，但易燃、易腐蚀、易变形。我国木材资源匮乏，大量砍伐树木会引起环境问题，目前很少将木材作为建筑结构材料。

1.2.2 按承重结构类型分类

目前承重结构的类型较多，主要有以下几种。

1.砖混结构

砖混结构是指由砌体墙或柱、钢筋混凝土楼（屋）盖作为承重构件的结构。因砌体墙作为主要承重构件，故又称砌体结构。因砌体强度低，故砖混结构主要用于多层民用建筑，如住宅、办公楼等。

2.框架结构

框架结构是指由钢筋混凝土的梁、柱以刚接连接形成承重骨架的结构。框架结构强度较高，具有较好的整体性和延展性，抗震性能较好。但在高层建筑中，框架结构属于柔性结构，抗侧刚度较小，多用于6～15层的工业与民用建筑。

3.框架—剪力墙结构

在框架结构纵、横向的适当部位（柱间）设置剪力墙，由框架和剪力墙共同承受竖向和水平作用的结构称为框架—剪力墙结构。它结合了框架、剪力墙结构各自的特点，使框架—剪力墙结构的刚度介于两者之间，多用于15～20层的工业与民用建筑。

4.排架结构

排架结构是指由柱和屋架（或屋面梁）、基础组成的结构，柱与屋架铰接而与基础刚接。排架结构可采用混凝土结构、钢结构。单层排架结构跨度一般为12～36 m，可以是单跨和多跨，应用于单层工业厂房。

5.剪力墙结构

剪力墙结构是指由实心的钢筋混凝土纵横向墙体承受水平和竖向荷载的结构。现浇钢筋混凝土剪力墙的刚度很大，整体性好，抗侧刚度大。但剪力墙间距不能太大，平面布置不灵活，且自重大。适用于小开间15～20层的高层建筑。

6.筒体结构

筒体结构是指由竖向筒体为主组成的承受竖向和水平荷载的结构。筒体主要是由若干片剪力墙围成的封闭筒式结构。整体性强，抗侧力很大，适用于较高的高层建筑。根据筒体的不同组成方式，筒体结构可分为框筒、框架—核心筒、筒中筒和束筒等多种形式。

思考题与习题

1.何谓建筑结构？

2.目前建筑结构有哪几种类型？其适用范围是什么？

第2章 抗震基本知识

2.1 地震概述

地震与台风、下雨一样是一种自然现象，是地壳构造运动的一种表现。与地质构造有密切关系的地震是一种突发的自然灾害，除了对建筑物直接造成破坏以外，还可能引发火灾、水灾、环境污染及多种疾病等次生灾害，特别是目前人类还不能准确地预报，因而会对人民生命财产带来严重威胁。我国是一个地震频繁的国家，强烈地震给我国造成过惨重的人员伤亡和巨大的财产损失。为了最大限度地减轻地震灾害，在地震区设计建筑物时，必须考虑地震的作用，并加强科学研究，提出行之有效的抗震减灾措施。

2.1.1 地震类型及成因

地震是由于地球内部运动累积的能量突然释放或地壳中空穴顶板塌陷等原因，致使岩体剧烈震动并以波的形式向地表传播而引起的地面颠簸和摇晃。

按地震产生的原因，主要可分为火山地震、陷落地震、人工诱发地震和构造地震。火山地震是由火山爆发岩浆猛烈冲出地面而引起的地面震动；陷落地震是由于溶洞或古旧矿坑等突然发生大规模塌陷所引起的地面震动；人工诱发地震是由于水库蓄水、注液、地下抽液、采矿、工业爆破、核爆炸等人类活动引起的地面震动；构造地震是由于地壳构造运动使岩层发生断裂、错动而引起的地面震动。上述地震中，构造地震破坏作用大，影响范围广，是房屋建筑抗震设防研究的主要对象。

构造地震是地球内部构造活动的结果，发生频率高，破坏性大，约占破坏性地震总量的90%以上。在建筑抗震设计中，仅考虑构造地震作用下的结构抗震设防。

板块构造学说认为地球表面的最上层是由强度较大、厚度为70～100 km的岩石组成，称作岩石层。地球表面的岩石层并不是整体一块，而是被划分成若干板块，即欧亚板块、美洲板块、非洲板块、太平洋板块、澳洲板块和南极板块，如图1.2.1所示。板块之间在地幔物质对流及地球自转等动力因素作用下，不停地互相插入、摩擦、碰撞、挤压，从而产生了地应力。全球大部分地震带都分布在板块边界上。如图1.2.2所示，地震发生时，在地球内部产生地震波的位置称为震源；震源到地面的垂直距离称为震源深度；震源在地表的垂直投影点称为震中；在地震影响范围内，地表某处至震中的距离称为震中距；在同一地震中，具有相同地震烈度的地点连线称为等震线；等震线图上烈度最高的区域称为极震区。

按震源的深浅，地震可分为：震源深度在70 km以内的为浅源地震；震源深度在70～300 km以内的为中源地震；震源深度超过300 km的为深源地震。我国发生的绝大部分地震都属于浅源地震。一般地讲，震源浅的地震破坏性大，震源深的地震破坏性小。

2.1.2 地震波、地震震级及地震烈度

1. 地震波

地震波是由于地震而产生的向四周传播的波动。它包括在地球内部传播的体波和在地表传播的面波。体波又分纵波和横波。

纵波是由震源向四周传播的压缩波，介质质点的振动方向与波的传播方向一致，引起地面

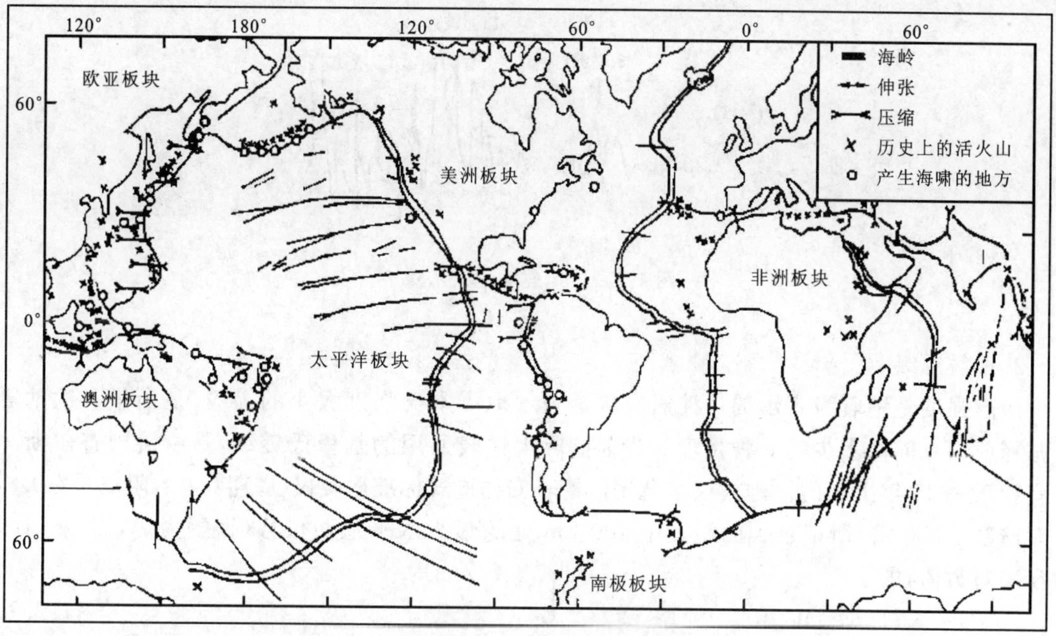

图 1.2.1　地球板块分布示意

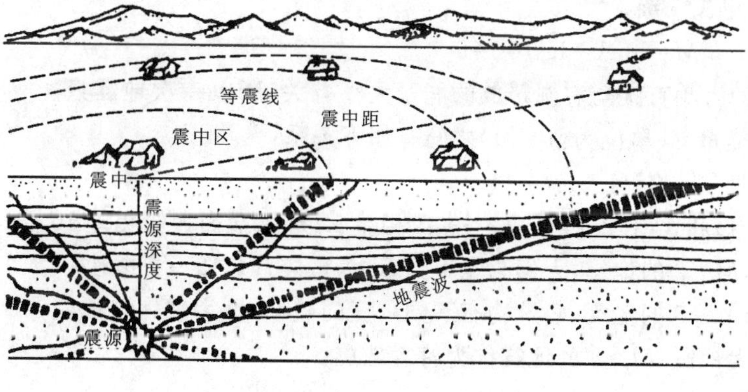

图 1.2.2　常用地震术语示意

垂直振动。纵波的周期短，振幅小，波速快。

横波是由震源向四周传播的剪切波，介质质点的振动方向与波的传播方向垂直，引起地面水平振动。横波的周期长，振幅大，波速慢。

面波是体波经地层界面多次反射、折射形成的次生波，其波速比横波波速慢。

在地壳中，纵波的波速为 7～8 km/s，横波的波速为 4～5 km/s。当某地发生地震时，在地震仪上首先记录到的是纵波，然后是横波，如图 1.2.3 所示。根据两种波到达的时间差，可估计震源的距离，敏锐的人可利用这个宝贵的时间差迅速作出反应以保护自己。当地震发生时，纵波首先到达，使房屋产生上下颠簸；接着横波到达，使房屋产生水平摇晃；一般是当纵波和横波都到达时，房屋震动最为剧烈，建筑物才会产生严重破坏。

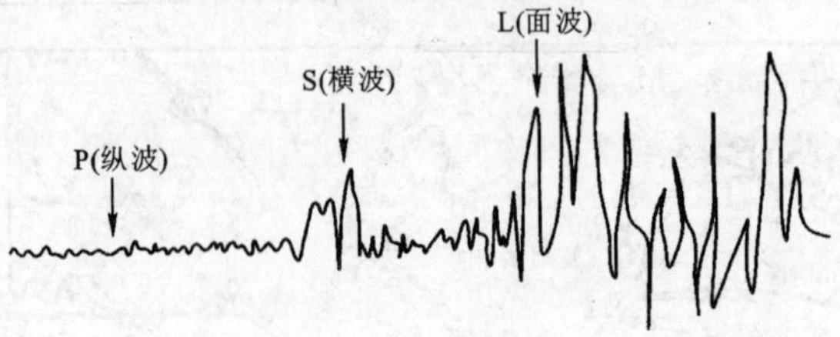

图 1.2.3　地震波记录示意

2. 地震震级

地震强度是用震级表示的。地震震级是表示地震本身强度大小的等级，是衡量一次地震震源释放出总能量多少的一种量度。目前国际上比较通用的是里氏震级，是由美国查尔斯·里克特于 1935 年提出的。地震仪是选用伍德—安德逊式标准地震仪(周期 0.8 s，阻尼系数0.8，放大倍数 2 800 倍)所记录到的距震中 100 km 处的最大水平地面位移(振幅为 A，以 μm 计)的常用对数值，即

$$M=\lg A \qquad (1.2.1)$$

式中　M——地震震级即里氏震级。

A——标准地震仪记录的最大振幅，μm。

例如，在距震中 100 km 处，标准地震仪记录到的最大振幅 $A=100$ mm$=10^5$ μm，则该次地震震级 M 为里氏 5 级。

$$M=\lg A=\lg 10^5=5$$

地震震级的大小直接与震源释放的能量大小有关，所以一次地震只能有一个震级。震级 M 与地震释放能量 E(单位为：10^{-7}J)之间有如下关系：

$$\lg E=1.5\ M+11.8 \qquad (1.2.2)$$

由式(1.2.1)和式(1.2.2)可知，当震级相差 1 级时，地面振幅相差 10 倍，能量相差 32 倍。一般说来，$M<2$ 的地震，人们感觉不到，称为微震；$M=2\sim4$ 的地震，人们可以感觉得到，称为有感地震；$M\geqslant5$ 的地震，建筑物有不同程度的破坏，称为破坏性地震；$M=7\sim8$ 的地震称为强烈地震或大地震；$M>8$ 的地震称为特大地震。

3. 地震烈度

地震烈度是指地震对地表和建筑物影响的平均强弱程度，用 I 表示。对于一次地震来说，震级虽然只有一个，但不同地点所遭受影响的强弱程度却不同。一般而言，离震中越远，受地震的影响越小，烈度也越低。但在同一地区，有时也会因局部场地的地形和地质条件等影响，出现局部烈度较低或较高的地震异常区。对于一次地震的影响，随震中距的不同，可以划分为不同的烈度区。目前，我国使用的是 1999 年由国家地震局颁布实施的《中国地震烈度表》(GB/T 17742—1999)。

2.2　建筑抗震设防

2.2.1　抗震设防依据

为了减轻和防御地震对房屋建筑的破坏，我国《建筑抗震设计规范》(GB 50011—2001)(以下简称《抗震规范》)规定，抗震设防烈度为 6 度及以上地区的建筑必须进行抗震设计。

1. 基本烈度

基本烈度是指在 50 年期限内，在一般场地条件下可能遭遇超越概率(所谓超越概率是指在一定时期内，地震动强度超过给定值的概率)为 10%的地震烈度。

2. 抗震设防烈度

抗震设防烈度是一个地区的建筑抗震设防依据。抗震设防烈度必须按国家规定的权限审批和颁发的文件(图件)确定。

一般情况下，抗震设防烈度可采用中国地震动参数区划图的地震基本烈度(或与规范规定的设计基本地震加速度值对应的烈度值)。2001 年国家质量技术监督局发布了《中国地震动参数区划图》(GB 18306—2001)，该图件中的抗震设防标准为 50 年超越概率 10%。图中标明了全国各地区的地震动峰值加速度和反应谱特征周期值。该图件发布后，地震基本烈度向地震动参数过渡。表 1.2.1 为地震动峰值加速度分区与地震基本烈度的对照关系。对于已编制抗震设防区划的城市，可按批准的抗震设防烈度或设计地震动参数进行抗震设防。

为方便设计，《抗震规范》(附录 A)列出了我国主要城镇抗震设防烈度、设计基本地震加速度和设计地震分组。

表 1.2.1 地震动峰值加速度分区与地震基本烈度对照

地震动峰值加速度 $g(\mathrm{m \cdot s^{-2}})$	<0.05	0.05	0.10	0.15	0.20	0.30	≥0.40
地震基本烈度值 I	<6	6	7	7	8	8	9

2.2.2 抗震设防目标

地震作用与一般的荷载(如恒荷载)不同，它具有随机性、复杂性、间接性等特点。因此，鉴于现有的技术和经济水平，房屋经过抗震设防，一般能减轻地震的损坏和破坏，但尚不能完全避免损坏和破坏。建筑抗震设防目标是对建筑结构应具有的抗震安全性的要求。

1. 三水准

我国规范明确给出了三水准的设防目标：当遭受低于本地区抗震设防烈度的多遇地震影响时，建筑物一般不受损坏或不需修理可继续使用；当遭受相当于本地区抗震设防烈度的地震影响时，建筑物可能有一定的损坏，经一般修理或不需修理仍可继续使用；当遭受高于本地区抗震设防烈度预估的罕遇地震影响时，建筑物不致倒塌或发生危及生命的严重破坏。

以上三水准可概括为：小震不坏，中震可修，大震不倒。

2. 两阶段设计

现行规范采用两阶段设计，以实现上述三水准的抗震设防目标。

第一阶段设计：按第一水准(小震)地震动参数计算结构地震作用效应与其他荷载效应的基本组合，进行结构构件的截面抗震承载力验算；对于钢和钢筋混凝土等柔性结构尚应进行弹性变形验算；同时采取相应的抗震措施，这样，既可满足第一水准的“不坏”设防要求，又可满足第二水准的“损坏可修”设防要求。

第二阶段设计：对于特殊的柔性结构除进行第一阶段设计外，尚应按第三水准(大震)地震动参数计算结构(尤其薄弱层)在大震作用下的弹塑性变形，使之满足规范要求，并应采取相应的提高变形能力的抗震措施，以满足第三水准的防倒塌要求。

3. 小震、中震与大震的概率定义

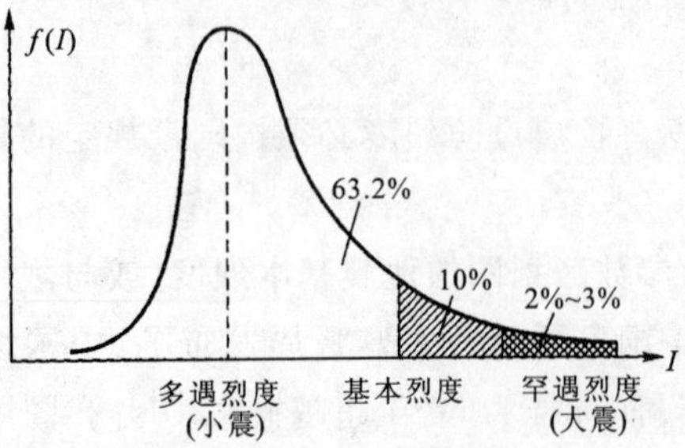

图 1.2.4　烈度概率密度函数

小震：从概率意义上说，可将发生机会较多的小震定义为烈度概率密度曲线上的峰值所对应的烈度（即众值烈度或多遇烈度），如图 1.2.4 所示。根据大量资料分析，确认我国地震烈度的概率分布符合极值Ⅲ型，当基准设计期为 50 年时，则 50 年内众值烈度的超越概率为 63.2%的烈度，是第一水准对应的烈度。

中震：各地的基本烈度，即第二水准烈度，也就是全国地震烈度区划图所规定的烈度，它在 50 年内超越概率约 10%的烈度。

大震：50 年内超越概率为 2%～3%的烈度，称为罕遇烈度，也是第三水准所对应的烈度。

由烈度概率分布分析可知，三者之间的关系大致为：基本烈度和众值烈度相差约 1.55 度，而基本烈度与罕遇烈度相差大致 1 度。例如当基本烈度为 8 度时，其众值烈度为 6.45 度，罕遇烈度为 9 度弱。

2.2.3　抗震设防分类及抗震设防标准

房屋按其遭受地震破坏后的经济损失、社会影响程度以及在抗震救灾中的作用划分不同的设防类别，并提出不同的设计要求，包括地震作用计算的取值标准和所采取的抗震措施。

1. 抗震设防分类

在进行建筑抗震设计时，应根据其使用功能的重要性分为甲类、乙类、丙类、丁类。

甲类建筑应属于重大建筑工程和地震时可能发生严重次生灾害的建筑。如遇地震破坏会导致严重后果（如放射性物质的污染，剧毒气体的扩散或引起爆炸等）和经济上重大损失的建筑，政治上重大损失的建筑，政治上有特殊要求的或其他特别重要的建筑等。

乙类建筑应属于地震时使用功能不能中断或需尽快恢复的建筑，如城市生命线工程的建筑（如消防、急救、供水、供电等）或其他重要建筑。

丙类建筑应属于除甲、乙、丁类以外的一般建筑，如一般工业与民用建筑（公共建筑、住宅、旅馆、厂房等）。

丁类建筑应属于抗震次要建筑，如遇到地震破坏不易造成人员伤亡和较大经济损失的建筑（如一般的仓库、人员较少的辅助性建筑）。

抗震设防类别的划分应符合国家标准《建筑抗震设防分类标准》（GB 50223—2001）的规定。

2. 抗震设防标准

《抗震规范》规定各类建筑的抗震设防标准，应符合下列要求。

(1)甲类建筑：地震作用应高于本地区抗震设防烈度的要求，其值应按批准的地震安全性评价结果确定。抗震措施为：当抗震设防烈度为 6～8 度时，应符合本地区抗震设防烈度提高一度的要求；当抗震设防烈度为 9 度时，应符合比 9 度抗震设防更高的要求。

(2)乙类建筑：地震作用应符合本地区抗震设防烈度的要求。抗震措施为：一般情况下，当抗震设防烈度为6～8度时，应符合本地区抗震设防烈度提高一度的要求；当抗震设防烈度为9度时，应符合比9度抗震设防更高的要求；地基基础的抗震措施应符合有关规定。

对于较小的乙类建筑，当其结构改用抗震性能较好的结构类型时，应允许仍按本地区抗震设防烈度的要求采取抗震措施。

(3)丙类建筑：地震作用和抗震措施均应符合本地区抗震设防烈度的要求。

(4)丁类建筑：一般情况下，地震作用仍应符合本地区抗震设防烈度的要求；抗震措施应允许比本地区设防烈度的要求适当降低，但抗震设防烈度为6度时不应降低。

抗震设防烈度为6度时，除《抗震规范》有具体规定外，对乙、丙、丁类建筑可不进行地震作用计算。

2.3 抗震设计的基本要求

抗震设计主要包括概念设计、计算设计和构造设计3个方面。由于地震及地震效应是随机的，具有不确定性和复杂性；建筑结构体系本身也具有随机性，以及计算模型与实际情况之间不可避免的差异，所以，要准确预测建筑物所遭遇的地震反应尚有困难，单靠“计算设计”很难有效地完全控制结构的抗震性能。故在抗震设计中，必须重视概念设计。所谓概念设计，是指根据地震灾害和工程经验等所形成的基本设计原则和设计思想，进行建筑和结构的总体布置，并确定材料使用和结构构造的过程，从宏观上处理好结构的安全问题。

地震工程经验表明，只有在设计一开始就重视概念设计，消除建筑中的抗震薄弱环节，然后进行必要的抗震验算和构造措施，才能设计出安全可靠、经济适用的房屋建筑。概念设计的基本内容和要求，在规范中有具体规定。

在抗震设计中，抗震措施是指除地震作用和抗力计算以外的抗震设计内容，包括建筑总体布置、结构选型、地基抗液化措施、考虑概念设计要求对地震作用效应的调整，以及各种构造措施。而抗震构造措施是指根据抗震概念设计的原则，一般不须计算而对结构和非结构各部分所采取的细部构造。

2.3.1 对抗震有利的建筑场地、地基和基础的选择

1.场地选择

选择建筑场地时，应根据工程需要，掌握地震活动情况、工程地质和地震地质的有关资料，对抗震有利、不利和危险地段作出综合评价。对不利的地段，应提出避开要求；当无法避开时，应采取有效措施；不应在危险地段建造甲、乙、丙类建筑。

总之要选择有利地段，避开不利地段，不在危险地段建设。

有利地段指开阔平坦坚硬场地土或密实均匀中硬场地土；不利地段有饱和松散粉土、细砂等易液化土，人工填土及软弱场地土，条状突出的山嘴、陡坡，高耸的山丘或埋藏在场地表土下岩石高低突变的地方，在平面分布上的成因、岩性、状态明显不均匀的场地土等；危险地段是指在地震时可能发生滑坡、崩塌、地陷、地裂、泥石流等以及发震断裂带上可能发生地表错位的部位。

2.地基和基础选择

同一结构单元的基础不宜设置在性质不同的地基上，也不宜部分采用天然地基、部分采用桩基；当地基为软弱黏性土、液化土、新近填土或严重不均匀土时，应考虑地震时地基不均匀沉降或其他不利影响，并采取相应措施。

2.3.2 建筑结构的规则性

震害经验及理论分析表明，规则的建筑结构，抗震性能好，震害轻。因此，抗震设计的首要任务是对建筑结构的合理布置。

(1)建筑设计应符合抗震概念设计的要求，宜采用平面和竖向规则的设计方案，不宜采用不规则的设计方案，不应采用严重不规则的设计方案。

(2)建筑及其抗侧力结构的平面布置宜规则、对称，并应具有良好的整体性。

(3)建筑的立面和竖向剖面宜规则，结构的侧向刚度宜均匀变化，竖向抗侧力构件的截面尺寸和材料强度宜自下而上逐渐减小，避免抗侧力结构的侧向刚度和承载力突变。

(4)对于不规则的建筑结构，应进行水平地震作用计算和内力调整，并应对薄弱部位采取有效的抗震构造措施。

(5)对体形复杂、平立面特别不规则的建筑结构，可按实际需要在适当部位设置防震缝，形成多个较规则的抗侧力结构单元。防震缝应根据抗震设防烈度、结构材料种类、结构类型、结构单元的高度和高差情况留有足够的宽度，当设置伸缩缝和沉降缝时，其宽度应符合防震缝要求。

2.3.3 选用合理的结构体系

结构体系应根据建筑的抗震设防类别、设防烈度、建筑高度、场地条件、地基、材料和施工等因素，经技术、经济和使用条件综合比较后确定。

1.对结构体系的要求

(1)应具有明确的计算简图和合理的地震作用传递途径。

(2)应避免因部分结构或构件破坏而导致整个结构丧失抗震能力或对重力荷载的承载能力。

(3)应具备必要的抗震承载力、良好的抗变形能力和消耗地震能量的能力。

(4)对可能出现的薄弱部位，应采取措施提高抗震能力。

(5)宜具有多道抗震防线，具有合理的刚度和承载力分布；避免因局部削弱或突变形成薄弱部位，产生过大的应力集中或塑性变形集中；结构在两个主轴方向的动力特性宜相近。

2.对结构构件的要求

(1)砌体结构应按规定设置钢筋混凝土圈梁和构造柱、芯柱，或采用配筋砌体等。

(2)混凝土结构构件应合理地选择尺寸、配置纵向受力钢筋和箍筋，避免剪切破坏先于弯曲破坏、混凝土的压溃先于钢筋的屈服、钢筋的锚固黏结破坏先于构件破坏。

(3)预应力混凝土的抗侧力构件，应配置足够的非预应力钢筋。

(4)钢结构应避免局部或总体失稳。

3.其他要求

应加强结构构件之间的连接；抗震支撑系统应能保证地震时结构的稳定性。

2.3.4 对非结构构件的要求

(1)对附着于楼屋面结构上的非结构构件，如女儿墙、雨篷、装饰物等，应与主体结构有可靠的连接和锚固，避免地震时倒塌、脱落伤人或砸坏重要设备。

(2)围护墙、隔墙应估计对结构抗震的不利影响，避免不合理设置而导致主体结构的破坏。

(3)幕墙、装饰贴面与主体结构应有可靠连接，避免地震时脱落伤人。

(4)附属机械及电气设备的支座和连接，应符合抗震时使用功能的要求，并且不应导致相关部件的损坏。

2.3.5 对结构材料与施工的要求

合理地使用材料，确保施工质量是保证抗震质量的关键。设计文件上应注明对材料和施工质量的要求。

1. 对砌体材料的要求

(1)烧结普通黏土砖和烧结多孔黏土砖的强度等级不应低于 MU10，砖砌体的砂浆强度等级不应低于 M5。

(2)混凝土小型空心砌块的强度等级不应低于 MU7.5，砌块砌体的砂浆强度等级不应低于 M7.5。

2. 对混凝土结构材料的要求

(1)混凝土的强度等级，抗震等级为一级的框架梁、柱、节点核心区、框支梁、框支柱不应低于 C30，构造柱、芯柱、圈梁及其他各类构件不应低于 C20。

(2)对于高强度混凝土，考虑其具有脆性性质的因素，9 度时不宜超过 C60，8 度时不宜超过 C70。

(3)对一、二级抗震等级的框架结构，其纵向受力钢筋采用普通钢筋时，钢筋的抗拉强度实测值与屈服强度实测值的比值不应小于 1.25，且钢筋的屈服强度实测值与强度标准值的比值不应大于 1.3。

(4)普通钢筋宜优先采用延性、韧性、焊接性较好的钢筋，普通钢筋的强度等级，纵向受力钢筋宜选用 HRB 400 级和 HRB 335 级热轧钢筋，箍筋宜采用 HPB 235 级、HRB 335 级和 HRB 400 级热轧钢筋。

3. 对钢结构钢材的要求

(1)钢材的抗拉强度实测值与屈服强度实测值的比值不应小于 1.2。

(2)应有明显的屈服台阶，伸长率应大于 20%。

(3)应有良好的焊接性和合格的冲击韧性。

(4)钢材宜采用 Q235 B、C、D 级碳素结构钢及 Q345 B、C、D、E 级低合金高强度结构钢。

4. 对施工的要求

在施工中，当需要以强度等级较高的钢筋替代原设计中的纵向受力钢筋时，应按照钢筋受拉承载力相等的原则换算，并应满足正常使用极限状态和抗震构造要求。

思考题与习题

1. 什么是里氏震级？它和地震烈度有哪些区别？
2. 建筑抗震设防分哪几类？
3. 设防烈度和基本烈度有何异同？
4. 何为抗震设防目标？
5. 何为抗震概念设计？
6. 抗震设计对建筑场地、地基及基础有哪些要求？

第 2 篇　钢筋混凝土结构

第 1 章　计算原理

1.1　结构的极限状态

1.1.1　结构的功能要求

建筑结构的设计使用年限是指设计规定的结构或结构构件不须进行大修即可按其预定目的使用的时期。我国《建筑结构可靠度设计统一标准》(GB 50068－2001)(以下简称《统一标准》)规定了各种结构的设计使用年限,见表 2.1.1。

表 2.1.1　设计使用年限分类

类　别	设计使用年限(年)	示　例
1	5	临时性结构
2	25	易于替换的结构构件
3	50	普通房屋和构筑物
4	100	纪念性建筑和特别重要的建筑结构

建筑结构在规定的设计使用年限内必须满足安全性、适用性、耐久性 3 项功能要求。

安全性是指结构在正常施工和正常使用时,能够承受可能出现的各种作用而不损坏;在设计规定的偶然事件,例如地震、强风、撞击、爆炸等发生时及发生后,允许有局部的损伤,但仍能保持必需的整体稳定性。这里的作用可以分为直接作用和间接作用。直接作用是指施加在结构上的集中力或分布力(荷载);间接作用是指引起结构外加变形或约束变形的各种原因,如基础沉降、温度变化、混凝土收缩徐变等。

适用性是指结构在正常使用时具有良好的工作性能,例如变形和裂缝宽度不超过容许的限值,否则将影响建筑物的正常使用和造成使用者心理上的不安。

耐久性是指结构在正常维护条件下所具有的耐久性能,例如在设计的使用年限内不会出现混凝土的老化、腐蚀或钢筋的锈蚀等。

结构能够满足功能要求而良好工作的状态称为可靠状态或有效状态,反之称为不可靠状态或失效状态。在可靠与不可靠、有效与失效之间的状态是一种界限状态或特定状态,当结构整体或一部分超过这一特定状态时就不能满足设计规定的某一功能要求,此特定状态被称为该项功能的极限状态。

《统一标准》将极限状态分为承载能力极限状态和正常使用极限状态两类。

1.1.2 承载能力极限状态

当结构或结构构件达到最大承载能力或不适于继续承载而变形时，此时所处的状态即为承载能力极限状态。超过这一状态，结构便不能满足安全性的功能要求。当结构或结构构件出现下列情况之一时，就认为超过了承载能力极限状态。

(1) 结构或结构的一部分作为刚体失去平衡，如阳台、雨篷的整体倾覆等。

(2) 构件或连接因超过材料强度而破坏，或因过度的塑性变形而不适于继续承载，如混凝土柱的受压破坏、梁的受弯破坏等。

(3) 结构转变为机动体系，如连续梁等超静定结构，在出现塑性铰后转变为机动体系而破坏等。

(4) 结构或结构构件丧失稳定性，如细长柱在压力作用下发生失稳破坏等。

承载能力极限状态直接关系到结构的安全性能，关系到生命与财产的安危，因此，结构设计时必须进行承载能力极限状态的计算，并保证具有较高的结构可靠度。

1.1.3 正常使用极限状态

当结构或结构构件达到适用性或耐久性能的某项规定限值时，此时所处的状态即为正常使用极限状态。出现下列状态之一时，即认为超过了正常使用极限状态。

(1) 正常使用条件下出现过大的变形，超过了规定限值，影响到正常使用和外观要求。

(2) 正常使用或耐久性能的局部损坏，如不允许出现裂缝的结构，一旦产生裂缝，就丧失了适用性；允许产生裂缝的结构，如果裂缝宽度超过了限值，也将影响结构的耐久性要求。

(3) 正常使用的振动。

(4) 正常使用的其他特定状态。

正常使用极限状态主要考虑结构的适用性和耐久性，与承载能力极限状态相比，超过正常使用极限状态，一般不会危及生命，经济损失也较小，故针对该极限状态的结构可靠度指标可以降低。

建筑结构设计时，通常先按承载能力极限状态进行设计计算，再按正常使用极限状态进行验算校核。

1.2 结构的可靠度

1.2.1 结构可靠度定义

结构在规定时间内（设计基准期为 50 年）、规定条件下（指正常设计、正常施工和正常使用，不考虑人为的过失或错误）能完成预定功能（安全性、适用性和耐久性）的能力，称为结构可靠性。

结构可靠性取决于作用效应 S 和结构抗力 R 两方面因素。作用效应 S 是指各种作用引起的结构或结构构件的反应，例如内力、变形和裂缝等。结构抗力 R 指结构或结构构件抵抗内力和变形的能力，即能够承受作用效应的能力，如承载能力等。结构设计必须满足功能要求，即结构构件的作用效应 S 不超过结构抗力 R，即

$$S \leqslant R \tag{2.1.1}$$

将上式改写为

$$Z = R - S = g(R, S) \tag{2.1.2}$$

式中 Z 称为结构的功能函数，可以用来判别结构所处的工作状态（可靠性），如图 2.1.1 所示。

若 $Z>0(R>S)$，结构处于可靠状态；$Z<0(R<S)$，结构处于失效状态；若 $Z=0(R=S)$，结构处于极限状态。

$$Z=g(R,S)=R-S=0 \tag{2.1.3}$$

称为极限状态方程。

由于荷载的变异性和计算简图与结构实际受力的差异性，作用效应 S 具有不确定性。同样由于材料性能、结构构件几何参数和结构构件计算模式的变异性，结构抗力 R 也具有不确定性，即 S 与 R 均是随机变量，所以结构功能函数 $Z=R-S$ 也是随机变量，结构可靠性只能用概率来度量。结构可靠性的概率度量称为结构可靠度，其具体定义：结构在规定的时间内，在规定的条件下，完成预定功能的概率。

1.2.2 失效概率与可靠概率

结构不能完成预定功能的概率称为失效概率 P_f，它与可靠概率 P_s 是互补的，即

$$P_f+P_s=1 \tag{2.1.4}$$

结构可靠度通常用失效概率 P_f 度量。

一般情况下，自然产生的随机变量多为正态分布，如果 R 和 S 都是正态分布的随机变量，则 Z 也是正态分布的随机变量，其概率分布曲线如图 2.1.2 所示。图中阴影部分的面积就是失效概率 P_f。

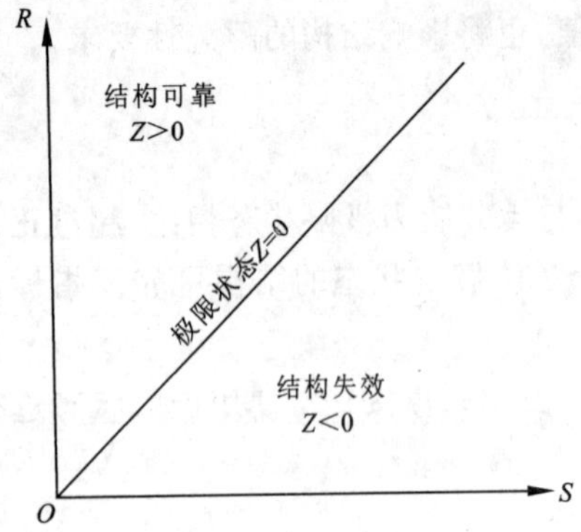

图 2.1.1 结构所处的工作状态

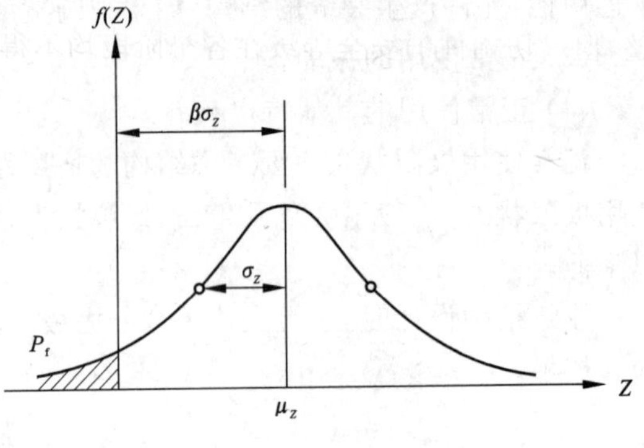

图 2.1.2 Z 的概率分布曲线

1.2.3 可靠指标

从概率的角度来讲，结构可靠性就是要求结构的失效概率 P_f 足够小。从图 2.1.2 中可以看出，失效概率 P_f 与功能函数 Z 的平均值 μ_Z 至原点的距离有关，定义为

$$\mu_Z=\beta\sigma_Z \tag{2.1.5}$$

式中 μ_Z、σ_Z——功能函数 Z 的均值和标准差。

β——结构的可靠指标。

显然，β 值小时 P_f 大，β 值大时 P_f 小，β 与 P_f 之间存在一一对应的关系。如果结构抗力 R 与作用效应 S 的均值分别为 μ_R 和 μ_S、标准差为 σ_R 和 σ_S，且均为正态分布时，结构构件的可靠指标可以改写为

$$\beta=\frac{\mu_Z}{\sigma_Z}=\frac{\mu_R-\mu_S}{\sqrt{\sigma_R^2+\sigma_S^2}} \tag{2.1.6}$$

用失效概率 P_f 度量结构可靠性具有明确的物理意义，但其计算比较复杂。因此，《统一标准》采用可靠指标 β 代替 P_f 以度量结构的可靠性。作为结构设计依据的可靠指标 $[\beta]$ 称为目标可靠指标，如果结构满足：

$$\beta \geqslant [\beta] \tag{2.1.7}$$

则结构处于可靠状态。

承载能力极限状态的目标可靠指标要根据结构的安全等级和破坏形式，按照表 2.1.2 采用。在表 2.1.2 中所谓延性破坏，是指构件破坏前有明显的预兆，如产生较大的变形和裂缝等，这类构件破坏一般是受拉钢筋先进入了屈服状态；脆性破坏是指构件破坏前无明显预兆，一般是由混凝土的压坏引起的。

表 2.1.2 结构构件承载能力极限状态的目标可靠指标 $[\beta]$

破坏类型	安全等级		
	一级	二级	三级
延性破坏	3.7	3.2	2.7
脆性破坏	4.2	3.7	3.2

建筑结构的安全等级是根据结构破坏可能产生的后果(危及人的生命、造成经济损失、产生社会影响等)的严重程度划分的，见表 2.1.3。建筑物中各类结构构件使用阶段的安全等级宜与整个结构的安全等级相同。对其中部分结构构件的安全等级可根据其重要程度适当调整，但一切构件的安全等级在各个阶段均不得低于三级。

表 2.1.3 建筑结构的安全等级

安全等级	破坏后果	建筑物类型
一级	很严重	重要的房屋
二级	严重	一般的房屋
三级	不严重	次要的房屋

对于正常使用极限状态，目标可靠指标应根据结构构件特点和实际经验确定。

上述设计方法认为结构功能函数 Z 是一个随机变量，通过概率方法计算其可靠概率 P_s 和失效概率 P_f。由于结构功能函数的复杂性，对于一般的工业与民用建筑工程，在计算过程中可以采用一些简化和近似，即以概率极限状态设计法为基础，用基本变量标准值和分项系数表示极限状态设计表达式，故也称为近似概率法。

1.3 建筑结构的荷载

1.3.1 荷载种类

结构上的作用可以分为直接作用和间接作用，其中直接作用就是通常所说的荷载，是指施工和使用期间施加在结构上的集中力或分布力。

按其随时间的变异性和出现的可能性，结构上的荷载可以分为以下 3 类。

1. 永久荷载

永久荷载是指结构使用期间，其值不随时间变化，或其变化与平均值相比可以忽略不计的荷载，如结构自重、土压力、预加应力等，永久荷载也称恒荷载。

2. 可变荷载

可变荷载是指在结构使用期间，其值随时间而变化，且其变化与平均值相比不可忽略的荷载，如楼面活荷载、屋面活荷载和积灰荷载、风荷载、雪荷载、吊车荷载等，可变荷载也称活荷载。

3. 偶然荷载

偶然荷载在结构使用期间不一定出现，一旦出现，其值很大而持续时间很短，如地震、爆炸、撞击等。

1.3.2 荷载代表值

作用在结构上的荷载是随机变量，如楼面活荷载的大小和作用位置均随时间而变化，即使是恒荷载，如结构自重，也随着材料重度的变化以及施工尺寸的偏差而变化。在结构设计时，根据不同的设计要求，对不同荷载应赋予不同的量值，该量值称为荷载代表值。《建筑结构荷载规范》(GB 50009－2001)（以下简称《荷载规范》）规定，永久荷载采用标准值作为代表值；可变荷载应根据设计要求采用标准值、组合值、频遇值或准永久值作为代表值；偶然荷载应按建筑结构使用的特点确定其代表值。

1. 荷载标准值

荷载标准值是荷载的基本代表值，是设计基准期内最大荷载统计分布的特征值（例如均值、众值、中值或某个分位值）。

1）永久荷载标准值

永久荷载由于其变异性比较小，故对结构构件自重的标准值可根据其设计尺寸和材料单位体积的自重计算而得，据此求得的永久荷载相当于统计均值，因此，永久荷载一般取平均值作为其标准值。对于某些自重变异性较大的材料，考虑到承重结构的可靠性，设计时应根据该荷载对结构有利或不利，分别取其单位体积自重的下限值或上限值。

常用材料和构件的自重标准值《荷载规范》（附录 A），如水泥砂浆自重标准值为 20 kN/m^3、素混凝土自重标准值为24 kN/m^3、钢筋混凝土自重标准值为 25 kN/m^3等。

2）可变荷载标准值

根据设计基准期内最大荷载概率分布的某一分位值确定。对不同的可变荷载，如楼面活荷载、风荷载、雪荷载、积灰荷载的标准值，《荷载规范》中均给出了具体的取值规定。其中，民用建筑楼面均布活荷载的标准值及其组合值、频遇值和准永久值系数，按表 2.1.4 的规定采用。

表 2.1.4 民用建筑楼面均布活荷载标准值及其组合值、频遇值和准永久值系数

项次	类别	标准值 (kN/m^2)	组合值系数 Ψ_c	频遇值系数 Ψ_f	准永久值系数 Ψ_q
1	(1)住宅、宿舍、旅馆、办公楼、医院病房、托儿所、幼儿园 (2)教室、实验室、阅览室、会议室、医院门诊室	2.0	0.7	0.5 0.6	0.4 0.5
2	食堂、餐厅、一般资料档案室	2.5	0.7	0.6	0.5
3	(1)礼堂、剧场、影院、有固定座位的看台 (2)公共洗衣房	3.0 3.0	0.7 0.7	0.5 0.6	0.3 0.5
4	(1)商店、展览厅、车站、港口、机场大厅及其旅客候车(船、机)室 (2)无固定座位的看台	3.5 3.5	0.7 0.7	0.6 0.5	0.5 0.3
5	(1)健身房、演出舞台 (2)舞厅	4.0 4.0	0.7 0.7	0.6 0.6	0.5 0.3
6	(1)书库、档案库、贮藏室 (2)密集柜书库	5.0 12.0	0.9	0.9	0.8

续表

项次	类别		标准值 (kN/m²)	组合值系数 Ψ_c	频遇值系数 Ψ_f	准永久值系数 Ψ_q
7	通风机房、电梯机房		7.0	0.9	0.9	0.8
8	汽车通道及停车库	(1)单向板楼盖(板跨不小于 2m): 客车 消防车 (2)双向板楼盖和无梁楼盖(柱网尺寸不小于 6m×6m): 客车 消防车	 4.0 35.0 2.5 20.0	 0.7 0.7 0.7 0.7	 0.7 0.7 0.7 0.7	 0.6 0.6 0.6 0.6
9	厨房	(1)一般的 (2)餐厅的	2.0 4.0	0.7 0.7	0.6 0.7	0.5 0.7
10	浴室、厕所、盥洗室	(1)第 1 项中的民用建筑 (2)其他民用建筑	2.0 2.5	0.7 0.7	0.5 0.6	0.4 0.5
11	走廊、门厅、楼梯	(1)宿舍、旅馆、医院病房、托儿所、幼儿园、住宅 (2)办公楼、教学楼、餐厅、医院门诊部 (3)消防疏散楼梯、其他民用建筑	2.0 2.5 3.5	0.7 0.7 0.7	0.5 0.6 0.5	0.4 0.5 0.3
12	阳台	(1) 一般情况 (2)当人群有可能密集时	2.5 3.5	0.7	0.6	0.5

注:(1)本表所给各项活荷载适用于一般使用条件;当使用荷载较大或情况特殊时,应按实际情况采用。
(2)各项荷载不包括隔墙自重和二次装修荷载。
(3)其他要求详见《荷载规范》。

考虑到楼面各层均布活荷载同时达到标准值的可能性是较小的,因此设计楼面梁、墙、柱及基础时,表 2.1.4 中的荷载标准值应根据不同情况乘以规定的折减系数。其中,设计墙、柱和基础的活荷载按楼层的折减系数按表 2.1.5 采用。

表 2.1.5　活荷载按楼层的折减系数

墙、柱、基础计算截面以上的层数	1	2~3	4~5	6~8	9~20	>20
计算截面以上各楼层活荷载总和的折减系数	1.00(0.90)	0.85	0.70	0.65	0.60	0.55

注:(1)楼面梁的从属面积超过 25 m²时,应采用括号内的系数。
(2)面梁的从属面积应按梁两侧各延伸二分之一梁间距范围内的实际面积确定。

房屋建筑的屋面,其水平投影面上的屋面均布活荷载,按表 2.1.6 采用。

表 2.1.6　屋面均布活荷载

项次	类别	标准值 (kN/m²)	组合值系数 Ψ_c	频遇值系数 Ψ_f	准永久值系数 Ψ_q
1	不上人的屋面	0.5	0.7	0.5	0
2	上人的屋面	2.0	0.7	0.5	0.4
3	屋顶花园	3.0	0.7	0.6	0.5

注:(1)上人的屋面,当施工或维修荷载较大时,应按实际情况采用。
(2)不上人的屋面,当兼作其他用途时,应按相应楼面活荷载采用。
(3)因屋面排水不畅、堵塞等引起的积水荷载,应采取构造措施予以防止;必要时,应按积水的可能深度确定屋面活荷载。
(4)屋顶花园活荷载不包括花圃土石等材料自重。

2. 可变荷载准永久值

正常使用极限状态设计时，要分别计算荷载的短期效应组合和长期效应组合，可变荷载准永久值是按长期效应组合设计时采用的荷载代表值。

不同的可变荷载，其随时间的变化情况也是不一样的，如教室楼面活荷载，人群荷载的变异性较大，而课桌椅的流动性则较小。按荷载长期效应组合时，可变荷载应采用在结构构件中经常持续作用的荷载值，由于它相似于永久荷载的作用，故称准永久值。

准永久值一般依据在设计基准期内，荷载达到和超过该值的总持续时间与设计基准期的比值为1/2的原则确定。可变荷载的准永久值记为 $\Psi_q Q_k$，其中，Q_k 为可变荷载的标准值，Ψ_q 为准永久值系数，按表2.1.4和表2.1.6选用。

由于 Ψ_q 恒小于1，所以准永久值实质上是对可变荷载标准值的一种折减。如住宅楼面可变荷载标准值为2.0 kN/m^2、准永久值系数为0.4，故其准永久值为 $2.0\times0.4=0.8\ kN/m^2$，它是住宅楼面上持续作用时间较长的可变荷载值。

3. 可变荷载组合值

当结构同时作用有两种或两种以上可变荷载时，它们同时达到各自最大值(标准值)的可能性是较小的。因此，除可变荷载中的主要荷载(产生最大效应的荷载)仍采用标准值作为其代表值外，其他可变荷载均应将标准值乘以折减系数作为其荷载代表值，该值即为可变荷载组合值。它是承载能力极限状态按作用效应基本组合设计和正常使用极限状态按作用的短期效应组合设计所采用的荷载代表值。

可变荷载组合值记为 $\Psi_c Q_k$，其中，Ψ_c 是可变荷载组合值系数，按表2.1.4和表2.1.6选用。

4. 可变荷载频遇值

对可变荷载，在设计基准期内，其超越的总时间为规定的较小比率或超越频率为规定频率的荷载值称为可变荷载的频遇值。也即频遇值是设计基准期内荷载达到和超过该值的总持续时间与设计基准期的比值小于0.1的荷载代表值。主要用于正常使用极限状态的频遇组合中。可变荷载频遇值记为 $\Psi_f Q_k$，其中，Ψ_f 是可变荷载频遇值系数，按表2.1.4和表2.1.6选用。

1.4 极限状态设计实用表达式

1.4.1 承载能力极限状态设计表达式

如1.2节所述，结构构件按承载能力极限状态设计时应满足

$$\gamma_0 S \leqslant R \tag{2.1.8}$$

式中 γ_0——结构重要性系数，对安全等级为一级或设计使用年限为100年及以上的结构构件，不应小于1.1；对安全等级为二级或设计使用年限为50年的结构构件，不应小于1.0；对安全等级为三级或设计使用年限为5年及以下的结构构件，不应小于0.9。结构的设计使用年限和安全等级规定见表2.1.1和表2.1.3。

R—— 结构构件的承载力设计值。

S—— 荷载效应基本组合或偶然组合的设计值。

在进行承载能力极限状态设计时，荷载效应的基本组合是指永久荷载和可变荷载的组合；偶然组合是永久荷载、可变荷载和某一偶然荷载(例如爆炸、撞击、罕遇地震等)的组合。一般

设计时，仅考虑荷载效应的基本组合；必要时，计算偶然组合。

1. 基本组合中荷载效应组合的设计值 S 的确定

(1)由可变荷载效应控制的组合：

$$S=\gamma_G S_{Gk}+\gamma_{Q1}S_{Q1k}+\sum_{i=2}^{n}\gamma_{Qi}\Psi_{ci}S_{Qik} \tag{2.1.9}$$

式中 γ_G—— 永久荷载的分项系数。

γ_{Qi}——第 i 个可变荷载的分项系数，其中 γ_{Q1} 为起控制作用的一个可变荷载 Q_1 的分项系数。

S_{Gk}—— 按永久荷载标准值 G_k 计算的荷载效应值。

S_{Qik}—— 按可变荷载标准值 Q_{ik} 计算的荷载效应值，其中 S_{Q1k} 为诸可变荷载效应中起控制作用者。

Ψ_c—— 可变荷载 Q_i 的组合值系数，民用建筑楼面均布活荷载和屋面均布活荷载的组合值系数按表 2.1.4 和表 2.1.6 选用。

n —— 参与组合的可变荷载数。

(2)由永久荷载效应控制的组合：

$$S=\gamma_G S_{Gk}+\sum_{i=2}^{n}\gamma_{Qi}\Psi_{ci}S_{Qik} \tag{2.1.10}$$

式中 符号含义同前。应用式(2.1.9)和式(2.1.10)时，应注意以下问题。

(1)基本组合中的设计值仅适用于荷载与荷载效应为线性的情况，即荷载和荷载效应均是可以叠加的。

(2)当对 S_{Q1k} 无法明显判断时，依次以各可变荷载效应为 S_{Q1k}，选出其中最不利的荷载效应组合作为基本组合。

(3)所谓荷载效应，是指在外力作用下结构构件截面上产生的内力，包括构件截面上的轴力、弯矩、剪力、扭矩等。例如，已知跨度为 l_0 的简支梁，在均布恒荷载标准值 g_k 作用下的跨中最大弯矩 $M=\frac{1}{8}g_k l_0^2$，则 M 就是荷载效应 S_{Gk}，$\frac{1}{8}l_0^2$ 称为均布恒荷载标准值 g_k 的效应系数 C_G。

2. 最不利荷载组合的确定

从式(2.1.9)中可以看出，当有多个可变荷载时，必须依次计算，以确定最不利的荷载组合。为了简化计算，对于一般的排架、框架结构，基本组合可以采用简化规则，并按下列组合值中的最不利组合确定。

1)由可变荷载效应控制的组合

由可变荷载效应控制的组合取不利的一组。

$$\begin{aligned}S&=\gamma_G S_{Gk}+\gamma_{Q1}S_{Q1k}\\S&=\gamma_G S_{Gk}+0.9\sum_{i=2}^{n}\gamma_{Qi}S_{Qik}\end{aligned} \tag{2.1.11}$$

2)由永久荷载效应控制的组合

由永久荷载效应控制的组合仍按公式(2.1.10)采用。

从以上承载能力极限状态设计表达式中可以看出，设计时均未直接涉及目标可靠指标的运算，实质上，目标可靠指标均已隐含在：①荷载及材料强度的标准值；②荷载和材料的分项系数、结构重要性系数；③结构抗力函数，即计算公式中有关系数的取值中。

1.4.2 荷载分项系数和荷载设计值

$$S=C_G\gamma_G G_k+C_{Q1}\gamma_{Q1}Q_{1k}+\sum_{i=2}^{n}\Psi_{ci}C_{Qi}\gamma_{Qi}Q_{ik} \tag{2.1.12}$$

式中　C_G——永久荷载效应系数。

C_{Q1}、C_{Qi}——第一个和第 i 个可变荷载的效应系数，荷载效应系数的意义同前例。

按式(2.1.12)计算荷载效应设计值 S 时，恒荷载标准值 G_k 和活荷载标准值 Q_k 均被乘以了大于 1 的荷载分项系数 γ_G 和 γ_Q，相应得到的荷载值 $\gamma_G G_k$ 和 $\gamma_Q Q_k$ 称为荷载设计值。通常用 G 和 g 表示集中恒荷载和均布恒荷载的设计值，集中活荷载和均布活荷载的设计值则用 Q 和 q 表示。根据《荷载规范》的有关规定，永久荷载和可变荷载的分项系数可按表 2.1.7 选取。

表 2.1.7　分项系数取值

<table>
<tr><th colspan="3">荷　载　类　型</th><th>荷载分项系数</th></tr>
<tr><td rowspan="4">永久荷载</td><td rowspan="2">对结构不利</td><td>由可变荷载效应控制的组合</td><td>1.2</td></tr>
<tr><td>由永久荷载效应控制的组合</td><td>1.35</td></tr>
<tr><td colspan="2">对结构有利</td><td>1.0</td></tr>
<tr><td colspan="2">验算结构倾覆和滑移时</td><td>0.9</td></tr>
<tr><td rowspan="2">可变荷载</td><td colspan="2">一般情况</td><td>1.4</td></tr>
<tr><td colspan="2">标准值大于 4 kN/m² 的工业房屋楼面结构</td><td>1.3</td></tr>
</table>

【例 2.1.1】某民居钢筋混凝土简支梁，计算跨度 $l_0=4$ m，安全等级为二级，梁上作用有均布永久荷载标准值 $g_k=8.0$ kN/m(已包括梁自重)、均布可变荷载标准值 $q_k=5.0$ kN/m，梁跨中还作用有一个集中可变荷载，其标准值 $Q_k=12$ kN，试计算按承载能力极限状态设计时的跨中弯矩设计值。

【解】安全等级为二级，则结构重要性系数 $\gamma_0=1.0$；查表 2.1.4 得可变荷载组合值系数 $\psi_c=0.7$。

均布永久荷载产生的弯矩标准值

$$M_{gk}=\frac{1}{8}g_k l_0^2=\frac{1}{8}\times 8.0\times 4^2=16\ \text{kN}\cdot\text{m}$$

均布可变荷载产生的弯矩标准值

$$M_{qk}=\frac{1}{8}q_k l_0^2=\frac{1}{8}\times 5.0\times 4^2=10\ \text{kN}\cdot\text{m}$$

集中可变荷载产生的弯矩标准值

$$M_{Qk}=\frac{1}{4}Q_k l_0=\frac{1}{4}\times 12\times 4=12\ \text{kN}\cdot\text{m}$$

按照可变荷载效应控制的组合计算跨中弯矩设计值时，显然 M_{Qk} 是主要荷载

$$\begin{aligned}M&=\gamma_G M_{gk}+\gamma_{Q1}M_{Qk}+\gamma_{Q2}\psi_c M_q\\&=1.2\times 16+1.4\times 12+0.7\times 1.4\times 10\\&=45.8\ \text{kN}\cdot\text{m}\end{aligned}$$

按照永久荷载效应控制的组合计算跨中弯矩时

$$M=\gamma_G M_{gk}+\psi_c(\gamma_{Q_1}M_{Qk}+\gamma_{Q_2}M_q)$$

$=1.35\times16+0.7\times1.4\times(12+10)$

$=43.16\ \text{kN}\cdot\text{m}$

取较大值得跨中弯矩设计值 $M=45.8\ \text{kN}\cdot\text{m}$。

1.4.3 正常使用极限状态设计表达式

结构丧失承载能力造成的后果显然要比超过正常使用极限状态严重得多，故正常使用极限状态下的可靠度可以较低，因此计算时对荷载和材料强度均采用标准值，并不考虑分项系数和结构重要性系数。

正常使用极限状态验算包括变形、抗裂度和裂缝宽度等。结构构件在荷载长期作用下，其变形和裂缝宽度均较荷载短期作用下有所增大，因此对正常使用极限状态的验算应分别按荷载短期效应和长期效应组合分别进行。

《荷载规范》规定，对于正常使用极限状态，应根据不同的设计要求，采用荷载的标准组合、频遇组合或准永久组合，并应按下列设计表达式进行设计：

$$S\leqslant C \tag{2.1.13}$$

式中 C —— 结构或构件达到正常使用要求的规定限值，例如变形、裂缝宽度的限值。

对于短期效应组合，S 应按下式采用：

$$S_s=S_{Gk}+S_{Q_1k}+\sum_{i=2}^{n}\Psi_{ci}S_{Q_ik} \tag{2.1.14}$$

对于长期效应组合，S 应按下式采用：

$$S_l=S_{Gk}+\sum_{i=1}^{n}\Psi_{qi}S_{Q_ik} \tag{2.1.15}$$

式中 Ψ_{qi}——第 i 个可变荷载的准永久值系数，可按表 2.1.4 和表 2.1.6 采用。

对于频遇组合，S 应按下式采用：

$$S=S_{Gk}+\Psi_{f1}S_{Q_1k}+\sum_{i=2}^{n}\Psi_{qi}S_{Q_ik} \tag{2.1.16}$$

式中 Ψ_{f_1}——可变荷载 Q_1 的频遇值系数，按表 2.1.4 和表 2.1.6 选用。

【例 2.1.2】若例题[2.1.1]中可变荷载准永久值系数均为 $\Psi_{q_i}=0.4$，试按照正常使用极限状态计算跨中弯矩的短期效应组合 M_s 和长期效应组合 M_l。

【解】查表 2.1.4 得可变荷载组合值系数 $\psi_c-0.7$。

跨中弯矩的短期效应组合值

$$M_s=M_{gk}+M_{Qk}+\Psi_cM_q=16+12+0.7\times10=35\ \text{kN}\cdot\text{m}$$

跨中弯矩的长期效应组合值

$$M_l=M_{gk}+\Psi_q(M_{Qk}\mid M_q)=16+0.4\times(12+10)=24.8\ \text{kN}\cdot\text{m}$$

1.5 结构的耐久性

结构的耐久性是指结构在正常维护条件下，能在预计的使用年限内满足各项功能要求，不会因材料长时间受外界侵蚀而发生损坏，从而影响结构的寿命。钢筋混凝土结构的耐久性主要涉及混凝土的老化、腐蚀和钢筋的锈蚀等。《混凝土结构设计规范》(GB 50010－2002)规定，混凝土结构的耐久性应根据表 2.1.8 的环境类别和设计使用年限进行设计。

表 2.1.8 混凝土结构的环境类别

环境类别		条　　件
一		室内正常环境
二	a	室内潮湿环境；非严寒和非寒冷地区的露天环境；与无侵蚀性的水或土壤直接接触的环境
	b	严寒和寒冷地区的露天环境；与无侵蚀性的水或土壤直接接触的环境
三		使用除冰盐的环境；严寒和寒冷地区冬季水位变动的环境；滨海室外环境
四		海水环境
五		受人为或自然的侵蚀性物质影响的环境

一类、二类和三类环境中，设计使用年限为50年的结构混凝土应符合表2.1.9的规定。

表 2.1.9 结构混凝土耐久性的基本要求

环境类别		最大水灰比	最小水泥用量 (kg/m^3)	最低混凝土强度等级	最大氯离子含量 (%)	最大碱含量 (kg/m^3)
一		0.65	225	C20	1.0	不限制
二	a	0.60	250	C25	0.3	3.0
	b	0.55	275	C30	0.2	3.0
三		0.50	300	C30	0.1	3.0

从表2.1.9中可以看出，提高混凝土耐久性的主要措施有：采用高炉矿渣水泥、高效减水引气剂、优质掺合料；选用低碱水泥、注意选择骨料，防止碱一骨料反应；保证施工质量或采用防腐涂层(环氧树脂等)。

钢筋腐蚀会使构件产生顺筋裂缝、保护层剥落，防止钢筋锈蚀的主要措施是：控制混凝土中氯离子含量；选择合理的保护层厚度，保证混凝土振捣密实，并进行良好的养护；在混凝土内加入钢筋阻锈剂等。

思考题与习题

1.结构的功能要求有哪几项？什么是结构的功能函数？

2.什么是结构的可靠性与结构可靠度？二者的相互关系是怎样的？

3.结构重要性系数主要受到哪些因素的影响？

4.荷载代表值分为哪几类？应用范围分别是什么？

5.什么是可靠指标？它与失效概率有何关系？

6.结构极限状态分为哪几类？其定义是什么？分别对应哪项结构功能要求？

7.荷载标准值和设计值有何区别？

8.混凝土结构的耐久性主要与哪些因素有关？

9.某住宅钢筋混凝土矩形截面简支梁，安全等级为二级，截面尺寸 $b\times h=250\ mm\times 400\ mm$，计算跨度 $l_0=6\ m$，净跨度 $l_n=5.8\ m$。承受均布活荷载标准值 8 kN/m。试计算按承载能力极限状态设计时跨中的弯矩设计值和支座边缘处的剪力设计值。(混凝土重度为 $25\ kN/m^3$)

10.某普通住宅钢筋混凝土受弯梁在恒荷载标准值作用下产生的跨中弯矩为12 kN·m，均布可变荷载和集中可变荷载标准值作用下产生的弯矩分别为 20 kN·m、9 kN·m，试计算按正常使用极限状态设计时跨中弯矩的荷载短期效应组合和长期效应组合值。

第2章 钢筋与混凝土力学性能

2.1 钢筋

2.1.1 钢筋的种类与选用

混凝土结构所采用的钢筋有劲性钢筋和柔性钢筋两类。通常所称的钢筋，即指柔性钢筋。

按加工方法不同，我国用于混凝土结构的钢筋主要有热轧钢筋、冷拉钢筋、热处理钢筋、冷轧钢筋(冷轧带肋钢筋、冷轧扭钢筋)、冷拔低碳钢丝、消除应力钢丝、钢绞线等几类；按在结构中是否施加预应力，可分为普通钢筋和预应力钢筋。

1. 普通钢筋

普通钢筋指用于钢筋混凝土结构中的钢筋和预应力混凝土结构中的非预应力钢筋。《混凝土结构设计规范》(GB 50010－2002)(以下简称《混凝土规范》)规定，普通钢筋宜采用HRB 400级和 HRB 335 级钢筋，也可采用 HPB 235 级和 RRB 400 级钢筋。这些钢筋均属热轧钢筋。

热轧钢筋由低碳钢或低合金钢热轧而成。按屈服强度标准值的大小，用于钢筋混凝土结构的热轧钢筋分为 HPB 235、HRB 335、HRB 400 和 RRB 400 4 个级别。其中，HPB 235 钢筋公称直径范围为 8～20 mm(也可利用牌号为 Q235 的盘条作为该级别的钢筋)，推荐直径为 8 mm、10 mm、12 mm、16 mm、20 mm；HRB 335 钢筋公称直径范围为 6～50 mm，推荐直径为 6 mm、8 mm、10 mm、12 mm、16 mm、20 mm、25 mm、32 mm、40 mm 和 50 mm；HRB 400 钢筋公称直径范围和推荐直径同 HRB 335 钢筋；RRB 400 钢筋公称直径范围为 8～40 mm，推荐直径为 8 mm、10 mm、12 mm、16 mm、20 mm、25 mm、32 mm 和 40 mm。

HRB 400 级钢筋强度高，延性好，锚固性能好，是混凝十结构的主导钢筋，实际工程中主要用作结构构件中的受力主筋；HRB 335 级钢筋虽然强度低于 HRB 400 级钢筋，但延性、锚固性能均好，是混凝土结构的辅助钢筋，实际工程中也主要用作结构构件中的受力主筋；HPB 235级钢筋强度太低，且锚固性能差，一般不推荐使用，实际工程中只用作板、基础和荷载不大的梁、柱的受力主筋、箍筋以及其他构造钢筋；RRB 400 级钢筋强度虽高，但抗疲劳性能、冷弯性能以及可焊性均较差，其应用受到一定限制。

钢筋的外形分为光圆钢筋和变形钢筋(人字纹、螺旋纹、月牙纹)两种，如图 2.2.1(a)所示。HPB 235 钢筋为光圆钢筋，HRB 335 钢筋、HRB 400 钢筋和 RRB 400 钢筋的外形均为月牙纹。

2. 预应力钢筋

《混凝土规范》规定，预应力钢筋宜采用钢绞线和钢丝，也可采用热处理钢筋。

预应力钢绞线是由多根高强钢丝绞织在一起而形成的，有 3 股和 7 股两种，多用于后张法大型构件。

预应力钢丝主要是消除应力钢丝，其外形有光面、螺旋肋、三面刻痕 3 种。此外，部分地区尚在使用冷拔低碳钢丝。

热处理钢筋有 40Si2Mn、48Si2Mn 及 45Si2Cr 3 种牌号，它们都以盘条形式供应，无须焊接和冷拉，施工方便，因此应用广泛。

预应力钢筋的外形如图 2.2.1(b)所示。

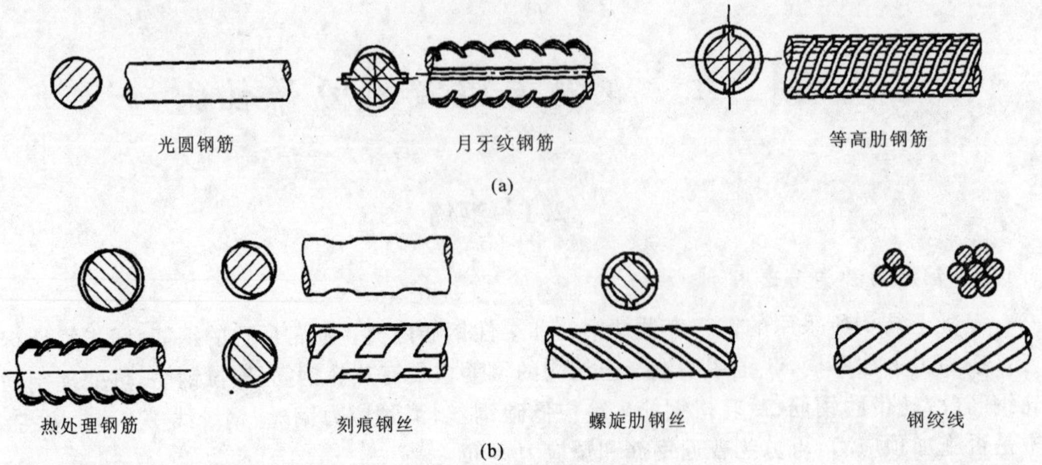

图 2.2.1 钢筋的外形

(a)普通钢筋;(b)预应力钢筋

另外,用冷拉或冷拔的冷加工方法可提高热轧钢筋的强度。冷拉时,钢筋的冷拉应力值必须超过钢筋的屈服强度。冷拉后,经过一段时间钢筋的屈服点比原来的屈服点有所提高,这种现象称为时效硬化。时效硬化与温度有很大关系,温度过高(450℃),强度反而有所降低而塑性却有所增加,温度超过 700℃,钢材会恢复到冷拉前的力学性能,不会发生时效硬化。为了避免冷拉钢筋在焊接时高温软化,要先焊好后再进行冷拉。钢筋经过冷拉的时效硬化后,能提高屈服强度、节约钢材,但冷拉后钢筋的塑性(伸长率)有所降低。为了保证钢筋在强度提高的同时又具有一定的塑性,冷拉时应同时控制应力和应变。

冷拔钢筋是将钢筋用强力拔过比它本身直径还小的硬质合金拔丝模,这时钢筋同时受到纵向拉力和横向压力的作用,截面变小而长度拔长。经过几次冷拔,钢丝的强度比原来有很大提高,但塑性降低很多。

冷拉只能提高钢筋的抗拉强度,冷拔则可同时提高抗拉及抗压强度。采用冷加工钢筋时,应符合相应的行业标准规定。

用于混凝土结构的钢筋,应具有较高的强度和良好的塑性,便于加工和焊接,与混凝土之间应具有足够的黏结力。特别是用于预应力混凝土结构的预应力钢筋更应具有很高的强度,由此建立起较高的张拉应力,才能获得较好的预压效果。

2.1.2 钢筋的力学性能

建筑结构用的钢筋,一般可分为两类:有明显屈服点的钢筋(也称软钢)和没有明显屈服点的钢筋(也称硬钢)。钢筋的力学性能是衡量钢材质量的重要指标,它包括强度、塑性性能和冷弯性能。

1. 强度

1)有明显屈服点的钢材

低碳钢和低合金钢(含碳量和低碳钢相同)一次拉伸时的应力—应变曲线如图 2.2.2 所示。

屈服点 f_y 是建筑钢材的一个重要力学特性。实际上,由于加载速度及试件状况等试验条件的不同,屈服开始时总是形成曲线的上下波动,波动最高点 b 称为上屈服点,最低点 c 称为下屈服点(用 f_y 表示)。应力达到 f_y 后在一个较大的应变范围内($\varepsilon=0.15\%\sim2.5\%$)不会继续增长,表示结构丧失继续承担更大荷载的能力。

曲线最高点应力为抗拉强度 f_u,到达 f_u 后试件出现局部横向收缩变形,即“颈缩”,随后断裂。

由于到达 f_y 后构件产生较大变形，故把它取为计算构件的强度标准；到达 f_u 时构件开始断裂破坏，故以 f_u 作为材料的强度储备。

2)无明显屈服点的钢材

高强钢材(如热处理钢材)没有明显的屈服点和屈服台阶，应力—应变曲线形成一条连续曲线。对于没有明显屈服点的钢材，以残余变形为 $\varepsilon=0.2\%$时的应力作为名义屈服点，用 $f_{0.2}$ 表示，其值约等于极限强度的 85%，如图 2.2.3 所示。

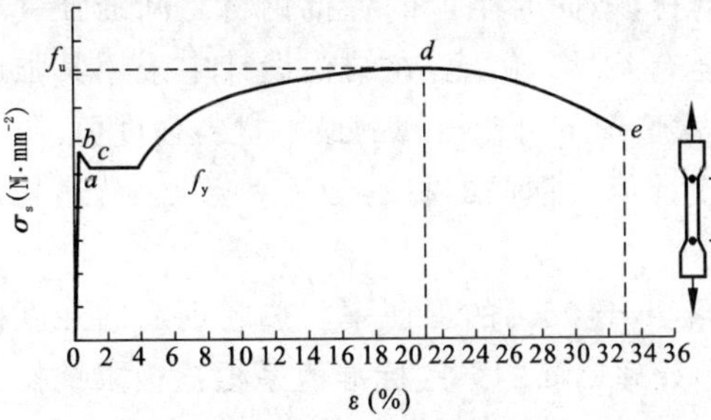

图 2.2.2　有明显屈服点钢材的应力—应变曲线

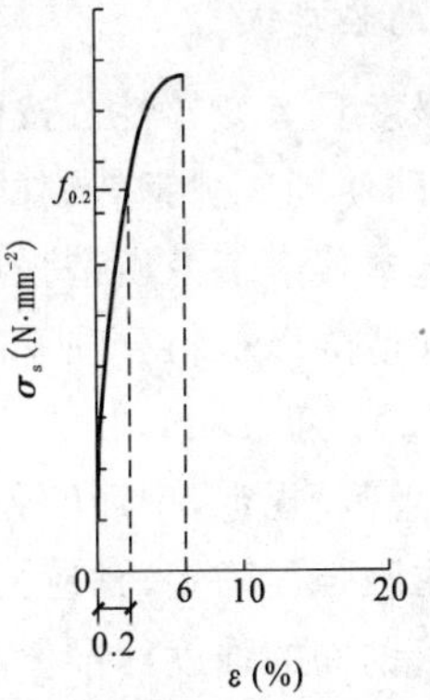

图 2.2.3　无明显屈服点钢材的应力—应变曲线

钢材在一次压缩或剪切所表现出来的应力—应变变化规律基本上与一次拉伸试验时相似，压缩时的各强度指标也取用拉伸时的数据，只是剪切时的强度指标数值比拉伸时小。

2.塑性性能

断裂前试件的永久变形与原标定长度的百分比称为伸长率，它是衡量钢材塑性的重要指标。它取 5d 或 10d(d 为圆形试件直径)为标定长度，其相应的伸长率用 δ_5 或 δ_{10} 表示如图 2.2.4。伸长率代表材料断裂前具有的塑性变形的能力。结构制造时，这种能力使材料经受剪切、冲压、弯曲及锤击所产生的局部屈服而无明显损坏。

屈服点、抗拉强度和伸长率，是钢材的 3 个重要力学性能指标。

3.冷弯性能

为了使钢筋在加工成型时不发生断裂，要求钢筋具有一定的冷弯性能。冷弯是将直径为 d 的钢筋绕某一规定直径为 D 的钢辊弯曲，在达到规定的冷弯角度 180°时钢筋不发生裂纹、鳞落或断裂，就表示合格，如图 2.2.5 所示。

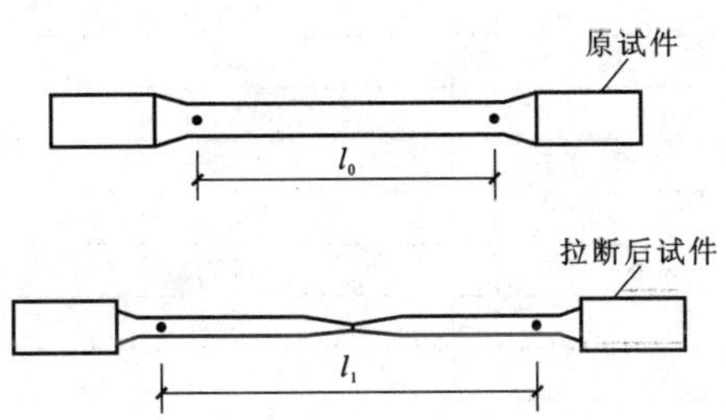

图 2.2.4　钢材受拉构件伸长率

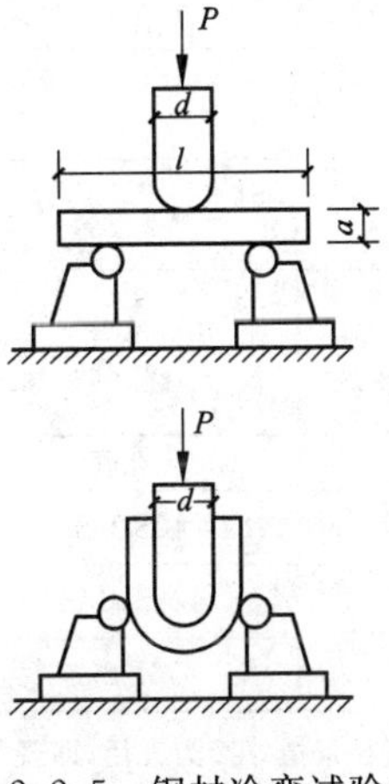

图 2.2.5　钢材冷弯试验示意

《混凝土规范》要求各种钢筋所必须达到的伸长率的最小值以及相应的冷弯试验，见表 2.2.1。

表 2.2.1　各种钢筋伸长率及冷弯试验要求

钢　筋　种　类	HPB 235 级	HRB 335 级	HRB 400 级
伸长率(%)	25	16	14
冷弯角度(°)	180	180	180

2.1.3　钢筋的强度

钢材的强度具有变异性。按同一标准生产的钢材，不同时生产的各批钢材之间的强度不会完全相同；即使同一炉钢轧制的钢材，其强度也会有差异。因此，在结构设计中采用其强度标准值作为基本代表值。所谓强度标准值，是指正常情况下可能出现的最小材料强度值。

强度标准值除以材料分项系数即为材料强度设计值。钢筋的材料分项系数 γ_S 为热轧钢筋 1.10，预应力钢筋 1.20。

《混凝土规范》规定，钢筋的强度标准值应具有不小于 95% 的保证率。热轧钢筋的强度标准值系根据屈服强度确定；预应力钢绞线、钢丝和热处理钢筋的强度标准值系根据极限抗拉强度确定。普通钢筋的强度标准值、强度设计值按表 2.2.2 采用；预应力钢筋的强度标准值、强度设计值分别按表 2.2.3、表 2.2.4 采用。

表 2.2.2　普通钢筋强度标准值、强度设计值　(N/mm²)

种　类		符号	d(mm)	强度标准值		强度设计值	
				f_{yk}	f_{yk}'	f_y	f_y'
热扎钢筋	HPB 235(Q235)	Φ	8～20	235	235	210	210
	HRB 335(20MnSi)	$\underline{\Phi}$	6～50	335	335	300	300
	HRB 400(20MnSiV、20MnSiNb、20MnTi)	$\underline{\underline{\Phi}}$	6～50	400	400	360	360
	RRB 400(K20MnSi)	Φ^R	8～40	400	400	360	360

注：(1)热轧钢筋直径 d 系指公称直径。

(2)当采用直径大于 40 mm 的钢筋时，应有可靠的工程经验。

(3)钢筋混凝土结构中，轴心受拉和小偏心受拉钢筋抗拉强度设计值大于 300 N/mm²，仍应按 300 N/mm² 取用。

(4)直径为 6 mm 的光面钢筋可选用牌号为 Q235 的热轧圆盘条。

表 2.2.3　预应力钢筋强度标准值　(N/mm²)

种　类		符号	d(mm)	f_{ptk}
钢绞线	1×3	ϕ^s	8.6、10.8	1 860、1 720、1 570
			12.9	720、1 570
	1×7		9.5、11.1、12.7	1 860
			15.2	1 860、1 720
消除应力钢丝	光面 螺旋肋	ϕ^P ϕ^H	4、5	1 770、1 670、1 570
			6	1 670、1 570
			7、8、9	1 570
	刻痕	ϕ^I	5、7	1 570
热处理钢筋	40Si2Mn	ϕ^{HT}	6	1 470
	48Si2Mn		8.2	
	45Si2Cr		10	

注：(1)钢绞线直径系指外接圆直径，即现行国家标准《预应力混凝土用钢绞线》GB/T 5224 中的公称直径 D_g；

(2)光面钢丝直径为 4～9 mm，螺旋肋钢丝直径为 4～8 mm。

表 2.2.4 预应力钢筋强度设计值 (N/mm^2)

种类		符号	f_{ptk}	f_{py}	f'_{py}
钢绞线	1×3	ϕ^s	1 860	1 320	390
			1 720	1 220	
			1 570	1 110	
	1×7		1 860	1 320	390
			1 720	1 220	
消除应力钢丝	光面 螺旋肋	ϕ^P ϕ^H	1 770	1 250	410
			1 670	1 180	
			1 570	1 110	
	刻痕	ϕ^I	1 570	1 110	410
热处理钢筋	40Si2Mn	φ^{HT}	1 470	1 040	400
	48Si2Mn				
	45Si2Cr				

2.1.4 钢筋的弹性模量

钢筋的弹性模量列于表 2.2.5。

表 2.2.5 钢筋弹性模量 E_s ($10^5 N/mm^2$)

序号	钢筋种类	E_s
1	HPB 235 级钢筋	2.1
2	HRB 335 级钢筋、HRB 400 级钢筋、RRB 400 级钢筋、热处理钢筋	2.0
3	消除应力钢丝(光面钢丝、螺旋肋钢丝、刻痕钢丝)	2.05
4	钢绞线	1.95

注:必要时,钢绞线可采用实测的弹性模量。

2.2 混凝土

2.2.1 混凝土强度

混凝土强度是混凝土受力性能的一个基本标志。在工程中常用的混凝土强度有立方体抗压强度、轴心抗压强度、轴心抗拉强度等。

1. 混凝土的立方体抗压强度 f_{cu} 及强度等级

立方抗压强度,是衡量混凝土强度大小的基本指标,是评价混凝土等级的标准。

《混凝土规范》规定,用边长为 150 mm 的标准立方体试件,在标准养护条件下(温度 20±3℃,相对湿度不小于 90%)养护 28 天后,按照标准试验方法(试件的承压面不涂润滑剂,加荷速度约每秒 0.15～0.3 N/mm^2)测得的具有 95%保证率的抗压强度,作为混凝土的立方抗压强度标准值,用符号 $f_{cu,k}$ 表示。

根据立方体抗压强度标准值 $f_{cu,k}$ 的大小,混凝土强度等级分为 C15、C20、C25、C30、C35、C40、C45、C50、C55、C60、C65、C70、C75、C80 共 14 级。其中,C60～C80 属高强混凝土。

《混凝土规范》规定，钢筋混凝土结构的混凝土强度等级不应低于 C15(基础垫层混凝土的强度等级可采用 C10)；当采用 HRB 335 级钢筋时，混凝土强度等级不宜低于 C20；当采用 HRB 400 和 RRB 400 级钢筋以及承受重复荷载的构件，混凝土强度等级不得低于 C20。

预应力混凝土结构构件所用的混凝土应满足以下要求。

(1)强度高。只有采用高强度混凝土，才能充分发挥高强度钢筋的作用，从而减小构件截面尺寸，减轻自重；才能通过预压使构件获得较高的抗裂性能。

(2)快硬、早强。混凝土硬化速度快、早期强度高，可以尽早施加预应力，加快台座、锚具、夹具的周转，加快施工速度。

(3)收缩徐变小。这样的混凝土可以减小由收缩徐变引起的预应力损失。《混凝土规范》规定，预应力混凝土结构的混凝土强度等级不应低于 C30；当采用钢丝、钢绞线、热处理钢筋作为预应力钢筋时，混凝土强度等级不宜低于 C40。

调查分析表明，在结构中采用强度较高的混凝土，对柱、墙、基础等以受压为主的构件及预应力构件有显著的经济效益，为此，设计时可按下列范围选用混凝土强度等级：受弯构件 C20～C30，受压构件 C30～C40，预应力构件 C30～C50，高层建筑底层柱 C50 或以上。

2. 混凝土的轴心抗压强度 f_c

实际工程中，受压构件并非立方体而是棱柱体，工作条件与立方体试块的工作条件也有很大差别，采用棱柱体试件更能反映混凝土的实际抗压能力。所以我国采用 150 mm×150 mm×300 mm 棱柱体试件测得的强度作为混凝土的轴心抗压强度。轴心抗压强度是构件承载力计算的强度指标。

《混凝土规范》中混凝土的轴心抗压强度标准值和设计值按下式计算：

$$f_{c,k}=0.88a_1a_2f_{cu,k} \tag{2.2.1}$$

$$f_c=f_{c,k}/\gamma_c$$

式中　a_1——棱柱强度与立方强度之比，对 C50 及以下取 $a_1=0.76$，对 C80 取 $a_1=0.82$，中间按线性规律变化。

a_2——考虑 C40 以上混凝土脆性的折减系数，对 C40 取 $a_2=1.0$，对 C80 取 $a_2=0.87$，中间按线性规律变化。

γ_c——混凝土材料分项系数取 1.4。

3. 轴心抗拉强度 f_t

混凝土的抗拉强度远小于抗压强度，只有抗压强度的 1/18～1/10。

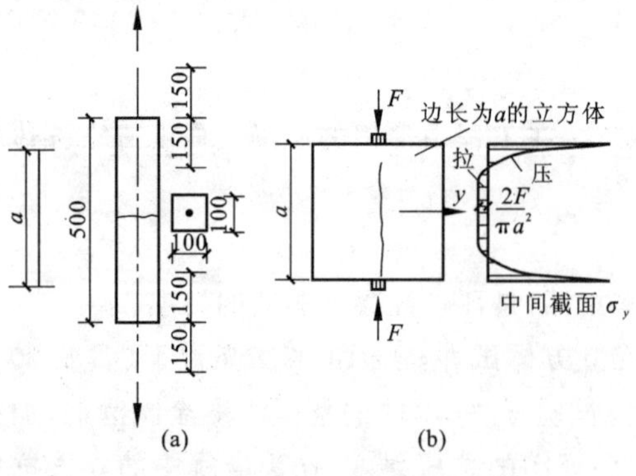

(a)拉伸试验；(b)劈裂试验

图 2.2.6　混凝土抗拉强度试验方法

混凝土的抗拉强度可采用图 2.2.6(a)所示的试验方法测定，即采用尺寸为 100 mm×100 mm×500 mm 的棱柱体试件进行直接轴心受拉试验，但其准确性较差。故国内外多采用圆柱体或立方体的劈裂试验间接测定，见图 2.2.6(b)所示。

《混凝土规范》中混凝土强度标准值及设计值分别见表 2.2.6 和表 2.2.7。混凝土轴心抗拉强度标准值和设计值按下式计算：

$$f_{t,k}=0.88\times0.395f_{cu,k}^{0.55}(1-1.645\delta)^{0.45}a_2 \tag{2.2.2}$$

$$f_t=f_{tk}/\gamma_c$$

式中　δ——混凝土立方强度变异系数，详见《混凝土规范》。

表 2.2.6　混凝土强度标准值 (N/mm^2)

强度种基	混凝土强度等级													
	C15	C20	C25	C30	C35	C40	C45	C50	C55	C60	C65	C70	C75	C80
轴心抗压 $f_{c,k}$	10.0	13.4	16.7	20.1	23.4	26.8	29.6	32.4	35.5	38.5	41.5	44.5	47.4	50.2
轴心抗拉 $f_{t,k}$	1.27	1.54	1.78	2.01	1.20	2.40	2.51	2.64	2.74	2.85	2.99	3.00	3.05	3.11

表 2.2.7　混凝土强度设计值 (N/mm^2)

强度种基	混凝土强度等级													
	C15	C20	C25	C30	C35	C40	C45	C50	C55	C60	C65	C70	C75	C80
轴心抗压 f_c	7.2	9.6	11.9	14.3	16.7	19.1	21.1	23.1	25.3	27.5	29.7	31.8	33.8	35.9
轴心抗拉 f_t	0.91	1.1	1.27	1.43	1.57	1.71	1.80	1.89	1.96	2.04	2.09	2.14	2.18	2.22

注:计算现浇钢筋混凝土轴心受压及偏心受压构件时,如截面长边或直径小于 300 mm,则表中混凝土的强度设计值应乘以系数 0.8;当构件质量确有保证时,可不受此限。

2.2.2　混凝土的变形

混凝土的变形有两类:一类是受力变形,混凝土在一次短期荷载、多次重复荷载和长期荷载作用下都将产生变形;另一类是体积变形,包括收缩、膨胀和温度变形。这里只介绍混凝土的徐变和收缩。

1.混凝土在长期荷载作用下的变形——徐变

混凝土在长期不变荷载作用下,应变随时间持续增长的现象,称为混凝土的徐变。

产生徐变的原因目前研究得不够充分。徐变特性主要与时间有关,徐变开始时增长较快,然后逐渐减慢,较长时间后趋于稳定。

混凝土的徐变对结构构件产生的不利影响主要是增大混凝土构件的变形、在预应力混凝土构件中引起预应力损失等。

混凝土的徐变除与作用在构件截面上的荷载的大小及作用的时间长短有关外,还与混凝土所处环境条件和混凝土的组成有关。养护条件越好,周围环境的湿度越大,构件加载前混凝土的强度越高,水泥用量越少,混凝土越密实,集料含量越高,集料刚度越大,则徐变越小。

2.混凝土的收缩

混凝土在空气中结硬过程中体积减小的现象称为收缩。

混凝土的收缩变形可延续 2 年以上,但主要收缩变形发生在初期:2 周可完成全部收缩量的 25%,1 个月约完成 50%。

混凝土收缩受到约束时,会使构件中产生收缩应力,收缩应力过大,就会使构件产生裂缝,以致影响结构的正常使用。在预应力混凝土构件中混凝土收缩将引起钢筋预应力值损失。

混凝土的收缩主要与下列因素有关:水泥用量越多,水灰比越大,收缩越大;强度等级越高的水泥制成的混凝土收缩越大;集料的弹性模量大,收缩小;在结硬过程中,周围温度、湿度大,收缩小;混凝土越密实,收缩越小;使用时的环境温度、湿度大,收缩小。

2.2.3　混凝土的弹性模量

混凝土的弹性模量指混凝土的原点切线模量。但是,混凝土是塑性材料,其应力与应变不呈线性关系,在不同应力阶段的变形模量(应力与应变之比)不同,原点切线很难准确地作出。

实用中，采用应力上限(0.4～0.5)f_c，反复加卸荷5～10次，使消除塑性变形后的应力—应变曲线接近直线，此直线的斜率即作为混凝土的弹性模量。

按照上述方法，《混凝土规范》经统计分析得到混凝土的受拉或受压弹性模量E_c(N/mm²)的经验计算公式为

$$E_c=\frac{10^5}{2.2+\dfrac{34.7}{f_{cu,k}}} \tag{2.2.3}$$

式中 $f_{cu,k}$——混凝土的立方抗压强度标准值，N/mm²。

按式(2.2.3)计算的不同强度等级混凝土的弹性模量见表2.2.8。

表2.2.8 混凝土弹性模量 (10^4 N/mm²)

混凝土强度等级	C15	C20	C25	C30	C35	C40	C45	C50	C55	C60	C65	C70	C75	C80
E_c	2.20	2.55	2.80	3.00	3.15	3.25	3.35	3.45	3.55	3.60	3.65	3.70	3.75	3.80

2.3 钢筋与混凝土共同工作

2.3.1 共同工作的原因

钢筋和混凝土这两种性质不同的材料之所以能有效地结合在一起而共同工作的原因是：(1)混凝土硬化后紧紧包裹住钢筋而产生很强的黏结力，在外力的作用下两者能协调变形，共同工作；(2)钢筋与混凝土两种材料的线膨胀系数颇为接近[钢筋为1.2×10^{-5}，混凝土为$(1.0\sim1.5)\times10^{-5}$]，当温度变化时，两种材料之间不会因为相对变形过大而使黏结力破坏；其三，钢筋表面的混凝土保护层起到了防止钢筋锈蚀的作用，提高结构的耐久性。

2.3.2 钢筋与混凝土之间的黏结力

钢筋与混凝土之间的黏结力是保证钢筋与混凝土能够共同工作的重要条件。钢筋在混凝土中的黏结作用有以下3个来源。

(1)由于混凝土颗粒的化学吸附作用，在钢筋与混凝土的接触面上产生一种化学胶结力，此力数值很小。

(2) 混凝土硬化时体积收缩，将钢筋紧紧握固而产生一种能抵制相互滑移的摩擦阻力。

(3)由于钢筋(主要指变形钢筋)表面凹凸不平，变形钢筋横肋对肋前混凝土挤压而产生的咬合力。此力的作用方向是斜向的，因此具有锥楔作用。

光圆钢筋的黏结力主要来自摩擦力，变形钢筋的黏结力主要来自咬合力。

2.3.3 保证黏结强度的构造措施

由于黏结破坏机理复杂，影响黏结力的因素多，工程结构中黏结受力的多样性，目前尚无比较完整的黏结力计算理论。《混凝土规范》采用下述构造措施，以保证混凝土与钢筋间的黏结强度。

(1) 对不同等级的混凝土和钢筋，要保证钢筋的最小搭接长度和锚固长度，并加密箍筋。

(2) 为了保证混凝土与钢筋之间有足够的黏结，必须满足钢筋最小间距和混凝土保护层最小厚度的要求。

(3) 在钢筋的搭接接头范围内应设加密箍筋。

(4) 为了保证足够的黏结，应优先采用带肋钢筋，对光圆钢筋应在钢筋端部设置弯钩。

(5) 在浇筑大深度混凝土时，为防止在钢筋底面出现沉淀收缩和泌水，形成疏松空隙层，削弱黏结，对高度较大的混凝土构件应分层浇筑或二次浇捣；

(6) 钢筋表面粗糙程度加大摩擦阻力和黏结强度，轻度锈蚀的钢筋，其黏结强度比新轧制的无锈钢筋要高，比除锈处理的钢筋更高，故一般除重锈钢筋外可不必除锈。

2.3.4 钢筋的锚固和连接

1. 钢筋的锚固

为了使钢筋和混凝土能可靠地共同工作，钢筋在混凝土中必须有可靠的锚固。

1)受拉钢筋的锚固

当计算中充分利用钢筋的强度时，混凝土结构中纵向受拉钢筋的锚固长度应按下列公式计算：

普通钢筋 $$l_a = a\frac{f_y}{f_t}d \tag{2.2.4}$$

预应力钢筋 $$l_a = a\frac{f_{py}}{f_t}d \tag{2.2.5}$$

式中 l_a——受拉钢筋的锚固长度。

f_y、f_{py}——普通钢筋、预应力钢筋的抗拉强度设计值。

f_t——混凝土轴心抗拉强度设计值，当混凝土强度大于 C40 时，按 C40 取用。

d——钢筋的公称直径。

a——钢筋的外形系数，按表 2.2.9 取用。

表 2.2.9 锚固钢筋的外形系数

钢筋类型	光圆钢筋	带肋钢筋	刻痕钢筋	螺旋肋钢丝	二股钢绞线	七股钢绞线
外形系数 a	0.16	0.14	0.19	0.13	0.16	0.17

对于直径大于 25 mm 的 HRB 335、HRB 400 和 RRB 400，其锚固长度应取公式计算结果乘以修正系数 1.1。经修正后的锚固长度不应小于按公式计算的锚固长度的 0.7 倍，且不应小于 250 mm。为了减小锚固长度，可在受拉钢筋末端采用机械锚固措施。对于 HRB 335、HRB 400 和 RRB 400 级钢筋，当采用机械锚固措施时，其锚固长度（包括附加锚固端头在内）可取按公式计算的锚固长度的 0.7 倍。机械锚固形式如图 2.2.7 所示。

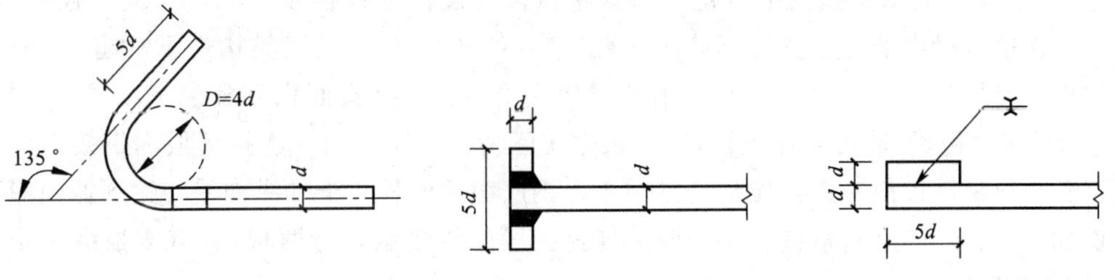

图 2.2.7 钢筋机械锚固的形式及构造要求

(a)末端带 135°弯钩；(b)末端与钢板穿孔塞焊；(c)末端与短钢筋双面贴焊

采用机械锚固措施时，在锚固长度范围内的箍筋不应少于3个，其直径不应小于锚固钢筋直径的0.25倍；间距不应小于锚固钢筋直径的5倍。当锚固钢筋的混凝土保护层厚度不小于钢筋公称直径的5倍时，可不配置上述箍筋。

2)受压钢筋的锚固

当计算中充分利用纵向钢筋的受压强度时，其锚固长度不应小于受拉钢筋锚固长度的0.7倍。

2.钢筋的连接

钢筋长度不够时，或需要采用施工缝或后浇带等构造措施时，钢筋就需要连接。连接是指将两根钢筋的端头在一定长度内并放，并采用适当的连接将一根钢筋的力传递给另一钢筋。力的传递可以通过各种连接接头实现。由于钢筋通过连接接头传力总不如整体钢筋，所以钢筋搭接的原则是：接头应设置在受力较小处，同一根钢筋上应尽量少设接头，接头宜错开，机械连接接头能产生较牢固的连接力，所以应优先采用机械连接。

钢筋的接头可分为3种：绑扎搭接、机械连接和焊接。

1)绑扎搭接

绑扎搭接是在钢筋搭接处用铁丝绑扎而成。绑扎搭接的工作原理是通过钢筋与混凝土之间的黏结强度传递内力。因此，钢筋的绑扎接头要有足够的搭接长度。与锚固长度一样，钢筋强度越高，钢筋公称直径越大，搭接长度越长。

《混凝土规范》规定：纵向受拉钢筋绑扎搭接接头的搭接长度应根据位于同一连接区段内的搭接钢筋面积百分率按下列公式计算，但任何情况下受拉搭接长度不应小于300 mm。

$$l_l = \zeta l_a \tag{2.2.6}$$

式中 l_l——纵向受拉钢筋的搭接长度。

l_a——纵向受拉钢筋的锚固长度。

ζ——纵向受拉钢筋搭接长度修正系数，按表2.2.10的规定取用。

表2.2.10 受拉钢筋搭接长度修正系数

同一连接区段搭接钢筋面积百分率(%)	≤25	≤50	≤100
搭接长度修正系数 ζ	1.2	1.4	1.6

同一构件中相邻钢筋的绑扎搭接接头宜相互错开。钢筋绑扎搭接接头连接区段的长度为1.3倍搭接长度。凡搭接接头中点位于该连接区段长度内的搭接接头均属于同一连接区段。位于同一连接区段内的受拉搭接钢筋面积百分率：对梁类、板类及墙类构件不宜超过25%；对柱类构件不宜超过50%。当工程中确有必要增大受拉钢筋接头面积百分率时，对梁类构件不应大于50%，对板类、墙类及柱类构件，可根据实际情况放宽。同一连接区段内搭接钢筋接头面积百分率取该区段内有搭接接头的纵向受力钢筋截面面积与全部纵向受力钢筋截面面积之比。例如，在图2.2.8中，搭接接头在同一连接区段的搭接钢筋为两根，共有4根纵向受力钢筋，当直径相同时，搭接钢筋接头面积百分率为50%。

轴心受拉及小偏心受拉杆件的纵向受力钢筋不得采用绑扎搭接接头。当受拉钢筋直径 $d>28$ mm及受压钢筋的直径 $d>32$ mm时，不宜采用绑扎搭接接头。

构件中的纵向受压钢筋，当采用搭接连接时，其受压搭接长度不应小于规范规定的纵向受拉钢筋搭接长度的 0.7 倍，且在任何情况下不应小于 200 mm。

在纵向受力钢筋搭接长度范围内应配置箍筋，其直径不应小于搭接钢筋较大直径的 0.25 倍。当钢筋受拉时，箍筋间距不应大于搭接钢筋较小直径的 5 倍，且不应大于 100 mm，如图 2.2.9 所示；当钢筋受压时，箍筋间距不应大于搭接钢筋较小直径的 10 倍，且不应大于 200 mm。当受压钢筋直径 $d>25$ mm 时，尚应在搭接接头两个端面外 100 mm 范围内设置两个箍筋。

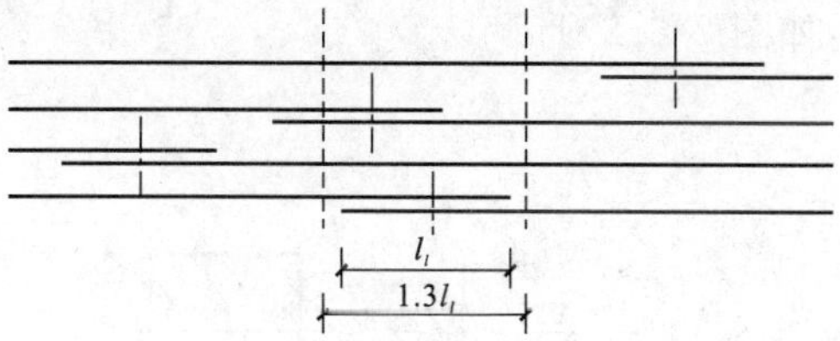

图 2.2.8　同一连接区段内的纵向受拉钢筋绑扎搭接接头

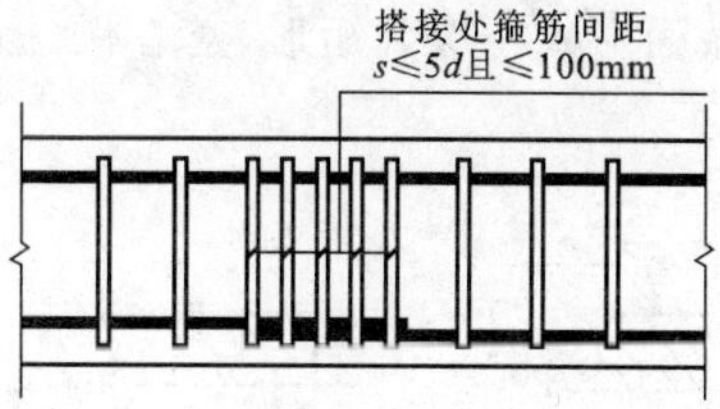

图 2.2.9　受拉钢筋搭接处箍紧设置

（图中 d 为纵向受拉钢筋较小直径）

2)机械连接

机械连接接头指用机械的方法把钢筋放在一起。机械连接接头能产生较牢固的连接力，具有工艺操作简便、接头性能可靠、连接速度快、节省钢材和能源、施工安全等特点，所以应优先采用机械连接。但要求连接件的保护层厚度不应小于纵筋直径，宜满足纵向受力钢筋最小保护层厚度，连接件间横向净距不宜小于 25 mm。机械连接接头应相互错开，其接头连接区段长度均取 $35d$（d 为纵筋的较大直径），接头中心位于同一连接区段内的纵向受拉钢筋接头面积百分率均不宜大于 50%（受压钢筋不限制）。直接承受动力荷载时，接头面积百分率不应人于 50%。

3)焊接连接

焊接接头应错开，接头连接区段长度为 $35d$（d 为纵筋的较大直径），且不小于 500 mm。同一连接区段的焊接接头面积百分率：受拉钢筋接头不应大于 50%，受压钢筋接头不受限制。

思考题与习题

1. 混凝土结构用热轧钢筋分为哪几级？主要用途是什么？
2. 为什么钢筋的强度标准值要取用钢筋的屈服强度？
3. 预应力混凝土的材料应满足哪些要求？
4. 混凝土的立方抗压强度是如何确定的？

第3章 受弯构件

在荷载作用下，构件截面内产生弯矩和剪力而轴力可以忽略不计的称为受弯构件。梁和板是建筑工程中典型的受弯构件，也是应用最广泛的构件。

梁的截面形式主要有矩形、T形、倒T形、L形、工字形、十字形、花篮形等，如图2.3.1所示。板的截面形式一般为矩形、空心板、槽形板等，如图2.3.2所示。

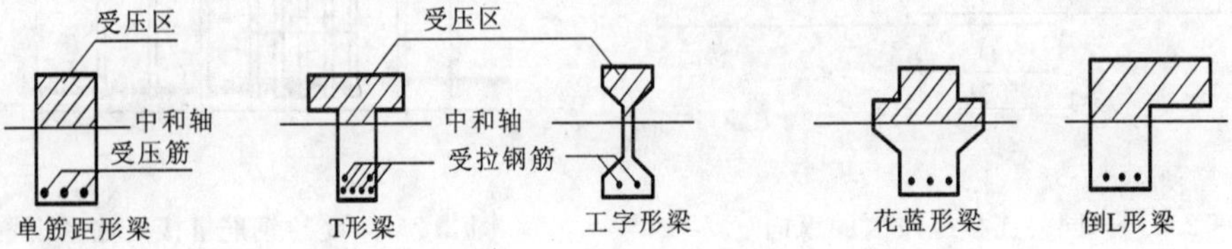

图2.3.1 梁的截面形式

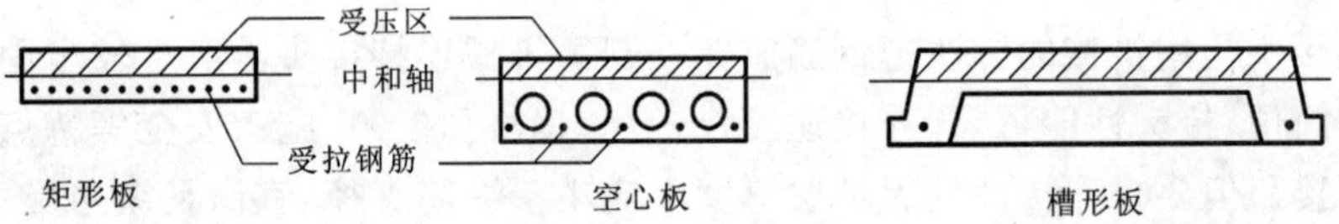

图2.3.2 板的截面形式

根据纵向受力钢筋配置的不同，受弯构件可分为单筋截面和双筋截面两种。前者指只在受拉区配置纵向受力钢筋的受弯构件；后者指同时在梁的受拉区和受压区配置纵向受力钢筋的受弯构件。在实际工程中单筋矩形截面由于构造简单，施工方便而被广泛应用。本章在计算方面仅介绍单筋矩形截面，其他截面形式的计算可参考有关文献。

3.1 受弯构件的构造要求

3.1.1 梁的构造要求

1. 截面尺寸

梁的截面尺寸一般情况下要求沿梁的全长保持不变，以方便施工。

1)梁的截面高度

在一般荷载作用下，梁的截面高度可参照表2.3.1进行确定。此时梁的挠度一般能控制在《混凝土规范》的要求范围内。

常用的梁截面高度为200 mm、250 mm、300 mm、……、700 mm、750 mm、800 mm，当梁高大于800 mm时，取100 mm的模数增加。

2)梁的截面宽度

梁的截面高度确定后，梁的截面宽度可由梁截面的高宽比确定。矩形截面：$h/b=2.0\sim2.5$；T形截面：$h/b=2.5\sim3.0$。

常用的梁截面宽度为 120 mm、150 mm、180 mm、200 mm、220 mm、250 mm，当梁宽大于 250 mm 时，取 50 mm 的模数增加。

表 2.3.1　梁的最小截面高度

梁的类别		简支	两端连续	悬臂
整体肋形梁	次梁	$l_0/20$	$l_0/25$	$l_0/8$
	主梁	$l_0/12$	$l_0/15$	$l_0/6$
独立梁		$l_0/12$	$l_0/15$	$l_0/6$

注：(1)l_0 为梁的计算跨度。

(2)当梁的计算跨度大于或等于 9 m 时，表中数值应乘以 1.2 系数。

2.梁的配筋

梁的钢筋有纵向受力钢筋、弯起钢筋、箍筋和架立钢筋，如图 2.3.3 所示。当梁的截面高度较大时，尚应在梁的两侧布置纵向构造钢筋。

1)纵向受力钢筋

纵向受力钢筋的作用主要是承受由弯矩在梁内所产生的拉力，设置在梁的受拉一侧。

(1)受力钢筋的直径。《混凝土规范》规定：当梁高 $h \geqslant 300$ mm 时，其直径不应小于 10 mm；当梁高 $h < 300$ mm 时，其直径不应小于 8 mm。常用的直径为 12～25 mm。同一构件中钢筋直径的种类不宜超过 3 种，同时钢筋的直径相差不能太大，以免钢筋受力不均匀，一般在上、下各二档范围内比较合理。

(2)受力钢筋的净距。为保证钢筋与混凝土之间具有足够的黏结力和便于浇筑混凝土，梁上部纵向受力钢筋的净距不应小于 30 mm 和 $1.5d$(d 为纵向受力钢筋的最大直径)；梁下部纵向受力钢筋的净距不应小于 25 mm 和 d，如图 2.3.4 所示。纵向受力钢筋应尽可能配置成一层，以提高梁的抗弯能力，最多不超过 3 层。若纵向受力钢筋必须排成两层时，上、下两层钢筋应当对齐。当梁的下部纵向受力钢筋配置多于两层时，自第三层起水平方向的中距应比下面两层的中距增大一倍。

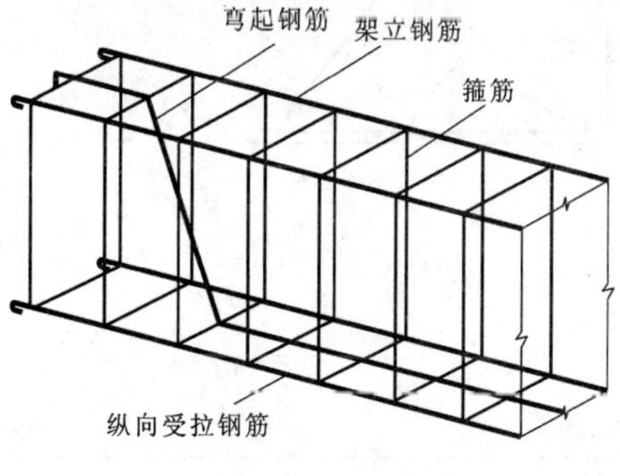

图 2.3.3　梁的配筋

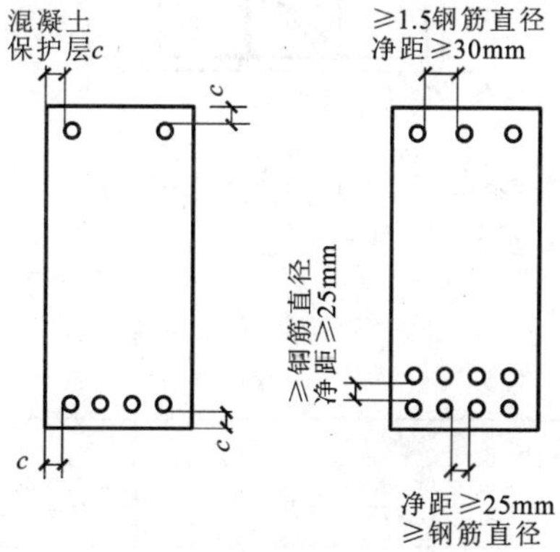

图 2.3.4　混凝土保护层及纵筋的净距

(3)受力钢筋的根数。梁纵向受力钢筋伸入支座内的根数一般不宜少于两根，当梁宽 $b<$

100 mm 时可为一根。

2)箍筋

箍筋的主要作用是用来承受由剪力和弯矩在梁内引起的主拉应力,同时还可固定纵向受力钢筋和其他钢筋,并形成一个空间的钢筋骨架。

(1)箍筋的形式。箍筋的形式有开口式和封闭式两种,如图 2.3.5 所示。由于箍筋属于受拉钢筋,因此应将箍筋弯钩锚固在受压区内。梁中箍筋通常采用封闭式。对于现浇 T 形截面梁,当不承受扭矩和动力荷载时,在跨中承受正弯矩的区段内可采用开口式箍筋。

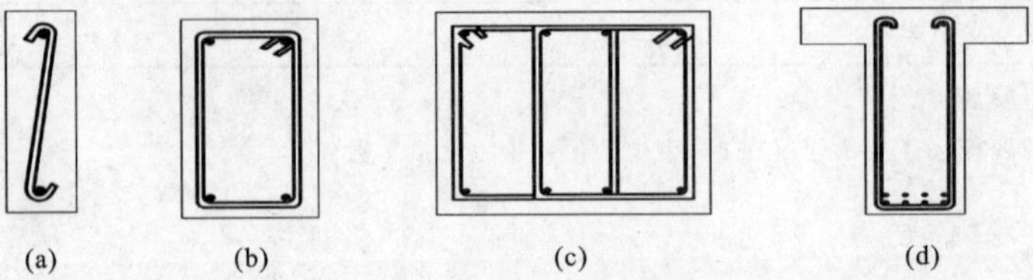

图 2.3.5　箍筋的形式和肢数

(a)单肢、开口式;(b)双肢、封闭式;(c)四肢、封闭式;(d)双肢、开口式

(2)箍筋的肢数。箍筋的肢数有单肢、双肢和四肢,如图 2.3.5 所示。一般多采用双肢箍筋。当梁宽 $b \leqslant 150$ mm 时可采用单肢箍筋。当梁的宽度大于 400 mm 且一层内的纵向受压钢筋多于 3 根时,或当梁的宽度不大于 400 mm 但一层内的纵向受压钢筋多于 4 根时,应采用四肢箍筋(由两个双肢箍筋组成,也称复合箍筋)。梁中一层内的纵向受拉钢筋多于 5 根时,宜采用复合箍筋。

(3)箍筋的直径。为使钢筋骨架具有一定的刚度,箍筋的直径不宜太小。当梁的截面高度 $h \leqslant 800$ mm 时,直径不宜小于 6 mm;当梁的截面高度 $h > 800$ mm 时,直径不宜小于 8 mm。

(4)箍筋的间距。箍筋的间距对斜裂缝的开展宽度有显著影响。如果间距太大,则斜裂缝可能不与箍筋相交,如图 2.3.6 所示,使得箍筋不能有效地抑制斜裂缝的开展,也就起不到箍筋应有的抗剪作用,因此《混凝土规范》规定了梁中箍筋的最大间距,见表 2.3.2。

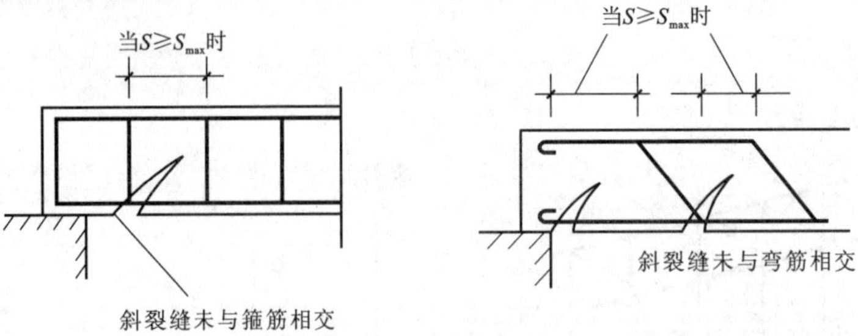

图 2.3.6　梁端斜裂缝

表 2.3.2　梁中箍筋的最大间距 S_{max}　(mm)

梁高 h	$V > 0.7 f_t b h_0$	$V \leqslant 0.7 f_t b h_0$
$150 < h \leqslant 300$	150	200
$300 < h \leqslant 500$	200	300
$500 < h \leqslant 800$	250	350
$h > 800$	300	400

(5)箍筋的设置。梁支座处的箍筋一般从梁边(或墙边)50 mm 处开始设置。支撑在砌体

结构上的独立梁，在纵向受力钢筋的锚固长度 l_{as} 范围内应配置两道箍筋，如图 2.3.7 所示，其直径不宜小于纵向受力钢筋最大直径的 0.25 倍，间距不宜大于纵向受力钢筋最小直径的 10 倍。当梁与钢筋混凝土梁或柱整浇时，支座内可不设置箍筋。应当注意的是箍筋是受拉钢筋，必须有良好的锚固。为此其端部应采用 135°弯钩，弯钩端头直线段长度不小于 50 mm，且不小于 $5d$。

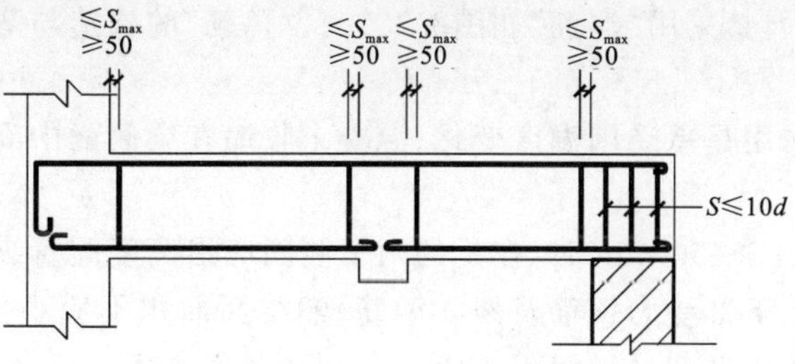

图 2.3.7　箍筋的布置

3)架立钢筋

架立钢筋的作用是固定箍筋并与纵向受力钢筋形成一个钢筋骨架，同时架立钢筋还承受由温度变化和混凝土收缩而产生的拉应力。设置在梁受压一侧的角部。

(1)架立钢筋的直径：梁的跨度小于 4 m 时，不宜小于 8 mm；梁的跨度为 4～6 m 时，不宜小于 10 mm；梁的跨度大于 6 m 时，不宜小于 12 mm。

(2)架立钢筋的根数：同箍筋的肢数。

4)弯起钢筋

弯起钢筋的作用是在跨中承受正弯矩产生的拉力；在靠近支座的弯起段承受弯矩和剪力共同产生的主拉应力，即作为受剪钢筋的一部分。

(1)弯起的角度。梁高 $h≤800$ mm 时采用 45°；梁高 $h>800$ mm 时采用 60°。

(2)弯筋的间距。前一排(对支座而言)弯起钢筋的弯起点至后一排弯起钢筋的弯终点的距离如图 2.3.8。当按计算设置弯起钢筋时，弯筋的间距不应大于表 2.3.2 中 $V>0.7f_tbh_0$ 栏的规定，以避免相邻两排弯起钢筋之间出现的斜裂缝可能与弯起钢筋不相交(图 2.3.6)，从而导致弯起钢筋不能发挥抗剪作用。在实际工程中，第一排弯起钢筋的弯终点到支座边缘的距离通常取为 50 mm。

(3)弯筋的锚固。弯起钢筋在弯终点外应有一直线段的锚固长度，以保证在斜截面处发挥其强度。其长度在受拉区$≥20d$；在受压区$≥10d$(d 为弯起钢筋的直径)。对光面钢筋在末端还应设置弯钩；为了防止弯折处混凝土挤压力过于集中，弯折半径应不小于 $10d$，如图 2.3.9 所示。

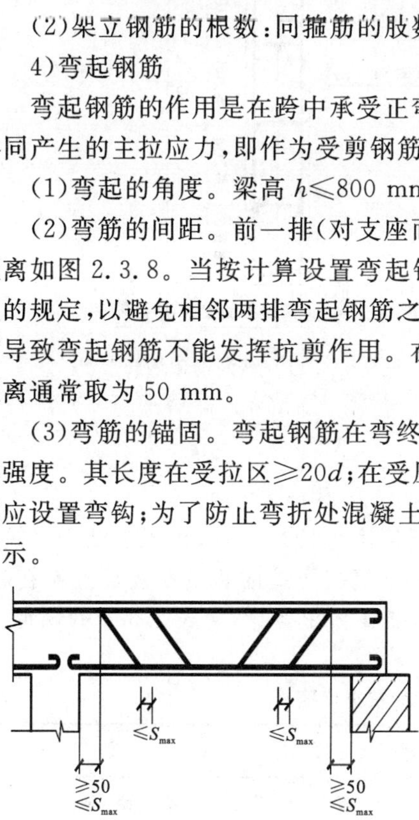

图 2.3.8　弯起钢筋的间距

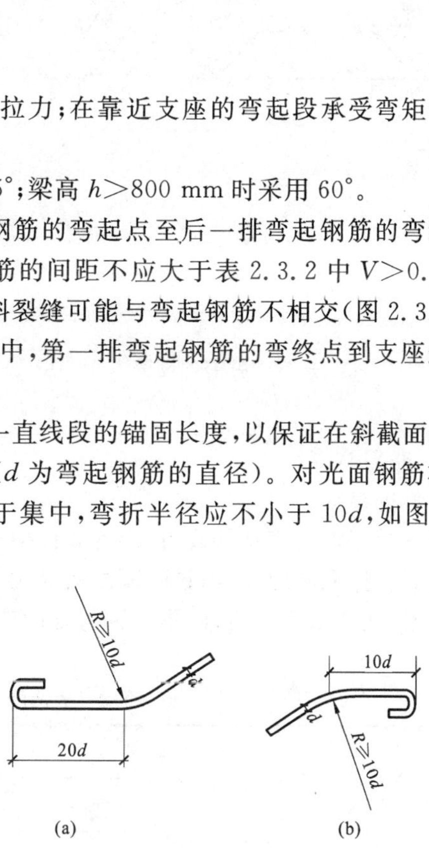

图 2.3.9　弯起钢筋的端部构造

(a)受拉区；(b)受压区

(4)弯筋的设置。在非抗震结构中，对于采用绑扎骨架的主梁、跨度≥6 m 的次梁、吊车梁、悬挑长度大于 1 m 的悬臂梁均宜设置弯起钢筋。梁截面底层钢筋中的角部钢筋不应弯起，梁顶层钢筋中的角部钢筋不应弯下。当纵向受力钢筋不能在需要的地方弯起或弯起钢筋不足以承受剪力时，可单独为抗剪设置弯起钢筋。此时，弯起钢筋应采用"鸭筋"形式，两端锚固在支座下部受压区，严禁采用"浮筋"如图2.3.10。"鸭筋"的构造与弯起钢筋基本相同。

5)纵向构造钢筋

纵向构造钢筋的作用是承受因温度变化、混凝土收缩在梁侧面中间部位引起的拉应力，防止侧面裂缝的产生。

当梁的腹板高度 $h_w \geq 450$ mm 时，在梁的两个侧面应沿高度配置纵向构造钢筋，每侧纵向构造钢筋(不包括梁上、下部受力钢筋及架立钢筋)的截面面积不应小于腹板截面面积 bh_w 的 0.1%，且其间距不宜大于 200 mm 如图 2.3.11。纵向构造钢筋一般不必做弯钩。此处 h_w 的取值为：矩形截面取截面有效高度，T 形截面取有效高度减去翼缘高度，工字形截面取腹板净高。

纵向构造钢筋用拉筋进行联系，拉筋的直径与箍筋直径相同，间距一般为箍筋间距的 2 倍。

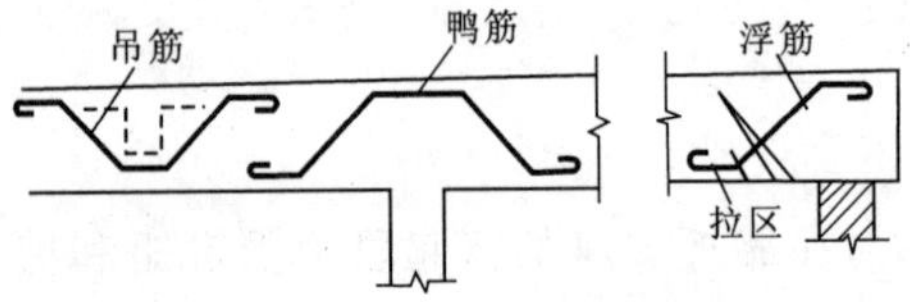

图 2.3.10 鸭筋的设置

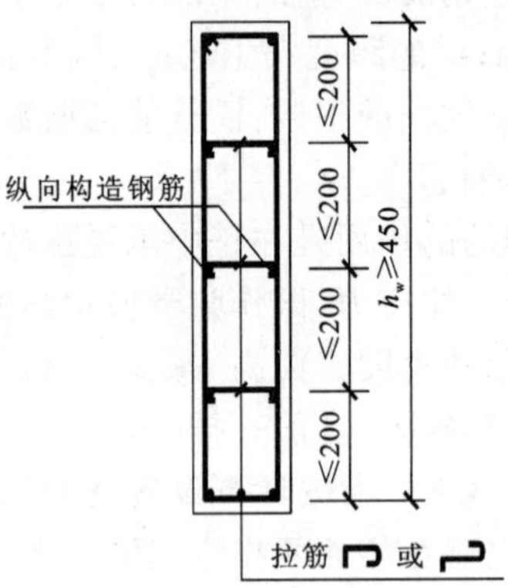

图 2.3.11 纵向构造钢筋

3.1.2 板的构造要求

1.板的厚度

板的厚度除应满足承载力、刚度和抗裂的要求外，还应考虑使用要求、施工方法和经济方面等因素。按刚度要求，当板的厚度满足表 2.3.3 时，一般情况下此时板的挠度能控制在《混凝土规范》的要求范围内，而不必进行板的挠度验算。按施工要求，应符合表 2.3.4 的规定。

表 2.3.3 板的厚度与计算跨度的最小比值

板的支撑情况	板的种类		
	单向板	双向板	悬臂板
简支	$l_0/35$	$l_0/45$	—
连续	$l_0/40$	$l_0/50$	$l_0/12$

注：l_0 为梁的计算跨度。

表 2.3.4　现浇板的最小厚度　(mm)

板的类别		最小厚度
单向板	屋面板	60
	民用建筑楼板	60
	工业建筑楼板	70
	行车道下楼板	80
双向板		80
密肋板	肋间距小于或等于 700 mm	40
	肋间距大于 700 mm	50
悬臂板	板的悬臂长度小于或等于 500 mm	60
	板的悬臂长度大于 500 mm	80
无梁楼板		150

2.板的配筋

板的截面尺寸较大，一般不必设置箍筋抗剪，故板中通常只配置纵向受力钢筋和分布钢筋如图 2.3.12 所示。

1)纵向受力钢筋

纵向受力钢筋的作用主要是承受由弯矩在板内所产生的拉力，沿跨度方向布置在板的受拉一侧。

(1)直径。常用直径为 8、10、12 mm。

(2)间距。板的受力钢筋间距通常不宜小于 70 mm。板厚 $h \leqslant 150$ mm 时，不宜大于 200 mm；板厚 $h > 150$ mm 时，不宜大于 $1.5h$，且不宜大于 250 mm。

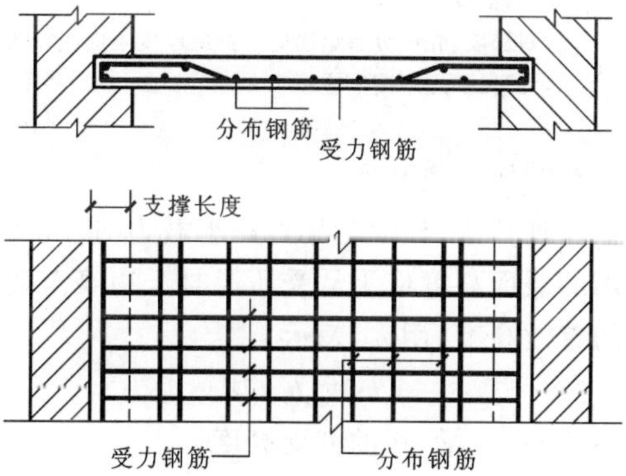

图 2.3.12　板的配筋

2)分布钢筋

分布钢筋的作用是固定纵向受力钢筋的位置而形成钢筋网，并将板上荷载有效地传到受力钢筋上去，同时也能防止温度或混凝土收缩等原因沿跨度方向的裂缝。分布钢筋垂直于板的受力钢筋方向，配置在受力钢筋的内侧。

(1)面积。板中单位长度上的分布钢筋，其截面面积不宜小于单位宽度上受力钢筋截面面积的 15%，且不宜小于该方向板截面面积的 0.15%。

(2)直径。不宜小于 6 mm，常用直径为 6～8 mm。

(3)间距。不宜大于 250 mm。

3.1.3　混凝土保护层和截面有效高度

1.混凝土保护层

为了防止钢筋锈蚀和保证钢筋与混凝土的黏结，受力钢筋的表面必须有足够的保护层。纵向受力钢筋的外边缘至混凝土表面的距离称为钢筋的混凝土保护层厚度，如图 2.3.4 所示。

《混凝土规范》规定了混凝土保护层的最小厚度，见表 2.3.5。同时混凝土保护层厚度还不应小于受力钢筋的直径。

表 2.3.5 纵向受力钢筋的混凝土保护层最小厚度 (mm)

环境类别		板、墙、壳			梁			柱		
		≤C20	C25～C45	≥C50	≤C20	C25～C45	≥C50	≤C20	C25～C45	≥C50
一		20	15	15	30	25	25	30	30	30
二	a	—	20	20	—	30	30	—	30	30
	b	—	25	20	—	35	30	—	35	30
三		—	30	25	—	40	35	—	40	35

注：(1)基础中纵向受力钢筋的混凝土保护层厚度不应小于 40 mm；当无垫层时不应小于 70 mm。

(2)处于一类环境中且由工厂生产的预制构件，当混凝土强度等级不低于 C20 时，其保护层厚度可按表中规定减少 5 mm，但预制构件中的预应力钢筋的保护层不应小于 15 mm；处于二类环境且由工厂生产的预制构件，当表面采取有效保护措施时，保护层厚度可按表中一类环境数值采用。

(3)预制钢筋混凝土受弯构件钢筋端头的保护层厚度不应小于 10 mm；预制肋形板主肋钢筋的保护层厚度应按梁的数值取用。

(4)板、墙、壳中分布钢筋的保护层厚度不应小于表中相应数值减 10 mm，且不小于 10 mm。梁、柱箍筋和构造钢筋的保护层厚度不应小于 15 mm。

2. 截面有效高度

在计算梁、板受弯构件的承载力时，混凝土开裂后拉力完全由钢筋承担，因此梁、板能发挥作用的截面高度应为从受压混凝土边缘至受拉钢筋合力作用点的距离，这一距离称为梁、板截面的有效高度，用 h_0 表示。

$$h_0 = h - a_s \tag{2.3.1}$$

式中 h——梁、板的截面高度。

a_s——受拉钢筋合力点到截面受拉边缘的距离。

在室内正常环境下，设计计算时 a_s 可近似按表 2.3.6 取用。

表 2.3.6 室内正常环境下的梁、板 a_s 的近似值 (mm)

构 件 种 类		混凝土强度等级	
		≤C20	≥C25
梁	一排纵向受力钢筋	40	35
	二排纵向受力钢筋	65	60
板		25	20

3.2 受弯构件正截面承载力

钢筋混凝土受弯构件在弯矩和剪力共同作用下，构件破坏有两种可能：一种是由弯矩作用引起的，破坏截面与构件的纵轴线垂直，称为沿正截面破坏；另一种是由弯矩和剪力共同作用引起的，破坏截面是倾斜的，称为沿斜截面破坏。因此，在设计受弯构件时，应进行正截面承载力和斜截面承载力计算。

3.2.1 破坏形态

受弯构件正截面的破坏形式主要与纵向受拉钢筋相对数量的多少有关。纵向受拉钢筋相对数量用配筋率 ρ 表示。即

$$\rho=\frac{A_s}{bh_0} \tag{2.3.2}$$

式中 A_s——受拉钢筋截面面积。

b——截面宽度。

h_0——截面有效高度。

由纵向受拉钢筋配筋率的不同，钢筋混凝土受弯构件将会产生不同的破坏形态。根据其正截面的破坏特征，钢筋混凝土梁可分为适筋梁、超筋梁和少筋梁 3 种破坏形态，对于板也如此，如图 2.3.13 所示。

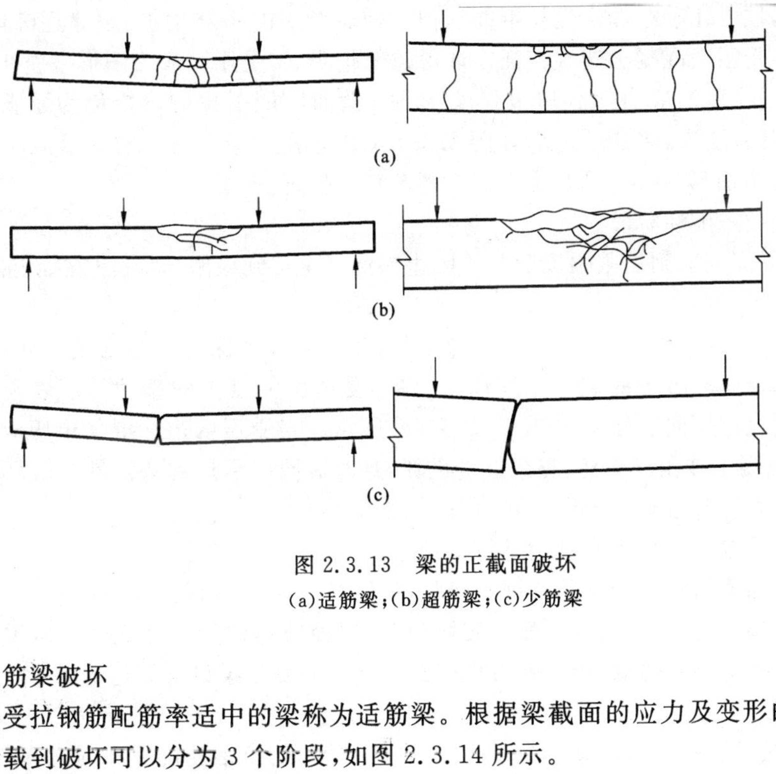

图 2.3.13 梁的正截面破坏

(a)适筋梁；(b)超筋梁；(c)少筋梁

1. 适筋梁破坏

纵向受拉钢筋配筋率适中的梁称为适筋梁。根据梁截面的应力及变形的特点，适筋梁从开始加荷载到破坏可以分为 3 个阶段，如图 2.3.14 所示。

1)第Ⅰ阶段——弹性工作阶段

从开始加荷载到梁受拉区将出现裂缝前为第Ⅰ阶段。

荷载很小时，梁的工作情况与均质弹性梁相似，应力与应变几乎呈直线关系，如图 2.3.14(a)所示。当弯矩增大时，受拉区混凝土表现出明显的塑性特征，受拉区应力呈曲线分布。当受拉边缘纤维的应变达到混凝土的极限拉应变 ε_{tu} 时，截面处于将裂未裂的极限状态，如图 2.3.14(b)所示，即第Ⅰ阶段末，用Ⅰ$_a$ 表示，此时截面所能承担的弯矩称抗裂弯矩 M_{cr}。

Ⅰ$_a$ 的应力图形是抗裂验算的依据。

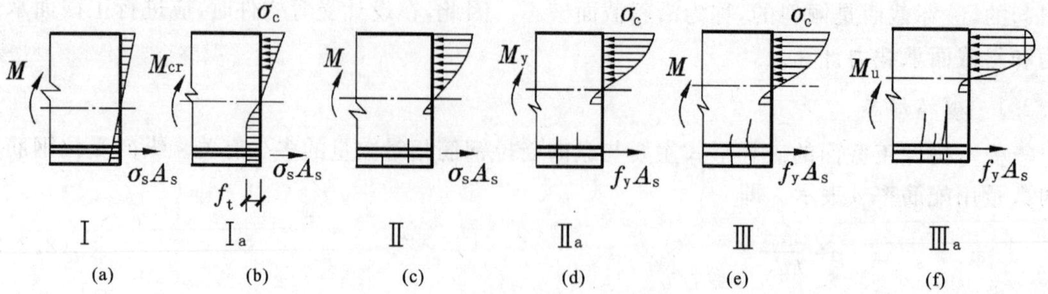

图 2.3.14 适筋梁工作的 3 个阶段

(2)第Ⅱ阶段——带裂缝工作阶段

从受拉区混凝土出现第一条裂缝到受拉区钢筋应力达到屈服强度为第Ⅱ阶段。

当弯矩继续增加时，受拉区混凝土的拉应变超过其极限拉应变 ε_{tu}，受拉区混凝土出现第一条裂缝如图 2.3.14(c)，截面即进入第Ⅱ阶段。裂缝出现后，在裂缝截面处，受拉区混凝土大部分退出工作，拉力几乎全部由受拉钢筋承担。随着弯矩的不断增加，裂缝逐渐向上扩展，中和轴逐渐上移，受压区混凝土塑性特征表现得越来越明显，受压区应力图形呈曲线变化。当弯矩继续增加使受拉钢筋应力达到屈服强度 f_y 时，截面所能承担的弯矩称为屈服弯矩 M_y。相应此时称为第Ⅱ阶段末，用Ⅱ$_a$ 表示，如图 2.3.14(d)所示。

Ⅱ$_a$ 阶段的应力图形是作为裂缝宽度和变形验算的依据。

(3)第Ⅲ阶段——破坏阶段

从受拉区钢筋应力达到屈服强度到受压区边缘混凝土达到极限压应变(混凝土被压碎)为第Ⅲ阶段。

随着弯矩进一步的增加，由于受拉钢筋的屈服，其应力基本保持屈服强度不变，钢筋的应变迅速增大，使受拉区混凝土的裂缝迅速向上扩展，受压区混凝土的塑性特征表现得更加充分，压应力图形明显地呈曲线分布，如图 2.3.14(e)所示。当受压区边缘混凝土压应变达到极限压应变 ε_{cu}时，混凝土被压碎破坏，导致梁的破坏，这时截面所承担的弯矩即为破坏弯矩 M_u。相应地，此时称为第Ⅲ阶段末，用Ⅲ$_a$ 表示，如图 2.3.14(f)。

Ⅲ$_a$ 的应力图形是构件极限承载力计算的依据。

由此可见，适筋梁的破坏始于受拉钢筋屈服，钢筋屈服后产生很大塑性变形，因此构件在破坏前挠度较大、裂缝很宽，给人以明显的破坏预兆，这种破坏称为塑性破坏。由于适筋梁受力合理，能充分发挥材料的强度，所以在工程中都将钢筋混凝土梁设计为适筋梁。

2. 超筋梁破坏

纵向受拉钢筋配筋率过多的梁称为超筋梁。由于纵向受拉钢筋配置相对过多，因此在破坏时受拉钢筋尚未达到屈服强度，而受压区边缘混凝土却因达到极限压应变先被压碎，使得整个构件破坏。这种破坏发生得非常突然，破坏前没有明显的预兆，称为脆性破坏。梁受拉钢筋配置虽多，但却不能充分发挥作用，很不经济，所以工程中不允许采用超筋梁，用最大配筋率 ρ_{max}加以限制。

3. 少筋梁破坏

纵向受拉钢筋配筋率过少的梁称为少筋梁。由于纵向受拉钢筋配置相对过少，在荷载作用下受拉区混凝土一旦出现裂缝，受拉钢筋的应力就会迅速增大达到屈服强度，构件将产生很宽的裂缝和很大的挠度，若受拉钢筋的数量过少的话，钢筋甚至被拉断。破坏前没有明显的预兆，也是一种脆性破坏。这种梁破坏时受压混凝土的抗压强度未能充分利用，它的承载力主要取决于混凝土的抗拉强度，所以很不经济，因此工程中不允许采用少筋梁，用最小配筋率 ρ_{min} 加以限制。

3.2.2 计算基本假定

由适筋梁的破坏过程已知，受弯构件正截面承载力计算是以Ⅲ$_a$ 阶段的应力状态为依据的，为了便于计算，必须进行如下假定。

1. 基本假定

(1)构件正截面弯曲变形后其截面仍保持一平面，截面应变分布符合平截面假定。

(2)不考虑受拉区混凝土的抗拉强度，拉力完全由钢筋承担。

(3)采用理想化的应力—应变关系曲线，如图 2.3.15 和图 2.3.16 所示。

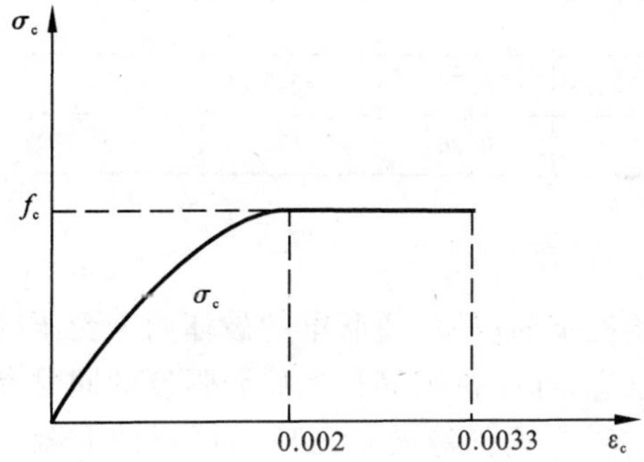

图 2.3.15 混凝土 σ_c—ε_c 设计曲线

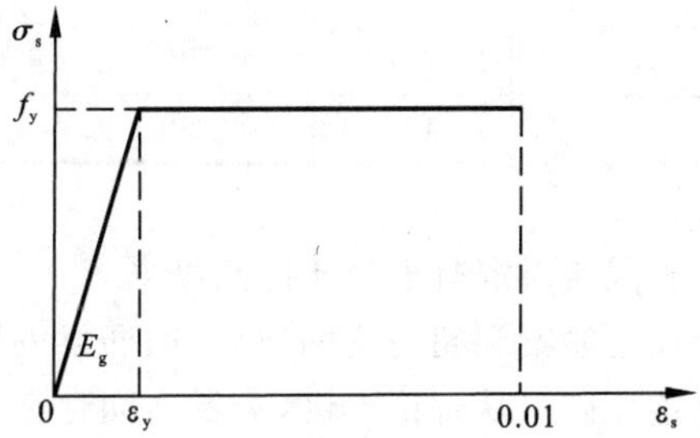

图 2.3.16 热轧钢筋 σ_s—ε_s设计曲线

2. 等效矩形应力图形

在进行截面设计时，必须计算受压区混凝土的合力，而混凝土压应力图形是曲线，所以给计算带来复杂性。为此，《混凝土规范》规定：受压区混凝土的压应力图形可简化为等效矩形应力图形，如图 2.3.17 所示。等效转换的原则如下。

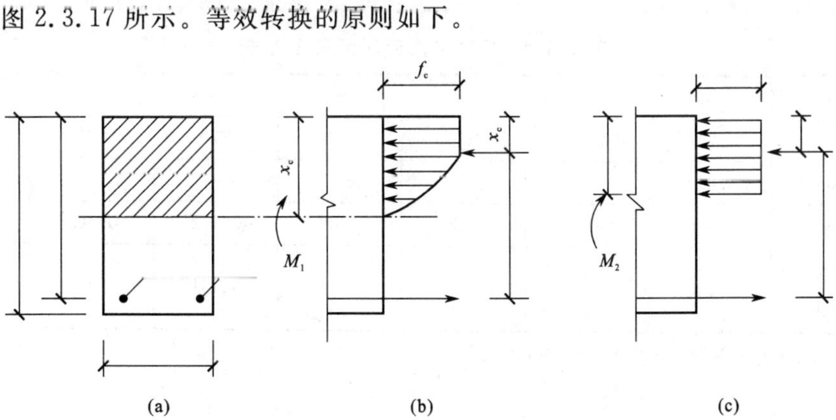

图 2.3.17 曲线应力和等效应力

(a)横截面示意；(b)曲线应力图形；(c)等效矩形应力图形

(1)保持原来受压区混凝土的合力大小不变。

(2)保持原来受压区混凝土的合力作用点位置不变。

根据前述假定，适筋梁Ⅲ$_a$阶段的应力图形可简化为图 2.3.17(b)所示的曲线应力图，其中 x_c 为实际混凝土受压区高度。为进一步简化计算，按照受压区混凝土的合力大小不变、受压区混凝土的合力作用点不变的原则，将其简化为图 2.3.17(c)所示的等效矩形应力图形。略去推导过程，合力 $C=\alpha_1 f_c bx$，合力作用点至混凝土边缘的距离为 $0.5\beta_1 x_c$，等效矩形应力图形的混凝土受压区高度 $x=\beta x_c$，等效矩形应力图形的压应力值为 $\alpha_1 f_c$，β_1 为等效矩形应力图受压区高度与实际中和轴高度的比值，α_1 为受压区混凝土等效矩形应力图的应力值与混凝土轴心抗压强度设计值的比值，β_1、α_1 的值见表 2.3.7。

表 2.3.7　β_1、α_1 值

混凝土强度等级	≤C50	C55	C60	C65	C70	C75	C80
β_1	0.8	0.79	0.78	0.77	0.76	0.75	0.74
α_1	1.0	0.99	0.98	0.97	0.96	0.95	0.94

3. 界限相对混凝土受压区高度 ξ_b

比较适筋梁和超筋梁的破坏，适筋梁的破坏始于受拉钢筋屈服，超筋梁的破坏始于受压区混凝土被压碎。从理论上讲，二者之间存在一种界限状态，即受拉钢筋达到屈服强度的同时受压区混凝土边缘达到极限压应变，称之为界限破坏。将受弯构件等效矩形应力图形的混凝土受压区高度 x 与截面有效高度 h_0 之比称为相对混凝土受压区高度，用 ξ 表示，$\xi=x/h_0$；适筋梁界限破坏时等效受压区高度与截面有效高度之比称为界限相对混凝土受压区高度，用 ξ_b 表示。

若 $\xi>\xi_b$，构件破坏时受拉钢筋不能屈服，表明构件的破坏为超筋破坏；若 $\xi>\xi_b$，构件破坏时受拉钢筋已经达到屈服强度，表明发生的破坏为适筋破坏或少筋破坏。

各种钢筋的 ξ_b 值见表 2.3.8。

表 2.3.8　相对界限受压区高度 ξ_b 值

钢筋级别	ξ_b						
	≤C50	C55	C60	C65	C70	C75	C80
HPB235	0.614	—	—	—	—	—	—
HRB335	0.550	0.541	0.531	0.522	0.512	0.503	0.493
HRB400 RRB400	0.518	0.508	0.499	0.490	0.481	0.472	0.463

注：表中—表示高强度混凝土不宜配置低强度钢筋。

3.2.3　单筋矩形梁

1. 基本公式

对于受弯构件正截面承载力的计算，应满足由作用在结构上的荷载在构件截面中产生的弯距设计值 M 不超过按材料强度设计值计算得到的构件受弯承载力设计值 M_u。根据适筋梁破坏时的平衡条件，如图 2.3.17(c)所示，即可写出单筋矩形截面受弯构件正截面承载力的基本计算公式：

$$\sum X=0 \qquad a_1 f_c bx=f_y A_s \tag{2.3.3}$$

$$\sum M=0 \qquad M\leqslant M_u=a_1 f_c bx(h_0-\frac{x}{2}) \tag{2.3.4}$$

或

$$M\leqslant M_u=f_y A_s(h_0-\frac{x}{2}) \tag{2.3.5}$$

式中 M——弯距设计值。

b——截面宽度。

h_0——截面有效高度。

x——等效矩形应力图形的混凝土受压区高度，简称受压区高度。

f_c——混凝土轴心抗压强度设计值。

f_y——钢筋抗拉强度设计值。

A_s——纵向受拉钢筋截面面积。

a_1——系数，见表 2.3.7。

2.适用条件

(1)为防止发生超筋破坏，需满足：

$$\xi\leqslant\xi_b \tag{2.3.6(a)}$$

或

$$x\leqslant\xi_b h_0 \tag{2.3.6(b)}$$

或

$$\rho\leqslant\rho_{max}=\xi_b\frac{a_1 f_c}{f_y} \tag{2.3.6(c)}$$

在式(2.3.4)中，取 $x=\xi_b h_0$，即得到单筋矩形截面所能承受的最大弯矩：

$$M_{n,max}=a_1 f_c bh_0^2\xi_b(1-0.5\xi_b) \tag{2.3.7}$$

(2)为防止发生少筋破坏，应满足：

$$\rho\geqslant\rho_{min} \tag{2.3.8(a)}$$

或

$$A_s\geqslant A_{s,min}=\rho_{min}bh \tag{2.3.8(b)}$$

钢筋混凝土受弯构件最小配筋百分率取 $45f_t/f_y$ 和 0.2 的较大值。应当注意的是，在验算最小配筋率时，应将式(2.3.2)中的有效截面面积 bh_0 改为全截面面积 bh。

3.计算步骤

对于单筋矩形截面受弯构件正截面承载力计算，可以分为两类问题：一是截面设计，二是截面复核。

1)截面设计

已知：弯矩设计值 M，混凝土强度等级，钢筋级别，构件截面尺寸 b、h。

求：所需受拉钢筋截面面积 A_s。

计算步骤如下。

(1)确定截面有效高度 h_0。

$$h_0=h-a_s$$

式中 a_s——受拉钢筋合力点到截面受拉边缘的距离。承载力计算时，室内正常环境下的梁、板，其 a_s 可近似按表 2.3.6 取用。

(2)计算混凝土受压区高度 x。

由式(2.3.4)得

$$x=h_0-\sqrt{h_0^2-\frac{2M}{a_1 f_c b}}$$

若 $x\leqslant\xi_b h_0$，则不属超筋梁；$x>\xi_b h_0$ 为超筋梁，此时应加大截面尺寸，或提高混凝土强度等级，或改用双筋截面。

(3)计算钢筋截面面积 A_s。

$$A_s=a_1 f_c bx/f_y$$

若 $A_s\geqslant\rho_{min} bh$，则不属少筋梁；$A_s<\rho_{min} bh$ 为少筋梁，应取 $A_s=\rho_{min}bh$。

(4)选配钢筋。

2)截面复核

已知：构件截面尺寸 b、h，钢筋截面面积 A_s，混凝土强度等级，钢筋级别，弯矩设计值 M。

求：截面受弯承载力，复核截面是否安全？

计算步骤如下。

(1)确定截面有效高度 h_0。

(2)判断梁的类型。

计算 $x=\frac{A_s f_y}{a_1 f_c b}$，$\rho_{min}$ 或 ρ_{max}，若 $x\leqslant\xi_b h_0$ 及 $A_s\geqslant\rho_{min}bh$ 为适筋梁；若 $x>\xi_b h_0$，或 $A_s<\rho_{max} bh_0$ 为超筋梁；若 $A_s<\rho_{min} bh$，为少筋梁。

(3)计算截面受弯承载力 M_u。

适筋梁　　$M_u= A_s f_y(h_0-x/2)$

超筋梁　　$M_u=M_{u,max}=a_1 f_c bh_0^2\xi_b(1-0.5\xi_b)$

少筋梁　　修改设计。

(4)判断截面是否安全：若 $M\leqslant M_u$，则截面安全。

【例 2.3.1】某钢筋混凝土矩形截面简支梁，截面尺寸 $b\times h=250\ mm\times 550\ mm$，弯矩设计值 $M=145\ kN\cdot m$，C20 级混凝土，HRB 335 级钢筋，环境类别一类，安全等级二级。试确定纵向受力钢筋的数量。

【解】查表得 $f_c=9.6\ N/mm^2$，$f_t=1.10\ N/mm^2$，$f_y=300\ N/mm^2$，$a_1=1.0$，$\xi_b=0.550$

1)计算截面有效高度 h_0

假设纵向受力钢筋为一排，则 $h_0=h-a_s=550-40=510\ mm$

2)计算 x

$$x=h_0-\sqrt{h_0^2-\frac{2M}{a_1 f_c b}}=510-\sqrt{510^2-\frac{2\times145\times10^6}{1.0\times9.6\times250}}$$

$$=136.8\ mm<\xi_b h_0=0.550\times510=280.5\ mm$$

不属于超筋梁。

3)计算 A_s

$$A_s=\frac{a_1 f_c bx}{f_y}=\frac{1.0\times9.6\times250\times136.8}{300}=1\ 094.4\ mm^2$$

$$0.45\frac{f_t}{f_y}=0.45\frac{1.10}{300}=0.165\%<0.2\%，取\ \rho_{min}=0.2\%$$

$$A_{s,min}=0.2\%\times250\times550=275\ mm^2< A_s=1\ 094.4\ mm^2$$

不属于少筋梁。

4)选配钢筋

选配 2Φ18+2Φ20(A_s=1 137 mm^2),如图 2.3.18 所示。

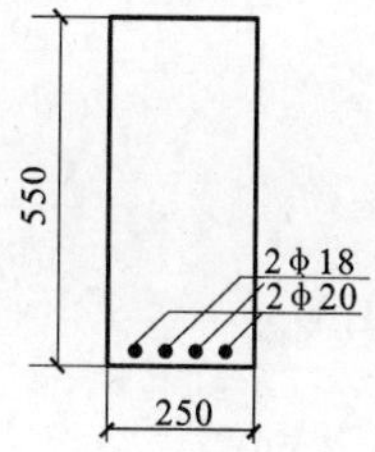

图 2.3.18　例 2.3.1 附图

【例 2.3.2】某教学楼钢筋混凝土矩形截面简支梁,环境类别一类,安全等级二级,截面尺寸 $b\times h=250\ \text{mm}\times 500\ \text{mm}$,混凝土强度等级 C25,配纵向受拉钢筋 HRB 400 级 3 Φ 20,该梁承受弯矩设计值 $M=130$ kN·m。试复核该梁是否安全。

【解】$f_c=11.9\ \text{N/mm}^2$,$f_t=1.27\ \text{N/mm}^2$,$f_y=360\ \text{N/mm}^2$,$\xi_b=0.518$,$a_1=1.0$,$A_s=942\ \text{mm}^2$

(1)计算 h_0

因纵向受拉钢筋布置成一排,故 $h_0=h-a_s=500-35=465$ mm。

(2)判断梁的类型

$$x=\frac{A_s f_y}{a_1 f_c b}=\frac{942\times 360}{1.0\times 11.9\times 250}=114\ \text{mm}<\xi_b h_0=0.518\times 465=240.9\ \text{mm}$$

$$0.45\frac{f_t}{f_y}=0.45\frac{1.27}{360}=0.16\%<0.2\%,\text{取}\ \rho_{\min}=0.2\%$$

$$A_{s,\min}=0.2\%\times 250\times 500=250\ \text{mm}^2<A_s=942\ \text{mm}^2$$

该梁属适筋梁。

(3)求截面受弯承载力 M_u

$$M_u=f_y A_s\left(h_0-\frac{x}{2}\right)=360\times 942\times\left(465-\frac{114}{2}\right)=138.36\times 10^6\ \text{N}\cdot\text{mm}$$
$$=138.36\ \text{kN}\cdot\text{m}>M=130\ \text{kN}\cdot\text{m}$$

该截面安全。

3.3　受弯构件斜截面承载力

如图 2.3.19(a)为梁在弯矩 M 和剪力 V 共同作用下的主应力迹线,其中实线为主拉应力迹线,虚线为主压应力迹线。图 2.3.19(b)所示为受一对集中力作用的简支梁,在集中力到支座之间的区段,各截面上除产生弯矩外,同时还产生剪力。在弯曲正应力和剪应力共同作用下,受弯构件将产生与轴线斜交的主拉应力和主压应力。由于混凝土抗压强度较高,受弯构件一般不会因主压应力而引起破坏。但当主拉应力超过混凝土的抗拉强度时,混凝土便沿垂直于主拉应力的方向出现斜裂缝,进而可能发生斜截面破坏。斜截面破坏通常较为突然,属于脆性破坏,其危险性更大。所以,钢筋混凝土受弯构件除应进行正截面承载力计算外,还应对弯矩和剪力共同作用的区段进行斜截面承载力计算。

梁的斜截面承载能力包括斜截面受剪承载力和斜截面受弯承载力。在实际工程设计中,斜截面受剪承载力通过配置腹筋来保证,而斜截面受弯承载力则通过构造措施来保证。

3.3.1　破坏形态

受弯构件斜截面受剪破坏形态主要取决于箍筋数量和剪跨比 λ。计算截面的剪跨比 λ 等于该截面的弯矩值与截面的剪力值和有效高度的乘积之比,即 $\lambda=\frac{M}{Vh_0}$,称为广义剪跨比。对于图 2.3.19 所示集中荷载下的截面剪跨比可取 $\lambda=\frac{Fa}{Fh_0}=\frac{a}{h_0}$,称为计算剪跨比。《混凝土规范》采用计算剪跨比而未采用广义剪跨比,主要是考虑计算方便,且偏于安全。其中 a 称为剪

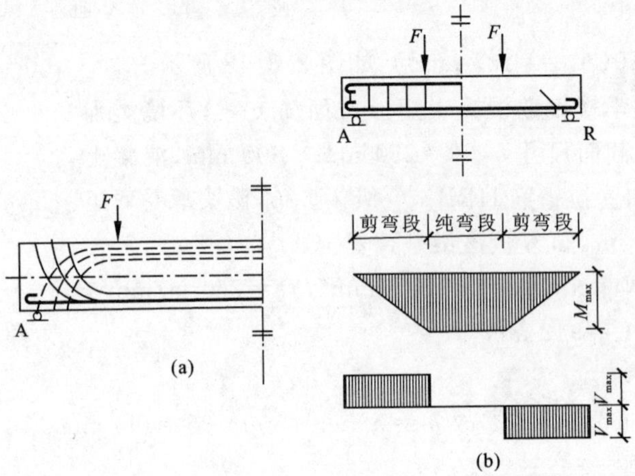

图 2.3.19　受弯构件主应力迹线及斜裂缝示意

(a)梁的主应力迹线;(b)梁的内力图

跨,即集中荷载作用点至支座的距离。随着箍筋数量和剪跨比的不同,受弯构件主要有以下 3 种斜截面受剪破坏形态。

1. 斜拉破坏

当箍筋配置过少,且剪跨比较大($\lambda>3$)时,常发生斜拉破坏。其特点是斜裂缝一旦出现,与斜裂缝相交的箍筋应力立即达到屈服强度,箍筋对斜裂缝发展的约束作用消失,斜裂缝迅速延伸到梁的受压区边缘,构件裂为两部分而破坏,如图 2.3.20(a)所示。斜拉破坏的破坏过程急骤,具有明显的脆性。

2. 剪压破坏

构件的箍筋适量,且剪跨比适中($\lambda=1\sim3$)时将发生剪压破坏。随着荷载的增加,首先在剪弯段受拉区出现斜裂缝,随后斜向延伸。当荷载增加到一定数值时,其中一条发展成临界斜裂缝。荷载进一步增加,与临界斜裂缝相交的箍筋应力达到屈服强度。随后斜裂缝不断扩展,斜截面末端剪压区不断缩小,最后剪压区混凝土在正应力和剪应力共同作用下达到极限状态而被压碎,如图 2.3.20(b)所示。剪压破坏没有明显预兆,属于脆性破坏。

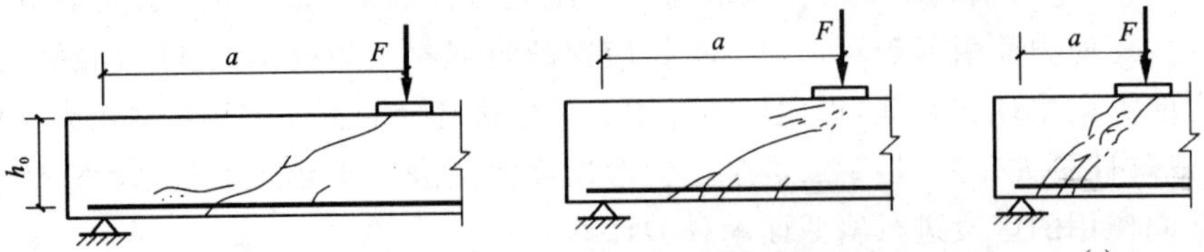

图 2.3.20　斜截面破坏形态

(a)斜拉破坏;(b)剪压破坏;(c)斜压破坏

3. 斜压破坏

当梁的箍筋配置过多过密或梁的剪跨比较小($\lambda<1$)时,斜截面破坏形态将主要是斜压破坏。这种破坏是因梁的剪弯段腹部混凝土被一系列平行的斜裂缝分割成若干个斜向的受压短柱,最终因混凝土短柱被压碎而导致破坏,破坏时箍筋应力尚未达到屈服强度,如图 2.3.20(c)所示。斜压破坏属脆性破坏。

上述 3 种破坏形态，均属于脆性破坏。剪压破坏可通过计算避免，斜压破坏和斜拉破坏分别通过采用截面限制条件与按构造要求配置箍筋来防止。剪压破坏形态是建立斜截面受剪承载力计算公式的依据。

3.3.2 斜截面受剪承载力

1. 影响斜截面受剪承载力的因素

1）剪跨比 λ

当 $\lambda \leqslant 3$ 时，斜截面受剪承载力随 λ 增大而减小。当 $\lambda > 3$ 时，其影响不明显。

2）混凝土强度

混凝土强度对斜截面受剪承载力有着重要影响。混凝土强度越高，受剪承载力越大。

3）配箍率 ρ_{sv}

$$\rho_{sv}=\frac{A_{sv}}{bs}=\frac{nA_{sv1}}{bs} \tag{2.3.9}$$

式中 A_{sv}——配置在同一截面内箍筋（即同一个箍筋）各肢的全部截面面积。$A_{sv}=nA_{sv1}$，其中 n 为箍筋肢数，A_{sv1} 为单肢箍筋的截面面积。

b——矩形截面的宽度，T 形、工字形截面的腹板宽度。

s——箍筋间距。

梁的斜截面受剪承载力随配箍率增大而增大。

4）纵向钢筋配筋率

纵筋受剪产生销栓力，可以限制斜裂缝的开展。梁的斜截面受剪承载力随纵向钢筋配筋率增大而提高。

除上述因素外，截面形状、荷载种类和加载方式等对斜截面受剪承载力都有一定影响。

在影响斜截面受剪承载力诸因素中，剪跨比 λ、配箍率 ρ_{sv} 是最主要的因素。

2. 基本计算公式

由于影响斜截面受剪承载力的因素很多，精确计算比较困难，现行计算公式带有一定的经验性质。

钢筋混凝土受弯构件斜截面受剪承载力计算以剪压破坏形态为依据。斜截面受剪承载力应由 3 部分组成如图 2.3.21，即

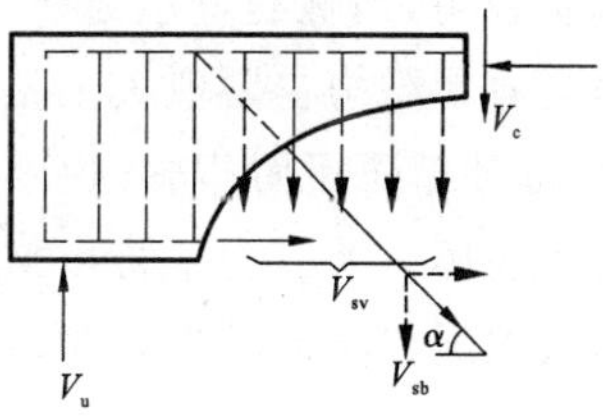

图 2.3.21 斜截面受剪承载力的组成

$$V_u=V_c+V_{sv}+V_{sb} \tag{2.3.10}$$

式中 V_u——受弯构件斜截面受剪承载力。

V_c——剪压区混凝土受剪承载力，即无腹筋梁的受剪承载力。

V_{sv}——与斜裂缝相交的箍筋受剪承载力。

V_{sb}——与斜裂缝相交的弯起钢筋受剪承载力。

在式（2.3.10）中，V_c 和 V_{sv} 是密切相关的，无法分开表达，故以 $V_{cs}=V_c+V_{sv}$ 表示混凝土和箍筋总的受剪承载力，则有

$$V_u=V_{cs}+V_{sb} \tag{2.3.11}$$

《混凝土规范》在理论研究和试验结果基础上，结合工程实践经验给出了以下斜截面受剪承载力计算公式。

1)仅配箍筋梁的斜截面受剪承载力

对于均布荷载作用下的矩形、T形及工字形截面一般受弯构件,有

$$V \leqslant V_{cs} = 0.7 f_t b h_0 + 1.25 f_{yv} \frac{A_{sv}}{S} h_0 \tag{2.3.12}$$

对于集中荷载作用下(包括作用多种荷载,其中集中荷载对支座截面或节点边缘所产生的剪力占该截面总剪力值的75%以上的情况)的独立梁为

$$V \leqslant V_{cs} = \frac{1.75}{\lambda+1} f_t b h_0 + f_{yv} \frac{A_{sv}}{s} h_0 \tag{2.3.13}$$

式中 f_t——混凝土轴心抗拉强度设计值。

A_{sv}——配置在同一截面内箍筋各肢的全部截面面积,$A_{sv}=nA_{sv1}$,其中n为箍筋肢数,A_{sv1}为单肢箍筋的截面面积。

s——箍筋间距。

f_{yv}——箍筋抗拉强度设计值。

λ——计算截面的剪跨比,$\lambda=\frac{a}{h_0}$。当$\lambda<1.5$时,取$\lambda=1.5$;当$\lambda>3$时,取$\lambda=3$。

2)同时配置箍筋和弯起钢筋梁的斜截面受剪承载力

$$V \leqslant V_u = V_{cs} + 0.8 f_y A_{sb} \sin \alpha_s \tag{2.3.14}$$

式中 f_y——弯起钢筋的抗拉强度设计值。

A_{sb}——同一弯起平面内的弯起钢筋的截面面积。

其余符号意义同前。

式(2.3.14)中的系数0.8是考虑弯起钢筋与破坏斜截面相交位置的不定性,其应力可能达不到屈服强度,故在公式中引入了弯起钢筋的应力不均匀系数。

3. 适用条件

1)防止出现斜压破坏的条件——最小截面尺寸的限制

试验表明,当箍筋量达到一定程度时,再增加箍筋,截面受剪承载力几乎不再增加。此时斜截面受剪承载力主要取决于截面尺寸及混凝土强度,与配箍量无关。若剪力很大,而截面尺寸过小,即使箍筋配置很多,也不能完全发挥作用,因为箍筋强度达屈服前混凝土已被压碎而发生斜压破坏。所以为了防止斜压破坏,必须限制截面最小尺寸。实际上,截面最小尺寸条件也就是最大配箍率的条件。对矩形、T形及工字形截面受弯构件,其限制条件如下。

当$\frac{h_w}{b} \leqslant 4.0$时

$$V \leqslant 0.25 \beta_c f_c b h_0 \tag{2.3.15}$$

当$\frac{h_w}{b} \geqslant 6.0$时

$$V \leqslant 0.2 \beta_c f_c b h_0 \tag{2.3.16}$$

当$4.0<\frac{h_w}{b}<6.0$时,按线性内插法确定,即

$$V \leqslant 0.025 \beta_c \left(14 - \frac{h_w}{b}\right) f_c b h_0 \tag{2.3.17}$$

式中 b——矩形截面宽度,T形和工字形截面的腹板宽度。

h_w——截面的腹板高度,矩形截面取有效高度h_0,T形截面取有效高度减去翼缘高度,

工字形截面取腹板净高。

β_c——混凝土强度影响系数，当混凝土强度等级≤C50 时，$\beta_c=1.0$，当混凝土强度等级为 C80 时，$\beta_c=0.8$；等级 C50～C80 时，按直线内插法取用。

2)防止出现斜拉破坏的条件——最小配箍率的限制

为了避免出现斜拉破坏，构件配箍率应满足

$$\rho_{sv}=\frac{A_{sv}}{bs}=\frac{nA_{sv1}}{bs}\geq\rho_{sv,min}=0.24\frac{f_t}{f_{yv}} \tag{2.3.18}$$

3.3.3 斜截面受剪承载力的计算

1. 斜截面受剪承载力的计算位置

斜截面受剪承载力的计算位置，一般按下列规定采用。

(1)支座边缘处的斜截面，如图 2.3.22 截面 1-1 所示。

(2)弯起钢筋弯起点处的斜截面，如图 2.3.22 截面 2-2 所示。

(3)受拉区箍筋截面面积或间距改变处的斜截面，如图 2.3.22 截面 3-3 所示。

(4)腹板宽度改变处的截面，如图 2.3.22 截面 4-4 所示。

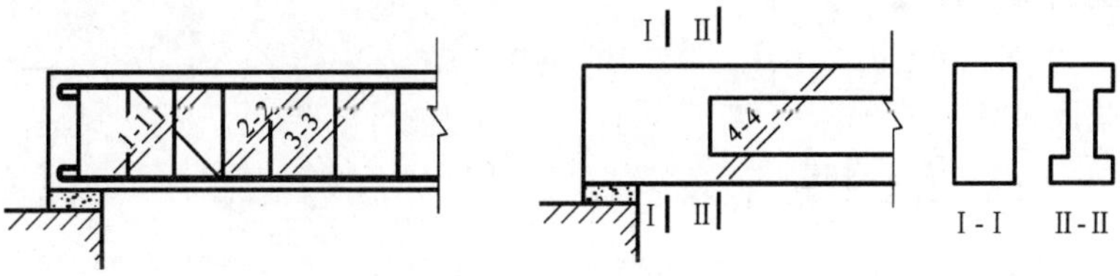

图 2.3.22 斜截面受剪承载力计算位置

2. 斜截面受剪承载力计算步骤

已知：剪力设计值 V，截面尺寸，混凝土强度等级，箍筋级别，纵向受力钢筋的级别和数量。

求：箍筋数量(直径、肢数、间距)。

计算步骤如下。

1)计算截面有效高度

$$h_0=h-a_s$$

2)复核截面尺寸

梁的截面尺寸是否满足式(2.3.15)～式(2.3.17)的要求，如不满足，应加大截面尺寸或提高混凝土强度等级。

3)确定是否应按计算配置箍筋

当满足下式条件时，可按构造配置箍筋，否则应按计算配置箍筋：

$$V\leq 0.7f_tbh_0$$

或

$$V\leq\frac{1.75}{\lambda+1}f_tbh_0$$

4)确定腹筋数量

$$\frac{A_{sv}}{s}\geq\frac{V-0.7f_tbh_0}{1.25f_{yv}h_0}$$

或 $$\frac{A_{sv}}{s} \geqslant \frac{V-\frac{1.75}{\lambda+1}f_t b h_0}{f_{yv}h_0}$$

5)构造箍筋

求出$\frac{A_{sv}}{s}$的值后，根据构造要求选定箍筋肢数 n 和直径 d，然后求出间距 s(箍筋的间距和直径应满足 3.1 节的构造要求)。

6)验算配箍率

$$\rho_{sv}=\frac{A_{sv}}{b\,s}=\frac{nA_{sv1}}{b\,s}\geqslant\rho_{sv,min}=0.24\,\frac{f_t}{f_{yv}}$$

同时配置箍筋和弯起钢筋时，可按式(2.3.14)计算，抗震结构中不采用弯起钢筋抗剪，本书不作详细介绍。

【例 3.3.1】某教学楼使用矩形截面简支梁，截面尺寸 250 mm×500 mm，内配纵向受拉钢筋 3Φ20，承受均布荷载作用，已求得支座边缘处剪力设计值为 182.5 kN。混凝土为 C25 级，箍筋采用 HPB 235 级钢。环境类别为一类，安全等级为二级，试确定箍筋数量。

【解】查表得 $f_c=11.9\ \text{N/mm}^2$，$f_t=1.27\ \text{N/mm}^2$，$f_{yv}=210\ \text{N/mm}^2$，$\beta_c=1.0$

(1)计算截面有效高度

$$h_0=h-a_s=500-35=465\ \text{mm}$$

(2)复核截面尺寸

$$\frac{h_w}{b}=\frac{h_0}{b}=\frac{465}{250}=1.86<4.0$$

应按式(2.3.15)复核截面尺寸。

$$0.25\beta_c f_c b h_0=0.25\times1.0\times11.9\times250\times465=345\ 843.75\ \text{N}>V=182.5\ \text{kN}$$

截面尺寸满足要求(即不会发生斜压破坏)。

(3)确定是否应按计算配置箍筋.

$$0.7f_t b h_0=0.7\times1.27\times250\times465=103\ 346.25\ \text{N}<V=182.5\ \text{kN}$$

应按计算配置箍筋。

(4)确定箍筋数量

$$\frac{A_{sv}}{s}\geqslant\frac{V-0.7f_t b h_0}{1.25f_{yv}h_0}=\frac{182.5\times10^3-103\ 346.25}{1.25\times210\times465}==0.648\ \text{mm}^2/\text{mm}$$

(5)按构造要求，箍筋直径不宜小于 6 mm，现选用 Φ8 双肢箍筋($A_{sv1}=50.3\ \text{mm}^2$)，则箍筋间距为

$$s\leqslant\frac{A_{sv}}{0.648}=\frac{nA_{sv1}}{0.648}=\frac{2\times50.3}{0.648}=155\ \text{mm}$$

查表 2.3.2 得 $s_{max}=200$ mm，取 $s=150$ mm。

(6)验算配箍率

$$\rho_{sv}=\frac{nA_{sv1}}{b\,s}=\frac{2\times50.3}{250\times150}=0.27\%$$

$$\rho_{sv,min}=0.24f_t/f_{yv}=0.24\times1.27/210=0.15\%<\rho_{sv}=0.27\%$$

配箍率满足要求，不会发生斜拉破坏，所以箍筋选用 Φ8@150，沿梁全长均匀布置。

3.3.4 斜截面受弯承载力

为防止斜截面受弯破坏，根据剪压破坏形态 C 如图 2.3.21 所示，可写出斜截面受弯平衡

条件：

$$M \leqslant M_u = tz + \Sigma(V_{sv}Z_{sv}) + T_bZ_b$$

由于斜裂缝长度的不确定性，在理论上计算斜截面受弯承载力是较困难的。故采取构造措施来保证斜截面的受弯承载力。这些措施主要是确定纵筋弯起点的位置，纵筋在支座上部切断点的位置，纵筋在支座内的锚固措施等。为了说明这些问题，先介绍抵抗弯矩图的概念。

1. 抵抗弯矩图

按构件实际配置的钢筋所绘出的各正截面所能承受的弯矩图称为抵抗弯矩图，也称为材料图。

设梁截面所配钢筋总截面积为 A_s，每根钢筋截面积为 A_{si}，则截面抵抗弯矩 M_u 及第 i 根钢筋的抵抗弯矩 M_{ui} 可分别表示为

$$M_u = A_s f_y \left(h_0 - \frac{f_y A_s}{2\alpha_1 f_c b}\right) \tag{2.3.19}$$

$$M_{ui} = \frac{A_{si}}{A_s} M_u \tag{2.3.20}$$

绘制抵抗弯矩图时，以与设计弯矩图相同的比例，将每根钢筋在各正截面上的抵抗弯矩绘在设计弯矩图上，便可得到抵抗弯矩图。

图 2.3.23 为某承受均布荷载的简支梁的抵抗弯矩图。在纵向受力钢筋既不弯起又不截断的区段内，抵抗弯矩图是一条平行于梁纵轴线的直线。当①号钢筋在 E 点弯起时，由于钢筋的弯起，梁所能承受的弯矩将逐渐减小，到弯起钢筋与梁轴线的交点 F 处抵抗弯矩减小为零，因此在纵向受力钢筋弯起的范围内，抵抗弯矩图为一条斜直线段，该斜线段始于钢筋弯起点，终于弯起钢筋与梁纵轴线的交点，如图 2.3.23 中 ef、gh 段。在 a 点所在截面，弯矩设计值恰好等于①号钢筋的抵抗弯矩，也就是说在这一截面，①号钢筋的强度得到了充分发挥。同理，在 b、c 点所在截面，②、③号钢筋的强度分别被充分利用，因而从正截面承载力角度看，①号钢筋在 b 点所在截面外（向支座方向）就不再需要，②号钢筋在 c 点所在截面外也不再需要。将 a、b、c 点所在截面分别称为①、②、③号钢筋的充分利用截面，而 b、c 点所在截面分别称为①、②号钢筋的不需要点或理论截断点。

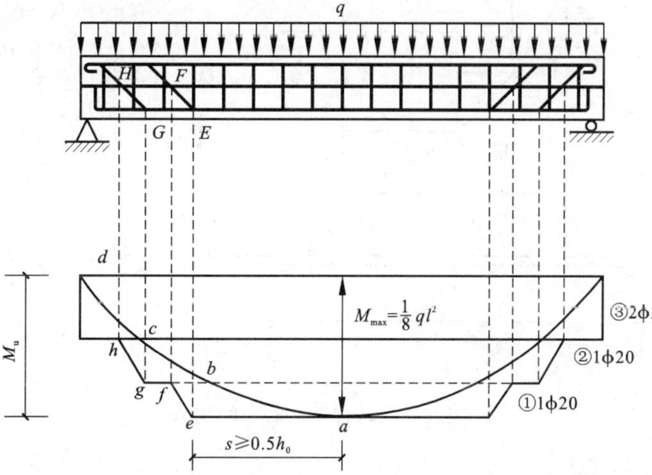

图 2.3.23　简支梁的抵抗弯矩图

抵抗弯矩图能包住设计弯矩图，则表明沿梁长各个截面的正截面受弯承载力是足够的。抵抗弯矩图越接近设计弯矩图，则说明设计越经济。

应当注意的是，使抵抗弯矩图能包住设计弯矩图，只是保证了梁的正截面受弯承载力。实际上，纵向受力钢筋的弯起与截断还必须考虑梁的斜截面受弯承载力的要求。

2.保证斜截面受弯承载力的构造措施

1)纵向受力钢筋弯起时的构造

为了保证构件的正截面受弯承载力，弯起钢筋与梁轴线的交点必须位于该钢筋的理论截断点之外。同时，弯起钢筋的实际弯起点必须伸过其充分利用点一段距离 s，以保证纵向受力钢筋弯起后斜截面的受弯承载力。s 的精确计算很复杂。为简便起见，《混凝土规范》规定，不论钢筋的弯起角度为多少，均统一取 $s \geqslant 0.5h_0$，如图 2.3.23 所示。

2)纵向受拉钢筋截断时的构造

梁的正、负纵向钢筋都是根据跨中或支座最大弯矩值计算配置的。从经济角度看，当截面弯矩减小时，纵向受力钢筋的数量也应随之减小。对于正弯矩区段内的纵向钢筋，通常采用弯向支座(用来抗剪或承受负弯矩)的方式来减少多余钢筋，而不应将梁底部承受正弯矩的钢筋在受拉区截断。这是因为纵向受拉钢筋在跨间截断时，钢筋截面面积会发生突变，混凝土中会产生应力集中现象，在纵筋截断处提前出现裂缝。如果截断钢筋的锚固长度不足，则会导致黏结破坏，从而降低构件承载力。对于外伸梁、连续梁和框架梁承受支座负弯矩的钢筋则往往采用截断的方式来减少多余纵向钢筋，但其截断点的位置应满足两个控制条件：一是该批钢筋截断后斜截面仍有足够的受弯承载力，即保证有从不需要该钢筋的截面伸出的长度不小于 l_1；二是被截断的钢筋应具有必要的锚固长度，即保证有从该钢筋充分利用截面伸出的长度不小于 l_2。l_1 和 l_2 的值根据剪力大小按表 2.3.9 取用。钢筋的延伸长度取 l_1 和 l_2 的较大值，如图 2.3.24所示。

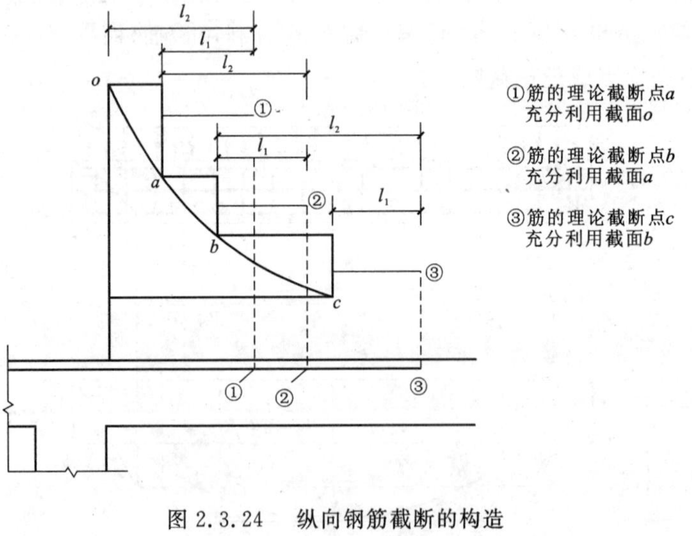

图 2.3.24　纵向钢筋截断的构造

表 2.3.9 负弯矩钢筋延伸长度的最小值

截面条件	l_1	l_2
$V \leqslant 0.7f_tbh_0$	$20d$	$1.2l_a$
$V > 0.7f_tbh_0$	$\max(20d, h_0)$	$1.2l_a+h_0$
$V > 0.7f_tbh_0$，且按上述规定确定的截断点仍位于负弯矩受拉区内	$\max(20d, 1.3h_0)$	$1.2l_a+1.7h_0$

注：l_1为从该钢筋理论截断点伸出的长度，l_2为从该钢筋强度充分利用截面伸出的长度。

3)纵向受拉钢筋的锚固斜裂缝出现后，斜截面承受的弯矩增大，相应地，纵向受拉钢筋的拉应力增大，为了防止纵向受拉钢筋在支座内滑移或被拔出，应有足够的锚固长度。

(1)对于钢筋混凝土简支梁和连续梁、板简支端的下部纵向受力钢筋，其伸入支座范围内的锚固长度 l_{as}应符合下列规定。

板：　　$l_{as} \geqslant 5d$。

梁：　　当 $V \leqslant 0.7f_tbh_0$时，$l_{as} \geqslant 5d$；

　　　　当 $V > 0.7f_tbh_0$时，带肋钢筋 $l_{as} \geqslant 12d$，光面钢筋 $l_{as} \geqslant 15d$。

此处 d 为纵向受力钢筋的直径。

(2)连续梁下部纵向钢筋在中间支座内的锚固长度按下列规定：当计算中不利用该钢筋的强度时，按上述 $V > 0.7f_tbh_0$的规定；当计算中充分利用钢筋的抗拉强度时，$V \geqslant l_a$；当计算中充分利用钢筋的抗压强度时，$V \geqslant 0.7l_a$。

思考题与习题

1. 钢筋混凝土梁中最基本的有哪 3 种钢筋？各起何作用？

2. 对梁、板内纵向受力钢筋的间距有何规定？

3. 梁中箍筋有哪几种形式？各适用于什么情况？对箍筋肢数有何规定？

4. 混凝土保护层的作用是什么？室内正常环境中梁、板的保护层厚度一般为多少？混凝土保护层厚度指的是什么尺寸？

5. 为什么箍筋和弯起钢筋间距要满足规定的要求？

6. 受拉钢筋锚固长度 l_a与哪些因素有关？如何确定？l_{as}又是如何确定的？弯起钢筋的锚固长度又为多少？

7. 少筋梁、适筋梁和超筋梁的破坏特征有何不同？分别属于何种性质的破坏？

8. 单筋矩形截面受弯构件正截面承载力计算时如何防止少筋梁和超筋梁？

9. 钢筋混凝土的最小配筋率是如何确定的？

10. 受弯构件适筋梁从开始加载到破坏经历了哪几个阶段？各个阶段是哪种极限状态的计算依据？

11. 受弯构件斜截面承载力问题包括哪些方面？结构设计时如何保证？

12. 钢筋混凝土受弯构件斜截面受剪破坏有哪几种形态？以哪种破坏形态作为计算的依据？如何防止斜压和斜拉破坏？

13. 影响钢筋混凝土梁斜截面受剪承载力的主要因素有哪些？

14. 钢筋混凝土受弯构件有哪些截面应计算斜截面受剪承载力？

15. 简述保证钢筋混凝土受弯构件斜截面受弯承载力的构造措施。

16. 某钢筋混凝土矩形截面简支梁，截面尺寸 $b\times h=250\ \mathrm{mm}\times 500\ \mathrm{mm}$，承受弯矩设计值 $M=150\ \mathrm{kN\cdot m}$，采用 C25 级混凝土，HRB 400 级钢筋。试求该截面所需纵向受力钢筋的截面积，并选配纵筋的直径和根数。

17. 某钢筋混凝土矩形截面梁，$b\times h=250\ \mathrm{mm}\times 450\ \mathrm{mm}$，承受最大弯矩设计值 $M=80\ \mathrm{kN\cdot m}$，内配纵向受拉钢筋 3Φ18，混凝土强度等级 C20。试复核该梁是否安全。

18. 某办公楼的矩形截面简支楼面梁，截面尺寸 $b\times h=250\ \mathrm{mm}\times 550\ \mathrm{mm}$，采用 C25 级混凝土，内配纵向受拉钢筋 6Φ20。由于施工原因混凝土仅达到 C20 级，试确定该梁最大所能承受的弯矩设计值。

19. 某矩形截面简支梁，截面尺寸 $b\times h=250\ \mathrm{mm}\times 500\ \mathrm{mm}$，混凝土强度等级为 C20。由均布荷载引起的支座边缘剪力设计值为 100 kN，箍筋采用 HPB 235 级钢筋。试求箍筋数量。

20. 某矩形截面简支楼面梁，截面尺寸 $b\times h=250\ \mathrm{mm}\times 550\ \mathrm{mm}$，混凝土强度等级为 C25。经正截面承载力计算，已配置纵向受力钢筋 5Φ22。由均布荷载引起的支座边缘剪力设计值为 170 kN，箍筋采用 HPB 235 级钢筋。试计算箍筋数量。

第4章　受拉构件

4.1　受力特点

受拉构件分轴心受拉构件和偏心受拉构件。当轴向拉力作用点与截面形心重合时，称为轴心受拉构件；当轴向拉力作用点与截面形心不重合时，称为偏心受拉构件。在实际工程中，屋架的拉腹杆及下弦杆、圆形水池环向池壁等都是轴心受拉构件，矩形水池池壁等则属于偏心受拉构件。

1. 轴心受拉构件的受力特点

混凝土抗拉强度很低，极限拉应变很小，当构件承受的拉力不大时，混凝土就开裂，故轴心受拉构件承载力的计算不考虑混凝土参加工作，拉力全部由钢筋承担。

2. 偏心受拉构件的受力特点

根据轴向拉力的作用位置不同，偏心受拉构件可分为两种。

1)小偏心受拉

轴向拉力 N 作用在纵向钢筋 A_s 和 A'_s 之间时，受荷后整个截面将会全部受拉。随着荷载的增加，混凝土开裂并贯通整个截面，全部拉力将由纵向钢筋承担。随着荷载的不断增加，最后钢筋应力达到屈服强度，构件破坏。构件的受拉承载能力取决于钢筋的抗拉强度，如图2.4.1所示。

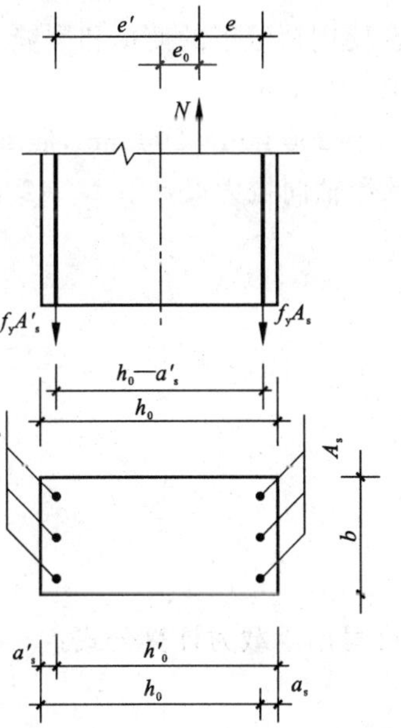

图2.4.1　小偏心受拉时的受力

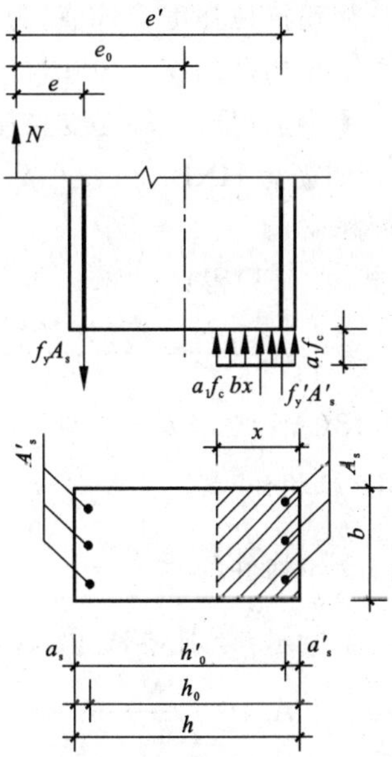

图2.4.2　大偏心受拉时的受力

2)大偏心受拉

如图2.4.2所示，轴向拉力 N 作用在 A_s 和 A'_s 的范围以外时，受荷后靠近 N 一侧截面受拉，另一侧受压。随着荷载的增加，受拉混凝土开裂，这时受拉区钢筋 A_s 承担全部拉力，而受压区由混凝土和受压钢筋 A'_s 承担全部压力。随着荷载的不断增加，裂缝进一步开展，受拉区钢筋达到屈服强度 f_y。受压区逐渐减小，截面边缘混凝土达极限压应变被压碎，同时受压钢筋也达到屈服强度 f'_y。

4.2 承载力计算

4.2.1 轴心受拉构件

钢筋混凝土轴心受拉构件如图 2.4.3 所示。一般采用对称截面，并对称配筋。

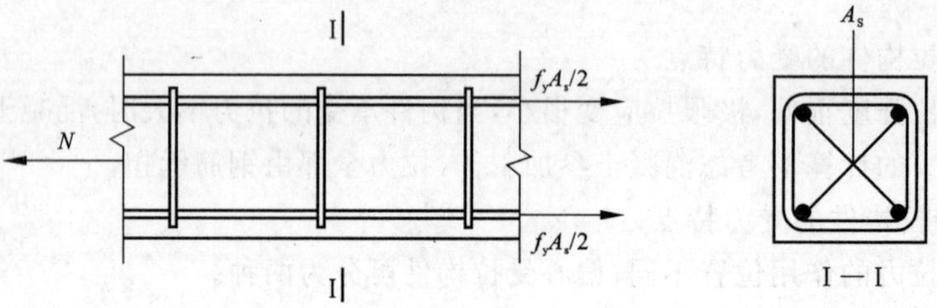

图 2.4.3 钢筋混凝土轴心受拉构件

轴心受拉构件正截面受拉承载力按下列公式计算，即

$$N \leqslant f_y A_s \tag{2.4.1}$$

式中 N ——轴向拉力设计值。

A_s——普通钢筋的全部截面面积。

f_y——钢筋抗拉强度设计值，为了控制受拉构件在使用荷载下的变形和裂缝开展，轴心受拉和小偏心受拉构件的 $f_y > 300\ \text{N/mm}^2$ 时，取 $f_y = 300\ \text{N/mm}^2$。

【例 2.4.1】钢筋混凝土轴心受拉构件，截面尺寸 $b \times h = 200\ \text{mm} \times 200\ \text{mm}$，混凝土等级为 C30，纵向受拉钢筋为 HRB 335 级（$f_y = 300\ \text{N/mm}^2$），承受轴向拉力设计值 $N = 270$ KN。试求纵向钢筋面积 A_s。

【解】由式(2.4.1)得：

$$A_s = \frac{N}{f_y} = \frac{270 \times 10^3}{300} = 900\ \text{mm}^2$$

配置 4 Φ 18（$A_s = 1\ 017\ \text{mm}^2$）。

4.2.2 偏心受拉构件

1. 小偏心受拉构件（$e_0 < \frac{h}{2} - a_s$）

如图 2.4.1 所示，分别对 A_s 及 A'_s 合力中心取矩，可写出承载力计算公式：

$$\Sigma M_{A'_s} = 0 \qquad A_s \geqslant \frac{Ne'}{f_y(h_0 - a'_s)} \tag{2.4.2}$$

$$\Sigma M_{A_s} = 0 \qquad A'_s \geqslant \frac{Ne}{f_y(h'_0 - a_s)} \tag{2.4.3}$$

式中 e、e'——轴力 N 至钢筋 A_s 及 A'_s 合力中心的距离，

$$e' = \frac{h}{2} - a'_s + e_0 \tag{2.4.4}$$

$$e=\frac{h}{2}-a_s+e_0 \tag{2.4.5}$$

对称配筋时，按式(2.4.2)计算 A_s，并取 $A'_s=A_s$。

2.大偏心受拉构件($e_0>\frac{h}{2}-a_s$)

如图2.4.2所示，大偏心受拉构件承载力计算的基本公式为：

$$\Sigma N=0 \qquad N\leqslant f_yA_s-f'_yA'_s-a_1f_cbx \tag{2.4.6}$$

$$\Sigma M_{As}=0 \qquad Ne\leqslant a_1f_cbx(h_0-0.5x)-f'_yA'_s(h_0-a'_s) \tag{2.4.7}$$

式中 $e=e_0-\frac{h}{2}+a_s$。

公式适用条件：$2a'_s\leqslant x\leqslant \xi_b h_0$，计算公式与大偏压相似，不同处是轴向力为拉力，且不考虑偏心距增大系数 η。

4.3 受拉构件的构造要求

1.纵向受力钢筋

(1)轴心受拉及小偏心受拉构件的纵向受力钢筋不得采用绑扎搭接接头。当受拉钢筋直径 $d>28$ mm时，不宜采用绑扎搭接接头，同一构件的纵向受力钢筋接头位置宜错开，搭接长度应不小于 $1.3l_a$，且不小于200 mm。

(2)《混凝土规范》规定，偏心受拉、轴心受拉构件一侧的受拉钢筋最小配筋百分率取0.2%和 $45f_t/f_y$%中的较大值。对轴心受拉构件全部受力钢筋最小配筋率可取0.4%和 $90f_t/f_y$%中的较大值。偏心受拉构件中的受压钢筋，取受压一侧最小配筋百分率0.2%。

(3)受力钢筋沿截面周边均匀对称布置，并宜优先选择直径较小的钢筋。

2.箍筋

在轴心受拉构件中，与纵向钢筋垂直放置的箍筋主要与纵向钢筋形成骨架，并固定纵向钢筋在截面中的位置。箍筋从受力角度并无要求。

箍筋直径不宜小于6 mm，箍筋间距一般不宜大于200 mm。

思考题与习题

1.怎样判别大、小偏心受拉构件？

2.轴心受拉、大偏心受拉和小偏心受拉破坏时各有什么特点？

第 5 章　受压构件

建筑工程中，受压构件是最重要最常见的承重构件之一。按照纵向力在截面上作用位置的不同，纵向受压构件分为轴心受压构件和偏心受压构件。纵向力作用线与构件轴线重合的构件称为轴心受压构件，否则为偏心受压构件。偏心受压构件又可分为单向偏心受压构件和双向偏心受压构件。

本章介绍轴心受压构件和单向偏心受压构件。

5.1　轴心受压构件

在实际结构中，理想的轴心受压构件是不存在的。当弯矩的作用忽略不计的时候，可按轴心受压构件进行计算。根据箍筋配置方式的不同，钢筋混凝土轴心受压柱可分为两种：一种是配置纵向钢筋和普通箍筋的柱，称为普通箍筋柱；一种是配置纵向钢筋和螺旋箍筋的柱，称为螺旋箍筋柱或间接箍筋柱。

5.1.1　破坏特征

按照长细比 l_0/b 的大小，轴心受压柱可分为短柱和长柱两类。对方形和矩形柱，当 $l_0/b\leqslant 8$ 时属于短柱，否则为长柱；对圆形柱 $l_0/b\leqslant 7$ 为短柱，否则为长柱。其中 l_0 为柱的计算长度，b 为矩形截面的短边尺寸，d 为圆截面直径。

1. 轴心受压短柱的破坏特征

配有普通箍筋的矩形截面短柱，在轴向压力 N 作用下整个截面的应变基本上是均匀分布的。N 较小时，构件的压缩变形主要为弹性变形。随着荷载的增大，构件变形迅速增大。与此同时，混凝土塑性变形增加，弹性模量降低，应力增长逐渐变慢，而钢筋应力的增加则越来越快。对配置 HPB 235、HRB 335、HRB 400、RRB 400 级热轧钢筋的构件，钢筋将先达到其屈服强度，而后混凝土应变达极限压应变。此时柱子表面出现纵向裂缝，混凝土保护层开始剥落，最后，箍筋之间的纵向钢筋压屈而向外凸出，混凝土被压碎崩裂而破坏，如图 2.5.1 所示。破坏时混凝土的应力达到棱柱体抗压强度 f_c，取混凝土压应变 $\varepsilon=0.002$ 作为轴心受压构件破坏时的控制条件，则相应的纵向钢筋应力值 $\sigma=E_s\varepsilon_c'=2\times10^5\times0.002=400\ \text{N/mm}^2$。因此，当纵筋为高强度钢筋时，构件破坏时纵筋可能达不到屈服强度。设计中对于屈服强度超过 $400\ \text{N/mm}^2$ 的钢筋，其抗压强度设计值 f_y' 只能取 $400\ \text{N/mm}^2$。显然，在受压构件内配置高强度的钢筋不能充分发挥其作用，是不经济的。

2. 轴心受压长柱的破坏特征

对于长细比较大的长柱，由于各种偶然因素造成的初始偏心距的影响是不可忽略的，在轴心压力 N 作用下，由初始偏心距产生了附加弯矩，而这个附加弯矩产生的水平挠度又加大了原来的初始偏心距，这样相互影响的结果，促使了构件截面材料破坏较早到来，导致承载能力的降低。破坏时首先在凹边出现纵向裂缝，接着混凝土被压碎，纵向钢筋被压弯向外凸出，侧向挠度急速发展，最终柱子失去平衡并将凸边混凝土拉裂而破坏，如图 2.5.2 所示。试验表明，柱的长细比越大，其承载力越低，对于长细比很大的长柱，还有可能发生“失稳破坏”的现象。

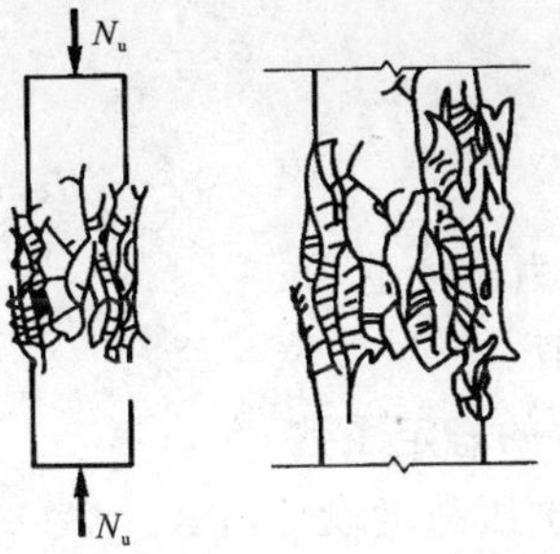

图 2.5.1　短柱的破坏

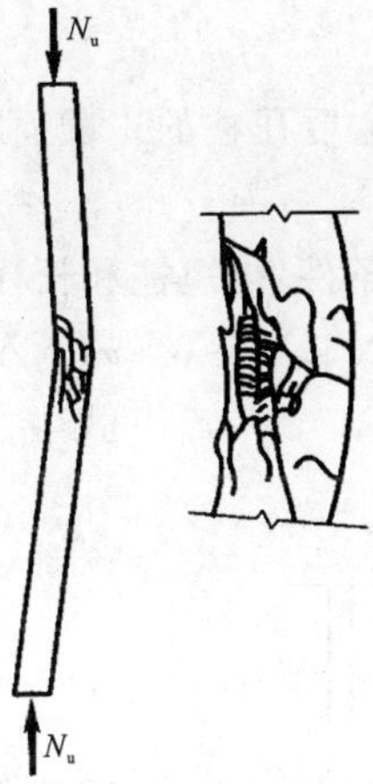

图 2.5.2　长柱的破坏

由上述试验可知，在同等条件下，即截面相同，配筋相同，材料相同的条件下，长柱承载力低于短柱承载力。在确定轴心受压构件承载力计算公式时，规范采用构件的稳定系数 φ 表示长柱承载力降低的程度。试验的实测结果表明，稳定系数主要与构件的长细比 l_0/b 有关，长细比 l_0/b 越大，φ 值越小。当 $l_0/b\leqslant 8$ 时，$\varphi=1$，此时承载力的降低可忽略。

稳定系数见表 2.5.1，矩形截面稳定系数 φ 也可近似按式(2.5.1)计算，当 l_0/b 不超过 40 时，公式计算值与表 5.1.1 数值误差不超过 3.5%。

$$\varphi=\frac{1}{1+0.002(l_0/b-8)^2} \tag{2.5.1}$$

式中　l_0——柱的计算长度。

b——矩形截面的短边尺寸，圆形截面可取 $b=\frac{\sqrt{3}d}{2}$（d 为截面直径），任意截面可取 $b=\sqrt{12}i$（i 为截面最小回转半径）。

表 2.5.1　钢筋混凝土轴心受压构件的稳定系数

l_0/b	≤8	10	12	14	16	18	20	22	24	26	28
l_0/d	≤7	8.5	10.2	12	14	15.5	17	19	21	22.5	24
l_0/i	≤28	35	42	48	55	62	69	76	83	90	97
φ	1.00	0.98	0.95	0.92	0.87	0.81	0.75	0.70	0.65	0.60	0.56
l_0/b	30	32	34	36	38	40	42	44	46	48	50
l_0/d	26	28	29.5	31	33	34.5	36.5	38	40	41.5	43
l_0/i	104	111	118	125	132	139	146	153	160	167	174
φ	0.52	0.48	0.44	0.40	0.36	0.32	0.29	0.26	0.23	0.21	0.19

注：表中 l_0 为构件的计算长度；b 为矩形截面的短边尺寸；d 为圆形截面的直径；i 为截面的最小回转半径。

构件的计算长度 l_0 与构件两端支撑情况有关，在实际工程中，由于构件支撑情况并非完全符合理想条件，应结合具体情况按《混凝土规范》的规定取用。

5.1.2　正截面承载力

1. 基本公式

钢筋混凝土轴心受压柱的正截面承载力由混凝土承载力及钢筋承载力两部分组成，如图2.5.3所示。

根据力的平衡条件，得短柱和长柱的承载力计算公式：

$$N \leqslant N_u = 0.9\varphi(f_c A + f'_y A'_s) \tag{2.5.2}$$

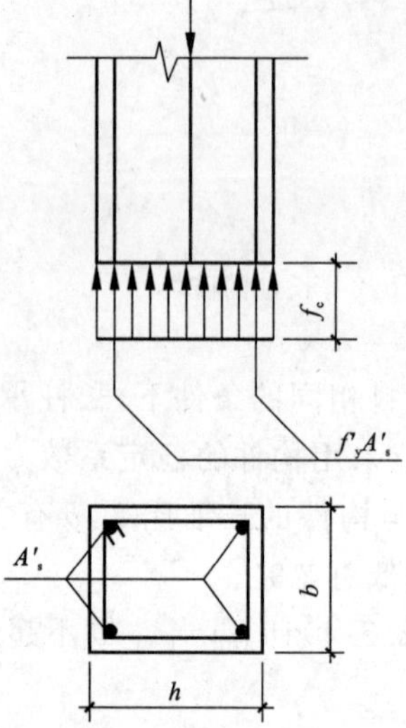

图 2.5.3　普通箍筋柱正截面承载力计算简图

式中　N_u——轴向压力承载力设计值。

N——轴向压力设计值。

φ——钢筋混凝土构件的稳定系数。

f_c——混凝土的轴心抗压强度设计值。

A——构件截面面积，当纵向钢筋配筋率大于3%时，A应改为$A_c = A - A'_s$。

f'_y——纵向钢筋的抗压强度设计值。

A'_s——全部纵向钢筋的截面面积。

式中系数0.9是为保持与偏心受压构件正截面承载力具有相近可靠度而采取的系数。

2. 计算方法

实际工程中，轴心受压构件的承载力计算问题可归纳为截面设计和截面复核两类。

1)截面设计

已知构件截面尺寸$b \times h$，轴向力设计值，构件的计算长度，材料强度等级，求纵向钢筋截面面积A'_s。

若构件截面尺寸$b \times h$为未知，则可先根据构造要求并参照同类工程假定柱截面尺寸$b \times h$，然后按式(5.1.2)计算A'_s。纵向钢筋配筋率宜在0.5%～2%之间。若配筋率ρ'过大或过小，则应调整b、h，重新计算A'_s。也可先假定φ和ρ'的值(常可假定$\varphi=1$，$\rho'=1\%$)，由下式计算出构件截面面积，进而得出$b \times h$：

$$A = \frac{N}{0.9\varphi(f_c + \rho' f'_y)} \tag{2.5.3}$$

2)截面复核

已知柱截面尺寸$b \times h$，计算长度l_0，纵筋数量及级别，混凝土强度等级求柱的受压承载力N_u，或已知轴向力设计值N，判断截面是否安全。

【例2.5.1】已知某多层多跨现浇钢筋混凝土框架结构，底层中柱近似按轴心受压构件计算。该柱安全等级为二级，轴向压力设计值$N = 1\ 400$ kN，计算长度$l_0 = 5$ m，纵向钢筋采用HRB 335级，混凝土强度等级为C30。求该柱截面尺寸及纵筋截面面积。

【解】$f_c = 14.3\ \text{N/mm}^2$，$f'_y = 300\ \text{N/mm}^2$，$\gamma_0 = 1.0$

(1)初步确定柱截面尺寸。

设$\rho' = \dfrac{A'_s}{A} = 1\%$，$\varphi = 1$，则

$$A = \frac{N}{0.9\varphi(f_c + \rho' f'_y)} = \frac{1\ 400 \times 10^3}{0.9 \times 1 \times (14.3 + 1\% \times 300)} = 89\ 916.5\ \text{mm}^2$$

选用方形截面，则 $b=h=\sqrt{89\ 916.5}=299.8$ mm，取用 $b=h=300$ mm。

(2)计算稳定系数 φ。

$$l_0/b=5\ 000/300=16.7$$

$$\varphi=\frac{1}{1+0.002(l_0/b-8)^2}=\frac{1}{1+0.002(16.7-8)^2}=0.869$$

(3)计算钢筋截面面积 A_s'。

$$A_s'=\frac{\dfrac{N}{0.9\varphi}-f_cA}{f_y'}=\frac{\dfrac{1\ 400\times10^3}{0.9\times0.869}-14.3\times300^2}{300}=1\ 677\ \text{mm}^2$$

(4)验算配筋率。

$$\rho'=\frac{A_s'}{A}=\frac{1\ 677}{300\times300}=1.86\%$$

$\rho'>\rho'_{min}=0.6\%$，且$<3\%$，满足最小配筋率要求。

纵筋选用 4Φ25($A_s'=1\ 964\ \text{mm}^2$)，箍筋配置 φ8@300。

【例 2.5.2】某现浇底层钢筋混凝土轴心受压柱，截面尺寸 $b\times h=300$ mm×300 mm，采用 4Φ20 的 HRB 335 级($f_y'=300\ \text{N/mm}^2$)钢筋，混凝土 C25($f_c=11.9\ \text{N/mm}^2$)，$l_0=4.5$ m，轴向承受力设计值 800 kN，试校核此柱是否安全。

【解】查表得 $f_y'=300\ \text{N/mm}^2$，$f_c=11.9\ \text{N/mm}^2$，$A_s'=1\ 256\ \text{mm}^2$

(1)稳定系数 φ。

$$l_0/b=4\ 500/300=15$$

$$\varphi=\frac{1}{1+0.002(l_0/b-8)^2}=\frac{1}{1+0.002(15-8)^2}=0.911$$

(2)验算配筋率。

$$\rho'_{min}=0.6\%<\rho'=\frac{A_s'}{A}=\frac{1\ 256}{90\ 000}=1.4\%<3\%$$

(3)柱截面承载力。

$$\begin{aligned}N_u&=0.9\varphi(f_cA+f_y'A_s')=0.9\times0.911\times(11.9\times300\times300+300\times1\ 256)\\&=1\ 187.05\times10^3\text{N}=1\ 187.05\ \text{kN}>N=800\ \text{kN}\end{aligned}$$

由上可见，截面安全。

5.1.3 受压构件的构造要求

1. 材料强度

受压构件的承载力主要取决于混凝土强度，采用较高强度等级的混凝土可以减小构件截面尺寸，节省钢材，因而柱中混凝土宜采用较高强度等级，一般采用 C25～C50 等级。柱中不宜选用高强度钢筋。其原因是受压钢筋要与混凝土共同工作，钢筋应变受到混凝土极限压应变的限制，而混凝土极限压应变很小，所以高强度钢筋的受压强度不能充分利用。《混凝土规范》规定受压钢筋的最大抗压强度为 400 N/mm²，一般常用 HPB 235 级、HRB 335 级或 HRB 400 级热轧钢筋。

2. 截面形式及尺寸

钢筋混凝土受压构件通常采用方形或矩形截面，以便制作模板。一般轴心受压柱以方形为主，偏心受压柱以矩形为主。当有特殊要求时，也可采用其他形式的截面，如轴心受压柱可采用圆形、多边形等，偏心受压柱还可采用工字形、T 形等。

为了充分利用材料强度，避免构件长细比太大而过多降低构件承载力，柱截面尺寸不宜过小。一般应符合 $l_0/h \leqslant 25$ 及 $l_0/b \leqslant 30$（其中 l_0 为柱的计算长度，h 和 b 分别为截面的高度和宽度）。对于方形和矩形截面，其尺寸不宜小于 250 mm×250 mm。为了便于模板尺寸模数化，柱截面边长在 800 mm 以下者，宜取 50 mm 的倍数；在 800 mm 以上者，取 100 mm 的倍数。

3. 配筋构造

(1)纵向受力钢筋。轴心受压构件的荷载主要由混凝土承担，设置纵向受力钢筋的目的有三：一是协助混凝土承受压力，以减小构件尺寸；二是承受可能的弯矩，以及混凝土收缩和温度变形引起的拉应力；三是防止构件突然的脆性破坏。

轴心受压柱的纵向受力钢筋应沿截面四周均匀对称布置，中距不宜大于 300 mm，净距不应小于 50 mm。对水平浇筑的预制柱，最小净距可按梁的有关规定采用。

纵向受力钢筋直径 d 不宜小于 12 mm，通常采用 12～32 mm。一般宜采用根数较少，直径较粗的钢筋，以保证骨架的刚度。方形和矩形截面柱中纵向受力钢筋不少于 4 根，圆柱中不宜少于 8 根且不应少于 6 根。

受压构件全部纵向钢筋的最小配筋率为 0.6%。从经济和施工方便(不使钢筋过于拥挤)角度考虑，全部纵向钢筋的配筋率不宜超过 5%。一般不超过 3%，通常在 0.5%～2%之间。

(2)箍筋。受压构件中箍筋的作用是保证纵向钢筋的位置正确，防止纵向钢筋压屈，从而提高柱的承载能力。

受压构件中的周边箍筋应做成封闭式。箍筋直径不应小于 $d/4$(d 为纵向钢筋的最小直径)，且不应小于 6 mm。箍筋间距不应大于 400 mm 及构件截面的短边尺寸，且不应大于 $15d$ (d 为纵向受力钢筋的最小直径)。

当柱中全部纵向受力钢筋的配筋率超过 3%时，箍筋直径不应小于 8 mm，间距不应大于 $10d$(d 为纵向受力钢筋的最小直径)，且不应大于 200 mm；箍筋末端应做成 135°弯钩且弯钩末端平直段长度不应小于直径的 10 倍。

在纵筋搭接长度范围内，箍筋的直径不宜小于搭接钢筋直径的 0.25 倍。箍筋间距，当搭接钢筋为受拉时，不应大于 $5d$(d 为受力钢筋中最小直径)，且不应大于 100 mm；当搭接钢筋为受压时，不应大于 $10d$，且不应大于 200 mm。

当柱截面短边尺寸大于 400 mm，且各边纵向受力钢筋多于 3 根时，如图 2.5.4(c)，或当柱截面短边尺寸不大于 400 mm 但各边纵向钢筋多于 4 根时，如图 2.5.4(d)，应设置复合箍筋，以防止中间钢筋被压屈。当柱中各边纵向钢筋不多于 3 根时，如图 2.5.4(b)，或者柱截面短边 $b \leqslant 400$ mm 但各边纵筋不多于 4 根时，如图 2.5.4(a)，可采用单个箍筋。复合箍筋的直径、间距与前述箍筋相同。

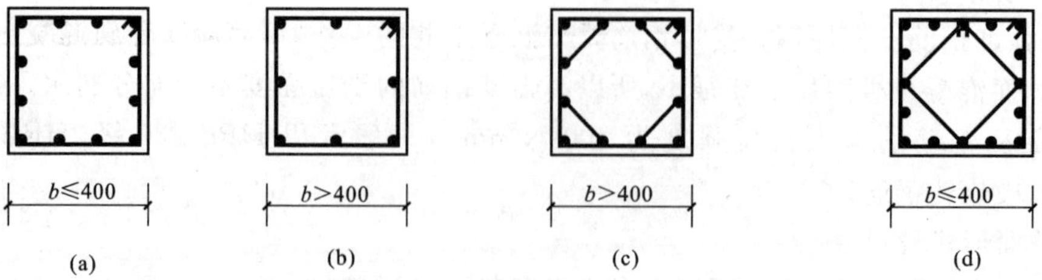

图 2.5.4　箍筋的构造(b 为柱短边)

5.2 偏心受压构件

5.2.1 破坏特征

偏心受压构件在轴向力 N 和弯矩 M 的共同作用时，等效于承受一个偏心距为 $e_0=M/N$ 的偏心力 N 的作用。当弯矩 M 相对较小时，M 和 N 的比值 e_0 就很小，构件接近于轴心受压，反之，当 N 相对较小时，M 和 N 的比值 e_0 就很大，构件接近于受弯，因此，随着 e_0 的改变，偏心受压构件的受力性能和破坏形态介于轴心受压和受弯之间。按照轴向力的偏心距和配筋情况的不同，偏心受压构件的破坏可分为受拉破坏和受压破坏两种情况。

1.受拉破坏

当轴向压力偏心距 e_0 较大，且受拉钢筋配置不太多时，构件受轴向压力 N 后，离 N 较远一侧的截面受拉，另一侧截面受压。当 N 增加到一定程度，首先在受拉区出现横向裂缝，随着荷载的增加，裂缝不断发展和加宽，裂缝截面处的拉力全部由钢筋承担。荷载继续加大，受拉钢筋首先达到屈服，并形成一条明显的主裂缝，随后主裂缝明显加宽并向受压一侧延伸，受压区高度迅速减小。最后，受压区边缘出现纵向裂缝，受压区混凝土被压碎而导致构件破坏，如图 2.5.5 所示。此时，受压钢筋一般也能屈服。由于受拉破坏通常在轴向压力偏心距 e_0 较大时发生，故习惯上也称为大偏心受压破坏。受拉破坏有明显预兆，属于延性破坏。

2.受压破坏

当构件的轴向压力的偏心距 e_0 较小，或偏心距 e_0 虽然较大但配置的受拉钢筋过多时，就发生这种类型的破坏。加荷后整个截面全部受压或大部分受压，靠近轴向压力 N 一侧的混凝土压应力较高，远离轴向压力一侧压应力较小甚至受拉。随着荷载 N 逐渐增加，靠近轴 N 一侧混凝土出现纵向裂缝，进而混凝土达到极限压应变 ε_{cu} 被压碎，受压钢筋 A_s' 的应力也达到 f_y'，远离 N 一侧的钢筋 A_s 可能受压，也可能受拉，但因本身截面应力太小，或因配筋过多，都达不到屈服强度，如图 2.5.6。由于受压破坏一般在轴向压力偏心距 e_0 较小时发生，故习惯上也称为小偏心受压破坏。受压破坏无明显预兆，属脆性破坏。

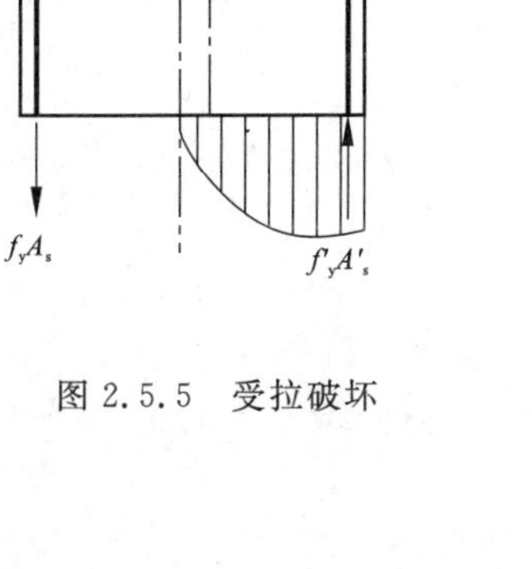

图 2.5.5 受拉破坏

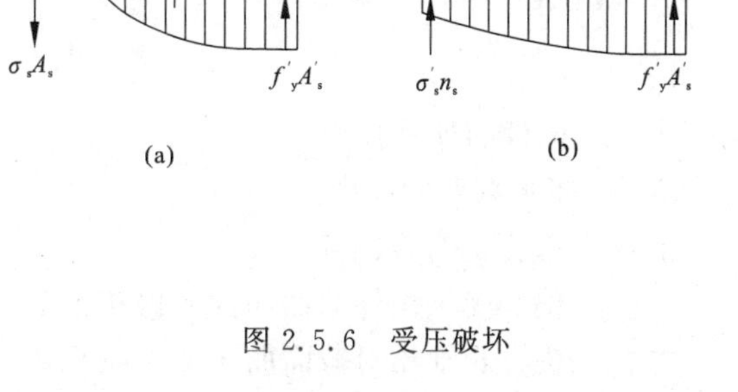

图 2.5.6 受压破坏

5.2.2 大小偏心受压的界限

从上述的偏压构件的破坏特征中可以看出，受拉破坏与受弯构件正截面适筋破坏类似，而受压破坏类似于受弯构件正截面的超筋破坏，故两种偏心受压破坏的界限条件与受弯构件两种破坏的界限条件也类似。受拉破坏与受压破坏也可用界限相对受压区高度 ξ_b 作为界限，即：$\xi \leqslant \xi_b$ 属大偏心受压破坏；$\xi > \xi_b$ 为小偏心受压破坏。其中 ξ_b 与受弯构件的 ξ_b 相同。

5.2.3 附加偏心距

实际工程中由于施工尺寸的误差、混凝土质量的不均匀性，以及荷载实际作用位置的偏差等原因，都会造成轴向压力在偏心方向产生附加偏心距 e_a，因此在偏心受压构件的正截面承载力计算中应考虑 e_a 的影响，e_a 应取 20 mm 和偏心方向截面尺寸 h 的 1/30 中的较大值。

初始偏心距 e_i 按下式计算

$$e_i = e_0 + e_a$$

5.2.4 偏心距增大系数

在偏心力作用下，钢筋混凝土受压构件将产生纵向弯曲变形，即会产生侧向挠度，从而导致截面的初始偏心矩增大，如图 2.5.7 所示。如 1/2 柱高处的初始偏心距将由 e_i 增大为 $e_i + f$，截面最大弯矩也将由 Ne_i 增大为 $N(e_i + f)$。f 随着荷载的增大而不断加大，因而弯矩的增长也就越来越快，结果致使柱的承载力降低。截面弯矩中的 Ne_i 称为一阶弯矩，将 Nf 称为二阶弯矩或附加弯矩。引入偏心距增大系数 η，η 实际上是增大后的偏心弯距与原偏心弯距的比值：

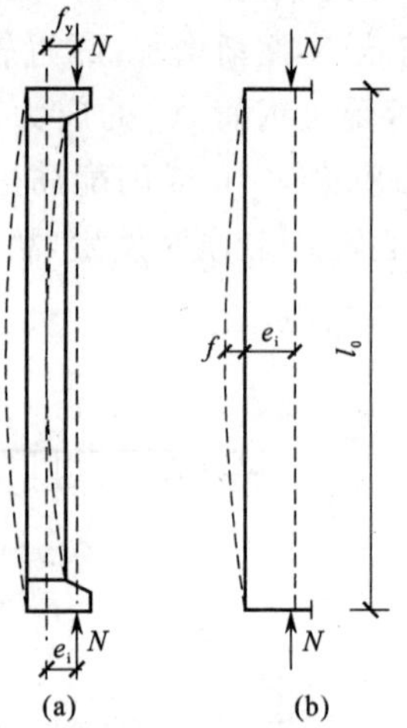

图 2.5.7 偏心受压住的侧向挠曲

$$\eta = \frac{Ne_i + Nf}{Ne_i} = \frac{e_i + f}{e_i}$$

取 $\eta e_i = e_i + f$，即用 ηe_i 代替 $e_i + f$。

钢筋混凝土偏心受压构件按其长细比 l_0/h 不同分为短柱、长柱和细长柱，其偏心距增大系数 η 分别按下述方法确定。

(1)对短柱(矩形截面 $l_0/h \leqslant 5$)，可不考虑二阶弯距的影响，取 $\eta = 1$。

(2)对长柱(矩形截面 $5 < l_0/h \leqslant 30$)，偏心距增大系数按下式计算：

$$\eta = 1 + \frac{1}{1\,400 e_i/h_0}\left(\frac{l_0}{h}\right)^2 \zeta_1 \zeta_2 \tag{2.5.4}$$

$$\zeta_1 = \frac{0.5 f_c A}{N} \tag{2.5.5}$$

$$\zeta_2 = 1.15 - 0.01\frac{l_0}{h} \tag{2.5.6}$$

式中 l_0——构件的计算长度。

h——矩形截面的高度。

h_0——截面的有效高度。

ζ_1——偏心受压构件的截面曲率修正系数，当 $\zeta_1 > 1.0$ 时，取 $\zeta_1 = 1.0$。

ζ_2——构件长细比对截面曲率的影响系数，当 $l_0/h \leqslant 15$ 时，取 $\zeta_2 = 1.0$。

A——构件的截面面积。

(3)对细长柱($l_0/h > 30$)，将发生失稳破坏，在设计中应避免采用。

5.2.5　矩形截面偏心受压构件承载力

1.基本假定

偏心受压构件正截面承载力计算可采用受弯构件正截面承载力计算的基本假定:①截面应变保持为平面;②不考虑混凝土的受拉作用;③受压区混凝土采用等效矩形应力图。

2.基本公式及适用条件

1)大偏心受压($\xi \leqslant \xi_b$)

(1)基本公式。矩形截面大偏心受压构件破坏时的应力分布如图 2.5.8(a)所示。计算时取图 2.5.8(b)所示的等效应力图。由平衡条件可得出大偏心受压的基本公式:

$$N=\alpha_1 f_c bx + f'_y A'_s - f_y A_s \tag{2.5.7}$$

$$N e=\alpha_1 f_c bx\left(h_0-\frac{x}{2}\right)+f'_y A'_s (h_0-a'_s) \tag{2.5.8}$$

$$e=\eta e_i+\frac{h}{2}-a_s \tag{2.5.9}$$

$$e_i=e_0+e_a \tag{2.5.10}$$

上列各式中

N——轴向压力设计值。

x——混凝土受压区高度。

e——轴向压力作用点至纵向受拉钢筋合力点之间的距离。

η——偏心剧增大系数。

e_i——初始偏心距。

e_a——附加偏心距。

e_0——轴向压力 N 对截面重心的偏心距,$e_0=\dfrac{M}{N}$。

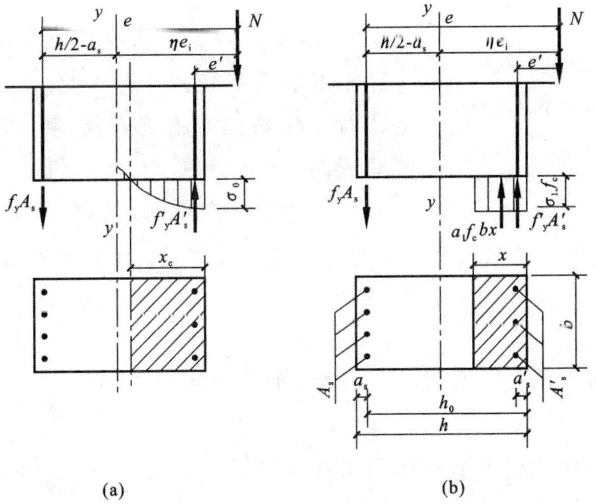

图 2.5.8　矩形截面大偏心受压构件应力分布

(a)应力分布图;(b)等效应力图

(2)基本公式的适用条件。

为了保证构件在破坏时受拉钢筋应力能达到抗拉强度设计值 f_y,必须满足

$$\xi=\frac{x}{h_0}\leqslant\xi_b \tag{2.5.11}$$

为了保证构件在破坏时受压钢筋应力能达到抗压强度设计值 f'_y，必须满足

$$x\geqslant 2a'_s \tag{2.5.12}$$

当 $x<2a'_s$ 时，表示受压钢筋的应力可能达不到 f'_y，此时，近似取 $x=2a'_s$，构件正截面承载力按下式计算：

$$Ne'=f_yA_s(h_0-a'_s) \tag{2.5.13}$$

式中　e'——轴向压力作用点至纵向受压钢筋合力点之间的距离：

$$e'=\eta e_i-\frac{h}{2}+a'_s \tag{2.5.14}$$

2)小偏心受压($\xi>\xi_b$)

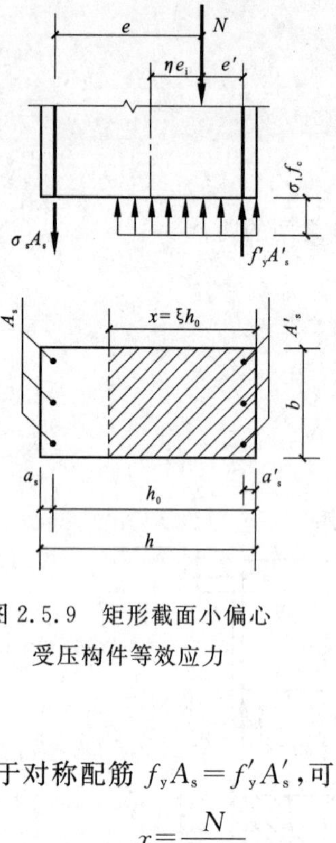

图 2.5.9　矩形截面小偏心受压构件等效应力

矩形截面小偏心受压的基本公式可按大偏心受压的方法建立。但应注意，小偏心受压构件在破坏时，远离纵向力一侧的钢筋 A_s 未达到屈服，其应力用 σ_s 表示，$\sigma_s<f_y$。由平衡条件可得小偏心受压的基本公式为：

$$N=a_1f_cbx+f'_yA'_s-\sigma_sA_s \tag{2.5.15}$$

$$N_e=a_1f_cbx\left(h_0-\frac{x}{2}\right)+f'_yA'_s(h_0-a'_s) \tag{2.5.16}$$

式中　σ_s——距轴向力较远一侧的钢筋应力，

$$\sigma_s=f_y\frac{\xi-\beta_1}{\xi_b-\beta_1} \tag{2.5.17}$$

当混凝土强度等级不超过 C50 时取 $\beta_1=0.8$。为符合图 2.5.9 中钢筋出现应力 σ_s，公式(2.5.17)中 ξ 应满足 $(1.6-\xi_b)>\xi>\xi_b$。

5.2.6　矩形截面偏心受压对称配筋

矩形截面配筋方式有两种，一种为对称配筋，另一种为非对称配筋。为施工方便，实际工程中多设计成对称配筋截面，即 $A_s=A'_s$，$f_y=f'_y$ 和 $a_s=a'_s$。

1.大小偏心受压的判别

由于对称配筋 $f_yA_s=f'_yA'_s$，可先按大偏心受压式(2.5.7)计算 x，即

$$x=\frac{N}{a_1f_cb} \tag{2.5.18}$$

若 $x\leqslant\xi_b h_0$，则为大偏心受压；若 $x>\xi_b h_0$，则为小偏心受压。

2.大偏心受压($x\leqslant\xi_b h_o$)

由式(2.5.8)可得纵向钢筋截面面积 A'_s

$$A'_s=A_s\frac{N_e-a_1f_cbx\left(h_0-\dfrac{x}{2}\right)}{f'_y(h_0-a'_s)}=\frac{N_e-a_1f_cbh_0^2\xi(1-0.5\xi)}{f'_y(h_0-a'_s)} \tag{2.5.19}$$

当 $x<2a_s{}'$ 时，由式(2.5.13)可得

$$A'_s=A_s=\frac{N'_e}{f_y(h_0-a'_s)} \tag{2.5.20}$$

3. 小偏心受压($\xi > \xi_b$)

由式(2.5.16)得纵向钢筋面积 A'_s

$$A'_s = A_s = \frac{N_e - a_1 f_c bx\left(h_0 - \frac{x}{2}\right)}{f'_y(h_0 - a'_s)} = \frac{N_e - a_1 f_c bh_0^2 \xi(1-0.5\xi)}{f'_y(h_0 - a'_s)} \tag{2.5.21}$$

其中,ξ 可近似按下式计算:

$$\xi = \frac{N - \xi_b a_1 f_c bh_0}{\dfrac{N_e - 0.43a_1 f_c bh_0^2}{(\beta_1 - \xi_b)(h_0 - a'_s)} + a_1 f_c bh_0} + \xi_b \tag{2.5.22}$$

4. 计算方法

对称配筋矩形截面偏心受压构件正截面承载力计算有两类问题:截面设计和截面复核。这里仅介绍截面设计的方法。截面设计是已知构件截面尺寸 b、h,计算长度 l_0,材料强度,弯矩设计值 M,轴向压力设计值 N,求纵向钢筋截面面积 A_s、A'_s。

应该注意,当轴向压力 N 较大,弯矩平面内的荷载偏心距 e_0 较小,垂直于弯矩平面的长细比 l_0/b 较大时,则有可能垂直于弯矩作用平面的受压承载力起控制作用。因此,偏心受压构件除应计算弯矩作用平面的受压承载力外,还应验算垂直于弯矩作用平面的受压承载力。垂直于弯矩作用平面的受压承载力按轴心受压构件计算。

【例 2.5.3】某偏心受压柱,截面尺寸 $b \times h = 300\ \text{mm} \times 400\ \text{mm}$,采用 C20 混凝土,HRB 335 级钢筋,柱子计算长度 $l_0 = 3\ 000\ \text{mm}$,承受弯矩设计值 $M = 150\ \text{kN}\cdot\text{m}$,轴向压力设计值 $N - 260\ \text{kN}$,$a_s = a'_s = 40\ \text{mm}$,采用对称配筋。求纵向受力钢筋的截面面积 $A_s = A'_s$。

【解】$f_c = 9.6\ \text{N/mm}^2$,$a_1 = 1.0$,$f_y = f'_y = 300\ \text{N/mm}^2$,$\xi_b = 0.55$

1)求初始偏心距 e_i

$$e_0 = M/N = 150\times10^6/260\times10^3 = 577\ \text{mm}$$

$$e_a = \max(20, h/30) = \max(20, 400/30) = 20\ \text{mm}$$

$$e_i = e_0 + e_a = 577 + 20 = 597\ \text{mm}$$

2)求偏心距增大系数 η

$l_0/h = 3\ 000/400 = 7.5 > 5$,应按式(2.5.4)计算 η。

$$\xi_1 = \frac{0.5 f_c A}{N} = \frac{0.5\times9.6\times300\times400}{260\times10^3} = 2.22 > 1.0 \qquad \text{取 } \xi_1 = 1.0$$

$$\xi_2 = 1.15 - 0.01\frac{l_0}{h} = 1.15 - 0.01\frac{3\ 000}{400} = 1.075 > 1.0 \qquad \text{取 } \xi_2 = 1.0$$

$$\eta = 1 + \frac{1}{1\ 400\dfrac{e_i}{h_0}}\left(\frac{l_0}{h}\right)^2\xi_1\xi_2 = 1 + \frac{1}{1\ 400\dfrac{597}{400}}\left(\frac{3\ 000}{400}\right)^2\times1.0\times1.0 = 1.027$$

3)判断大小偏心受压

$$x = \frac{N}{a_1 f_c b} = \frac{260\times10^3}{1.0\times9.6\times300} = 90.3\ \text{mm} < \xi_b h_0 = 0.55\times(400-40) = 198\ \text{mm}$$

为大偏心受压。

4)求 $A_s = A'_s$

$$x = 90.3\ \text{mm} > 2a'_s = 80\ \text{mm},$$

$$e = \eta e_i + \frac{h}{2} - a_s = 1.027\times597 + \frac{400}{2} - 40 = 773\ \text{mm}$$

$$A_s' = A_s = \frac{N_e - a_1 f_c bx\left(h_0 - \frac{x}{2}\right)}{f_y'(h_0) - a_s'}$$

$$= \frac{260\times10^3\times773 - 1.0\times9.6\times300\times90.3\left(360 - \frac{90.3}{2}\right)}{300(360-40)} = 1\ 240\ \text{mm}^2$$

5)验算配筋率

$A_s = A_s' = 1\ 240\ \text{mm}^2 > 0.2\%bh = 0.2\%\times300\times400 = 240\ \text{mm}^2$,满足要求。

6)验算垂直弯矩作用平面的受压承载力

$l_0/b = 3\ 000/300 = 10 > 8$,查表 2.5.1,得 $\varphi = 0.98$

$$N_u = 0.9\varphi[f_c A + f_y'(A_s + A_s')]$$
$$= 0.9\times0.98\times[9.6\times300\times400 + 300(1\ 240 + 1\ 240)]$$
$$= 1\ 672\ 272\ \text{N} = 1\ 672\ \text{kN} > 260\ \text{kN}$$ 满足要求。

每侧纵筋选配 4Φ20($A_s = A_s' = 1\ 256\ \text{mm}^2$),箍筋选用 Φ8@250。

5.2.7 偏心受压构件的构造要求

偏心受压构件的构造除了满足 5.1.3 要求外,尚应满足下列要求。

1. 纵向受力钢筋

偏心受压柱的纵向受力钢筋放置在弯矩作用方向的两对边,圆柱中纵向受力钢筋宜沿周边均匀布置,偏心受压两对边的纵向受力钢筋及轴心受压柱中各边的纵向受力钢筋的中距不宜大于 300 mm,最小净距同轴心受压构件要求。

2. 箍筋

当偏心受压柱的截面高度 $h \geqslant 600$ mm 时,在柱的侧面上应设置直径为 10~16 mm 的纵向构造钢筋,其间距不宜大于 300 mm,并相应设置复合箍筋或拉筋,如图 2.5.10 所示。

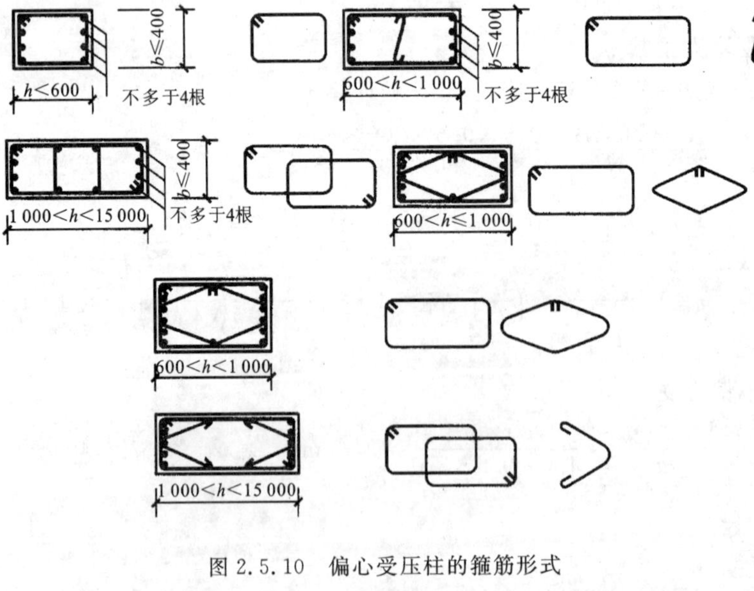

图 2.5.10 偏心受压柱的箍筋形式

对于截面形状复杂的构件,不可采用具有内折角的箍筋如图 2.5.11。其原因是:内折角处受拉箍筋的合力向外，易使该处混凝土保护层崩裂。

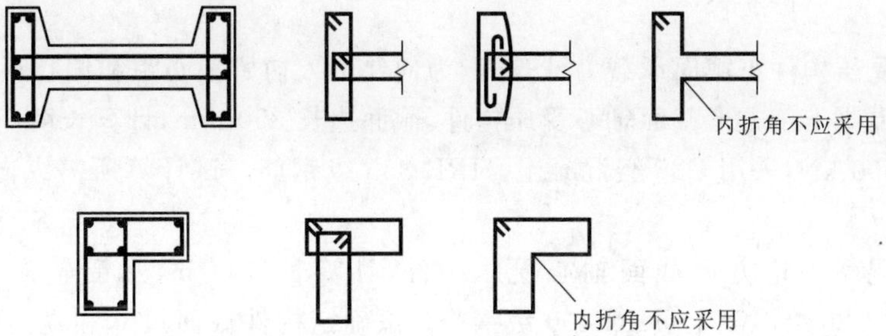

图 2.5.11　复杂截面的箍筋形式

5.2.8　偏心受压构件斜截面受剪承载力

对于偏心受压构件，一般情况下剪力值相对较小，可不进行斜截面承载力的计算。但对于有较大水平力作用的框架柱，有横向力作用下的桁架上弦压杆等，剪力影响相对较大，必须考虑其斜截面受剪承载力。

试验表明，由于轴向压力的存在，能阻止斜裂缝的出现和开展，增加了混凝土剪压高度使剪压区的面积相对增大，从而提高剪压区混凝土的抗剪能力，但斜裂缝水平投影长度与无轴向压力构件相比基本不变，故对箍筋所承担的剪力没有明显影响。轴向压力对受剪承载力的有利作用也是有限度的，当轴压比 $N/f_c bh=0.3\sim0.5$ 时，受剪承载力达最大值，故《混凝土规范》取 $N=0.5f_c A$。

下面仅给出框架结构中矩形截面框架柱的斜截面受剪承载力计算公式，其他情况可参阅有关文献。

$$V\leqslant V_{cs}=\frac{1.75}{\lambda+1.0}f_t bh_0+f_{yv}\frac{A_{sv}}{S}h_0+0.07N \tag{2.5.23}$$

式中　λ——偏心受压构件计算截面的剪跨比，当 $\lambda\leqslant1$ 时，取 $\lambda=1$；当 $\lambda>3$ 时，取 $\lambda=3$；对其他偏压构件：承受均布荷载时，取 $\lambda=1.5$；承受集中荷载时，λ 的取值同受弯构件斜截面受剪承载力的规定。

N——与剪力设计值 V 相应的轴向压力设计值，当 $N>0.3f_c A$ 时，取 $N=0.3f_c A$（A 为构件截面积）。

与受弯构件斜截面承载力一样，当配箍率过大时，箍筋强度将不能充分发挥作用，因此，《混凝土规范》规定，框架柱的截面尺寸应满足

$$V\leqslant0.25\beta_c f_c bh_0 \tag{2.5.24}$$

若满足下式条件，则可不进行斜截面受剪承载力计算，而仅按构造要求配置箍筋：

$$V\leqslant\frac{1.75}{\lambda+1.0}f_c bh_0+0.07N \tag{2.5.25}$$

思考题与习题

1. 在受压构件中配置箍筋的作用是什么？什么情况下应设置复合箍筋？

2. 轴心受压短柱、长柱的破坏特征各是什么？为什么轴心受压长柱的受压承载力低于短

柱？承载力计算时如何考虑纵向弯曲的影响？

3. 偏心受压构件正截面的破坏形态有哪几种？破坏特征各是什么？大、小偏心受压破坏的界限是什么？

4. 在偏心受压构件正截面承载力计算时，为何要引入初始偏心距和偏心距增大系数？

5. 某钢筋混凝土正方形截面轴心受压构件，截面边长 350 mm，计算长度 6 m，承受轴向力设计值 $N=1\ 500$ kN，采用 C25 级混凝土，HRB 335 级钢筋。试计算所需纵向受压钢筋截面面积。

6. 某钢筋混凝土正方形截面轴心受压构件，计算长度 9 m，承受轴向力设计值 $N=1\ 700$ kN，采用 C25 级混凝土，HRB400 级钢筋。试确定构件截面尺寸和纵向钢筋截面面积，并绘出配筋图。

7. 某矩形截面轴心受压构件，截面尺寸为 450 mm×600 mm，计算长度 8 m，混凝土强度等级 C25，已配纵向受力钢筋 8Φ22(HRB 335 级)。试计算截面受压承载力。

8. 某钢筋混凝土矩形柱，截面尺寸 $b\times h=400$ mm×500 mm，计算长度 $l_0=5$ m，混凝土强度等级为 C25，钢筋为 HRB 400 级，承受弯矩设计值 190 kN·m，轴向压力设计值 510 kN。求对称配筋时纵向受力钢筋截面面积，并绘出配筋图。

第6章 受扭构件

6.1 受力特点

截面上作用有扭矩的构件即为受扭构件。扭转是钢筋混凝土结构构件受力的基本形式之一，在工程中经常遇到。建筑结构中，纯粹受扭的构件很少，一般在受扭转的同时还受到弯矩和剪力的作用。图2.6.1(a)所示的雨篷梁、图2.6.1(b)所示框架的边梁和图2.6.1(c)所示厂房中的吊车梁就是这样的例子。

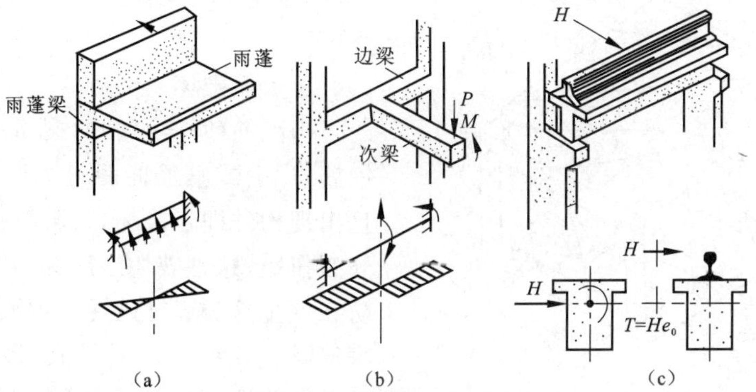

图2.6.1 钢筋混凝土受扭构件
(a)雨篷梁；(b)边梁；(c)吊车梁

6.2 纯扭构件的破坏形态

6.2.1 素混凝土纯扭构件的破坏形态

图2.6.2(a)为一矩形纯扭构件。在扭矩作用下，截面上主要产生剪应力，且矩形截面长边中点处剪应力最大。因此裂缝首先发生在长边中点附近混凝土抗拉的薄弱部位，其方向与构件纵轴线成45°。这条初始斜裂缝很快向构件上下边缘延伸，接着沿顶面和底面继续发展、最后构件三面开裂，如图2.6.2(b)。这种破坏形态称为沿空间扭曲面的斜弯型破坏，属于脆性破坏。

6.2.2 钢筋混凝土纯扭构件的破坏形态

素混凝土纯扭构件一旦开裂，很快会形成贯穿的斜裂缝而发生破坏，受扭承载力很低。所以受扭构件一般均应配置钢筋，配筋对提高纯扭构件的抗裂性能作用不大，但受扭承载力将明显提高。有效的配筋方式应在构件四周，布置与构件纵轴线成45°的螺旋形走向钢筋，其方向与斜裂缝垂直。但螺旋钢筋施工复杂，且无法适应扭矩方向的改变，故实际工程中一般都采用纵向钢筋和箍筋作为受扭钢筋。受扭纵向钢筋必须沿截面四周对称均匀布置，箍筋应采用封闭箍，且沿构件长度布置。纵向钢筋和箍筋组成了抗扭钢筋骨架，如图2.6.3所示，共同承担扭矩作用。

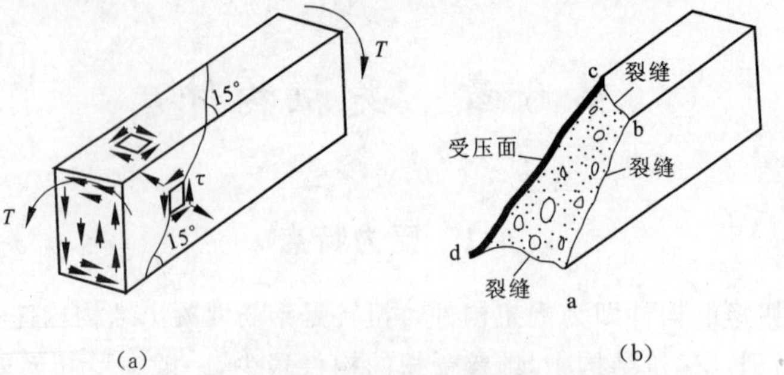

图 2.6.2　素混凝土纯扭构件的破坏面

(a)矩形纯扭构件;(b)斜弯型破坏

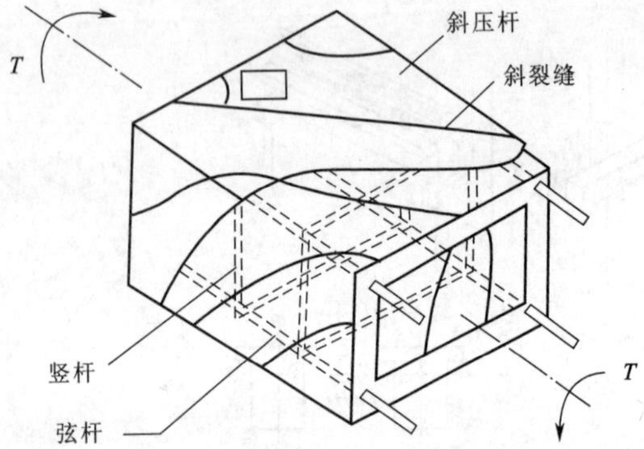

图 2.6.3　钢筋混凝土矩形截面纯扭构件

试验表明,钢筋混凝土矩形截面受扭构件,其破坏形态随配置量的多少可以分为4类。

1.少筋破坏

当配筋(垂直纵轴的箍筋和沿周边的纵向钢筋)过少或箍筋间距过大时,扭转斜裂缝一旦出现构件即告破坏,其破坏扭矩基本上等于开裂扭矩,这种破坏形态称为“少筋破坏”。为防止发生这类脆性破坏,《混凝土规范》对抗扭箍筋及抗扭纵筋的下限值(最小配筋率)及箍筋最大间距等给出了相应限值。

2.适筋破坏

配筋适量时,在扭矩作用下,首条斜裂缝出现后构件并不立即破坏。随着扭矩的增加,将陆续出现多条大体平行的连续螺旋形裂缝。与斜裂缝相交的纵筋和箍筋先后达到屈服,随着斜裂缝进一步开展,最后受压面上的混凝土被压碎,构件随之破坏,这种破坏称为“适筋破坏”。它具有一定的延性特征,受扭承载力的大小取决于配筋量的多少,工程上应将结构构件设计为适筋破坏构件。

3.超筋破坏

若配筋量过大,则在纵筋和箍筋尚未达到屈服时,混凝土就首先被压碎从而导致构件破坏,这种破坏称为“超筋破坏”,属于无预兆的脆性破坏。在设计中,应避免发生超筋破坏,因此在《混凝土规范》中规定了配筋的上限值,也就是规定了最小截面尺寸的条件。

4.部分超筋破坏

当抗扭纵筋和抗扭箍筋的配筋强度(配筋量及钢筋强度值)的比例失调,破坏时会发生一种钢筋达到屈服而另一种则无法充分发挥强度,这种破坏形态称为“部分超筋破坏”。它虽然也有一定延性,但比适筋破坏时的延性要小。为防止出现这种破坏,《混凝土规范》对抗扭纵筋和抗扭箍筋的配筋强度比值 ζ 的适合范围作出了限定。

6.3 弯剪扭构件的承载力

6.3.1 钢筋混凝土弯剪扭构件的破坏形态

在弯矩、剪力、扭矩共同作用下的构件称为弯剪扭构件。

随着截面上弯矩、剪力、扭矩比值的不同和配筋量的差异，弯剪扭矩形截面构件将出现如图 2.6.4 所示的 3 种典型破坏形态。

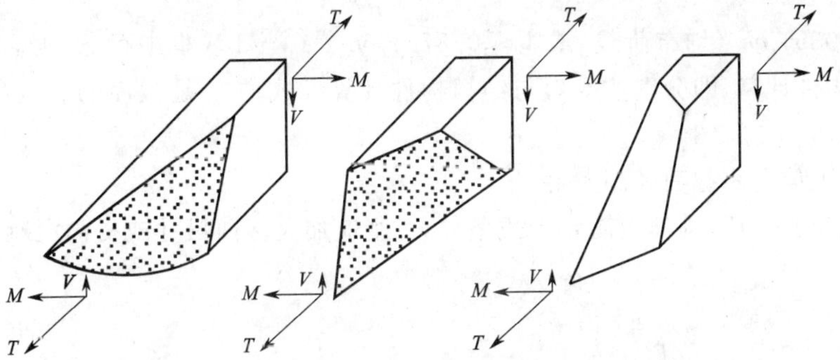

图 2.6.4 钢筋混凝土弯剪扭构件的破坏形态

(a) 弯型破坏；(b) 扭型破坏；(c)剪扭型破坏

图 2.6.4(a)所示的破坏形态为弯型破坏。裂缝先在弯曲受拉区底面出现，接着向两侧面发展。破坏时底部纵向钢筋首先达到抗拉屈服强度，然后顶面混凝土受压而被破坏。这种破坏通常发生在剪力很小，弯矩和扭矩较大，底部配筋多于顶部的情况。

图 2.6.4(b)所示的破坏形态为扭型破坏。构件顶面及两侧面的混凝土开裂后，顶部钢筋受扭屈服，引起底部混凝土被压碎而破坏。这种破坏一般发生在剪力很小，扭矩和弯矩较大，且上部纵筋较少时的情况。

图 2.6.4(c)所示的破坏形态为剪扭型破坏。斜裂缝首先在剪应力叠加的侧面(扭矩与剪力产生的剪应力方向一致)上出现，并呈螺旋形向顶面和底面发展，随后在剪应力相减面出现斜裂缝，最后在顶面和剪应力相减面相交的角部形成受压区而破坏。破坏时抗扭纵筋和抗剪扭的箍筋首先屈服，然后受压区混凝土被压碎。这种破坏通常发生在弯矩很小，剪力和扭矩较大时的情况。

6.3.2 矩形截面弯剪扭构件的设计

钢筋混凝土构件在弯矩、剪力、扭矩共同作用下的受力状态十分复杂，试验表明，剪扭或弯扭复合受力构件的承载力受到扭矩和剪力、弯矩的相互影响。由于剪力或弯矩的存在，受扭承载力将降低，同样，扭矩的存在，受剪或受弯承载力也将降低，这种现象称为承载力的相关性。

计算弯剪扭构件承载力时，应该考虑这种相关性，为了便于工程设计的实际应用，《混凝土规范》对弯剪扭构件的计算采用了部分相关的方法，其基本思路是：对单独由混凝土贡献的抗力部分考虑相关性，引入混凝土承载力降低系数 β_t；对由钢筋贡献的抗力部分采用叠加的方法，即截面纵向受力钢筋分别按受弯和受扭承载力计算，然后叠加；截面箍筋按“剪扭构件”进行计算，分别算出抗剪所需的箍筋和抗扭所需的箍筋后再叠加计算总用量。

弯剪扭构件截面设计的基本步骤如下。

1)计算截面最大弯矩 M、剪力 V 和扭矩 T 的设计值

2)选定截面形式和尺寸、钢筋级别和混凝土强度等级

3)确定是否应按弯剪扭构件计算承载力

当 $T \leqslant 0.175 f_t W_t$ 时,可不考虑扭矩作用,按弯剪构件计算,即分别按受弯和斜截面受剪计算。式中 f_t 为混凝土的抗拉强度设计值;W_t 为截面受扭塑性抵抗矩,对于矩形截面,$W_t = \frac{b^2}{6}(3h-b)$,$b$、$h$ 分别为截面的短边和长边尺寸。

当 $V \leqslant 0.035 f_t b h_0$(均布荷载)或 $V \leqslant 0.875 f_t b h_0 / (\lambda+1)$(集中荷载)时,不考虑剪力作用,可按弯扭构件计算,即分别按受弯与纯扭构件计算。式中 h_0 是截面的有效高度;λ 是计算截面的剪跨比,$1.5 \leqslant \lambda \leqslant 3$。

4)验算上限值——截面限制条件

为了避免超筋破坏,构件应满足下式条件,否则应加大截面尺寸或提高混凝土强度等级。

当 $\frac{h}{b} \leqslant 4$ 时

$$\frac{V}{bh_0} + \frac{T}{0.8W_t} \leqslant 0.25 \beta_c f_c \tag{2.6.1}$$

式中 β_c——混凝土强度影响系数。

f_c——混凝土轴心抗压强度设计值。

5)验算是否应按计算配筋

当满足下式时,可不进行剪扭计算,而按构造要求配置箍筋和受扭纵筋。

$$\frac{V}{bh_0} + \frac{T}{W_t} \leqslant 0.7 f_t \tag{2.6.2}$$

6)计算箍筋用量

(1)选定受扭纵筋与受扭箍筋的配筋强度比 ζ,应满足 $0.6 \leqslant \zeta \leqslant 1.7$ 的要求。

ζ 宜在 1~1.3 之间较为理想,箍筋和纵筋均能达到屈服强度。

(2)计算混凝土承载力降低系数 β_t(纯扭时取 $\beta_t = 1$)。

均布荷载作用时,有

$$\beta_t = \frac{1.5}{1 + 0.5 \frac{VW_t}{Tbh_0}} \tag{2.6.3}$$

满足 $0.5 \leqslant \beta_t \leqslant 1.0$。

对集中荷载作用下的矩形截面独立梁,有

$$\beta_t = \frac{1.5}{1 + 0.2(\lambda+1) \frac{VW_t}{Tbh_0}} \tag{2.6.4}$$

满足 $0.5 \leqslant \beta_t \leqslant 1.0$,$1.5 \leqslant \lambda \leqslant 3.0$。

(3)按剪扭构件受剪承载力计算受剪所需单肢箍筋面积 A_{sv1}。

均布荷载作用时,有

$$\frac{A_{sv1}}{s} = \frac{V - 0.7(1.5-\beta_t) f_t b h_0}{1.25 n f_{yv} h_0} \tag{2.6.5}$$

式中 s——箍筋间距。

n——箍筋肢数。

f_{yv}——箍筋抗拉强度设计值。

集中荷载作用时，有

$$\frac{A_{sv1}}{s}=\frac{V-\frac{1.75}{\lambda+1}(1.5-\beta_t)f_t bh_0}{nf_{yv}h_0} \tag{2.6.6}$$

(4)按剪扭构件受扭承载力计算受扭所需单肢箍筋面积 A_{st1}

$$\frac{A_{sv1}}{s}=\frac{T-0.35\beta_t f_t W_t}{1.2\sqrt{\zeta}f_{yv}A_{cor}} \tag{2.6.7}$$

式中 A_{cor}——截面核心面积，$A_{cor}=b_{cor}h_{cor}$。此处，b_{cor} 和 h_{cor} 为箍筋内表面范围内截面核心部分的短边、长边尺寸。

(5)叠加(3)和(4)两项计算结果，即得剪扭共同作用时所需单肢箍筋的配筋量。

$$\frac{A_{svt}}{s}=\frac{A_{sv1}}{s}+\frac{A_{st1}}{s} \tag{2.6.8}$$

进而确定箍筋直径 d 和箍筋间距 s，但均应满足构造要求。

7)验算最小配箍率

为了避免少筋破坏，箍筋用量应满足下式条件，否则应按最小配箍率配置箍筋。

$$\rho_{sv}=\frac{A_{svt}}{bs}\geqslant\rho_{sv,min}=0.28\frac{f_t}{f_{yv}} \tag{2.6.9}$$

8)计算纵向受力钢筋用量

(1)由计算得到的抗扭箍筋用量，通过配筋强度比 ζ 计算受扭纵向钢筋 A_{stl}。

$$A_{svt}=\frac{\zeta f_{yv}A_{svt}u_{cor}}{f_y s} \tag{2.6.10}$$

式中 u_{cor}——截面核心部分的周长，$u_{cor}=2(b_{cor}+h_{cor})$。抗扭纵向钢筋应均匀对称地配置在截面四周。

(2)按受弯构件正截面承载力公式计算受弯所需纵向钢筋 A_s。

(3)将受弯纵向钢筋面积和分配在截面底部的抗扭纵向钢筋面积叠加，然后选定其直径和根数。

9)验算纵向钢筋最小配筋率

受弯和受扭纵向钢筋的配筋率$(\rho+\rho_{tl})$不应小于受弯和受扭最小配筋率之和$(\rho_{min}+\rho_{tl,min})$，即

$$\rho+\rho_{tl}\geqslant\rho_{min}+\rho_{tl,min} \tag{2.6.11}$$

$$\rho_{tl}=\frac{A_{stl}}{bh}\geqslant\rho_{tl,min}=0.6\sqrt{\frac{T}{Vb}}\frac{f_t}{f_y} \tag{2.6.12}$$

$$\frac{T}{Vb}\leqslant 2\left(\text{当}\frac{T}{Vb}>2\text{ 时，取}\frac{T}{Vb}=2\right)$$

6.4 受扭构件的构造要求

6.4.1 受扭纵向钢筋

受扭纵向钢筋应沿截面周边对称均匀布置，试验表明，不对称配置的受扭纵向钢筋在受扭过程中不能充分发挥作用。除应在梁截面四角设置受扭纵向钢筋外，其余受扭纵向钢筋宜沿

截面周边均匀对称布置，受扭纵向钢筋的间距不应大于 200 mm 和梁截面短边长度，受扭纵向钢筋应按受拉钢筋锚固在支座内。

受扭纵向钢筋的配筋率应满足式(2.6.12)的要求，否则应按最小配筋率配筋。

在弯剪扭构件中，配置在截面弯曲受拉边的纵向受力钢筋，其截面面积不应小于按受弯构件受拉钢筋最小配筋率计算出的钢筋截面面积与按受扭纵向钢筋配筋率计算并分配到弯曲受拉边的钢筋截面面积之和。

6.4.2 受扭箍筋

在弯剪扭构件中，箍筋的配筋率应满足式(2.6.9)的要求，否则按最小配箍率配置箍筋。受扭所需的箍筋应做成封闭式，且应沿截面周边布置；当采用复合箍筋时，位于截面内部的箍筋不应计入受扭所需的箍筋面积；为保证搭接处受力时不致相对滑动，受扭所需箍筋的末端应做成 135°弯钩，弯钩端头应锚入混凝土核心内，其平直段长度不应小于 $10d$(d 为箍筋直径)。

对截面高度 $h>800$ mm 的梁，其箍筋直径不宜小于 8 mm；对截面高度 $h\leqslant 800$ mm 的梁，其箍筋直径不宜小于 6 mm。梁中配有计算需要的纵向受压钢筋时，箍筋直径尚不应小于纵向受压钢筋最大直径的 0.25 倍。

箍筋间距应符合受弯构件最大间距的构造要求。在超静定结构中，考虑协调扭转而配置的箍筋，其间距不宜大于 $0.75b$(b 为构件截面的宽度)。

思考题与习题

1.钢筋混凝土纯扭构件的破坏形态分为哪几类？

2.什么是配筋强度比，写出其表达式。

3.弯剪扭构件常见的破坏形态分为哪几类？

4.受扭纵筋和箍筋的构造要求是什么？

5.计算弯剪扭构件承载力时，《混凝土规范》是如何考虑构件截面上弯矩、剪力和扭矩间的相关性的？

第7章 受弯构件的挠度与裂缝

钢筋混凝土受弯构件除应进行承载力极限状态计算外，尚应进行正常使用极限状态（即裂缝宽度和变形）的验算，前者是保证结构构件满足安全性的要求，后者是保证结构构件满足适用性和耐久性的要求。

受弯构件在使用期间如果裂缝宽度过大或挠度（变形）过大，会使构件刚度降低和变形增大，影响结构的正常使用。例如，对处于有侵蚀性介质和高湿度环境下的构件，裂缝过宽将导致钢筋锈蚀，从而将使构件的承载力下降；对梁板构件变形过大，将会造成粉刷剥落；屋面构件变形过大，将会妨碍排水；工业厂房的吊车梁变形过大，将会影响吊车的正常运行。因此，对钢筋混凝土受弯构件应根据使用要求和所处环境条件按荷载效应的标准组合并考虑长期作用影响计算最大裂缝宽度和最大挠度，不应超过规定的限值。

7.1 受弯构件的挠度

7.1.1 钢筋混凝土构件的刚度

在材料力学中，受弯构件挠度计算公式为

$$f=a\frac{Ml_0^2}{EI} \qquad (2.7.1)$$

式中 a——与荷载形式和支撑条件有关的系数，可从有关力学手册中查得。例如，对于承受均布荷载的简支梁，$a=5/48$。

M——梁跨中最大弯矩。

MI——匀质弹性材料梁的截面抗弯刚度。

l_0——梁的计算跨度。

材料力学公式是假想梁为理想的匀质弹性体建立起来的，式中 EI 为常量，而钢筋混凝土既非匀质材料，又非弹性材料（仅在混凝土开裂前呈弹性特征），并且由于钢筋混凝土受弯构件在使用阶段一般已开裂，使受拉区混凝土成为非连续体。可见，钢筋混凝土受弯构件不符合材料力学的假定，因此挠度计算公式不能直接应用。

1. 钢筋混凝土受弯构件截面刚度的特点

钢筋混凝土构件的截面弯曲刚度不是常量，是随着作用弯矩的增加而不断降低，且随着荷载作用时间的增长而降低。因此，对于钢筋混凝土构件的挠度计算，首先应确定其抗弯刚度。

2. 刚度计算公式

1）短期刚度 B_s

在荷载短期效应的标准组合作用下的截面弯曲刚度称为短期刚度，用 B_s 表示。根据理论分析和试验研究的结果，矩形、T形、倒T形、工字形截面钢筋混凝土受弯构件的短期刚度表达式为

$$B_s=\frac{E_sA_sh_0^2}{1.15\psi+0.2+\dfrac{6a_E\rho}{1+3.5\gamma'_t}} \qquad (2.7.2)$$

式中 E_s——受拉纵筋的弹性模量。

A_s——受拉纵筋的截面面积。

h_0——受弯构件截面有效高度。

ψ——裂缝间纵向受拉钢筋应变不均匀系数，当计算出的 $\psi<0.2$ 时，取 $\psi=0.2$；当 $\psi>1.0$ 时，取 $\psi=1.0$。

$$\psi=1.1-0.65\frac{f_{t,k}}{\rho_{te}\sigma_{sk}} \tag{2.7.3}$$

$f_{t,k}$——混凝土轴心抗拉强度标准值，按表 2.2.6 采用。

ρ_{te}——按截面的"有效受拉混凝土截面面积"A_{te}计算的纵向受拉钢筋配筋率，当计算出的 $\rho_{te}<0.01$ 时，取 $\rho_{te}=0.01$。

$$\rho_{te}=A_s/A_{te} \tag{2.7.4}$$

如图 2.7.1 所示，对受弯构件，A_{te}按下式计算：

$$A_{te}=0.5bh+(b_f-b)h_f \tag{2.7.5}$$

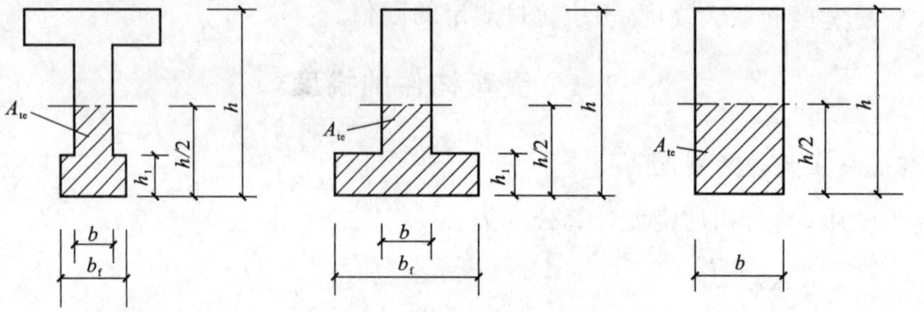

图 2.7.1　有效混凝土受拉面积 A_{te}计算

σ_{sk}——按荷载效应的标准组合计算的钢筋混凝土构件纵向受拉钢筋的应力，

$$\sigma_{sk}=\frac{M_k}{0.87h_0A_s} \tag{2.7.6}$$

M_k——按荷载效应标准组合计算的弯矩。

α_E——钢筋弹性模量 E_s 与混凝土弹性模量 E_c 的比值，即 $\alpha_E=E_s/E_c$。

ρ——纵向受拉钢筋配筋率。

γ'_f——受压翼缘截面面积与腹板有效截面面积的比值，

$$\gamma'_f=\frac{(b'_f-b)h'_f}{bh_0} \tag{2.7.7}$$

当 $h_f'>0.2h_0$ 时，取 $h_f'=0.2h_0$；当截面受压区为矩形时，$\gamma'_f=0$。

2)长期刚度 B

在荷载长期效应组合作用下，刚度随时间增长而降低，使受弯构件的挠度也会随时间的增长而增大，而这个过程一般持续数年之久才会趋于稳定。而实际工程中，总是有部分荷载长期作用在构件上，因此计算挠度时必须采用按荷载效应的标准组合并考虑荷载效应的长期作用影响的刚度，即长期刚度，以 B 表示。

$$B=\frac{M_k}{M_q(\theta-1)+M_k}B_s \tag{2.7.8}$$

式中　M_q——按荷载效应准永久组合计算的弯矩。

θ——考虑荷载长期作用对挠度增大的影响系数，对钢筋混凝土受弯构件，当 $\rho'=0$ 时，

取 $\theta=2$；当 $\rho'=\rho$ 时，取 $\theta=1.6$；当 ρ' 为中间数值时，θ 按线性内插法取用，即取 $\theta=2.0-0.4\rho'/\rho$，此处 ρ 为纵向受拉钢筋的配筋率，ρ' 为纵向受压钢筋的配筋率：

$$\rho=\frac{A_s}{bh_0};\quad \rho'=\frac{A_s'}{bh_0}$$

对于翼缘位于受拉区的倒 T 形截面，θ 值应增大 20%。

长期刚度实质上是考虑荷载长期作用部分使刚度降低的因素后，对短期刚度 B_s 进行的修正。

7.1.2 挠度验算

1. 挠度验算原则

为简化计算与安全起见，可取同号弯矩区段内弯矩最大截面的弯曲刚度作为该区段的弯曲刚度，即在简支梁中取最大正弯矩截面的刚度为全梁的弯曲刚度。而在外伸梁、连续梁或框架梁中，则分别取最大正弯矩截面和最大负弯矩截面的刚度作为相应正、负弯矩区段的弯曲刚度。很明显，按这种方法所算出的弯曲刚度值最小，所以称这种处理原则为“最小刚度原则”。

2. 挠度验算公式

梁的弯曲刚度确定后，就可以根据材料力学公式验算其挠度 f。但应注意，公式中的弯曲刚度 EI 应以刚度 B 代替，即

$$f=a\frac{M_k l_0^2}{B} \tag{2.7.9}$$

3. 挠度验算的步骤

挠度验算是在承载力计算完成后进行的。此时，构件的截面尺寸、跨度、荷载、材料强度以及钢筋配置情况都是已知的，故挠度验算可按下述步骤进行。

(1)计算荷载效应标准组合及准永久组合下的弯矩 M_k、M_q。

(2)计算短期刚度 B_s。

(3)计算长期刚度 B。

(4)计算最大挠度 f。

钢筋混凝土受弯构件的挠度应满足：

$$f\leqslant[f] \tag{2.7.10}$$

式中 $[f]$——钢筋混凝土受弯构件的挠度限值，按表 2.7.1 采用。

当不能满足式(2.7.10)时，说明受弯构件的弯曲刚度不足，应采取措施后重新验算。

表 2.7.1 受弯构件的挠度限值

构件类型		挠度限值
吊车梁	手动吊车	$l_0/500$
	电动吊车	$l_0/600$
屋盖、楼盖及楼梯构件	$l_0<7$ m	$l_0/200(l_0/250)$
	7 m$\leqslant l_0\leqslant$9 m	$l_0/250(l_0/300)$
	$l_0>9$ m	$l_0/300(l_0/400)$

注：(1)表中 l_0 为构件的计算跨度。计算悬臂构件的挠度限值时，l_0 按实际悬臂长度的 2 倍取用。

(2)如果构件制作时预先起拱，且使用上也允许，则在验算挠度时，可将计算所得的挠度值减去起拱值。

(3)表中括号内的数值适用于使用对挠度有较高要求的构件。

【例 2.7.1】某办公楼矩形截面简支梁，计算跨度 $l_0=6.0$ m，截面尺寸 $b\times h=200$ mm×450 mm，承受恒荷载标准值 $g_k=16.55$ kN/m(含自重)，活荷载标准值 $q_k=2.7$ kN/m，活荷载准永久值系数 $\psi_q=0.5$，$\gamma_0=1.0$，纵向受拉钢筋为 3Φ25，混凝土强度等级为 C25，挠度限值为 $l_0/200$，试验算其挠度。

【解】$A_s=1\ 473\ \text{mm}^2$，$h_0=415$ mm(纵筋排一排)，$f_{tk}=1.78\ \text{N/mm}^2$，$E_c=2.8\times10^4\ \text{N/mm}^2$，$E_s=2\times10^5\ \text{N/mm}^2$。

1)计算荷载效应

$$M_{gk}=\frac{1}{8}g_k l_0{}^2=\frac{1}{8}\times16.55\times6^2=74.475\ \text{kN}\cdot\text{m}$$

$$M_{qk}=\frac{1}{8}g_q l_0{}^2=\frac{1}{8}\times2.7\times6^2=12.15\ \text{kN}\cdot\text{m}$$

$$M_g=M_{gk}+M_{qk}=74.475+12.15=86.625\ \text{kN}\cdot\text{m}$$

$$M_q=M_{gk}+\psi_q M_{qk}=74.475+0.5\times12.15=80.55\ \text{kN}\cdot\text{m}$$

2)计算短期刚度 B_s

$$A_{te}=0.5bh=0.5\times200\times450=45\ 000\ \text{mm}^2$$

$$\rho_{te}=A_s/A_{te}=1\ 473/45\ 000=0.033$$

$$\rho=\frac{A_s}{bh_0}=\frac{1\ 473}{200\times415}=1.77\%$$

$$\rho'=0$$

$$\sigma_{sk}=\frac{M_k}{0.87h_0A_s}=\frac{86.625\times10^6}{0.87\times415\times1\ 473}=162.9\ \text{N/mm}^2$$

$$\psi=1.1-0.65\frac{f_{tk}}{\rho_{te}\sigma_{sk}}=1.1-0.65\times\frac{1.78}{0.033\times162.9}=0.885$$

$$\alpha_E=E_s/E_c=2\times10^5/2.8\times10^4=7.143$$

由于是矩形截面，则 $\gamma_f'=0$

$$B_s=\frac{E_sA_sh_0^2}{1.15\psi+0.2+\dfrac{6a_E\rho}{1+3.5\gamma_f'}}=\frac{2\times10^5\times1\ 473\times415^2}{1.15\times0.885+0.2+\dfrac{6\times7.143\times1.77\%}{1+3.5\times0}}$$

$$=2.567\times10^{13}\ \text{N}\cdot\text{mm}^2$$

3)计算长期刚度 B

由于 $\rho'=0$，故 $\theta=2$

$$B=\frac{M_k}{M_q(\theta-1)+M_k}B_s=\frac{86.625\times10^6}{80.55\times10^6(2-1)+86.625\times10^6}\times2.567\times10^3$$

$$=1.330\times10^{13}\ \text{N}\cdot\text{mm}^2$$

4)计算最大挠度 f，并判断挠度是否符合要求

梁的跨中最大挠度

$$f=\frac{5}{48}\frac{M_kl_0^2}{B}=\frac{5}{48}\frac{86.625\times10^6\times6\ 000^2}{1.330\times10^{13}}$$

$$=24.4\ \text{mm}<[f]=l_0/200=6\ 000/200=30\ \text{mm}$$

故该梁满足刚度要求。

7.1.3 减少构件挠度的措施

影响受弯构件刚度大小的因素较多，有弯矩、纵筋配筋率与弹性模量、截面形状与尺寸、混

凝土强度等级等，因此提高钢筋混凝土受弯构件弯曲刚度的主要措施有：提高混凝土强度等级；增加纵向钢筋的数量，可在有限范围内改善截面刚度，但不经济；选用合理的截面形状（如T形、工字形等）；增加梁的截面高度，此为最有效的措施。

7.2 受弯构件的裂缝

7.2.1 裂缝的形成和开展

钢筋混凝土受弯构件的裂缝有两种：一种是由于混凝土的收缩或温度变形引起的，这种裂缝可以通过采取控制混凝土浇筑质量，改善水泥性能，选择集料成分，改进结构形式，设置伸缩缝等措施解决，不必进行裂缝宽度计算；另一种裂缝则是由荷载引起的，必须进行裂缝宽度计算与控制。

在荷载作用下，由于混凝土的抗拉强度较低，当受弯构件其他部位应力还不大时，受拉区外边缘混凝土的拉应力最早达到其抗拉强度。当在最薄弱的截面达到其极限拉应变时，就会在垂直于拉应力方向形成第一批（一条或若干条）裂缝。裂缝截面处混凝土退出工作，应力降低为零，如图 2.7.2(b)，原来的拉应力全部由钢筋承担，使钢筋应力突然增大，如图 2.7.2(c)。裂缝出现后，原来处于拉伸状态的混凝土便向裂缝两侧回缩，混凝土与受拉纵向钢筋之间产生相对滑移而使裂缝不断开展。但是，由于混凝土与钢筋之间的黏结作用，使混凝土的回缩受到钢筋的约束，在离开裂缝某一距离 $l_{cr,min}$ 的截面 B 处，混凝土不再回缩，如图 2.7.2(a)所示，此处混凝土的拉应力仍保持裂缝出现前瞬时的数值。由于在长度 $l_{cr,min}$ 范围内（A、B 之间）混凝土的应力 σ_{ct} 小于其抗拉强度 f_t，因此，若荷载不增加，该范围内不会产生新的裂缝。当荷载继续增加时，有可能在距离已裂截面 $\geqslant l_{cr,min}$ 的另一薄弱截面出现新的裂缝。

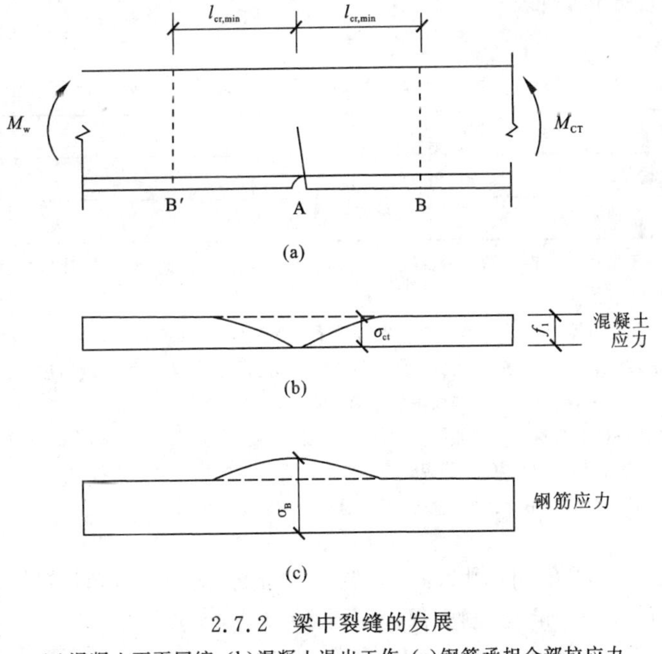

2.7.2 梁中裂缝的发展

(a)混凝土不再回缩；(b)混凝土退出工作；(c)钢筋承担全部拉应力

由外向内，裂缝的宽度是不相同的。钢筋表面处的裂缝宽度大约只有构件混凝土表面裂缝宽度的 1/5～1/3。所要验算的裂缝宽度是指构件边缘侧表面上混凝土的裂缝宽度。

7.2.2　裂缝宽度验算

1. 裂缝宽度验算公式

钢筋混凝土受弯构件在荷载长期效应组合作用下的最大裂缝宽度验算公式为

$$W_{max}=2.1\psi\frac{\sigma_{sk}}{E_s}\left(1.9c+0.08\frac{d_{eq}}{\rho_{te}}\right) \tag{2.7.11}$$

式中　c ——最外层纵向受拉钢筋的混凝土保护层厚度，当 $c<20$ mm 时，取 $c=20$ mm；当 $c>65$ mm 时，取 $c=65$ mm。

d_{eq}——受拉区纵向钢筋的等效直径。

$$d_{eq}=\frac{\sum n_i d_i{}^2}{\sum n_i v_i d_i} \tag{2.7.12}$$

当受拉区纵向钢筋为一种直径时，$d_{eq}=d$。

v_i——受拉区第 i 种钢筋的相对黏结特性系数，对带肋钢筋，取 $v_i=1.0$；对光面钢筋，取 $v_i=0.7$；对环氧树脂涂层的钢筋，按前述数值的 0.8 倍采用。

n_i——受拉区第 i 种钢筋的根数。

d_i——受拉区第 i 种钢筋的公称直径。

其余符号意义同前。

2. 裂缝宽度验算步骤

(1)计算 d_{eq}。

(2)计算 ρ_{te}、σ_{sk}、ψ。

(3)计算 w_{max}，并判断裂缝是否满足要求。

当 $w_{max}\leqslant w_{lim}$时，裂缝宽度满足要求；否则，不满足要求，应采取措施后重新验算。其中 w_{lim}为最大裂逢宽度限值，按表 2.7.2 采用。

表 2.7.2　钢筋混凝土结构构件的裂缝控制等级及最大裂缝宽度限值 w_{lim}

环境类别	一	二	三
裂缝控制等级	三	三	三
最大裂缝宽度限值 w_{lim}(mm)	0.3(0.4)	0.2	0.2

注：(1)表中规定是用于采用热轧钢筋的钢筋混凝土构件，当采用其他类别的钢筋时，其裂缝控制要求可按专门标准确定。

(2)对处于年平均相对湿度小于 60%地区的一类环境下的受弯构件，其最大裂缝宽度限值可采用括号内的数值。

(3)在一类环境下，对钢筋混凝土屋架、托架及应作疲劳验算的吊车梁，其最大裂缝宽度限值应取为 0.2 mm；对钢筋混凝土屋面梁和托架，其最大裂缝宽度限值应取为 0.3 mm。

(4)对于烟囱、筒仓和处于液体压力下的结构构件，其裂缝控制要求应符合专门标准的有关规定。

(5)对处于四、五类环境下的结构构件，其裂缝控制要求应符合专门标准的有关规定。

(6)表中的最大裂缝宽度限值用于验算荷载作用引起的最大裂缝宽度。

【例 2.7.2】某简支梁条件同例 2.7.1，裂缝宽度限值为 0.3 mm，试验算裂缝宽度。

【解】$E_s=2\times10^5$ N/mm²，混凝土保护层厚 $c=25$ mm。

(1)计算 d_{eq}。

受力钢筋为同一种直径，故 $d_{eq}=d=25$ mm。

(2)计算 ρ_{te}、σ_{sk}、ψ。

例 2.7.1 中已求得：$\rho_{te}=0.033$，$\sigma_{sk}=162.9$ N/mm²，$\psi=0.885$。

(3)计算 w_{max}，并判断裂缝是否符合要求。

$$w_{max}=2.1\psi\frac{\sigma_{sk}}{E_s}\left(1.9c+0.08\frac{d_{eq}}{\rho_{te}}\right)$$

$$=2.1\times0.885\times\frac{162.9}{2\times10^5}\left(1.9\times25+0.08\times\frac{25}{0.033}\right)$$

$$=0.16\ \text{mm}<w_{lim}=0.3\ \text{mm}$$

裂缝宽度满足要求。

7.2.3 减少裂缝宽度的措施

1. 影响裂缝宽度的主要因素

裂缝宽度与纵筋应力、直径、表面形状、配筋率及混凝土保护层等有关。

纵向钢筋的应力与裂缝宽度近似呈线性关系。当构件内受拉纵筋截面相同时，采用细而密的钢筋，会增大钢筋表面积，使黏结力增大，裂缝宽度变小；带肋钢筋的黏结强度较光面钢筋大得多，可减小裂度宽度；构件受拉区混凝土截面的纵筋配筋率增大，裂缝宽度减小；保护层厚度厚，裂缝宽度增加。

2. 减小裂缝宽度的措施

其措施有：可增大钢筋截面积；在钢筋截面面积不变的情况下，采用较小直径的钢筋；采用变形钢筋；提高混凝土强度等级；增大构件截面尺寸。其中，增加构件截面高度及采用较小直径的变形钢筋是减小裂缝宽度最有效的措施。

思考题与习题

1. 钢筋混凝土受弯构件为什么要进行变形和裂缝宽度验算？影响变形和裂缝宽度的主要因素是什么？

2. 增大弯曲刚度和减小裂缝宽度的措施各有哪些？

第 8 章　钢筋混凝土梁板结构

8.1　梁板结构分类

钢筋混凝土梁板结构是土建工程中应用最为广泛的一种结构，例如房屋中的楼(屋)盖、筏板基础、大型水池的底板和顶盖以及楼梯、阳台、雨篷等。其中楼盖和屋盖是最典型的梁板结构。

按施工方法分，楼(屋)盖可分为现浇楼盖、装配式楼盖和装配整体式楼盖。

1. 现浇楼盖

现浇楼盖具有刚度大，整体性、抗震性、防水性好等特点，对不规则及复杂平面的适应性强，开洞容易，并适用于荷载较大的情况。缺点是现场作业量大、模板用量多、工期长。随着商品混凝土以及工具式摸板的广泛使用，现浇楼盖已成为目前应用最为广泛的一种结构形式。

现浇钢筋混凝土楼盖根据梁布置的不同，可分为：单向板肋形楼盖、双向板肋形楼盖、井式楼盖、密肋楼盖和无梁楼盖，如图 2.8.1 所示。其中，单向板肋形楼盖和双向板肋形楼盖的应用最为广泛。

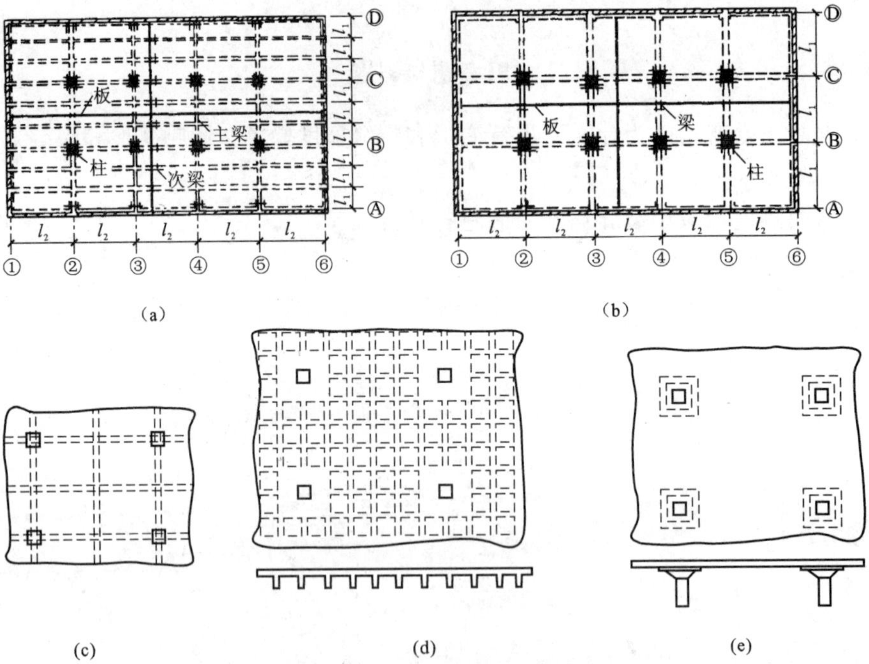

图 2.8.1 现浇钢筋混凝土楼盖

(a)单向板肋形楼盖；(b)双向板肋形楼盖；(c)井式楼盖；(d)密肋楼盖；(e)无梁楼盖

楼面梁将楼面划分为若干区格板。当区格板的长边 l_2 与短边 l_1 之比较大时，沿短跨方向传递的荷载较大，而沿长跨方向传递的荷载较小。因此，当长短边之比 l_2/l_1 超过一定数值时，可近似地认为作用在区格板上的荷载均沿短跨方向传到长边支座上。这种只在一个方向弯曲的板，称为单向板。由单向板与主、次梁组成的楼盖称为单向板肋形楼盖。当长短边之比较小时，应同时考虑两个方向弯曲的板称为双向板。由双向板与主、次梁组成的楼盖称为双向板肋形楼盖。《混凝土规范》规定，对于四边支撑板，当长短边之比 $l_2/l_1 \geqslant 3$ 时，可按沿短边方向受力的单向板计算；当 $l_2/l_1 \leqslant 2$ 时，应按双向板计算；当 $2 < l_2/l_1 < 3$ 时，宜按双向板计算。当按沿短跨方向受力的单向板计算时，应沿长跨方向布置足够数量的构造钢筋。对于只有两对边支撑的板，按单向板计算。

为了建筑上的需要或柱间距较大时，常将楼板分成若干个接近正方形的小区格，二个方向梁的高度一般相同，梁格布置呈井字形，称为井式楼盖。

当楼盖不设梁，而将板直接支撑在柱上，这种楼盖称为无梁楼盖，又称板柱结构。与相同柱网的肋梁楼盖板相比，其板较厚。为提高柱顶楼板的抗冲切承载能力以及减小板的计算跨度，往往在柱顶设置柱帽，当荷载较小时，也可不设柱帽。由于楼盖不设梁，建筑楼层的净高较大，板底平滑，可改善采光、通风和卫生条件。无梁楼盖常用于商场、书库、仓库和大型停车场等。根据一般经验，当楼面可变荷载的标准值在 55 kM/m^2 以上，柱网在 6 m×6 m 时，无梁楼盖比肋梁楼盖经济。但无梁楼盖抗侧刚度较差，不适用于抗震结构。

2. 装配式楼盖

装配式楼盖主要用于多层砌体房屋，如多层住宅、办公楼等。由于采用预制板，便于加快施工进度和机械化施工。但结构的整体性、抗震性较差，板底及板面粉刷易开裂、易渗漏水，不便于开洞，平面形状不规则时受限制。在我国的许多抗震设防区，已禁止使用装配式楼盖。

3. 装配整体式楼盖

装配整体式楼盖是提高装配式楼盖整体性和抗震性的一种改进措施，兼有现浇楼盖和预制楼盖两者的优点。最常见的做法是在预制板上设置 40 mm 厚的 C20 细石混凝土整浇层，内配钢筋网片。

本章重点介绍单向板肋形楼盖和双向板肋形楼盖。

8.2 现浇单向板肋形楼盖

8.2.1 现浇单向板肋形楼盖结构布置

现浇单向板肋形楼盖由板、次梁和主梁组成。楼盖设计前，应先进行结构布置。结构布置就是在综合考虑建筑的使用功能、结构的整体刚度、经济性及施工条件等因素的基础上，合理地确定竖向承重构件柱(或墙)的平面位置并进行主、次梁的布置。

柱或承重墙的间距决定了主梁的跨度，主梁的间距决定了次梁的跨度，次梁的间距又决定了板的跨度。实践表明，单向板、次梁和主梁的经济跨度为：单向板，1.7～2.7 m，荷载大时取较小值，一般不宜超过 3 m；次梁，4～6 m；主梁，5～8 m。

1. 现浇单向板肋形楼盖平面布置方案

(1)主梁横向布置，次梁纵向布置，如图 2.8.2(a)所示。其优点是主梁和柱可形成刚度较大的横向框架，各横向框架之间由截面相对较小的次梁相连，房屋的整体刚度较大。此外，由于外纵墙处仅设次梁，故外纵墙上窗洞可开得较大，有利于室内采光。

(2)次梁横向布置，主梁纵向布置，如图 2.8.2(b)所示。适用于横向柱距大于纵向柱距较多或房屋有集中通风要求的情况。其优点是主梁截面高度减小，增加室内净高，有利于沿纵向布置管线等。但房屋的横向刚度较差，而且常由于次梁支撑在窗过梁上，限制了窗洞的高度。

(3)对于设内走道的房屋，可利用中间的内纵墙承重，这时可直接将梁搁置于纵墙而不设主梁如图 2.8.2(c)。但须对纵墙采取加强措施。

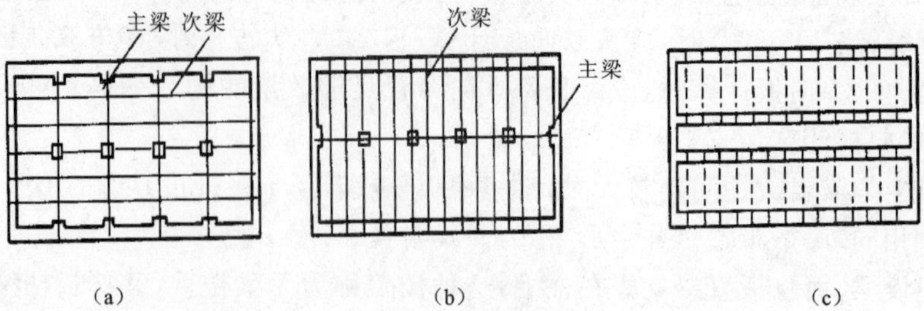

图 2.8.2 单向板肋形楼盖结构布置方案

(a)主梁横向布置;(b)主梁纵向布置;(c)不设主梁

2. 楼盖结构平面布置应注意的问题

(1)荷载传递简捷,受力明确、合理。梁的布置应规则并尽可能拉通,应尽量避免将梁(特别是主梁)搁置在洞口上,在楼板上开设较大洞口时,应在洞口周边设置小梁;在楼板上有较重设备的部位应设置次梁,有墙体时应在墙下设梁,应避免板上砌墙(轻质隔断除外)。

(2)满足建筑、美观要求。如易积水的开敞阳台、卫生间的板面标高应比其他部位低 30~50 mm(一般为装修后的高差);在一个使用空间内(如住宅的卧室、客厅)尽可能不设梁,必须设梁时,应考虑室内的美观性。

(3)方便施工。梁格布置应尽可能等跨,以减少构件截面种类,方便施工。

3. 构件截面尺寸的初步确定

(1)板。为了满足受力及刚度要求,单向板的厚度不宜小于跨度的 1/40(连续板)或 1/35(简支板),同时还应满足板的最小厚度要求。

(2)次梁。次梁的梁高一般可取跨度的 1/18~1/12,梁宽为梁高的 1/3~1/2。

(3)主梁。主梁的梁高一般可取跨度的 1/15~1/8,梁宽为梁高的 1/3~1/2。

现浇单向板肋形楼盖主要应用于多层工业建筑中,其设计步骤一般可归纳为:①结构平面布置,并初步确定板厚及主、次梁的截面尺寸;②确定梁、板计算简图;③梁、板构件内力计算;④截面配筋及构造设计;⑤绘制施工图。

8.2.2 现浇单向板肋形楼盖的计算简图

计算简图就是把实际的结构构件简化为既能反映构件实际受力情况又便于计算的力学模型。计算简图应反映构件的支座情况、各跨的跨度以及作用在构件上的荷载,如图 2.8.3 所示。

1. 支座

单向板肋形楼盖中,板的支座是次梁,次梁的支座是主梁,主梁的支座是柱或墙体,为简化计算,一般假设梁板的支座为铰支座,将次梁和板视为多跨连续梁或连续板。实际上次梁对板、主梁对次梁有转动约束作用,使构件实际的变形及内力均比计算的要小,由此假定带来的误差将通过折算荷载计算跨度等的方式弥补。

对于主梁,当梁支撑于墙体上时,按铰支座考虑。一般认为,当与钢筋混凝土柱整浇,且梁柱的线刚度比小于 5 时,按梁柱刚接的框架考虑,否则可忽略柱对梁弯曲转动的约束,将主梁

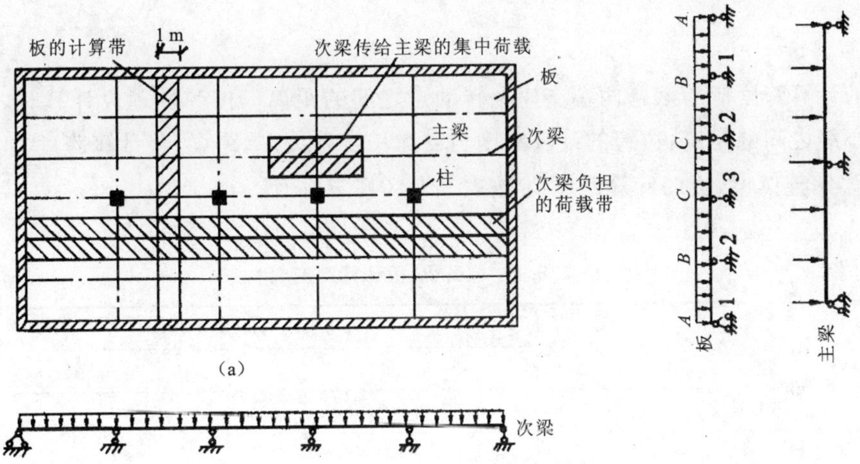

图 2.8.3 单向板肋形楼盖计算简图

视为支撑于柱子的连续梁。

2. 荷载

作用于楼盖上的荷载有永久荷载和可变荷载两部分。永久荷载(恒荷载)包括结构自重、粉刷(装修)的重量、永久性设备等。可变荷载荷包括人群、家具、堆料、非永久性设备等,其标准值可由《荷载规范》查得。对于动力荷载应按专门规定计算。

现浇单向板肋形楼盖的荷载传递路径为:板→次梁→主梁→柱(墙)→基础。在计算板传给次梁和次梁传给主梁的荷载时,分别忽略板、次梁的连续性,按简支构件计算支座竖向反力。

(1)对于单向板,可取 1 m 宽板带作为计算单元,将板的面荷载(kN/m^2)乘以 1 m 得板的均布线荷载(kN/m)。

(2)对于次梁,承受梁的自重及板传来的荷载,均为均布荷载. 其从属面积为次梁两侧各延伸 1/2 次梁的间距范围内的面积,次梁承受板传来的均布线荷载(kN/m)为板的面荷载(kN/m^2)乘以次梁间距。

(3)对于主梁,承受次梁传来的集中荷载及主梁的自重(均布荷载),由于主梁自重较小,可将其折算成集中荷载加入次梁传来的集中永久荷载内。

3. 折算荷载

由于忽略次梁对板、主梁对次梁的转动约束,对于等跨的连续板、梁在永久荷载的作用带来的误差是不大的,但在可变荷载不利布置的情况下,误差较大。为使计算结果更符合实际情况,采取增大永久荷载、相应减小可变荷载,保持总荷载不变的折算荷载方法计算内力,以考虑支座转动约束的影响。一般情况下,次梁对板的转动约束比主梁对次梁的转动约束要显著。

折算荷载的取值如下。

连续板: $$g'=g+\frac{q}{2},\ q'=\frac{q}{2} \tag{2.8.1}$$

连续梁: $$g'=g+\frac{q}{4},\ q'=\frac{q}{4} \tag{2.8.2}$$

式中 g、q——单位长度上的永久荷载、可变荷载设计值。

g'、q'——单位长度上的折算永久荷载、折算可变荷载设计值。

当板或梁搁置在墙或钢结构上时,不能采用折算荷载计算内力。主梁不能采用折算荷载计算内力。

4. 计算跨度

某跨的计算跨度应为该跨两端支座处转动点之间的距离。按弹性理论计算时，中间各跨取支座中心线之间的距离，边跨的计算跨度与支撑长度有关；单跨梁、板计算跨度 l_0 的取值见表 2.8.1；多跨连续梁、板的计算跨度 l_0 按表 2.8.2 规定取值。

表 2.8.1　单跨梁、板计算跨度 l_0

支　撑　情　况	计　算　跨　度 l_0	
	板	梁
两端简支	$l_0=l_n+h$	$l_0=l_n+a_1<1.05l_n$
一端简支、一端与梁整体连接	$l_0=l_n+0.5h$	
两端与梁整体连接	$l_0=l_n$	

注：l_n 为支座间净距；a_1 为支撑长度；h 为板厚。

表 2.8.2　连续梁、板的计算跨度 l_0

		边　　跨	中　　跨	备　　注
构造图形	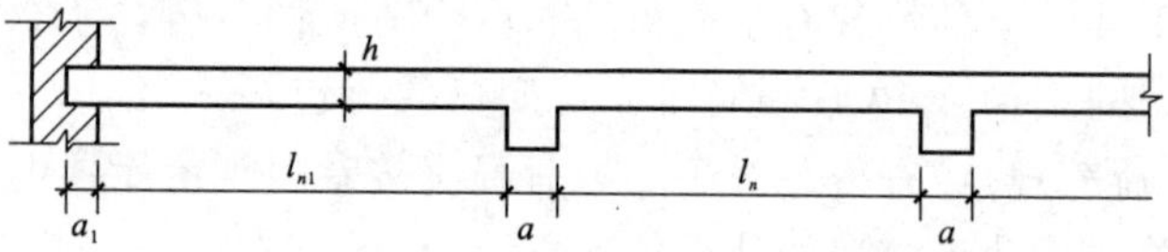			
按塑性计算方法	板	$l_{n1}+\frac{h}{2}$	l_n	求支座弯矩时，取该支座相邻两跨计算跨度的较大值进行计算
	梁	$l_{n1}+\frac{a_1}{2}\leqslant 1.025l_{n1}$	l_n	
按弹性计算方法板	板	$l_{n1}+\frac{h}{2}+\frac{a}{2}$	l_n+a（取中心距）	求支座弯矩时，取该支座相邻两跨计算跨度的平均值进行计算
	梁	$l_{n1}+\frac{a}{2}+\frac{a_1}{2}\leqslant 1.025l_{n1}+\frac{a}{2}$	l_a（取中心距）	
构造图形	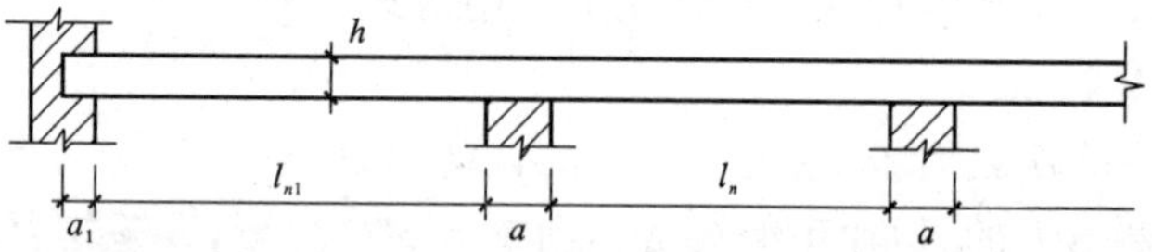			
		边　　跨	中　　跨	备　　注
按弹性计算方法板	板	$l_{n1}+\frac{a}{2}+\frac{h}{2}\leqslant 1.05l_{n1}+\frac{h}{2}$	$l_n+a\leqslant 1.1l_n$	求支座弯矩时，取该支座相邻两跨计算跨度的较大值（塑性计算方法）或平均值（弹性计算方法）进行计算
	梁	$l_{n1}+\frac{a}{2}+\frac{a_1}{2}\leqslant 1.05l_{n1}$	$l_n+a\leqslant 1.05l_n$	

注：当连续板与连续次梁的端支座为整浇时，边跨计算跨度取支座中心距离。

8.2.3　现浇单向板肋形楼盖的内力计算

钢筋混凝土连续梁、板内力计算方法有弹性理论计算方法和塑性理论的计算方法。

1.按弹性理论的计算方法

弹性理论认为，钢筋混凝土梁、板构件为理想的均质弹性体，并认为构件任一截面的内力达到此截面的极限承载力时，整个构件破坏。

1)可变荷载的最不利布置

可变荷载作用的位置、大小随时间的变化而变化，在结构设计时，应计算结构在可能的荷载作用下每一个控制截面的最不利内力，并按此内力进行截面配筋设计，以保证结构的安全。由结构力学计算可知，可变荷载各跨均布置时各截面的内力并不是最大的。因此，在计算连续梁(板)内力时，应考虑可变荷载的最不利布置，使构件某一截面的内力绝对值最大，并以此作为截面承载力计算的依据。

可变荷载的布置是以一跨为单位改变其位置的，而永久荷载每跨均应布置。可变荷载最不利布置的原则如下。

(1)求某跨跨中截面的最大正弯矩时，应在本跨布置可变荷载，然后隔跨布置，如图 2.8.4(a)所示。

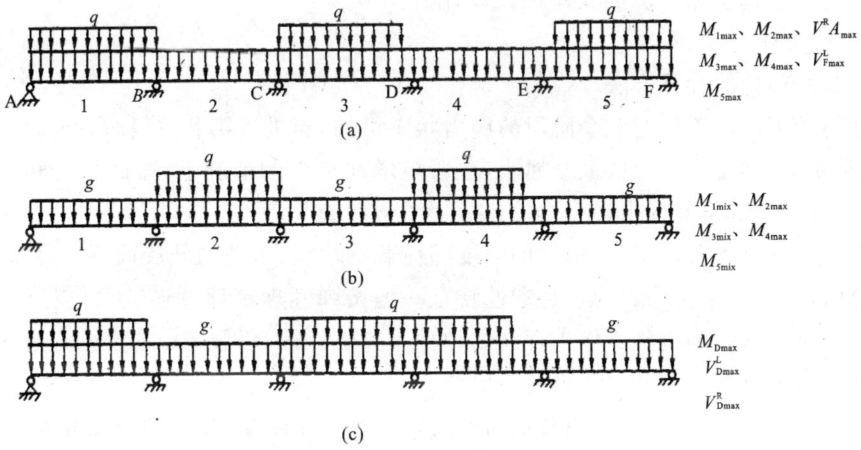

图 2.8.4　可变荷载最不利布置

(a)求跨中最大弯矩时可变荷载布置；(b)求跨中最小弯矩时可变荷载布置；

(c)求支座最大负弯矩、最大剪力时可变荷载布置

(2)求某跨跨中截面最小正弯矩(或最大负弯矩)时，本跨不布置可变荷载，而在相邻跨布置可变荷载，然后隔跨布置，如图 2.8.4(b)所示。

(3)求某一支座截面最大负弯矩时，应在该支座左右两跨布置可变荷载，然后隔跨布置，如图 2.8.4(c)所示。

(4)求某支座左、右截面的最大剪力时，可变荷载的布置与求该支座截面最大负弯矩时的布置相同。

可变荷载布置确定后，可按结构力学所阐述的方法(如力矩分配法)进行内力计算，对于 2～5 跨等跨等截面的连续梁板，在不同荷载布置下的内力计算已制成表格(详见静力计算手册)，设计时可直接查用。

等截面、跨数超过 5 跨的连续梁(板)，当各跨荷载相同，且跨度相差不超过 10%时，可近似按 5 跨的等跨连续梁(板)计算。除左、右两边各第 1、第 2 跨不变外，中间各跨均按第 3 跨计算内力。

通常，主梁的内力按弹性理论的方法计算；肋形楼盖中多跨连续次梁和单向板的内力按塑性理论的方法计算。

2）支座弯矩与剪力的设计值

按弹性理论计算方法所得的支座弯矩和剪力是支座转动点处的内力，对中间支座则是支座中心点处的内力。从不利情况看，正截面受弯承载力和斜截面承载力的控制截面应在支座边缘，内力设计值应以支座边缘为准。故在截面设计时，应按如下取值。

弯矩设计值： $$M=M_c-V_0\frac{b}{2} \tag{2.8.3}$$

剪力设计值：

均布荷载作用时 $$V=V_c-(g+q)\frac{b}{2} \tag{2.8.4}$$

集中荷载作用时 $$V=V_c \tag{2.8.5}$$

式中 M_c、V_c——支撑中心处的弯矩、剪力设计值。

V_0——按简支梁计算的支座剪力设计值。

b——支座宽度。

2.按塑性理论的计算方法

从适筋梁正截面工作的3个阶段的应力状态可知，当进入第Ⅱ阶段时，受拉区混凝土已开裂，尤其是在第Ⅲ阶段，受拉区纵筋屈服，在弯矩增加极少的情况下，截面相对转角剧增，整个截面绕着受压区转动，好像出现一个铰，称之为“塑性铰”。

钢筋混凝土是弹塑性材料，构件的刚度随荷载的增加、裂缝的开展而不断降低。在截面承载力计算时，已考虑了梁（板）的这种塑性特征。但按弹性理论计算连续梁（板）的内力时却忽视了钢筋混凝土材料和构件工作中存在的种种非弹性特征，仍假定结构受力过程中刚度不变，以致造成了内力计算与承载力计算的不协调。

由于构件刚度的不断降低，使各截面间的内力分布不断变化，这种情况称为内力重分布现象。内力重分布贯穿结构使用的整个过程，尤其是“塑性铰”的出现使结构的内力分布发生显著改变，这时的内力重分布的过程称为“内力的塑性重分布”。因此，按弹性理论计算方法求得的内力不能反映连续梁、板的实际内力。

按弹性理论计算时，每个计算截面均根据可变荷载的最不利布置计算内力，再按内力包络图进行截面设计，认为构件的任一截面上内力达到其极限承载力时，整个构件破坏。这对于静定结构或脆性材料的结构是基本符合的。但对于超静定结构，某一截面受拉钢筋达到屈服强度，出现塑性铰并在转动过程中受压区混凝土不过早压碎，塑性区有足够的转动能力，构件仍可继续加载，随着塑性铰在其他截面上陆续出现，最后致使结构构件整体或局部变成几何可变体系，才丧失其承载力。即内力重分布使连续梁（板）的实际承载力比弹性理论计算的结果要大。因此，塑性理论的计算方法可以合理地估计构件的承载力，同时又能较好地符合结构工作的实际情况。

一个构件各截面的最不利内力值不可能同时达到。按弹性理论计算时，各截面均按最不利内力进行配筋，材料强度不能被充分利用，存在浪费现象。且支座弯矩大于跨中弯矩，支座配筋过多，施工困难。按塑性理论的计算可以节约材料，取得较好的经济效果。因此，对处于室内正常环境下无动力荷载作用的连续次梁和单向板的内力宜按塑性理论计算。

为便于计算，规范将“弯矩调幅法”作为塑性理论的内力计算方法。所谓弯矩调幅法，就是对结构按弹性理论计算所得的弯矩值和剪力值进行适当调整。通常是对弯矩较大的支座截面进行调整(降低支座弯矩),然后按调整后的内力进行截面设计。

对弯矩进行调整,应遵循以下原则。

(1)控制弯矩的调幅值,一般不宜超过按弹性理论计算的弯矩值的 20%,以免造成塑性铰的过早出现,塑性铰转动量过大,会造成裂缝过宽、挠度过大而影响正常使用。且应满足正常使用极限状态的要求。

(2)为保证塑性铰形成并具有足够的转动能力,受力钢筋宜采用 HRB 335 和 HRB 400 级热轧钢筋,混凝土强度等级宜在 C20～C45 的范围,同时要求受压区高度 $x \leqslant 0.35h_0$。

(3)结构的跨中截面弯矩值应取弹性分析所得的最不利弯矩值和下式计算值的较大值。

$$M=1.02M_0-\frac{1}{2}(M^l+M^r) \tag{2.8.6}$$

式中 M_0——按简支梁计算的跨中弯矩设计值。

M^l、M^r——该跨左、右支座截面弯矩调幅后的设计值。

(4)调幅后的支座和跨中截面的弯矩值均应不小于按简支梁计算的跨中弯矩设计值的 1/3。

对于均布荷载作用下等跨连续梁板按调幅法求得的内力如下。

1)次梁、板跨中及支座弯矩的计算

次梁、板跨中及支座弯矩为

$$M=a(g+q)l_0^2 \tag{2.8.7}$$

式中 g、q——均布永久荷载、可变荷载的设计值。

a——考虑塑性内力重分配的弯矩计算系数,按表 2.8.3 采用。

l_0——计算跨度,按表 2.8.2 采用。

2)次梁支座剪力的计算

次梁支座剪力按下式计算:

$$V=\beta(g+q)l_n \tag{2.8.8}$$

式中 g、q——均布永久荷载、可变荷载的设计值。

β——考虑塑性内力重分配的剪力计算系数,按表 2.8.4 采用。

l_n——次梁的净跨度。

表 2.8.3　连续次梁、单向板考虑塑性内力重分配的弯矩计算系数 a

<table>
<tr><th colspan="2" rowspan="3">支撑情况</th><th colspan="6">截　面　位　置</th></tr>
<tr><th>端支座</th><th>边跨跨中</th><th>离端第二支座</th><th>离端第二跨跨中</th><th>中间支座</th><th>中间跨跨中</th></tr>
<tr><th>A</th><th>Ⅰ</th><th>B</th><th>Ⅱ</th><th>C</th><th>Ⅲ</th></tr>
<tr><td colspan="2">梁、板搁支在墙上</td><td>0</td><td>1/11</td><td rowspan="4">二跨连续:
−1/10
三跨以上连续:
−1/11</td><td rowspan="4">1/16</td><td rowspan="4">−1/14</td><td rowspan="4">1/16</td></tr>
<tr><td>板</td><td rowspan="2">与梁整浇连接</td><td>−1/16</td><td rowspan="2">1/14</td></tr>
<tr><td>梁</td><td>−1/24</td></tr>
<tr><td colspan="2">梁整浇连接</td><td>−1/16</td><td>1/14</td></tr>
</table>

注:(1)表中系数适用于荷载比 $q/g>0.3$ 的等跨连续梁和连续单向板。

(2)连续梁或连续单向板的各跨计算跨度不等,但相邻两跨的长跨与短跨计算跨度之比小于 1.10 时,仍可采用表中弯矩系数。计算支座弯矩时,应取相邻两跨中的较大计算跨度;计算跨中弯矩时,取本跨计算跨度。

表 2.8.4　连续次梁考虑塑性内力重分配的剪力计算系数 β

<table>
<tr><th rowspan="3">支撑情况</th><th colspan="5">截面位置</th></tr>
<tr><th rowspan="2">A 支座内侧
A_{in}</th><th colspan="2">离端第二支座</th><th colspan="2">中间支座</th></tr>
<tr><th>外侧
B_{ex}</th><th>内侧
B_{in}</th><th>外侧
C_{ex}</th><th>内侧
C_{in}</th></tr>
<tr><td>搁支在墙上</td><td>0.45</td><td>0.60</td><td rowspan="2">0.55</td><td rowspan="2">0.55</td><td rowspan="2">0.55</td></tr>
<tr><td>与梁或柱整体连接</td><td>0.50</td><td>0.55</td></tr>
</table>

(3)对于直接承受动力荷载的构件以及要求不出现裂缝或处于侵蚀环境等情况下的结构，不应采用塑性内力重分布的分析方法。

8.2.4　现浇单向板肋形楼盖的截面设计

1. 单向板的设计要点

板一般仅进行正截面承载力计算，斜截面受剪承载力一般均能满足要求，可不进行计算。

单向板可按考虑塑性内力重分布的方法进行内力计算。

可按短跨方向取 1 m 板宽为计算单元，按单筋矩形截面(b=1 000 mm)受弯构件计算支座和跨中纵向受力钢筋 A_s，查每米板宽钢筋截面面积表确定钢筋的直径和间距，并应满足构造要求。

考虑板开裂后形成拱的有利影响，对于四周与梁整浇的板、中间跨的跨中截面及中间支座截面，按塑性内力重分布方法计算所得弯矩可乘以 0.8 的折减系数；对于边跨跨中和距边跨第二支座截面的弯矩不予折减，周边不与梁整浇的板不予折减。

2. 次梁的设计要点

由于次梁和板整浇，板可作为次梁的翼缘，故进行正截面承载力计算时，跨中截面承受正弯矩，考虑位于受压区现浇板共同工作，可按 T 形截面计算，支座截面承受负弯矩则按矩形截面计算。

当次梁的梁高取跨度的 1/18～1/12，梁宽为梁高的 1/3～1/2 时，一般不必进行使用阶段的挠度和裂缝宽度验算。纵向钢筋的配筋率一般为 0.6%～1.5%。

次梁可按考虑塑性内力重分布的方法进行内力计算。

3. 主梁的设计要点

截面设计与次梁相同，跨中截面可按 T 形截面计算，支座截面按矩形截面计算。

由于主梁属于比较重要的构件，需有较大的安全储备，并要求在荷载作用下，变形和裂缝不宜过大。通常按弹性理论计算内力，不考虑塑性内力重分布。

在主梁支座截面处，由于板、次梁、主梁的负筋相互交叉，板的负筋在次梁负筋的上面，次梁的负筋又在主梁负筋之上，如图 2.8.5 所示。因此，对于支座截面主梁的有效高度 h_0 的取值为：单排钢筋时，$h_0=h-(50\sim60)$ mm；双排钢筋时，$h_0=h-(70\sim80)$ mm。

8.2.5　现浇单向板肋形楼盖的构造要求

1. 单向板的构造要求

单向板除了板厚、受力钢筋的直径、间距、板的支撑长度等应满足受弯构件的一般构造要求外，还应满足下列构造要求。

1)受力钢筋

板的受力钢筋应平行于板的短边方向布置在板的外侧。板中受力钢筋的配筋方式有弯起

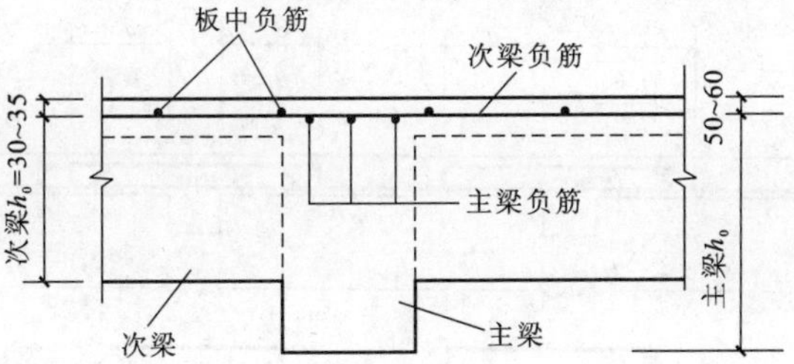

图 2.8.5　主梁支座处截面有效高度

式和分离式两种。

弯起式配筋，就是先按跨中正弯矩的需要确定所需钢筋的直径和间距，在支座附近将 1/2～2/3 的钢筋弯起并伸入相邻跨板面一段距离，以承担支座负弯矩，如果还不能满足支座负筋的需要，再另加直钢筋，将其余的跨中钢筋伸入支座。伸入支座钢筋的截面面积不得小于跨中受力钢筋截面面积的 1/3，间距不应大于 400 mm，相邻跨的钢筋间距、正负钢筋的间距要求相同或成倍数关系。弯起式配筋整体性好，且节省钢筋，有利于承受振动荷载，但施工较复杂。弯起钢筋的弯终点距边支座内侧的距离可取 $l_n/10$，距中支座边缘的距离可取 $l_n/6$。弯起钢筋的弯起角一般为 30°，当板厚＞120 mm 时，可采用 45°。如图 2.8.6(a)所示。

分离式配筋，就是将承受正弯矩的钢筋全部伸入支座锚固，支座负筋单独设置，如图 2.8.6(b)所示。其构造简单，施工方便，是建筑工程中常用的配筋方式。当板厚超过 120 mm 且承受较大的震动荷载时，不宜采用分离式配筋。

支座负筋向跨内的延伸长度应覆盖弯矩包络图并满足钢筋锚固的要求，并将末端做成直钩，以便施工时直立在模板上。一般地，支座负钢筋的切断点距支座边的距离 a 的取值如下。

当 $q/g \leqslant 3$ 时，　　$a = l_n/4$

当 $q/g > 3$ 时，　　$a = l_n/3$

式中　g、q——均布永久荷载、可变荷载的设计值。

l_n——板的净跨，接近等跨时(跨差≤20%)取邻跨的净跨计算本跨的 a 值。

当板的相邻跨差超过 20%或各跨荷载相差很大时，则应根据弯矩包络图确定切断位置。

当采用 HPB 235 级钢筋时，端部应设半圆弯钩，伸入支座的锚固长度不应小于 $5d$(d 为下部纵筋的直径)。

2)构造钢筋

(1)分布钢筋。平行于板的长跨并与受力钢筋垂直的方向布置分布筋，分布筋应放在受力筋的内侧。

单位宽度上分布筋的截面面积不宜小于单位宽度上受力钢筋截面积的 15%，且不宜小于该方向板截面面积的 0.15%。分布钢筋的间距不宜大于 250 mm，直径不宜小于 ϕ6。对集中荷载较大的情况，分布钢筋的截面积应适当增加，其间距不宜大于 200 mm。在受力钢筋的弯折处应设置分布筋。

(2)温度收缩钢筋。在温度、收缩应力较大的现浇板区域内，钢筋间距宜取 150～200 mm，并应在板的未配筋表面布置温度收缩钢筋。板的上、下表面沿纵、横两个方向的配筋率均不宜小于 0.1%。

温度收缩钢筋可利用原有钢筋贯通布置，也可另行设置构造钢筋网，并与原有钢筋按受拉

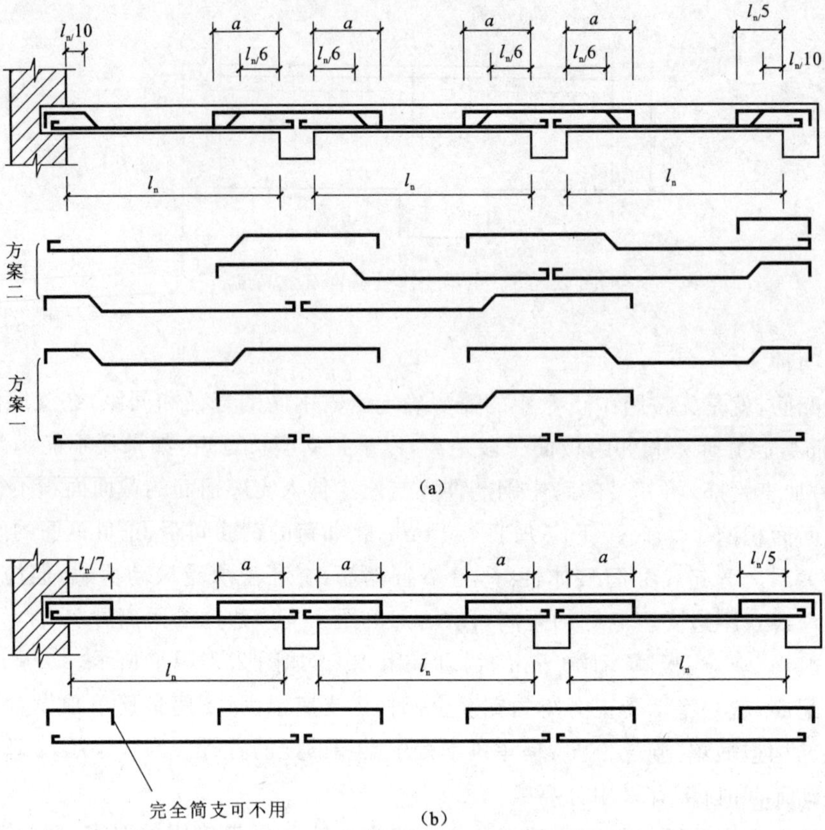

图 2.8.6　板的配筋方式

(a)弯起式配筋;(b)分离式配筋

钢筋的要求搭接或在周边构件中锚固。

(3)对于支撑结构整体浇筑或嵌固在承重砌体墙内的现浇板,应沿周边配置上部构造钢筋,且其直径不宜小于 ϕ8,间距不宜大于 200 mm 如图 2.8.7,并应符合下列规定。

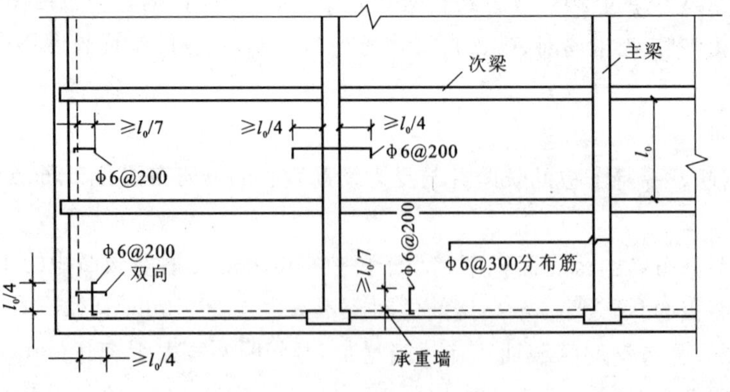

图 2.8.7　板的上部构造钢筋

A. 对于现浇楼盖周边与混凝土梁或混凝土墙整体浇筑的单向板或双向板,应在板边上部设置垂直于板边的构造钢筋,其截面积不宜小于板跨中受力钢筋面积的 1/3;该钢筋自梁边或墙边伸入板内的长度，在单向板中不宜小于受力方向板计算跨度的1/5，在双向板中不宜小于板短跨方向计算跨度的1/4；在板角处该钢筋应沿两个垂直方向布置或按放射状布置。当柱角或墙的阳角突出到板内且尺寸较大时，应沿柱边或墙阳角边布置构造钢筋，该构造钢筋伸入板内的长度应自柱边或墙边算起。上述构造钢筋应按受拉钢筋锚固在梁内、墙内或柱内。

B. 对于嵌固在砌体承重墙内的现浇板，其上部与板边垂直的构造钢筋伸入板内的长度从墙边算起不宜小于板短边跨度的1/7；两边嵌固于墙内的板角部分应配置双向上部构造钢筋，从墙边算起伸入板内的长度不宜小于板短边跨度的1/4；沿板受力方向配置的上部构造钢筋，其截面面积不宜小于该方向跨中受力钢筋截面面积的1/3；沿非受力方向配置的上部钢筋可根据经验适当减少。

(4) 与主梁垂直的板面附加负筋。在单向板肋形楼盖中，虽然板上荷载基本上沿短跨传给次梁，但在主梁附近，部分荷载将由板直接传给主梁，所以主梁梁肋附近的板面沿长跨方向存在一定的负弯矩，因此需在与主梁垂直的板面设置附加负筋。其间距不大于200 mm，直径不宜小于8 mm，且单位宽度内的总截面面积不宜小于板中单位宽度内受力钢筋截面面积的1/3。该构造钢筋伸入板内的长度从梁边算起每边不宜小于板计算跨度 l_0 的1/4，如图2.8.8所示。

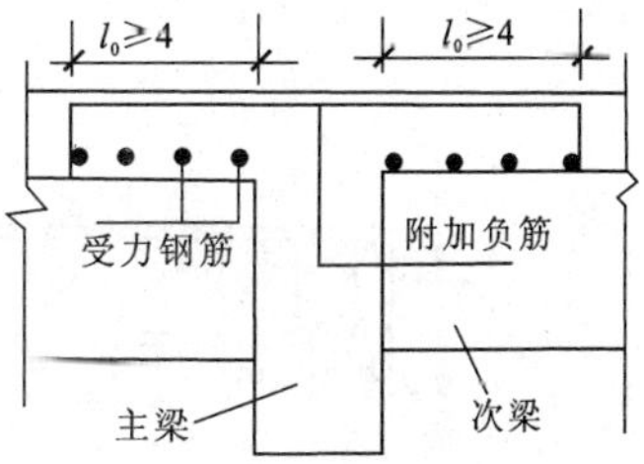

图2.8.8　与主梁垂直的板面附加负筋

2. 次梁的构造要求

次梁的一般构造要求与受弯构件的配筋构造相同。次梁的配筋方式分为弯起钢筋和无弯起钢筋两种。纵向钢筋的弯起和切断，原则上应按内力包络图确定，但对于相邻跨跨度相差不超过20%，可变荷载与永久荷载的比值 $q/g \leqslant 3$ 的连续梁，可参考图2.8.9布置钢筋。

1) 弯起钢筋

弯起钢筋在中间支座的上弯点位置：第一排弯起钢筋的上弯点距支座边缘的距离为50 mm，第二、第三排弯起钢筋的上弯点距支座边缘的距离分别为 h 和 $2h$。

弯起钢筋在边支座的锚固长度：从上弯点起伸入端支座上部为 $2d$。

2) 中间支座上部受力钢筋的截断

中间支座上部受力钢筋的总截面面积为 A_s，第一批截断的钢筋面积不得超过 $A_s/2$，延伸长度从支座边缘起不小于 $l_n/5+20d$（d 为截断钢筋的直径）；第二批截断的钢筋面积不得超过 $A_s/4$，延伸长度从支座边缘起不小于 $l_n/3$；余下的纵筋面积不小于 $a_s/4$，且不少于2根，可用于承担部分负弯矩并兼作架立筋，其伸入边支座的锚固长度不得小于 l_a。

3) 下部纵向受力钢筋

下部纵向受力钢筋除弯起外，均应伸入支座。下部纵向受力筋伸入支座内的锚固长度详见受弯构件要求。

4) 梁的箍筋

一般沿梁全长配置封闭式箍筋，第一道箍筋距支座边为50 mm；同时，在简支端的支座范围内，宜布置一道箍筋。

3. 主梁的构造要求

主梁的一般构造要求与受弯构件相同。但主梁荷载较大，且主要承受集中荷载作用，其构

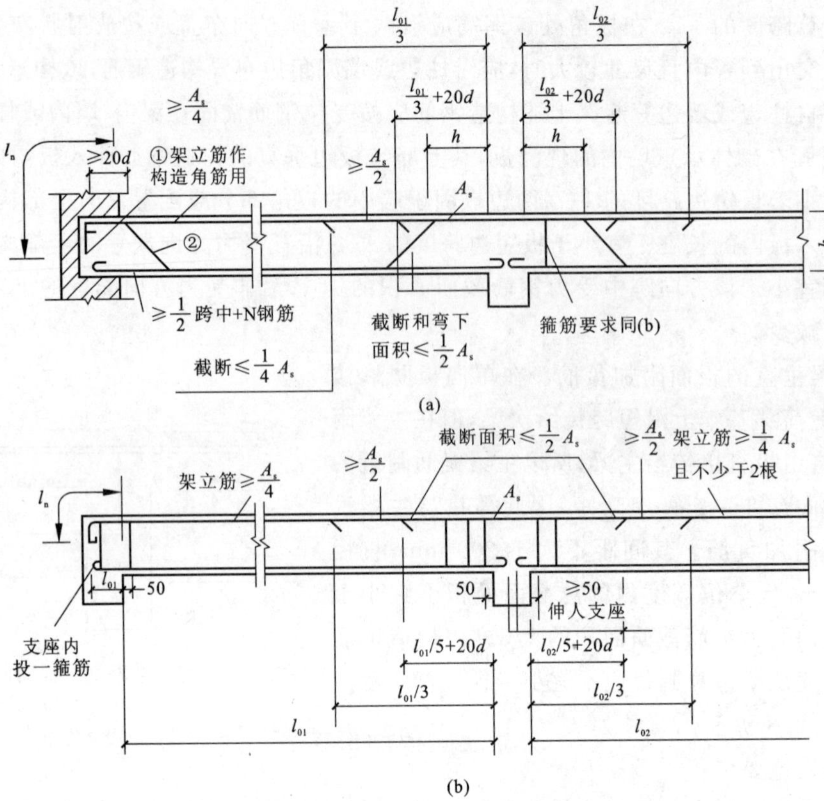

图 2.8.9　次梁钢筋的布置

(a)有弯起钢筋；(b)无弯起钢筋

造具有下列特点。

(1)主梁纵向受力筋弯起点、截断点位置应根据弯矩包络图确定。将各支座截面及跨中截面在荷载不利布置下求得的弯矩图(或剪力图)叠加，取其外轮廓线形成的图形即为弯矩包络图(或剪力包络图)。

(2)主梁主要承受集中荷载，一般宜采用箍筋抗剪，当采用弯起钢筋时，往往应配置多排弯起钢筋，可能造成跨中受力钢筋弯起数量不足。

(3)附加横向钢筋。次梁与主梁相交处，在主梁高度范围内受到次梁传来的集中荷载的作用。此集中荷载并非作用在主梁的顶面，而是靠次梁的剪压区传递至主梁的腹部，这将在主梁局部长度上引起主拉应力，易造成主梁的腹部产生斜裂缝而引起局部破坏。为此，应设置附加横向钢筋，以将次梁的集中荷载传给主梁顶部的受压区。附加横向钢筋可采用附加箍筋和吊筋，可单独设置或联合设置，但宜优先采用附加箍筋。附加横向钢筋应布置在长度为 $s=2h_1+3d$ 范围内(如图 2.8.10 所示)，以便能充分发挥作用。第一道附加箍筋离次梁边 50 mm，吊筋下部尺寸为次梁的宽度加 100 mm。

附加横向钢筋的总截面面积按下式计算：

$$F_l\leqslant 2f_yA_{sb}\sin\alpha+mnf_{yv}a_{sv1} \tag{2.8.9}$$

式中　F_l——由次梁传来的集中力设计值。

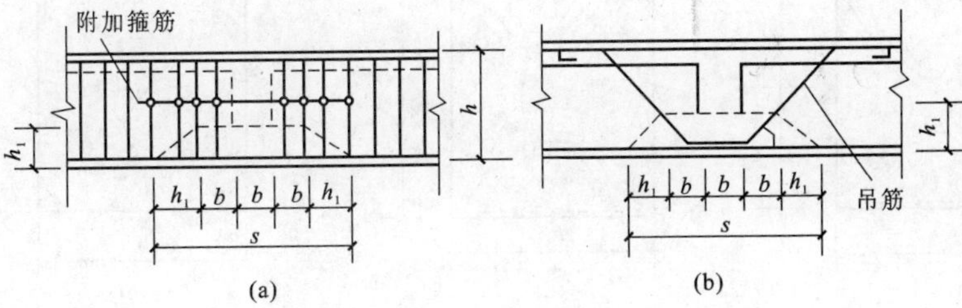

图 2.8.10 附加横向钢筋的布置

f_y——吊筋抗拉强度的设计值。

A_{sb}——一根吊筋的截面面积。

f_{yv}——附加箍筋抗拉强度的设计值。

A_{sv1}——单肢箍筋的截面面积。

m——附加箍筋的个数。

n——同一截面内(一个)附加箍筋的肢数。

a——吊筋与梁轴线的夹角。

此外,当主梁搁置在砌体上时,应设置梁垫,并应进行砌体局部受压承载能力的计算。

8.3 现浇双向板肋形楼盖

8.3.1 现浇双向板肋形楼盖的受力特点

当板的长短边比值 $l_2/l_1 \leqslant 2$ 时,应同时考虑纵横两个方向的弯曲,该板称为双向板。双向板的支撑形式可以是四边支撑、三边支撑、两邻边支撑或四角点支撑。根据支撑梁布置的不同,板的平面形状有矩形、三角形、圆形或其他形状。在民用建筑楼盖设计中,大量的是四边支撑的矩形双向板。现浇双向板肋形楼盖的结构平面布置原则同现浇单向板肋形楼盖。

试验研究结果表明,双向板受力有以下特点。

(1)双向板在荷载作用下,荷载沿板的两个方向传递给周边支撑构件,双向受弯。

(2)双向板的横截面上不仅作用有弯矩和剪力,同时还有扭矩。

(3)双向板在短跨方向上传递的荷载及荷载作用下产生的弯矩均大于长跨方向。

(4)四边简支的双向板受荷载作用后,板的竖向位移呈蝶形,越往中心,板的挠度越大,板的四角有向上翘起的趋势。板传给支座的压力,并不沿支座长度方向均匀分布,而是中间大,两端小。

(5)对于承受均布荷载的四边简支单跨矩形双向板,第一批裂缝出现在板底的中部,平行于长边方向,这是由于短跨跨中正弯矩较长跨跨中弯矩大所致。随着荷载进一步加大,板底跨中裂缝逐渐沿长边延长,并沿 45°角向板的四角扩展,如图 2.8.11(a)、(b)所示。板顶四角也出现呈圆形的环状裂缝,如图 2.8.11(c)所示。最终因板底裂缝处纵向受力钢筋达到屈服,导致板的破坏。

8.3.2 现浇双向板肋形楼盖的内力计算

双向板的内力计算也有两种方法:第一种是将双向板视为均质弹性体的弹性理论计算方

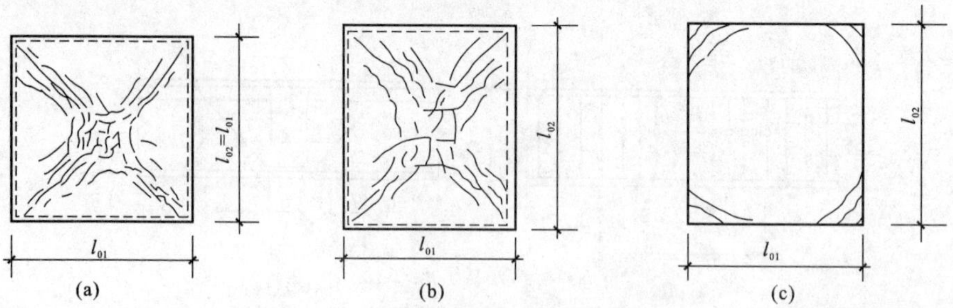

图 2.8.11　均布荷载作用下双向板裂缝分布

(a)正方形板板底裂缝；(b)矩形板板底裂缝；(c)矩形板板面裂缝。

法；第二种是考虑钢筋混凝土塑性内力重分布的塑性理论计算方法。

1. 按弹性理论的计算方法

按弹性理论计算时，对于单跨板，可根据板的边界条件直接由《建筑结构静力计算手册》的有关表格查得内力系数，则计算弯矩为

$$M=a(g+q)l_{01}^2 \tag{2.8.10}$$

式中　M——跨中或支座单位板宽内的弯矩设计值，kN·m/m。

a——弯矩系数，查表。

g、q——均布荷载的恒、活荷载设计值，kN/m²。

l_{01}——跨方向的计算跨度，m，计算方法与单向板同。

当材料的泊松比 $\upsilon\neq0$ 确定时，板的跨中弯矩应按下式计算：

$$M_1^{\upsilon}=M_1+\upsilon M_2 \tag{2.8.11}$$

$$M_2^{\upsilon}=M_2+\upsilon M_1 \tag{2.8.12}$$

式中　M_1、M_2——分别为 l、l_2 方向单位板宽内的跨中弯矩设计值，kN·m/m。

υ——泊松比，对混凝土，可取 $\upsilon=0.2$。

对于多跨连续双向板，多采用以单跨板计算为基础的实用计算方法。对沿同一方向相邻跨度的比值 $l_{\min}/l_{\max}\geqslant0.75$ 的双向板，可按以下方法计算。

1)跨中最大正弯矩

为求连续双向板的跨中最大正弯矩，活荷载应按图 2.8.12 所示的棋盘式布置。将荷载分解为正对称的满布荷载 $g+\frac{q}{2}$ 和反对称布置的 $\pm\frac{q}{2}$ 两部分，g 为均布恒载，q 为均布活载。对于正对称荷载，可近似认为各区格板都固定支撑于中间支座上；对于反对称荷载，可近似认为各区格板在中间支座上都是简支的；沿楼盖周边则根据实际支撑情况确定。

对于正对称荷载$(g+\frac{q}{2})$，按中支座固定、边支座依实际情况确定，利用单块板的计算表格求跨中正弯矩；对于反对称荷载$(\frac{q}{2})$，按中支座简支、边支撑情况依实际确定，利用单块板的计算表格求跨中正弯矩；然后叠加，即得跨中最大正弯矩。

2)支座最大负弯矩

支座最大负弯矩可近似按活荷载各跨满布$(g+q)$、中支座固定、边支撑情况依实际确定，利用单块板的计算表格求得；由相邻区格板分别求得的同一支座最大负弯矩不相同时，可取绝

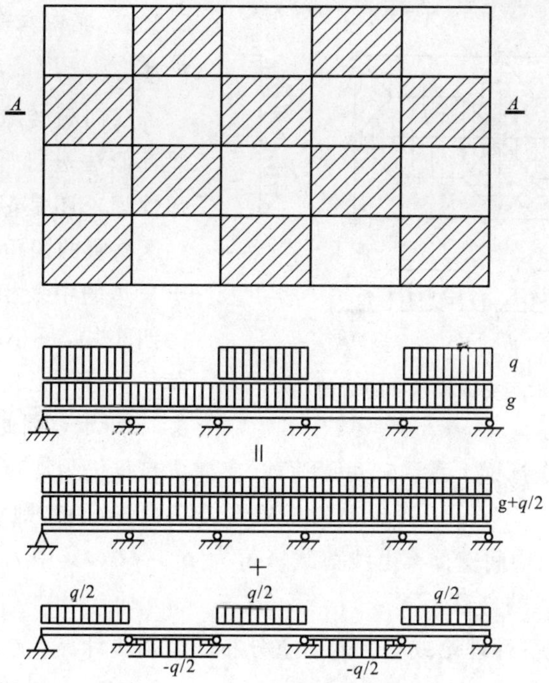

图 2.8.12　连续双向板的计算荷载

对值较大的弯矩作为支座最大负弯矩，也可将计算所得的支座负弯矩作为固端弯矩，按相邻区格板的刚度进行一次分配。

2. 按塑性理论的计算方法

按塑性理论计算双向连续板时，一般可比按弹性理论计算节约钢材 20%左右，适用范围同单向板。

双向板按塑性理论计算的方法很多，目前常用的有塑性铰线法、板带法和用计算机进行分析的最优配筋法等。由于计算理论较为复杂，在此从略。

3. 弯矩值折减

对于周边与梁整浇的双向板，考虑周边支撑梁对板的推力的有利影响，致使板的弯矩会有所减小。

不论按弹性理论或塑性理论方法计算，弯矩值均可按以下规定进行折减。

(1)中间跨的跨中截面和中间支座截面，减小 20%。

(2)边跨的跨中截面和楼板边缘算起的第二支座截面，当 $l_b/l_0<1.5$ 时减小 20%；当 $1.5\leqslant l_b/l_0\leqslant 2.0$ 时减小 10%。其中 l_0 为垂直于楼板边缘方向板的计算跨度，l_b 为沿楼板边缘方向板的计算跨度。

(3)角区格板不折减。双向板求得的弯矩是宽度为 1 m 板带的弯矩。按受弯构件单筋矩形截面计算支座和跨中纵向受力钢筋，由于跨中是双向配筋，短跨方向的板底钢筋放在外侧，其有效高度取 $h_{01}=h-a_s$；长跨方向的板底钢筋放在短跨方向钢筋上面，其有效高度减少，近似可取 $h_{02}=h_{01}-10$，h 为板厚。

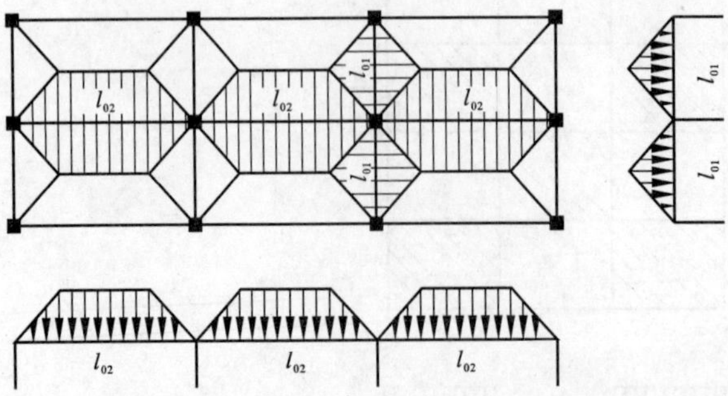

图 2.8.13 双向板支撑梁承受的荷载

8.3.3 现浇双向板肋形楼盖支撑梁的设计

双向板传给支撑梁的荷载可按下述近似法进行计算。不论双向板采用弹性理论还是塑性理论计算，均可从每一区格板的四角作 45°角的斜线与平行于长边的中线相交，将整块双向板划分为四小块，每小块面积上的恒荷载、活荷载就近传至相邻的支撑梁上，如图 2.8.13 所示。因此，长边方向支撑梁上承受梯形荷载，短边方向支撑梁上承受三角形荷载，支撑梁自重仍为均布荷载。

若板的面荷载为 p(kN/m^2)，不论荷载是梯形或三角形分布，则对于周边支撑梁上线荷载峰值均为 $p'=pl_{01}/2$；中间支撑梁上线荷载峰值为 $p'=pl_{01}$，其中 l_{01} 为板短跨的计算跨度。截面设计时，还应考虑梁的自重。

支撑梁的内力可按弹性理论或塑性内力重分布的调幅法计算。

8.3.4 现浇双向板肋形楼盖的构造要求

1. 板的厚度

双向板的板厚不应小于 80 mm。同时为了满足刚度要求，对于简支板不小于 $l_1/45$，对于连续板不小于 $l_1/50$，l_1 为双向板的短跨跨度。

2. 纵向受力钢筋

双向板应沿纵、横两个方向配置受力钢筋，短跨方向钢筋布置在板的外侧，长跨方向的钢筋布置在板的内侧。配筋形式与单向板相似，有弯起式和分离式两种，工程中常采用分离式配筋。

按弹性理论计算时，板底钢筋数量是按跨中弯矩求得，但跨中弯矩不仅沿板跨度方向变化，而且还沿板的宽度方向变化，中间板带弯矩较大，边缘板带弯矩较小，因此边缘板带的钢筋数量可逐渐减少。

考虑到施工方便，当短跨跨度 $l_{01} \geqslant 2.5$ m 时，可将板在两个方向各分为 3 个板带，如图 2.8.14 所示。两个方向的边缘板宽度均为 $l_{01}/4$，其余则为中间板带。中间板带上，按跨中弯矩求得的单位板宽内的钢筋数量均匀布置，而在边缘板带上，按相应中间板带单位板宽内钢筋数量的一半均匀布置，但应符合钢筋最大间距及最小配筋率的要求。

支座负筋按支座弯矩求得的钢筋沿支座均匀配置，并不在边缘板带内减少。

双向板的受力筋的直径、间距及切断点的位置等规定与单向板的有关规定相同。

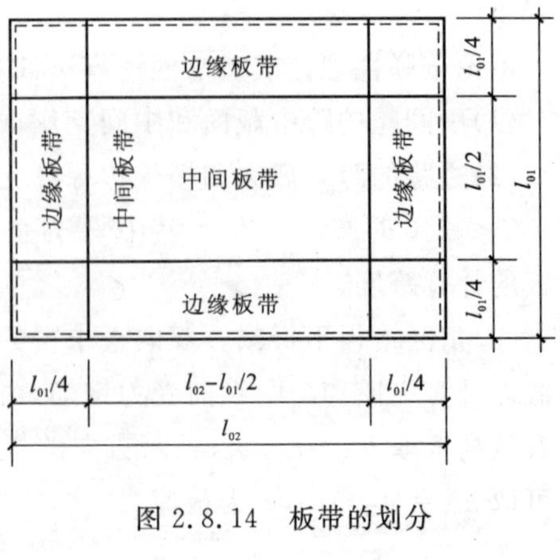

图 2.8.14 板带的划分

3. 构造钢筋

双向板构造钢筋布置要求详见单向板构造钢筋要求。

8.4 楼梯

8.4.1 楼梯概述

楼梯是多层及高层建筑的重要组成部分。楼梯的平面布置、踏步尺寸、栏杆形式等由建筑设计确定。为了满足承载力、防火等要求，常采用现浇钢筋混凝土楼梯。

根据结构构造的不同，楼梯可分为悬臂楼梯、梁式楼梯、板式楼梯、剪刀式楼梯和螺旋式楼梯等，图 2.8.15 所示为特种楼梯（螺旋式楼梯和剪刀式楼梯）。悬臂楼梯因抗震性、整体性较差，已很少采用；剪刀式楼梯和螺旋式楼梯因施工复杂、造价较高，一般只在宾馆等公共建筑中采用；梁式楼梯和板式楼梯是最常见的楼梯形式。本节仅介绍梁式楼梯和板式楼梯的计算和构造要求。

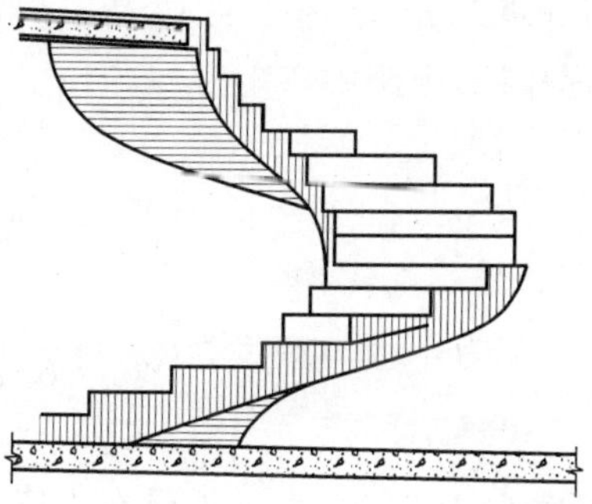

(a)

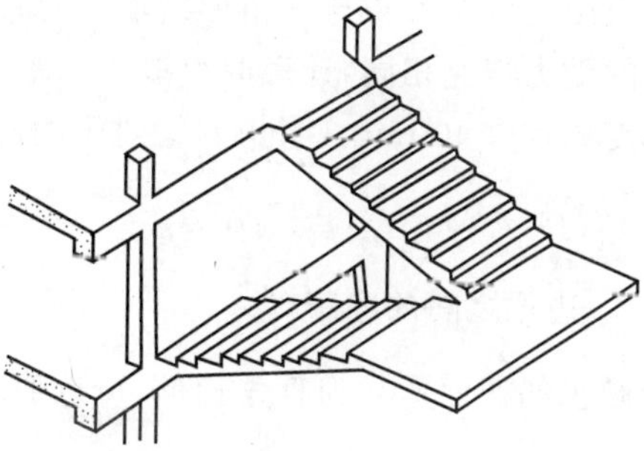

(b)

图 2.8.15 楼梯的形式

(a)螺旋楼梯；(b)剪刀式楼梯

选择楼梯结构形式，应根据楼梯的使用要求、施工条件等因素，本着适用、经济、美观的原则确定。一般当楼梯使用荷载不大，且梯段的水平投影长度小于 3 m 时，宜选用板式楼梯；当使用荷载较大，且梯段的水平投影长度较大时，则宜采用梁式楼梯。

8.4.2 现浇梁式楼梯

楼梯包括梯段和休息平台，在梯段板中设置斜梁的楼梯称为梁式楼梯，斜梁可在梯段板两侧设置，也可在梯段中间设置。当楼梯活荷载较大、梯段板的水平投影长度较长时，采用梁式楼梯较经济，但梯段板下不平整，不够美观。现浇梁式楼梯由踏步板、斜梁、平台板、平台梁等构件组成如图 2.8.16。当在梯段板中间设一根斜梁时，踏步板按悬臂构件进行计算。斜梁两边悬臂踏步板单边有活荷载时，在斜梁中有扭矩作用，斜梁应按弯剪扭构件计算。

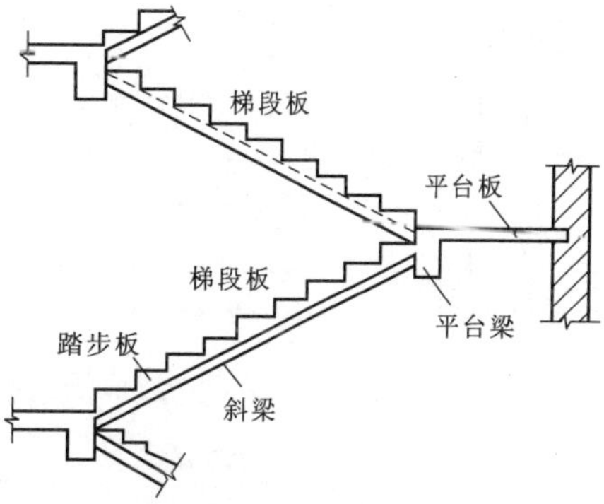

图 2.8.16 梁式楼梯的组成

当在梯段板的两侧设斜梁时，斜梁与平台梁为梯段板的支座。若梯段板长边与短边的比值≤2，梯段板应按双向板计算，类似于双向板肋形楼盖；若梯段板长边与短边的比值＞2，梯段板应按两端搁置在斜梁上的单向板计算，类似于现浇单向板肋形楼盖。实际工程中绝大部分的楼梯属于后一种情况。这里仅介绍在梯段板的两侧设梁、类似于现浇单向板肋形楼盖的梁式楼梯的计算与构造。

现浇梁式楼梯类似于现浇单向板肋形楼盖时，其荷载传递路线一般如下：

踏步板→斜梁→平台梁→墙或柱

↑

平台板

斜梁承受踏步板传来的荷载、栏杆的重量、斜梁的自重，均为均布荷载。

平台梁承受斜梁传来的集中荷载、平台梁的均布自重、平台板传来的荷载。

平台梁的荷载传给墙或柱。

1. 踏步板

踏步板由三角形踏步与三角形踏步下的斜板组成，为两端支撑于斜梁上的单向板。由于每个踏步的受力情况相同，计算时可取 1 个踏步作为计算单元，如图 2.8.17 所示。踏步斜板的最小厚度 δ 宜取 40 mm。考虑斜梁对板的部分嵌固作用，板跨中弯矩为

$$M=\frac{1}{10}(g+q)l^2 \tag{2.8.13}$$

式中　l——边梁之间的净跨。

一个踏步的截面形状为直角梯形，可近似取踏步宽度为 a、垂直高度为 $(\frac{c}{2}+\frac{\delta}{\cos\alpha})$ 的矩形截面进行配筋计算。

踏步板受力筋除满足计算要求外，每级踏步下不宜少于 2ϕ8。为了承受在支座处可能出现的负弯矩，踏步板内 2 根受力筋在伸入支座后交替弯起如图 2.8.17(b)。整个楼梯梯板内应沿斜向布置间距不大于 300 mm 的 ϕ6 分布钢筋，分布筋放在受力筋的内侧。

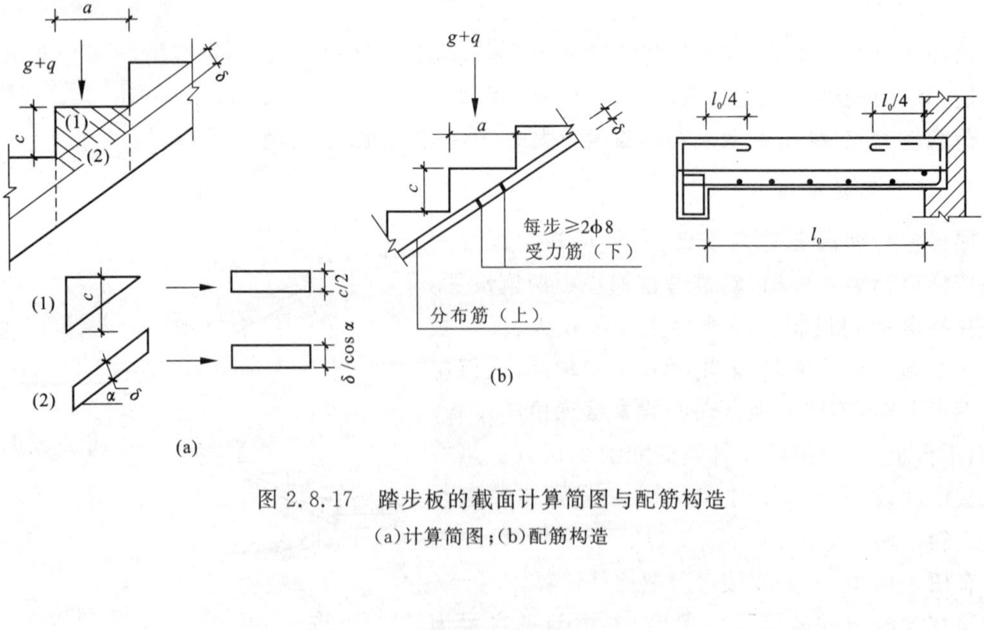

图 2.8.17　踏步板的截面计算简图与配筋构造

(a)计算简图；(b)配筋构造

2. 斜梁

斜梁为斜置于两端平台梁上的简支梁。内力计算时，将沿斜梁分布的垂直荷载折算为沿水平梁分布的线荷载 $g+q$，按单跨简支梁计算，如图 2.8.18 所示。

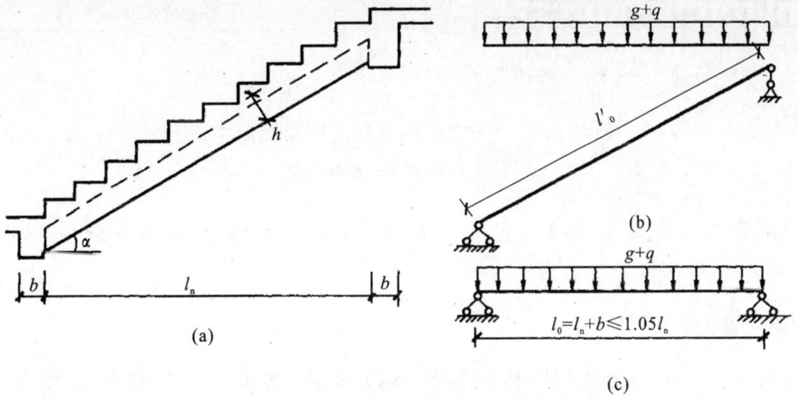

图 2.8.18 斜梁的计算简图

斜梁在荷载 $g+q$ 作用下的内力按相应的水平梁计算。

跨中最大弯矩

$$M=\frac{1}{8}(g+q)l_0^2 \tag{2.8.14}$$

因实际剪力是垂直斜梁纵轴线的，故按折算水平梁计算的剪力应乘以 $\cos a$。

支座最大剪力

$$V=\frac{1}{2}(g+q)l_n\cos a \tag{2.8.15}$$

式中 g、q——垂直向下的恒荷载、活荷载设计值。

l_0——斜梁水平投影计算跨度。

l_n——斜梁水平投影净跨。

楼梯上的活荷载是垂直向下的水平分布荷载，现将三台斜向分布的恒荷载折算为三台水平向分布的恒荷载 g。如已知斜向分布的垂直恒荷载为 g'，斜长为 l'_0，水平长为 l_0，夹角为 a，则总量应相等 $g'l'_0=gl_0$，故折算水平荷载 $g=\frac{l'_0}{l_0}=g'/\cos a$。

求得内力后按斜梁截面高度 h 的矩形截面进行正截面和斜截面承载能力计算，确定纵向受力筋与箍筋的数量。斜梁的截面高度一般取 $h\geqslant l/20$（l 为斜梁水平投影计算跨度）。

3. 平台板

平台板应根据结构布置及支撑情况，按单向板或双向板设计。当平台板与支撑梁整体连接时，考虑到支座处有一定的负弯矩，应配置支座负筋。构造要求与单、双向板同。

4. 平台梁

平台梁承受平台板传来的均布荷载与斜梁传来的集中力。

平台梁两端一般支撑于楼梯间的侧墙或构造柱上，按单跨简支梁计算内力，如图 2.8.19 所示。可近似按矩形截面计算纵向受力钢筋。由于平台梁两侧荷载不同，平台梁还承受一定的扭矩，故宜将箍筋酌量增加。同时在斜梁支撑处两侧设置附加箍筋或吊筋。

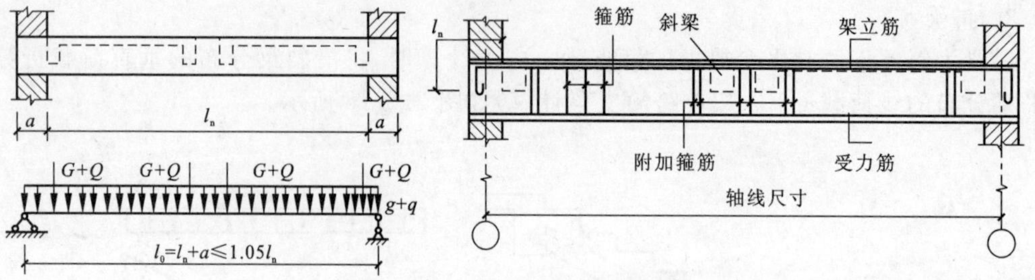

图 2.8.19 平台梁的计算简图与配筋构造

(a)计算简图;(b)配筋构造

平台梁的梁高可取跨度的 1/12,应高于斜梁的高度,以保证斜梁下部纵筋伸入平台梁内锚固。

8.4.3 现浇板式楼梯

板式楼梯与梁式楼梯的区别是,板式楼梯不设斜梁,整块锯齿形斜板支撑在平台梁上,侧边也不伸入墙内。当楼梯活荷载较小或梯段的水平投影长度较小时,宜采用板式楼梯,板式楼梯梯段板下平整,较美观,且施工方便。现浇板式楼梯由斜板、平台板、平台梁等构件组成,如图 2.8.20 所示。

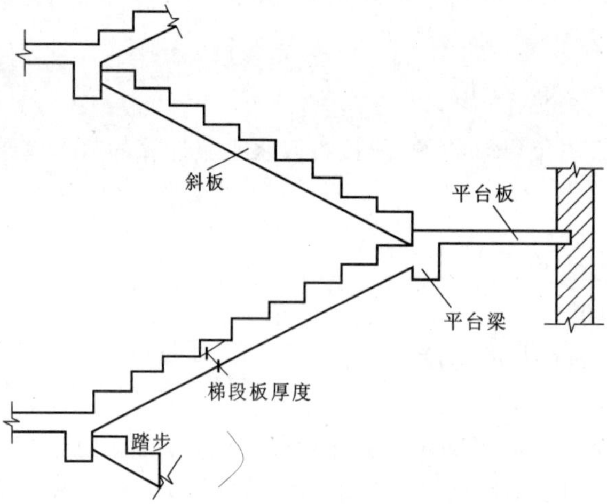

图 2.8.20 板式楼梯的组成

现浇板式楼梯荷载传递路径如下：

平台板

↓

踏步斜板→平台梁→墙或柱

平台梁承受斜板传来的均布荷载、平台梁的均布自重、平台板传来的荷载。

平台梁的荷载传给墙或柱。

1.斜板

斜板为一支撑于平台梁上的单向板。计算简图与梁式楼梯的斜梁类似,内力可按相应的水平板计算。计算时可取宽度为 1 m 的板带作为计算单元,考虑平台梁对斜板的约束作用,其跨中最大正弯矩可近似按下式计算：

$$M=\frac{1}{10}(g+q)l^{2} \tag{2.8.16}$$

式中　g、q——垂直向下的水平均布恒荷载、活荷载设计值。

l_0——斜板水平投影的计算跨度。

斜板斜向(垂直板底)最小厚度 h 可取斜板斜向净跨的 1/25～1/35，斜板按单筋矩形截面计算纵向受力筋的数量。

考虑平台梁对斜板的约束作用，斜板的支座截面存在一定的负弯矩，因此，板面的支座处应配置一定量的构造钢筋，通常与板下部受力钢筋同，或略小于下部受力钢筋。支座负筋的截断点长度为水平净跨的 1/4，支座负筋的锚固长度为 l_a。梯段板的分布钢筋每步一根 $\phi 8$，分布筋放在受力筋的内侧。

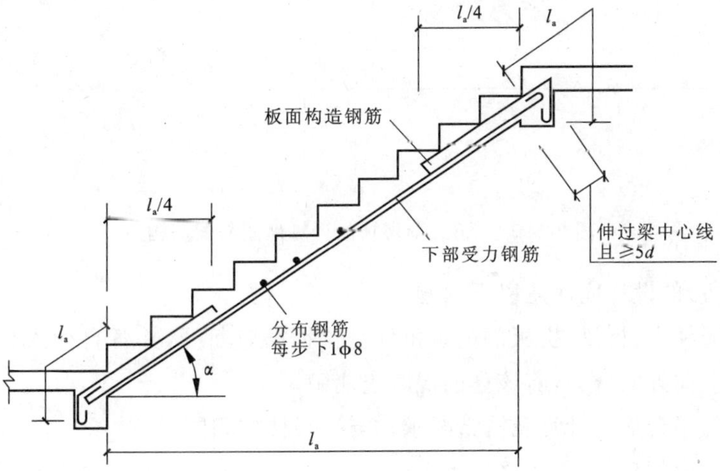

图 2.8.21　板式楼梯斜板的配筋

2. 平台梁

平台梁为支撑于墙或柱上的单跨简支梁，其计算与梁式楼梯同。不同之处为梁式楼梯作用有斜梁传来的集中荷载，而板式楼梯承受斜板传来的均布荷载。

3. 平台板

平台板与梁式楼梯的平台板相同。但须注意，当平台板的跨度远小于斜板的跨度时，平台板跨中可能出现负弯矩，此时宜将平台板的支座负筋全跨贯通。

8.4.4　折线形楼梯

当楼梯下净高不够时，可将平台梁(或楼层梁)向外移动，这样就形成折线形楼梯。折线形楼梯梁(板)虽然有水平段与斜段之分，但都位于平台梁与平台梁(或楼面梁)两个支座之间，因此，水平段与斜段中的梁高(或板厚)尺寸应相同。一般由于斜段有三角形踏步，其自重较大，水平段恒荷载较小，计算简图如图 2.8.22 所示。

在垂直向下分布荷载作用下，可将沿斜向的分布荷载折算为沿水平的分布荷载 $g_1/\cos\alpha$，按水平简支梁(板)求跨中最大弯矩。斜段部分的实际剪力应为按水平梁(板)计算的斜段支座剪力乘以 $\cos\alpha$。

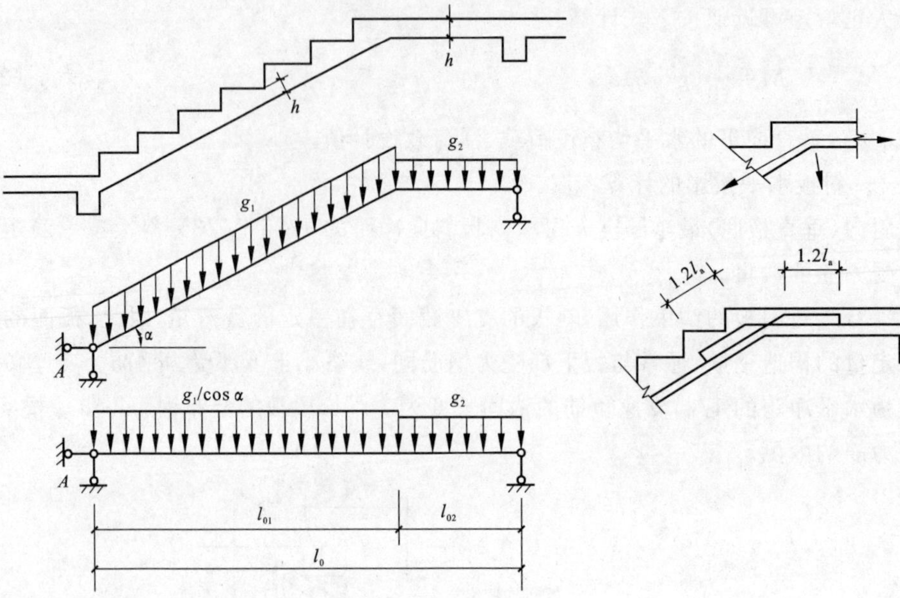

(a)　　　　(b)

图 2.8.22　折线形楼梯的计算简图与配筋构造

折线形梁(板)的设计应注意以下问题。

(1)折线形楼梯中,折梁、折板的内折角处受拉钢筋应断开,并各自伸入受压区锚固,不允许连续,以免产生向外的合力,将该处的混凝土崩脱。

(2)平台梁与平台板的计算及构造要求均与一般楼梯相同。

(3)在折梁的内折角处,除了受拉钢筋应断开,并各自伸入受压区锚固外,同时还应在该处增设附加箍筋。该箍筋应足以承受未伸入受压区锚固的纵向受拉钢筋(A_{s1})的合力 N_{s1},且在任何情况下不应小于全部纵向受拉钢筋(A_s)合力 N_{s2} 的 35%。

$$N_{s1}=2f_yA_{s1}\cos\frac{a}{2} \tag{2.8.17}$$

$$N_{s2}=0.7f_yA_{s1}\cos\frac{a}{2} \tag{2.8.18}$$

箍筋只数按下式计算:

$$N\leqslant mnA_{sv1}f_{yv} \tag{2.8.19}$$

式中　N——取 N_{s1} 及 N_{s2} 中较大值。

其余符号见式(2.8.9)。

箍筋应设置在长度为 $s=h\tan\frac{3}{8}a$ 的范围内(α 为内折角),如图 2.8.23 所示。

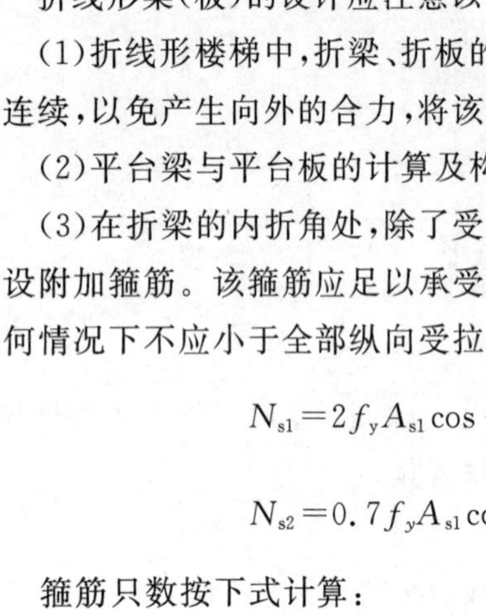

图 2.8.23　折梁内折角的附加箍筋

8.5 雨篷

雨篷、挑梁和挑檐等是建筑工程中常见的悬挑构件。其设计与一般楼面梁板有所不同,计算时悬挑部分除按一般的悬臂梁、板进行截面设计外,还应对构件进行抗倾覆验算。下面就雨篷的设计要点及构造要求作一简要介绍。

8.5.1 雨篷的破坏形态

钢筋混凝土雨篷分为梁板式雨篷和悬臂板式雨篷两种。当悬挑尺寸较小时常采用悬臂板式雨篷,梁板式雨篷受力特点同肋形楼盖。现以悬臂板式雨篷为例说明其设计要点。

悬臂板式雨篷有雨篷梁与雨篷板组成,如图 2.8.24 所示。雨篷梁除作为雨篷板的支座外,还兼有过梁的作用。雨篷板底一般距梁底 200 mm 以上,以考虑装灯的需要,雨篷梁顶常高过板顶,以防雨水渗入墙内。

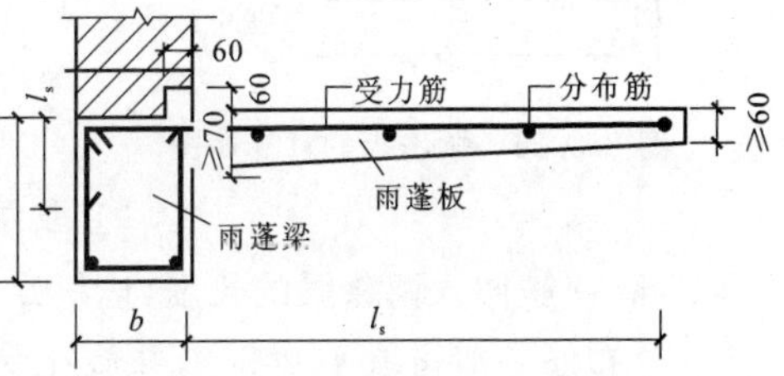

图 2.8.24 雨篷的组成与配筋

雨篷在荷载作用下可能有 3 种破坏情况。

(1)雨篷板由于抗弯承载力不足,在受力最大的根部发生断裂,如图 2.8.25(a)所示。当板面负筋数量不足或施工时板面钢筋被踩下以及纵向受力筋放置错误时,常会发生该种破坏。

(2)雨篷梁的弯、剪、扭破坏,如图 2.8.25(b)所示。雨篷梁上的砌体及可能传来的楼(屋)盖荷载使雨篷梁受弯、受剪,而雨篷板传来的荷载不仅使雨篷梁受弯、受剪,还使雨篷梁同时受扭。当雨篷梁在弯剪扭复合作用下承载力不足时,就会产生破坏。

(3)整个雨篷的倾覆,如图 2.8.25(c)所示。当雨篷板挑出过大,雨篷梁上部压重不足,就会产生整个雨篷的倾覆破坏。

因此,雨篷的计算包括雨篷板、雨篷梁和雨篷倾覆 3 部分内容。

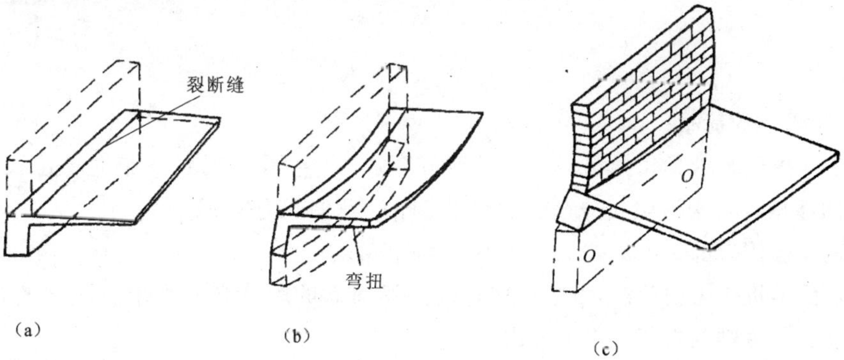

图 2.8.25 雨篷的破坏形态

(a)雨篷板断裂;(b)雨篷梁破坏;(c)雨篷的倾覆

8.5.2 雨篷板的计算

1. 雨篷板的计算简图

雨篷板是一块固定在雨篷梁上的悬臂板,板的计算跨度取板的挑出长度,取 1 m 板宽作为计算单元，按单筋矩形截面受弯构件计算承载能力。计算配筋时，截面高度取雨蓬板根部的板厚。

当悬臂长度 $l \leqslant 500$ mm 时，板厚不应小于 60 mm；当悬臂长度 $l > 500$ mm 时，不应小于 80.mm，且根部厚度 l 不宜小于板挑出长度的 1/12。

2. 雨蓬板的荷载

雨蓬板承受的荷载应考虑以下两种组合，如图 2.8.26 所示。

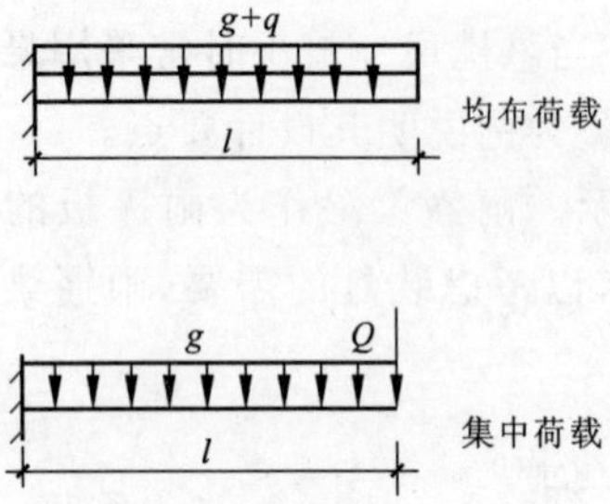

图 2.8.26　雨蓬板的计算简图

第一种：恒荷载 g + 均布活荷载（取均布活荷载 $q=0.7\ \text{kN/m}^2$ 或雪载，取其较大者）。

第二种：恒荷载 g + 施工或检修集中荷载 $Q=1.0$ kN（集中荷载作用于板端）。

《荷载规范》规定，在验算雨蓬强度时，按沿板宽每隔 1 m 取一个施工或检修集中荷载 Q。

3. 雨蓬板的截面设计

按上述两种情况，分别计算雨蓬板根部的弯矩，然后取两者中的较大值进行截面设计。受力钢筋应布置在板的上部，钢筋伸入雨蓬梁的长度，应满足受拉钢筋锚固长度 l_a 的要求。

分布筋一般可取 ϕ6@200，并放在受力筋的内侧。

8.5.3　雨蓬梁的计算

1. 雨蓬梁的受力分析

如图 2.8.27(a)所示，板端部作用一个集中力（施工或检修集中荷载）Q 时，向梁中心简化可得集中力 Q 及附加力矩 $M_Q=Q\left(l_B+\dfrac{b}{2}\right)$。如图 2.8.27(b)所示，板面作用均布线荷载（恒荷载和活荷载）$g+q$ 时，向梁中心简化可得集中力 $(g+q)l_B$ 及附加力矩 $M=(g+q)l_B\left(\dfrac{l_B+b}{2}\right)$。同样，板面仅作用均布荷载 g 时，向梁中心简化可得集中力 gl_B 及附加力矩 $M_g=gl_B\left(\dfrac{l_B+b}{2}\right)$。

2. 雨蓬梁上的荷载

(1)雨蓬板传来沿梁长分布均布线荷载，即 $(g+q)l_B$ 及沿梁长分布的单位长度的偏心力矩 M，或雨蓬板仅传来沿梁长分布的均布横载 gl_B 及偏心力矩 M_g。

(2)雨蓬板传来的集中力 Q 及一个偏心力矩 M_Q。

(3)楼面梁板传来的荷载，当梁板底至雨蓬梁顶面的墙体高度小于门洞宽度时，按梁板传来的荷载取用，否则梁板荷载不予考虑。

(4)当雨蓬梁上墙体的高度小于门洞宽度 1/3 时，按全部墙体荷载取用；当墙体高度大于等于门洞宽度的 1/3 时，按高度为门洞宽度的 1/3 墙体荷载取用（按均布荷载分布）。

3. 雨蓬梁受弯计算

为了求最大的截面内力，需将荷载进行不利布置。

1)弯矩计算简图

图 2.8.28(a)为将作用在雨蓬梁上的各种均布恒荷载（包括梁自重）与均布活荷载分别相加后的布置图，图 2.8.28(b)为仅有相加后的恒荷载与作用在跨中的一个集中力的布置图。

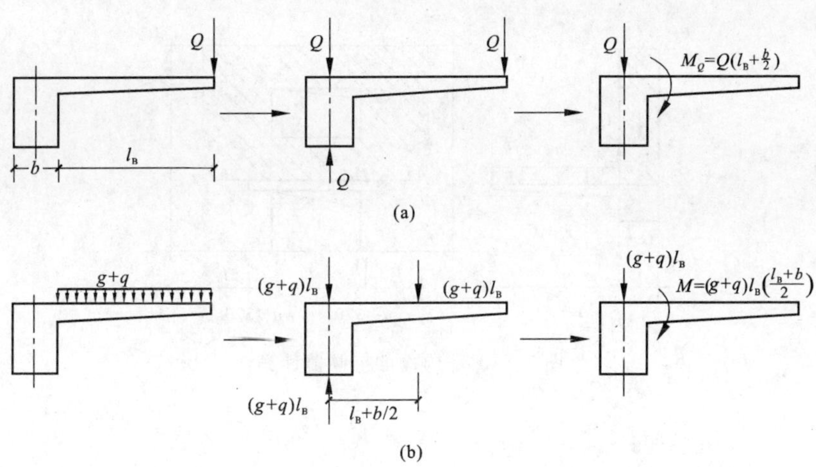

图 2.8.27　雨蓬梁的受力分析

(a)板端部作用一个 Q;(b)板面作用$(q+g)l_B$

分别按两种荷载布置图求跨中最大弯矩，取两者中的最大值。

2)剪力计算简图

图 2.8.28(c)为仅有均布恒荷载及作用在支座上的一个集中力布置，分别按图 2.8.28(a)及图 2.8.28(c)两种荷载布置图求支座最大剪力，取两者中的最大值。

4. 雨蓬梁受扭计算

图 2.8.29(a)为全部均布恒荷载和活荷载引起的偏心力矩 m 的布置。支座最大扭矩 $T_1=\frac{1}{2}Ml_0$。

图 2.8.29(b)为仅有均布恒荷载引起的偏心力矩 M_g 及一个集中力引起的偏心力矩 M_Q 的布置。支座最大扭矩 $T_2=M_Q+\frac{1}{2}M_gl_0$

取上述两种扭矩的最大值。求得弯矩、剪力、扭矩后按受扭构件进行截面设计。

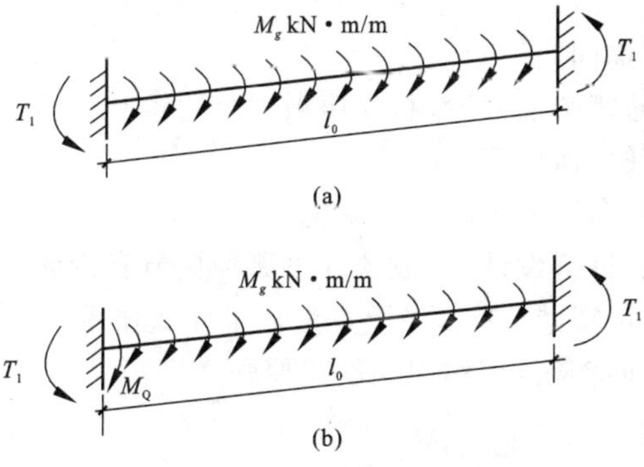

图 2.8.29　雨蓬梁的扭矩

(a)全部均布恒荷载和活荷载引起的 M 的布置;(b)均布恒荷载及一个集中力引起的 M_Q 的布置

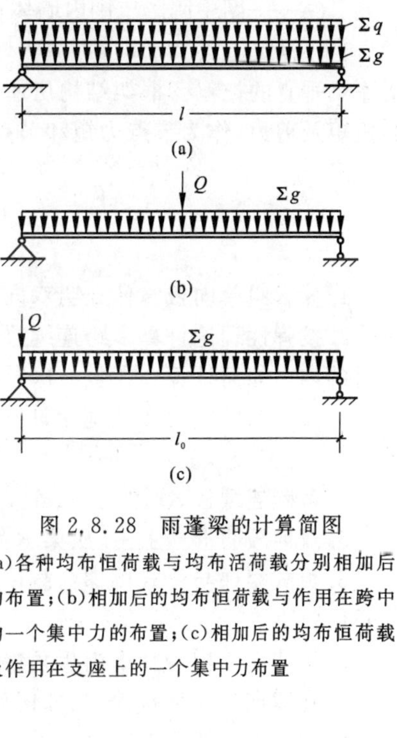

图 2.8.28　雨蓬梁的计算简图

(a)各种均布恒荷载与均布活荷载分别相加后的布置;(b)相加后的均布恒荷载与作用在跨中的一个集中力的布置;(c)相加后的均布恒荷载及作用在支座上的一个集中力布置

8.5.4　雨蓬的抗倾覆验算

为了防止雨篷的倾覆破坏，应进行抗倾覆验算。由雨蓬板上的活荷载及恒荷载设计值对倾覆点 O 的力矩为倾覆力矩 $M_{倾}$，此时，雨蓬板的施工或检修集中荷载按沿板宽每隔 2.5～3 m 取一个；由梁上墙体自重及楼盖恒荷载标准值(不应考虑活荷载)对倾覆点 O 的力矩为抗倾覆力矩 $M_{抗}$，见图 2.8.30。为保持雨蓬的稳定，要求满足：

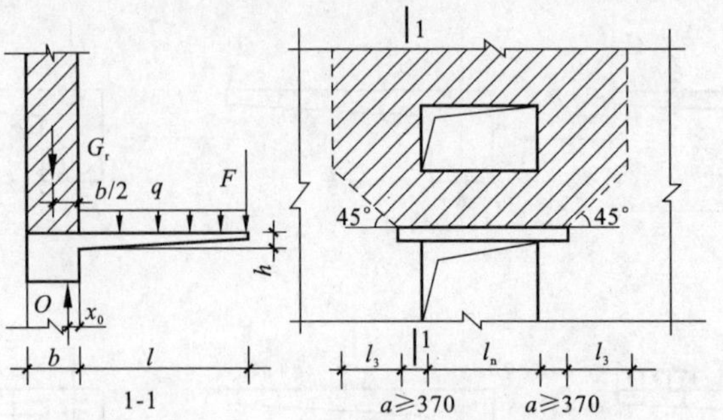

图 2.8.30　雨蓬的抗倾覆计算

$$M_{抗}\geqslant M_{倾} \tag{2.8.20}$$

$$M_{抗}=0.8G_r\left(\frac{b}{2}-x_0\right) \tag{2.8.21}$$

式中　x_0——计算倾覆点至墙外边缘的距离，$x_0=0.13b$。

G_r——图中阴影范围内墙体自重及梁板恒荷载，按标准值计，合力作用于墙体中心线上。

当不满足上述要求时，可适当增加雨篷梁的长度，以增加压重。对于屋面雨篷时常设置与雨篷梁垂直的拖梁。框架结构房屋的雨篷梁与柱整浇，无须进行抗倾覆验算，但应将雨篷梁上的扭矩及剪力，作为节点力矩和节点力反向作用于框架节点上。

思考题与习题

1. 什么叫单向板？什么叫双向板？

2. 按弹性理论计算多跨连续梁、板时，活荷载布置原则是什么？何谓内力包络图？截面设计时的内力如何计算？在板与次梁的内力计算时，为什么要考虑折算荷载？

3. 哪些构件应按弹性理论计算方法进行设计？哪些构件可按塑性理论计算方法进行设计？

4. 多跨连续板、次梁、主梁各受力钢筋的截断点的位置有什么规定？

5. 双向板肋形楼盖主、次梁承受的荷载与单向板肋形板楼盖支撑梁有何不同？

6. 板式楼梯与梁式楼梯荷载传递路线如何？板式楼梯与梁式楼梯踏步板的受力和构造有何不同？

7. 折线形楼梯为什么内折角处纵筋应各自断开锚固？

8. 在双向板肋形楼盖中，如何计算连续双向板的跨中最大弯矩、支座最大负弯矩？

9. 雨蓬的破坏形态有哪几种？雨蓬梁、板的荷载如何计算？

10. 何谓塑性内力重分布？为什么塑性内力重分布适用于超静定结构？

11. 按弹性理论计算方法或按塑性理论计算方法进行设计，一般情况下哪种更节省钢筋？

12. 现浇单向板肋形楼盖，中间区格板内的弯矩可折减 20%，主要是考虑了什么作用？

13. 次梁与主梁相交处，在主梁上应设置附加横向钢筋，其作用和设置原则如何？

14. 板内分布配筋的作用？

第3篇 高层钢筋混凝土结构

第1章 高层建筑概述

1.1 高层建筑的划分

《高层建筑混凝土结构技术规程》(JGJ3－2002)(以下简称《高规》)规定:以10层及以上或房屋高度超过28 m的民用建筑结构为高层建筑。《民用建筑设计通则》(GB50352－2005)规定以10层及以上或高度大于24 m为高层住宅,高度大于100 m的民用建筑为超高层建筑。《高层民用建筑设计防火规范》(GB50045－95、2005年版)规定:以10层及以上居住建筑,建筑高度超过24 m的公共建筑为高层建筑。对于房屋层数少于10层或房屋高度小于28 m,但接近10层或28 m的民用建筑也可参照《高规》执行。划分层数与高度是为了便于划定高层建筑规范的适用范围。目前国际上诸多国家和地区对高层建筑的界定也多在10层以上。

20世纪90年代以来,我国高层建筑得到了迅速的发展,高层钢筋混凝土结构体系,钢和钢筋混凝土组合结构体系相继出现,高度在100 m左右的建筑已相当普遍。目前我国内地最高的是上海金茂大厦,钢和钢筋混凝土组合结构,88层,高度420.5 m,1998年建成,为我国内地第一,世界第四高楼。世界上最高的建筑是中国台北国际金融中心,101层,高508 m,2003年建成。依次是马来西亚吉隆坡石油大厦,88层,高450 m,1996年建成。美国芝加哥西尔斯大厦,110层,高443 m,1974年建成。

1.2 高层建筑的特点

高层建筑的主要特点归纳如下。

(1)从城市规划的角度看,高层建筑比多层建筑既可节约用地,又增加城市景观。但房屋间距不足时,影响周边建筑物的日照与通风。

(2)高层建筑的竖向交通、防火、供水、供电、地下室等设施的建造给施工带来复杂、结构材料增加以及公共建筑面积的增多,使房屋的造价增大。

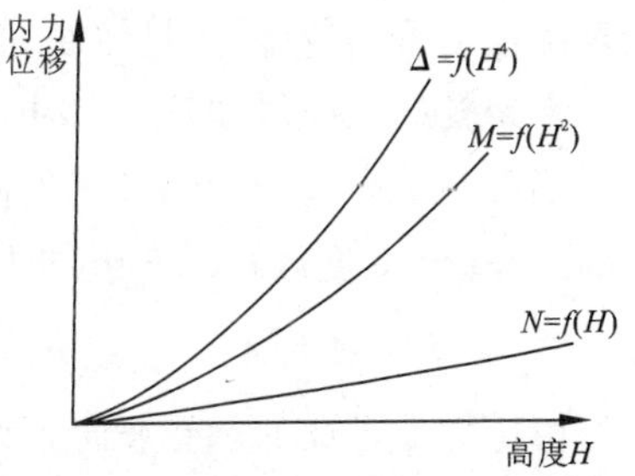

图3.1.1 高层建筑内力、位移与高度关系

(3)高层建筑总重量增加,使地震作用加大,房屋高度超过30 m及高宽比大于1.5时,要考虑风荷载对建筑物产生的动力效应,风压随离地面高度而增大。在地震作用及风荷载作用下,结构内力明显加大(轴力与高度成正比,弯矩与高度的2次方成正比),房屋侧移增加更快(顶点位移与高度的4次方成正比)成为高层建筑结构的主要受力特点,如图3.1.1所示。从结构受力看,当水平荷载起主

要作用时或水平荷载对结构有明显影响时，该房屋就属于高层建筑。故抗侧力结构设计成为高层建筑结构的关键。

(4)高层建筑设计比多层建筑要复杂得多，特别是高层建筑结构抗震设计，不能单纯凭计算分析结果，因为按照目前的抗震计算水平，还难以保证结构的抗震性能，故要十分重视概念设计。即要按照力学规律、震害教训、试验研究、工程实践经验等所形成的基本设计原则和设计思想进行设计，以弥补设计计算中无法顾及的各种不利因素，从整体上、宏观上处理好结构的安全问题。

1.3　高层建筑的结构体系

1.3.1　框架结构体系

由梁和柱为主要构件组成的承受竖向和水平作用的结构称为框架结构，如图 3.1.2 所示。按楼板上的荷载向梁传递的方向可分为横向承重框架，纵向承重框架和纵横向承重框架。当现浇板为双向板时，纵横向均为承重框架。当考虑地震作用时，高层建筑的框架结构应设计成双向梁、柱抗侧力结构体系，不宜采用单跨框架。

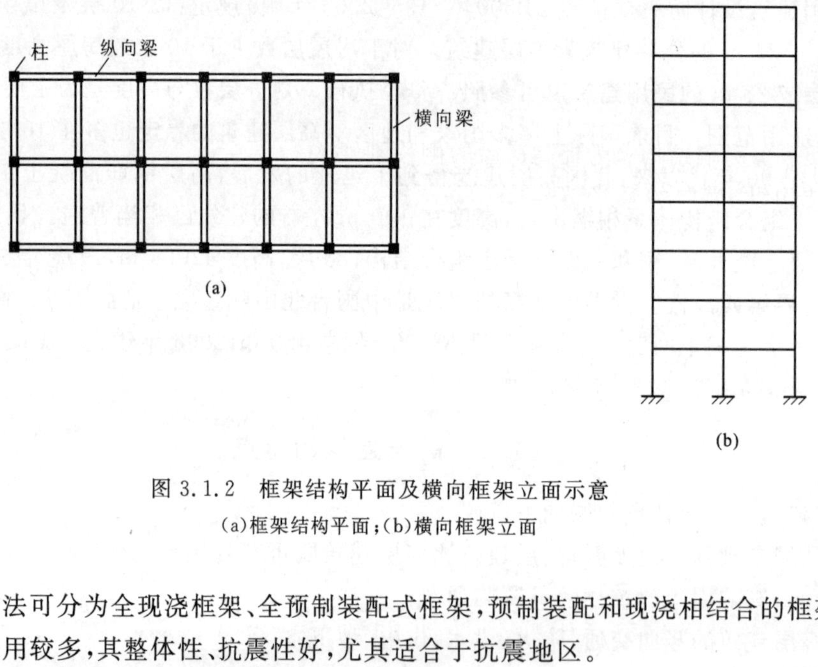

图 3.1.2　框架结构平面及横向框架立面示意

(a)框架结构平面；(b)横向框架立面

按施工方法可分为全现浇框架、全预制装配式框架，预制装配和现浇相结合的框架。目前全现浇框架采用较多，其整体性、抗震性好，尤其适合于抗震地区。

框架柱的截面尺寸较小，其抗侧刚度(表示结构或构件抵抗侧移的能力)就较小，框架柱的抗侧刚度为 $D=12EI/h^3$，在水平荷载作用下会产生较大的侧移，故房屋的最大适用高度一般不超过 60 m(6 度区)及 70 m(非抗震区)。

1.3.2　剪力墙结构体系

由剪力墙组成的承受竖向和水平作用的结构称为剪力墙结构。剪力墙由房屋纵横向钢筋混凝土墙体组成，又可作为围护墙与分隔墙，剪力墙在抗震结构中又称为抗震墙，如图 3.1.3 所示。

现浇钢筋混凝土剪力墙的整体性好，刚度大，在水平荷载作用下的侧移较小。缺点是剪力墙间距不能太大，平面布置不灵活，且自重大。适用于层数较多，房间较小的住宅建筑。全部落地剪力墙房屋的最大适用高度一般不超过 140 m(6 度区)及 150 m(非抗震区)。

当需要在底部有大开间的空间时，可将底层或下部几层部分剪力墙取消，代之以框架或其他转换结构(如梁、桁架、箱形结构、厚板等)成为框支剪力墙结构如图 3.1.4。但这种结构的框支柱与上部墙体的刚度相差悬殊，不利于抗震，在抗震 9 度区不应采用。部分框支剪力墙房屋的最大适用高度一般不超过 120 m(6 度区)及 130 m(非抗震区)。

图 3.1.3　剪力墙结构平面示意

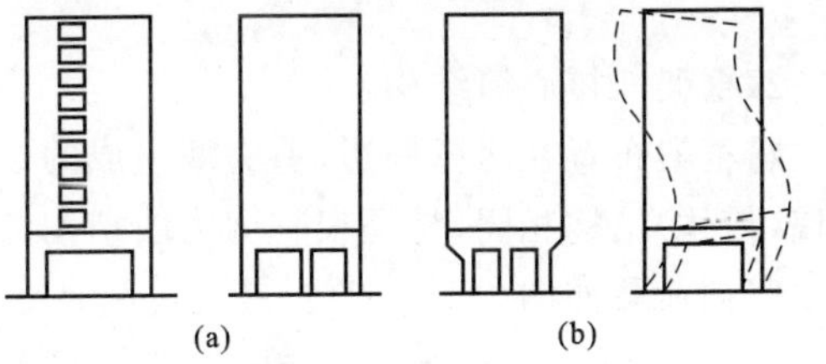

图 3.1.4　框支剪力墙示意

(a)框支剪力墙；(b)侧向变形

1.3.3　框架—剪力墙结构体系

由框架和剪力墙共同承受竖向和水平作用的结构称为框架—剪力墙结构。为提高房屋的侧移刚度，可在框架结构纵、横向的适当部位(柱间)设置剪力墙，便成为框架—剪力墙结构，如图 3.1.5 所示。剪力墙主要承受水平力，框架主要承受竖向荷载及小部分水平力。剪力墙可以是单片的，也可把剪力墙围成较小的筒体，如利用电梯间、楼梯间和竖向管道、通道四周的墙体围成筒体，其抗侧刚度比单片墙好，成为框架—剪力墙(筒体)结构。

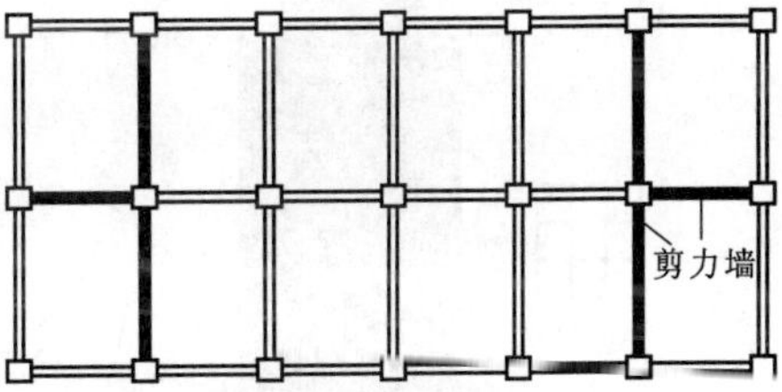

图 3.1.5　框架—剪力墙结构平面示意

在无梁楼板与柱组成的板柱框架中布置剪力墙使成为板柱—剪力墙结构，水平力主要由剪力墙承受。但板柱框架的抗侧刚度比框架结构小，特别是板柱连结点是非常薄弱的部位，对抗震不利。在抗震区高层建筑不能单独使用板柱框架，而必须设置剪力墙，在抗震 9 度区则不应采用板柱—剪力墙结构。

1.3.4　筒体结构体系

由竖向筒体为主组成的承受竖向和水平作用的高层建筑结构称为筒体结构。筒体结构整体性强，抗侧力大，适用于较高的高层建筑，目前世界上最高的 100 幢高层建筑大部分采用筒体结构。筒体结构类型有框筒、框架—核心筒、筒中筒和束筒等多种。

1. 框筒结构

由房屋四周密集的柱与高跨比很大的窗裙梁组成的密柱深梁的筒体称为框筒，如图 3.1.6(a)所示。框筒又可作为建筑物的围护墙，框筒的抗侧刚度很大。当平面面积较大时，在房屋内部可设置柱子，减少梁、板跨度，主要承受竖向荷载，对抗侧力几乎不起作用，如图 3.1.6(b)所示。将框筒四壁做成桁架形式就成为桁架筒，如图 3.1.6(c)所示。

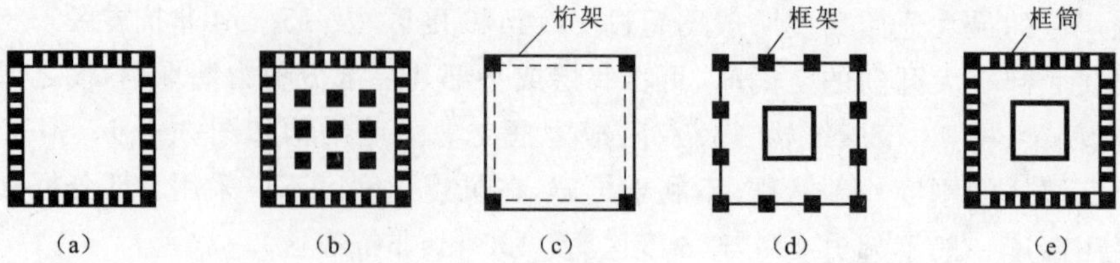

图 3.1.6　筒体结构平面示意

(a)框筒;(b)框筒(内柱);(c)桁架筒;(d)框架核心筒;(e)筒中筒

2. 框架—核心筒结构

将框架布置在房屋周边,剪力墙组成的核心筒体布置在中间,其受力变形特点与框架—剪力墙(筒体)结构相同,是框架—剪力墙结构的一种特例。核心筒主要承受水平力,外框架主要承受竖向荷载如图 3.1.6(d)。最大适用高度一般不超过 150 m(6 度区)及 160 m(非抗震区)。

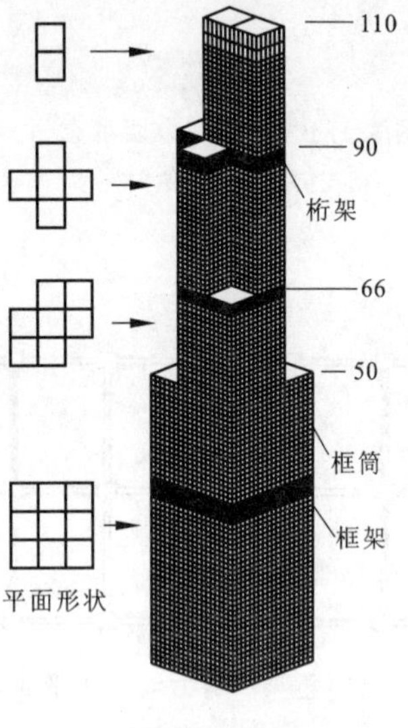

图 3.1.7　西尔斯大厦平面立面示意

3. 筒中筒结构

由外筒和内筒组成,外筒一般是框筒,内筒一般是剪力墙实腹筒体如图 3.1.6(e)。外筒与内筒通过楼板连成整体,共同抵抗水平力。筒中筒结构已成为 50 层以上高层建筑的主要结构体系。上海金茂大厦内部为钢筋混凝土核心筒,外部用钢骨混凝土柱和钢柱做外框筒的混合筒中筒结构。筒中筒结构的最大适用高度一般不超过 180 m(6 度区)及 200 m(非抗震区)。

4. 束筒结构

由两个或两个以上的框筒排列在一起即为束筒结构。束筒结构的刚度和承载力比筒中筒结构更大,用于平面复杂或更高的建筑。美国的芝加哥西尔斯大厦由 9 个高度不等的钢结构框筒组成,底层平面尺寸为 68.6 m×68.6 m,如图 3.1.7 所示。

1.4　高层建筑设计的基本要求

1.4.1　一般规定

高层建筑的一般规定:①应具有必要的承载能力、刚度和变形能力;②应避免因部分结构或构件的破坏而导致整个结构丧失承受重力荷载、风载和地震作用的能力;③对可能出现的薄弱部位,应采取有效措施予以加强;④此外尚应对结构的竖向和水平布置具有合理的刚度和承载力分布,避免因局部突变和扭转效应而形成薄弱部位;⑤宜有多道抗震防线。

1.4.2　高层建筑结构的适用高度

《高规》对钢筋混凝土高层建筑结构的最大适用高度和高宽比分为 A 级和 B 级,见表 3.1.1和表 3.1.2,A 级高度建筑是目前数量最多、应用最广泛的建筑。当框架—剪力墙、剪力墙及筒体结构高度超过 A 级高度时,按 B 级高度,但应进行严格的计算和构造措施。

表 3.1.1　A 级高度钢筋混凝土高层建筑的最大适用高度　(m)

结构体系		非抗震设计	抗震设防烈度			
			6 度	7 度	8 度	9 度
框架		70	60	55	45	25
框架—剪力墙		140	130	120	100	50
剪力墙	全部落地剪力墙	150	140	120	100	60
	部分框支剪力墙	130	120	100	80	不应采用
筒　体	框架—核心筒	160	150	130	100	70
	筒中筒	200	180	150	120	80
板柱—剪力墙		70	40	35	30	不应采用

注：(1)房屋高度指室外地面至主要屋面高度，不包括局部突出屋面的电梯机房、水箱、构架等高度。

(2)表中框架不含异形柱框架结构。

(3)部分框支剪力墙结构指地面以上有部分框支剪力墙的剪力墙结构。

(4)对于平面和竖向均不规则的结构或Ⅳ类场地上的结构，最大适用高度应适当降低。

(5)甲类建筑，6、7、8 度时宜按本地区抗震设防烈度提高一度后符合本表的要求，9 度时应专门研究。

(6)9 度抗震设防、房屋高度超过本表数值时，结构设计应有可靠依据并采取有效措施。

表 3.1.2　B 级高度钢筋混凝土高层建筑的最大适用高度　(m)

结构体系		非抗震设计	抗震设防烈度		
			6 度	7 度	8 度
框架—剪力墙		170	160	140	120
剪力墙	全部落地剪力墙	180	170	150	130
	部分框支剪力墙	150	140	120	100
筒　体	框架—核心筒	220	210	180	140
	筒中筒	300	280	230	170

注：(1)房屋高度指室外地面至主要屋面高度，不包括局部突出屋面的电梯机房、水箱、构架等高度。

(2)部分框支剪力墙结构指地面以上有部分框支剪力墙的剪力墙结构。

(3)对于平面和竖向均不规则的建筑或位于Ⅳ类场地的建筑，表中数值应适当降低。

(4)甲类建筑，6、7 度时宜按本地区抗震设防烈度提高一度后符合本表的要求，8 度时应专门研究。

(5)当房屋高度超过本表数值时，结构设计应有可靠依据并采取有效措施。

为了宏观控制建筑结构的刚度、整体稳定、承载能力和经济合理性，对高层建筑的高宽比作了规定，见表 3.1.3 和表 3.1.4。

表 3.1.3　A 级高度钢筋混凝土高层建筑结构适用的最大高宽比

结构体系	非抗震设计	抗震设防烈度		
		6 度、7 度	8 度	9 度
框架、板柱—剪力墙	5	4	3	2
框架—剪力墙	5	5	4	3
剪力墙	6	6	5	4
筒中筒、框架一核心筒	6	6	5	4

表 3.1.4　B 级高度钢筋混凝土高层建筑结构适用的最大高宽比

<table>
<tr><td rowspan="2">非抗震设计</td><td colspan="2">抗震设防烈度</td></tr>
<tr><td>6 度、7 度</td><td>8 度</td></tr>
<tr><td>8</td><td>7</td><td>6</td></tr>
</table>

1.4.3　高层建筑结构的抗震等级

1. 抗震措施

(1)甲类、乙类建筑：当本地区的抗震设防烈度为 6～8 度时，应符合本地区抗震设防烈度提高一度的要求；当本地区的设防烈度为 9 度时，应符合比 9 度抗震设防更高的要求。当建筑场地为Ⅰ类时，应允许仍按本地区抗震设防烈度的要求采取抗震构造措施。

(2)丙类建筑：应符合本地区抗震设防烈度的要求。当建筑场地为Ⅰ类时，除 6 度外，应允许按本地区抗震设防烈度降低一度的要求采取抗震构造措施。

2. 抗震等级

抗震设计时，高层建筑钢筋混凝土结构构件应根据设防烈度、结构类型和房屋高度采用不同的抗震等级，并应符合相应的计算和构造措施要求。A 级高度丙类建筑抗震等级按表 3.1.5 确定。当本地区的设防烈度为 9 度时，A 级高度乙类建筑抗震等级按表 1.4.6 规定的特一级采用，甲类建筑应采取更有效的抗震措施。抗震设计时，B 级高度丙类建筑钢筋混凝土结构的抗震等级按表 3.1.6 确定。

表 3.1.5　A 级高度的高层建筑结构抗震等级

<table>
<tr><td colspan="3" rowspan="2">结构类型</td><td colspan="7">烈度</td></tr>
<tr><td colspan="2">6 度</td><td colspan="2">7 度</td><td colspan="2">8 度</td><td>9 度</td></tr>
<tr><td rowspan="2">框架</td><td colspan="2">高度(m)</td><td>≤30</td><td>>30</td><td>≤30</td><td>>30</td><td>≤30</td><td>>30</td><td>≤25</td></tr>
<tr><td colspan="2">框架</td><td>四</td><td>三</td><td>三</td><td>二</td><td>二</td><td>一</td><td>一</td></tr>
<tr><td rowspan="3">框架—剪力墙</td><td colspan="2">高度(m)</td><td>≤60</td><td>>60</td><td>≤60</td><td>>60</td><td>≤60</td><td>>60</td><td>≤50</td></tr>
<tr><td colspan="2">框架</td><td>四</td><td>三</td><td>三</td><td>二</td><td>二</td><td>一</td><td>一</td></tr>
<tr><td colspan="2">剪力墙</td><td colspan="2">三</td><td colspan="2">二</td><td>一</td><td>一</td><td>一</td></tr>
<tr><td rowspan="2">剪力墙</td><td colspan="2">高度(m)</td><td>≤80</td><td>>80</td><td>≤80</td><td>>80</td><td>≤80</td><td>>80</td><td>≤60</td></tr>
<tr><td colspan="2">剪力墙</td><td>四</td><td>三</td><td>三</td><td>二</td><td>二</td><td>一</td><td>一</td></tr>
<tr><td rowspan="3">框支剪力墙</td><td colspan="2">非底部加强部位剪力墙</td><td>四</td><td>三</td><td>三</td><td>二</td><td>二</td><td rowspan="3"></td><td rowspan="3">不应采用</td></tr>
<tr><td colspan="2">底部加强部位剪力墙</td><td>三</td><td>二</td><td colspan="2">二</td><td>一</td></tr>
<tr><td colspan="2">框支框架</td><td colspan="2">二</td><td>二</td><td>一</td><td>一</td></tr>
<tr><td rowspan="4">筒体</td><td rowspan="2">框架—核心筒</td><td>框架</td><td colspan="2">三</td><td colspan="2">二</td><td colspan="2">一</td><td>一</td></tr>
<tr><td>核心筒</td><td colspan="2">二</td><td colspan="2">二</td><td colspan="2">一</td><td>一</td></tr>
<tr><td rowspan="2">核心筒</td><td>内筒</td><td colspan="2" rowspan="2">三</td><td colspan="2" rowspan="2">二</td><td colspan="2" rowspan="2">一</td><td rowspan="2">一</td></tr>
<tr><td>外筒</td></tr>
<tr><td rowspan="2">板柱—剪力墙</td><td colspan="2">板柱的柱</td><td colspan="2">三</td><td colspan="2">二</td><td colspan="2">一</td><td rowspan="2">不应采用</td></tr>
<tr><td colspan="2">剪力墙</td><td colspan="2">二</td><td colspan="2">二</td><td colspan="2">二</td></tr>
</table>

注：(1)接近或等于高度分界时，应结合房屋不规则程度及场地、地基条件适当确定抗震等级。

(2)底部带转换层的筒体结构，其框支框架的抗震等级应按表中框支剪力墙结构的规定采用。

(3)板柱－剪力墙结构中框架的抗震等级应与表中“板柱的柱”相同。

表 3.1.6　B 级高度的高层建筑结构抗震等级

结构类型		烈度		
		6 度	7 度	8 度
框架—剪力墙	框架	二	一	一
	剪力墙	二	一	特一
剪力墙	剪力墙	二	一	一
框支剪力墙	非底部加强部位剪力墙	二	一	一
	底部加强部位剪力墙	一	一	特一
	框支框架	一	特一	特一
框架—核心筒	框架	二	一	一
	筒体	二	一	特一
筒中筒	外筒	二	一	特一
	内筒	二	一	特一

注:底部带转换层的筒体结构,其框支框架和底部加强部位筒体的抗震等级应按表中框支剪力墙结构的规定采用。

高层建筑地下室、裙房的抗震等级另有规定,详见《高规》。表 3.1.6 中的"特一级"是指比一级抗震等级更严格的构造措施。这些措施主要体现在采用钢筋混凝土或钢管混凝土构件提高延性;增大构件配筋率和配箍率;加大强柱弱梁和强剪弱弯的调整系数;加大剪力墙的受弯和受剪承载力;加强连梁的配筋构造等。对抗震一、二、三级的框架结构,角柱承受双向地震作用,扭转效应对内力影响较大,受力复杂,宜增大弯矩、剪力设计值,增大系数不小于 1.1。

1.4.4　高层建筑结构的规则性

高层建筑宜采用规则的结构,不应采用严重不规则的结构。规则结构一般是指体型(平面和立面)规则,结构平面布置均匀,对称并具有较好的抗扭刚度。结构竖向布置均匀,结构的刚度、承载力和质量分布均匀、无突变。

1. 结构平面布置

1)高层建筑一个独立结构单元的平面布置

建筑平面如图 3.1.8 所示,尺寸规定见表 3.1.7。

平面形状中简单规则的凸平面对抗风有利,若平面形状有较多凹凸的复杂形状对抗风不利,平面过于狭长的建筑物两端易振动不一致而产生较大的震害。结构的抗侧刚度中心和质量中心尽量重合,可减少水平力对结构的扭转影响。

2)抗震缝的设置

高层建筑宜调整平面形状和结构布置,避免建筑结构不规则,尽量不设防震缝。当建筑物平面形状复杂而又无法调整成为较规则结构时,宜设防震缝将其划分为较简单的几个结构单元。防震缝要有足够的宽度,避免地震时碰撞而损

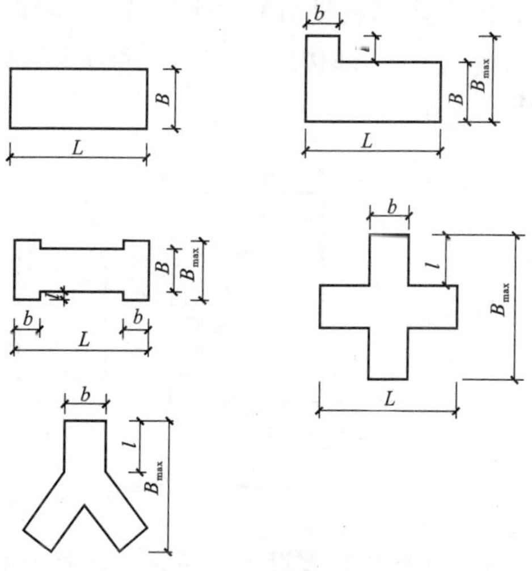

图 3.1.8　建筑平面

坏。防震缝的设置按下列规定。

(1)防震缝最小宽度:对框架结构房屋,高度不超过 15 m 的部分,可取 70 mm;超过 15 m 的部分,6 度、7 度、8 度和 9 度相应每增加高度 5 m、4 m、3 m 和 2 m,宜加宽 20 mm。对框架—剪力墙结构房屋,可按上述规定数值的 70%采用;对剪力墙结构房屋,可按上述规定数值的 50%采用,但框架—剪力墙和剪力墙房屋防震缝最小宽度均不宜小于 70 mm。

(2)防震缝两侧结构体系不同时,防震缝宽度按两侧中的不利结构类型确定;防震缝两侧房屋高度不同时,按较低的房屋高度确定。

(3)防震缝宜沿房屋全高设置,地下室、基础可不设防震缝,但在与上部防震缝对应处应加强构造和连接。

(4)结构单元之间或主楼与裙房之间的关系应明确。如分开,则彻底分开;如相连,则连接牢固。不宜采用似分不分、似连不连的结构方案。不应采用牛腿托梁的做法设置防震缝。

表 3.1.7　图 3.1.8 中尺寸的限值

设防烈度	L/B	l/B_{max}	l/b
6、7 度	≤6.0	≤0.35	≤2.0
8、9 度	≤5.0	≤0.30	≤1.5

2. 结构竖向布置

(1)竖向结构侧向刚度自下而上逐渐均匀减少,不应突变,避免下层刚度过小而形成结构薄弱层。抗震设计时,下层楼层侧向刚度不宜小于上部相邻楼层侧向刚度的 70%,或其上相邻三层楼层侧向刚度平均值的 80%。

(2)A 级高度高层建筑的楼层层间抗侧力结构的受剪承载力不宜小于其上一层受剪承载力的 80%且不应小于 65%。B 级高度高层建筑的楼层层间抗侧力结构的受剪承载力不应小于其上一层受剪承载力的 75%。

(3)抗震设计时,结构竖向抗侧力构件宜上下连续贯通。高层建筑的竖向形体应避免有过大的外挑和内收,如图 3.1.9 所示。上部结构收进部位的高度 H_1 与房屋高度 H 之比 $H_1/H>0.2$ 时,上部收进后的水平尺寸 B_1 不宜小于下部楼层水平尺寸 B 的 0.75 倍。当上部结构楼层外挑时,下部楼层的水平尺寸 B 不宜小于上部楼层水平尺寸 B_1 的 0.9 倍,水平外挑尺寸 a 不宜大于 4 m。

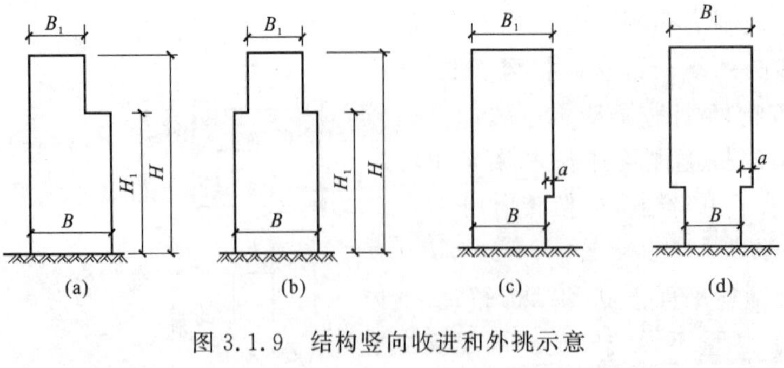

图 3.1.9　结构竖向收进和外挑示意

(4)高层建筑宜设地下室。增加基础的埋置深度,有利于防止房屋的倾覆和滑移,可减轻震害造成的破坏,有地下室时也可提高地基的承载力。

思考题与习题

1.高层建筑是如何划分的?

2.高层建筑结构的主要受力特点是什么?

3.高层建筑结构有哪几种主要结构体系?

4.高层建筑结构为什么要重视概念设计?

5.A、B级高度的主要区别是什么?

6.抗震等级特一级的定义是什么?

7.高层建筑中设置抗震缝的原则是什么?

8.高层建筑中为什么要设置地下室?

第 2 章　框架结构

2.1　框架结构的受力特点

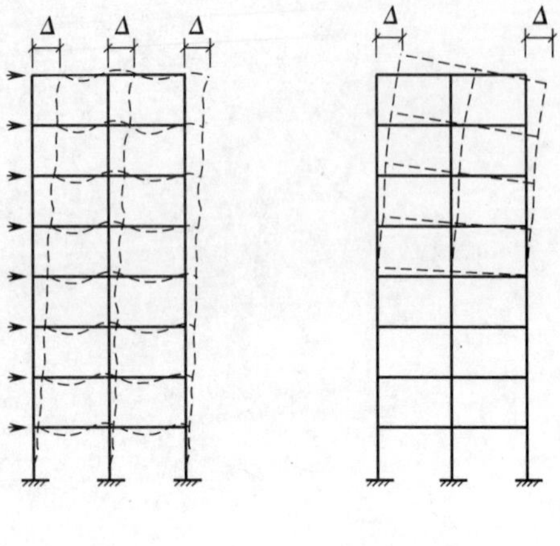

图 3.2.1　框架变形

(a)梁柱弯曲变形；(b)柱轴向变形

框架结构在水平力作用下的侧移由两部分组成。一部分由柱和梁的弯曲变形产生，框架下部的梁柱内力大，层间位移大，上部层间位移变小，其变形呈剪切型；另一部分侧移由柱的轴向变形产生，框架受荷一侧的柱承受轴向拉力，另一侧柱承受轴向压力，柱的拉伸与压缩使框架产生侧移，上部各层侧移大而底层侧移小，其变形呈弯曲型。两种变形叠加，一般仍以剪切型为主，如图 3.2.1 所示。

柱轴向变形引起的侧移占总侧移比例较小，但随着层数增加所占比例也增大，故在高层框架中不能忽略。侧移的限值详见《高规》的规定。框架结构与其他高层建筑结构类型比较，框架结构的抗侧刚度较小，相对侧移较大，故在高层建筑结构中属于柔性结构。

框架计算可用电算或手算，手算一般采用近似方法。在竖向荷载作用下可用弯矩二次分配法或分层法计算框架梁柱的弯矩，如图 3.2.2 所示，在框架节点水平荷载作用下可用反弯点法或 D 值法计算框架梁柱的弯矩，如图 3.2.3 所示。再取梁柱为脱离体，在杆端弯矩及荷载作用下可求得支座剪力。柱的轴向力由梁的支座剪力反向作用于柱上并逐层传下求得，底层柱的轴力最大。将竖向与水平荷载引起的内力(弯矩、剪力、轴力)按不利情况组合便得梁、柱内力。框架

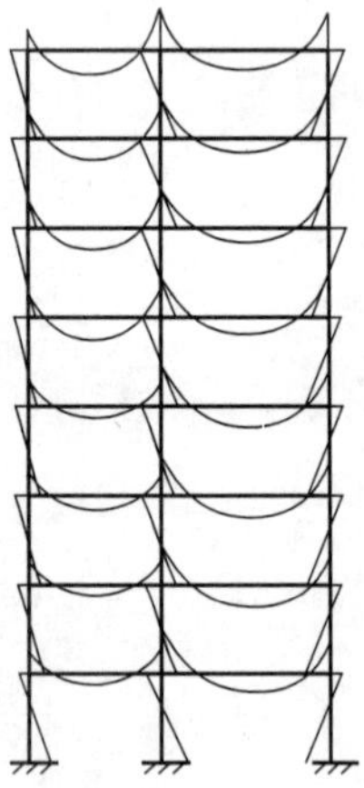

图 3.2.2　竖向荷载作用下弯矩示意

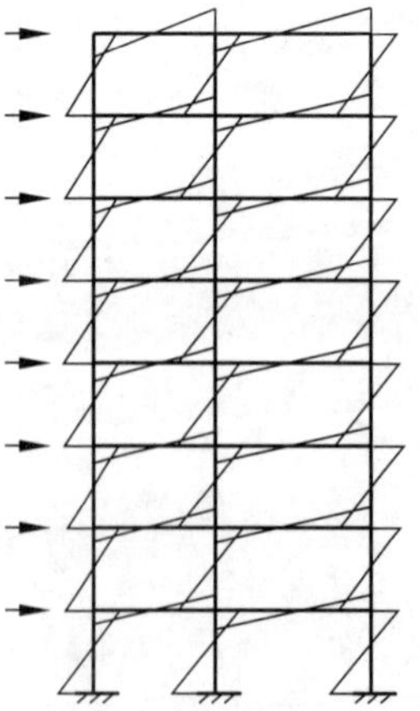

图 3.2.3　水平荷载作用下弯矩示意

梁承受弯矩、剪力，以及平面外有荷载时承受扭矩，为受弯构件或弯剪扭构件。框架柱承受轴力、弯矩和剪力，为偏心受压构件。

2.2 框架结构的设计要求

框架结构应设计成具有较好塑性变形能力的延性框架，达到强柱弱梁、强剪弱弯、强节点的原则和具有延性梁柱构件的特点。延性是当结构和构件达屈服后，承载能力基本不变情况下，有足够塑性变形能力的性能。塑性变形可以消耗地震能量，提高抗震能力。

1. 强柱弱梁原则

要求强柱弱梁并不是降低梁的抗弯承载力，而是提高柱的抗弯承载力。设计时使节点的上下柱端截面抗弯承载力要大于左右梁端截面的抗弯承载力，避免柱端首先出现塑性铰。如某层柱的上下端首先出现塑性铰，则整个框架变形很大，成为几何可变体系而倒塌。要求塑性铰首先出现在梁端，框架虽有一定的侧向变形，但仍能继续承受外荷载，只有当全部梁端及柱底部均出现塑性铰时，框架才会形成机动体系而破坏。使框架梁首先出现塑性铰，能增加一道抗震防线，可以吸收较多的地震能量，推迟或避免柱端形成塑性铰，因而具有较好的抗震性能。

2. 强剪弱弯原则

适筋梁的受弯破坏及柱的大偏压破坏属于塑性破坏，延性较好，而受剪破坏属于脆性破坏。设计时要避免梁柱端部在弯曲屈服前发生剪切破坏。为此应使梁、柱的受剪承载力分别大于其弯曲时实际达到的剪力，以推迟或避免出现剪切破坏。

3. 强节点原则

节点核心区是保证框架承载力和延性的关健部位，核心区破坏或变形过大，框架就不能成为抗侧力结构。核心区的破坏主要是沿斜裂缝的剪切破坏，设计时提高核心区的受剪承载力大于节点区两边梁端达到受弯承载力时的核心区的水平剪力。在梁柱端塑性铰充分发展前，核心区不先发生剪切破坏。防止核心区过早发生剪切破坏的措施是在节点区内配有足够的水平箍筋，保证混凝土的强度和密实性，以及梁、柱受力筋在核心区内有可靠的锚固措施。

2.3 框架结构的构造

2.3.1 框架材料要求

1. 混凝土强度等级

现浇框架梁、柱、节点的混凝土强度等级：抗震一级时不应低于 C30，二～四级和非抗震时不应低于 C20。现浇框架梁及现浇楼盖的混凝土强度等级不宜大于 C40；框架柱抗震烈度 9 度时不宜大于 C60，8 度时不宜大于 C70。因高强度混凝土具有脆性性质，且随强度等级提高而增加，对抗震不利。

2. 钢筋强度与级别

抗震一、二级的框架，其纵向受力钢筋采用普通钢筋时，钢筋的抗拉强度实测值与屈服强度实测值的比值不应小于 1.25，且钢筋的屈服强度实测值与强度标准值的比值不应大于 1.3。

抗震时，普通钢筋宜选用 HRB 400 级和 HRB 335 级热轧钢筋，箍筋宜选用 HRB 335 级、HRB 400 级和 HPB 235 级热轧钢筋。

2.3.2 框架梁构造

1. 框架梁尺寸

梁的截面高度可取计算跨度的1/10～1/18，荷载较大时取上限。梁的截面宽度不宜小于200 mm。梁截面高度与宽度之比（高宽比）不宜大于4，梁净跨与截面高度之比（跨高比）不宜小于4。

2. 框架梁纵向受力钢筋

(1)梁纵向受拉钢筋的最小配筋百分率(%)，非抗震时不应小于0.2和$45f_t/f_y$两者中的较大值；抗震时不应小于表3.2.1规定。

表3.2.1 框架梁纵向受拉钢筋的最小配筋百分率 (%)

抗震等级	截面位置	
	支座（取较大值）	跨中（取较大值）
一级	0.4和$80f_t/f_y$	0.3和$65f_t/f_y$
二级	0.3和$65f_t/f_y$	0.25和$55f_t/f_y$
三、四级	0.25和$55f_t/f_y$	0.2和$45f_t/f_y$

(2)抗震时梁端纵向受拉钢筋配筋率不应大于2.5%。

(3)抗震时梁端截面的底部和顶部纵筋截面面积的比值应满足下列要求：

抗震一级， $\frac{\text{底部钢筋面积}}{\text{顶部钢筋面积}} \geqslant 0.5$

抗震二、三级， $\frac{\text{底部钢筋面积}}{\text{顶部钢筋面积}} \geqslant 0.3$

(4)沿梁全长顶面和底面应至少各配置两根纵筋：抗震一、二级时钢筋直径不应小于14 mm，且分别不应小于梁两端顶面和底面纵筋中较大截面面积的1/4；三、四级和非抗震时直径不应小于12 mm。

(5)不论抗震与非抗震框架梁，纵向钢筋不应与箍筋、拉筋及预埋件等焊接，因焊接时易使纵筋变脆。

3. 框架梁箍筋

(1)抗震时梁端部应设箍筋加密区，有利于梁端塑性铰区的转动和提高抗剪能力。加密区长度和箍筋最大间距和最小直径按表3.2.2规定。

表3.2.2 梁端箍筋加密区的构造要求 (mm)

抗震等级	加密区长度	箍筋最大间距	箍筋最小直径
一级	$2h$或500中的较大值	纵筋直径的6倍，梁高的1/4和100中的最小值	10
二级	$1.5h$或500中的较大值	纵筋直径的8倍，梁高的1/4和100中的最小值	8
三级		纵筋直径的8倍，梁高的1/4和150中的最小值	8
四级		纵筋直径的8倍，梁高的1/4和150中的最小值	6

注：(1)表中h为梁截面高度。

(2)当梁端纵向受拉钢筋配筋率大于2%时，表中箍筋最小直径应增大2 mm。

(2)沿梁全长箍筋的面积配筋率($\rho_{sv}=\frac{nA_{sv1}}{b_s}$)应符合下列要求：

抗震一级，　　$\rho_{sv}=0.3f_t/f_y$

抗震二级，　　$\rho_{sv}=0.28f_t/f_y$

抗震三级，　　$\rho_{sv}=0.26f_t/f_y$

(3)梁箍筋加密区范围内的箍筋肢距，抗震一级不宜大于 200 mm 和 20 倍箍筋直径的较大值；抗震二、三级不宜大于 250 mm 和 20 倍箍筋直径的较大值；抗震四级不宜大于 300 mm。

(4)梁端加密区第一个箍筋应距框架节点边缘不大于 50 mm，非加密区的箍筋间距不宜大于加密区箍筋间距的 2 倍。

(5)抗震要求箍筋应封闭式，有 135°弯钩，弯钩端头直线段长度不应小于 10 倍箍筋直径和 75 mm 的较大值。

4.非抗震框架梁箍筋配筋构造

(1)应沿梁全长设置箍筋。

(2)截面高度大于 800 mm 的梁，箍筋直径不宜小于 8 mm；其余截面高度的梁，箍筋直径不应小于 6 mm。

(3)箍筋最大间距的规定同受弯构件。

(4)当梁的剪力设计值大于 $0.7f_tbh_0$ 时，箍筋面积配筋率 $\rho_{sv}\geqslant 0.24f_t/f_{yv}$

(5)当梁中配有计算需要的纵向受压钢筋时，箍筋的配置应符合下列要求：箍筋直径不应小于纵向受压钢筋最大直径的 0.25 倍；箍筋间距不应大于 $15d$ 且不应大于 400 mm；当一层内的受压钢筋多于 5 根且直径大于 18 mm 时，箍筋间距不应大于 $10d$(d 为纵向受压钢筋的最小直径)；当梁截面宽度大于 400 mm 且一层内的纵向受压钢筋多于 3 根时，或当梁截面宽度不大于 400 mm 但一层内的纵向受压钢筋多于 4 根时，应设置复合箍筋。

2.3.3　框架柱构造

1.框架柱尺寸

(1)矩形截面柱的边长，非抗震不宜小于 250 mm，抗震不宜小于 300 mm。圆形截面柱直径不宜小于 350 mm。柱截面高度与截面宽度之比不宜大于 3。

(2)框架柱截面尺寸应满足轴压比限值要求，见表 3.2.3，以保证柱具有一定的延性。轴压比是指柱组合的轴向压力设计值 N 与柱全截面积 A 和混凝土轴心抗压强度设计值 f_c 乘积的比值 N/f_cA。控制轴压比就是控制截面相对受压区高度，受压区高度小，延性和消耗地震能量均较好。抗震等级高时，延性要求高，也即轴压比限值较严。

表 3.2.3　柱轴压比限值

结构类型	抗震等级		
	一	二	三
框架	0.70	0.80	0.90
板柱—剪力墙　框架—剪力墙 框架—核心筒　筒中筒	0.75	0.85	0.95
部分框支剪力墙	0.60	0.70	—

注：表内数值适用于混凝土强度等级不高于 C60 的柱及剪跨比大于 2 的柱，其余情况详见《高规》或《抗震规范》规定。

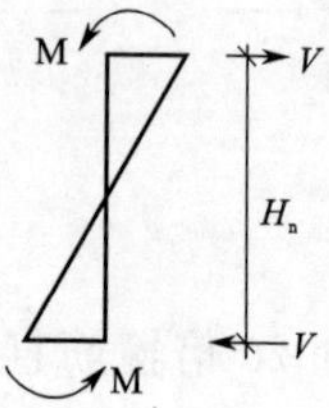

图 3.2.4　柱端剪力

(3)框架柱的净高与截面高度之比应满足剪跨比要求。剪跨比是影响柱破坏形态的主要因素，柱剪跨比定义为 $\lambda=M/Vh$（h 为截面高度），对于反弯点位于柱高中部的框架柱，λ 可近似按柱净高与 2 倍柱截面高度之比 $H_n/2h$ 计算（如图 3.2.4 所示），将图中 $V=2M/H_n$ 代入剪跨比定义中便得近似 λ 值。$\lambda>2$（即 $\frac{H_n}{h}>4$）的柱称为长柱，一般为压弯破坏，延性与消耗地震性能较好，$1.5<\lambda\leqslant 2$ 的柱称为短柱，$\lambda\leqslant 1.5$ 为极短柱。短柱一般发生剪切破坏，所以工程中应避免设计成短柱。无法避免时，应采取加强措施。

2.框架柱纵向受力钢筋

(1)柱内纵向钢筋宜对称配置。

(2)抗震柱截面尺寸大于 400 mm 时，纵向钢筋间距不宜大于 200 mm；非抗震柱纵向钢筋间距不应大于 350 mm；柱纵向钢筋净距均不应小于 50 mm。

(3)全部纵向钢筋的配筋率，非抗震时不宜小于 5%，不应大于 6%；抗震时不应大于 5%。

(4)抗震一级且剪跨比不大于 2 的柱，柱每侧纵向受拉钢筋的配筋率不宜大于 1.2%。

(5)柱全部纵向钢筋的配筋率不应小于表 3.2.4 规定，且柱截面每一侧纵向钢筋配筋率不应小于 0.2%。

表 3.2.4　框架柱纵向钢筋最小配筋百分率　(%)

柱类型	抗震等级				非抗震
	一级	二级	三级	四级	
框架中柱、边柱	1.0	0.8	0.7	0.6	0.6
框架角柱、框支柱	1.2	1.0	0.9	0.8	0.6

注：(1)当混凝土强度等级大于 C60 时，表中数值应增加 0.1。
(2)建造于Ⅳ类场地且较高的高层建筑（指高于 40 m 的框架结构或高于 60 m 的其他结构体系的混凝土房屋建筑）表中数值应增加 0.1。

(6)柱的纵筋不应与箍筋、拉筋及预埋件等焊接。

3.框架柱箍筋

配置柱箍筋可约束混凝土的横向变形，提高混凝土极限压应变，提高柱的延性。箍筋数量越多，间距越密，对混凝土的约束作用越大。箍筋的数量可用一个综合指标即配箍特征值 $\lambda_v=\rho_v f_{yv}/f_c$ 表示，式中 ρ_v 为箍筋体积配箍率。《高规》给出了最小配箍特征值见表 3.2.5，表中螺旋箍、复合或连续复合螺旋箍等形式对混凝土具有更好的约束性能，因此其配箍特征值比普通箍、复合箍低一些。

表 3.2.5　柱端箍筋加密区最小配箍特征值 λ

抗震等级	箍筋形式	柱轴压比								
		≤0.30	0.40	0.50	0.60	0.70	0.80	0.90	1.00	1.05
一	普通箍、复合箍	0.10	0.11	0.13	0.15	0.17	0.20	0.23	—	—
一	螺旋箍、复合或连续复合螺旋箍	0.08	0.09	0.11	0.13	0.15	0.18	0.21	—	—
二	普通箍、复合箍	0.08	0.09	0.11	0.13	0.15	0.17	0.19	0.22	0.24
二	螺旋箍、复合或连续复合螺旋箍	0.06	0.07	0.09	0.11	0.13	0.15	0.17	0.20	0.22
三	普通箍、复合箍	0.06	0.07	0.09	0.11	0.13	0.15	0.17	0.20	0.22
三	螺旋箍、复合或连续复合螺旋箍	0.05	0.06	0.07	0.09	0.11	0.13	0.15	0.18	0.20

注：普通箍指单个矩形箍或单个圆形箍；螺旋箍指单个连续螺旋箍筋；复合箍指由矩形、多边形、圆形箍或拉筋组成的箍筋；复合螺旋箍指由螺旋箍与矩形、多边形、圆形箍或拉筋组成的箍筋；连续复合螺旋箍指全部螺旋箍由同一根钢筋加工而成的箍筋。

各种箍筋形式如图 3.2.5 所示。

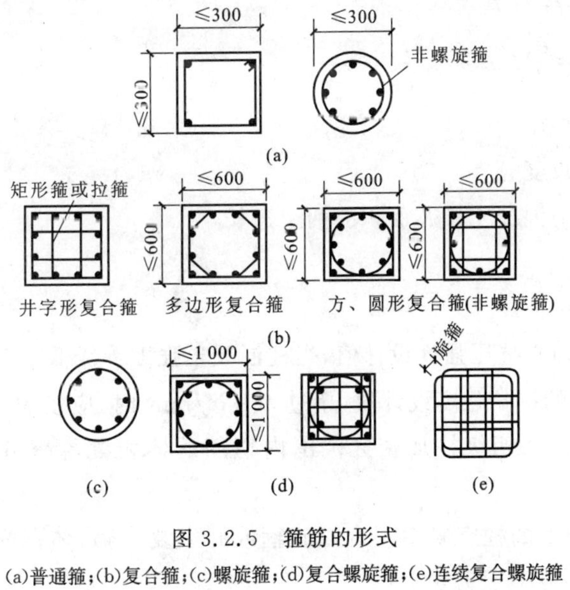

图 3.2.5　箍筋的形式

(a)普通箍；(b)复合箍；(c)螺旋箍；(d)复合螺旋箍；(e)连续复合螺旋箍

1)箍筋加密区

框架柱上、下端应有箍筋加密区，以提高柱的抗剪能力和改善柱的延性。

(1)一般情况下，(长柱)加密区长度、箍筋最大间距和最小直径见表 3.2.6 规定。

表 3.2.6 框架柱端箍筋加密区的构造要求 (mm)

抗震等级	箍筋加密区长度	箍筋最大间距	箍筋最小直径
一级	矩形截面长边尺寸(圆形柱截面直径)、层间柱净高的1/6和500中的最大值	6*d*和100中的最小值	10
二级		8*d*和100中的最小值	8
三级		8*d*和150(柱根·100)中的最小值	8
四级		8*d*和150(柱根100)中的最小值	6(柱根8)

注:(1)d为纵向钢筋直径。

(2)柱根指框架底层柱的嵌固部位。

(2)其他情况下,对箍筋加密区范围的要求:抗震一级二级框架角柱沿柱全高加密;框支柱沿柱全高加密;底层柱有刚性地面时,除柱端外,应取刚性地面上下各500 mm;剪跨比不大于2的柱和因设置填充墙等形成的柱净高与柱截面高度之比不大于4的柱,取全高加密。砖填充墙只有部分柱高时,在墙高顶面处上下各500 mm范围内加密。

(3)其他情况下,箍筋加密区的箍筋间距和直径要求:框支柱和剪跨比不大于2的柱,箍筋间距不应大于100 mm,抗震一级时不应大于6倍的纵向钢筋直径;抗震二级柱箍筋直径不小于10 mm、肢距不大于200 mm时,除柱根外最大间距应允许采用150 mm;抗震三级柱的截面尺寸不大于400 mm时,箍筋最小直径应允许采用6 mm;抗震四级柱的剪跨比不大于2或柱中全部纵向钢筋的配筋率大于3%时,箍筋直径不应小于8 mm。

2)体积配箍率

(1)箍筋体积配箍率计算公式:

$$\rho_v=\frac{A_{sv1}l_{sv}}{l_1 l_2 S}\geqslant\lambda_V\ \frac{f_c}{f_{yv}} \tag{3.2.1}$$

式中 A_{sv1}——单肢面积。

l_{sv}——箍筋总长度。

l_1、l_2——箍筋内混凝土核芯面积的两个边长。

S——箍筋间距。

λ_V——配箍特征值。

f_c——混凝土轴心抗压强度设计值,当柱混凝土强度等级低于C35时,应按C35计算。

f_{yv}——柱箍筋的抗拉强度设计值,超过360 N/mm²时,应按360 N/mm²计算。

(2)对抗震一、二、三、四级柱加密区范围内箍筋的体积配箍率分别不应小于0.8%、0.6%、0.4%、0.4%。

(3)剪跨比不大于2的柱宜采用复合螺旋箍或井字复合箍,体积配箍率不应小于1.2%;抗震烈度为9度时,不应小于1.5%。

(4)计算复合箍筋的体积配箍率时,应扣除重叠部分的箍筋体积;计算复合螺旋箍筋的体积配箍率时,其非螺旋箍筋的体积应乘以换算系数0.8。

(5)柱非加密区的箍筋体积配箍率不宜小于加密区的一半。箍筋间距不应大于加密区箍筋间距的2倍,且不应大于10倍纵向钢筋直径(抗震一、二级),不应大于15倍纵向钢筋直径(抗震三、四级)。

3)箍筋肢距

箍筋加密区的箍筋肢距，抗震一级不宜大于 200 mm，抗震二、三级不宜大于 250 mm 和 20 倍箍筋直径的较大值，抗震四级不宜大于 300 mm。每隔一根纵向钢筋宜在两个方向有箍筋约束。采用拉筋组合箍时，拉筋宜紧靠纵向钢筋并勾住封闭箍。

4)封闭式箍筋

箍筋应为封闭式，同框架梁箍筋。

5)构造要求

非抗震时，应满足框架柱箍筋的以下构造要求。

(1)周边箍筋应为封闭式，抗震设计以及纵向钢筋配筋率大于 3%的非抗震设计的柱箍筋只需做成带 135°弯钩的封闭箍，弯钩末端平直段长度不应小于 10 倍箍筋直径，《高规》未作必须焊成封闭箍的规定。

(2)箍筋间距不应大于 400 mm，且不应大于构件截面的短边尺寸和最小纵向受力钢筋直径的 15 倍。

(3)箍筋直径不应小于最大纵向钢筋直径的 1/4，且不应小于 6 mm。

(4)柱中全部纵向受力钢筋的配筋率超过 3%时，箍筋直径不应小于 8 mm，箍筋间距不应大于最小纵向钢筋直径的 10 倍，且不应大于 200 mm。

(5)柱每边纵筋多于 3 根时，应设置复合箍筋(可采用拉筋)。

(6)柱内纵筋采用搭接时，搭接范围内箍筋直径不应小于钢筋较大直径的 0.25 倍；而箍筋间距在纵筋受拉时不应大于纵筋较小直径的 5 倍及 100 mm，钢筋受压时不应大于纵筋较小直径的 10 倍及 200 mm。当受压纵筋直径大于 25 mm 时，尚应在搭接接头端面外 100 mm 的范围内各设置两道箍筋。

2.3.4 框架节点

为使梁、柱纵向钢筋在节点内有可靠的锚固条件，框架梁柱节点核心区的混凝土应具有良好的约束，需在节点内配置水平箍筋并应满足最小配箍率要求。

1. 节点配箍率

抗震时节点核心区箍筋的最大间距和最小直径宜符合柱端箍筋加密区的要求。抗震一、二、三级节点核心区配箍特征值分别不宜小于 0.12、0.10 和 0.08，且箍筋体积配箍率分别不宜小于 0.6%、0.5%和 0.4%。柱剪跨比不大于 2(短柱)的框架节点核心区的配箍特征值不宜小于核心区上、下柱端配箍特征值中的较大值。

2. 节点水平箍筋

非抗震设计时，节点核心区内也应布置水平箍筋，间距不宜大于 250 mm，节点四周有梁相连时，可仅沿节点周边设置矩形箍筋。

2.3.5 框架节点内的钢筋锚固

1. 非抗震框架节点

1)边柱顶层节点

(1)柱外侧纵筋与梁上部纵筋的锚固有以下两种方式。

方式一如图 3.2.6(a)所示，柱外侧纵筋伸入梁顶部总长度$\geqslant 1.5l_a$，其面积不宜小于外侧钢筋总面积的 65%。梁宽范围以外的外侧纵筋宜沿节点顶部伸至柱内边。当纵筋位于柱顶第一层时，宜再向下弯折不小于 $8d$ 后截断；当为第二层时，伸至柱内边截断。当有混凝土强

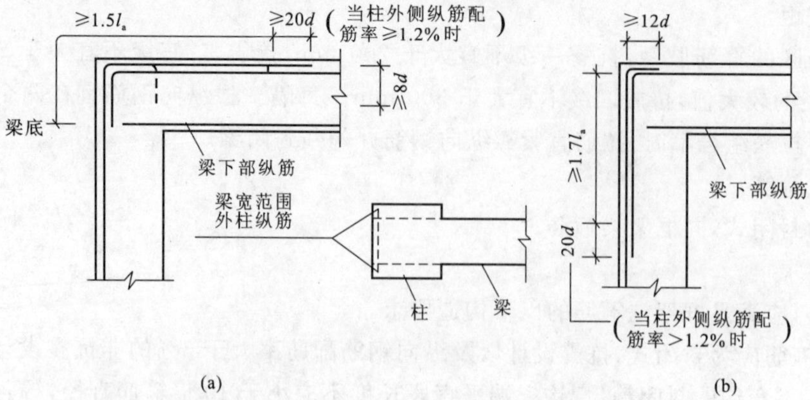

图 3.2.6　边柱顶层节点梁柱钢筋锚固

(a)柱外侧纵筋伸入梁顶部总长度≥1.5l_a；(b)柱外侧纵筋全部伸至柱顶

度等级≥C20，且厚度≥80 mm 的现浇板时，梁宽范围以外的外侧纵筋可伸入现浇板内，其总长度也为≥1.5l_a。当柱外侧纵筋配筋率大于 1.2%时，伸入梁顶部后宜分两批截断，截断点间距不宜小于 20d。梁上部纵筋应伸至节点外侧并向下弯至梁底后截断。

方式二如图 3.2.6(b)，柱外侧纵筋全部伸至柱顶后水平弯析，长度不宜小于 12d。梁上部纵筋伸至节点外侧后向下弯折，竖向长度≥1.7l_a。当梁上部纵筋配筋率大于 1.2%时，弯入柱外侧后宜分两批截断，截断点间距不宜小于 20d。

(2)柱内侧纵筋在梁内的锚固：当梁高度较高时，柱纵筋可直线伸至梁顶，且长度满足≥l_a如图 3.2.7(a)；当梁高度不足时，伸入梁顶后可水平弯折，水平长度≥12d，竖向长度≥0.5l_a，总长≥l_a 如图 3.2.7(b)；当有厚度不小于 80 mm，混凝土强度等级≥C20 的现浇板时，纵筋可向外弯折如图 3.2.7(c)。

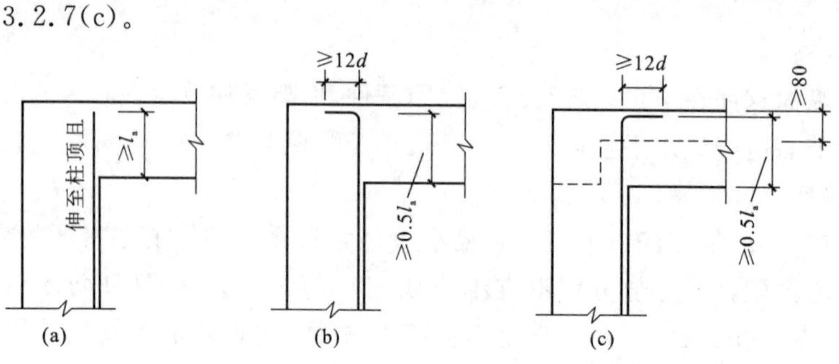

图 3.2.7　边柱顶层节点内侧柱钢筋锚固

(a)纵筋直线伸至梁顶；(b)纵筋伸入梁顶后水平弯折；(c)纵筋向外弯折

2)边柱中间层端节点

对于边柱中间层端节点，梁上部纵筋可直接伸入端节点内，长度≥l_a，且伸过柱中心线不宜小于 5d 图 3.2.8(a)。当柱截面尺寸不足时，纵筋伸至节点边并向下弯折，水平长度≥0.4 l_a，竖向长度 15d，总的长度≥l_a 如图 3.2.8(b)。

3)中柱顶层节点

在中柱顶层节点图 3.2.9 中，柱纵筋伸入梁内的锚固要求同边柱顶层节点做法，如图 3.2.7。

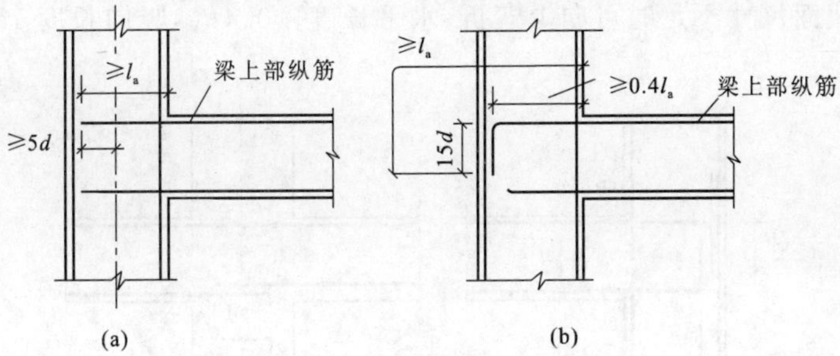

图 3.2.8　边柱中间层节点梁钢筋锚固

(a)纵筋直接伸入端节点内；(b)纵筋伸至节点边并向下弯折

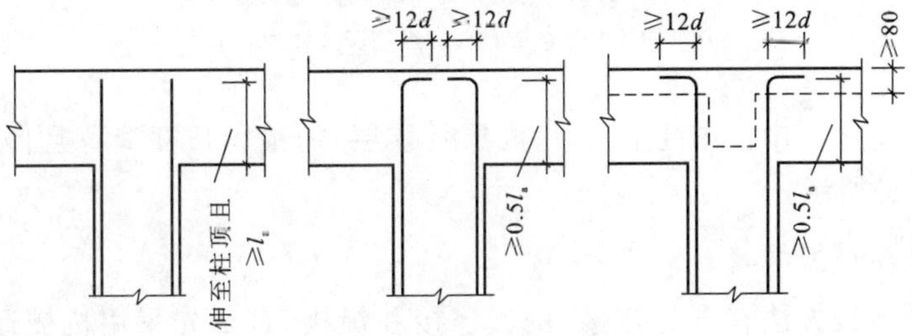

图 3.2.9　中柱顶层柱钢筋锚固

4)中柱中间层节点

(1)梁上部纵筋在节点附近承受弯矩，故应贯穿中间节点，并伸过节点一定距离满足抗弯要求后才能截断，如图 3.2.10 所示。

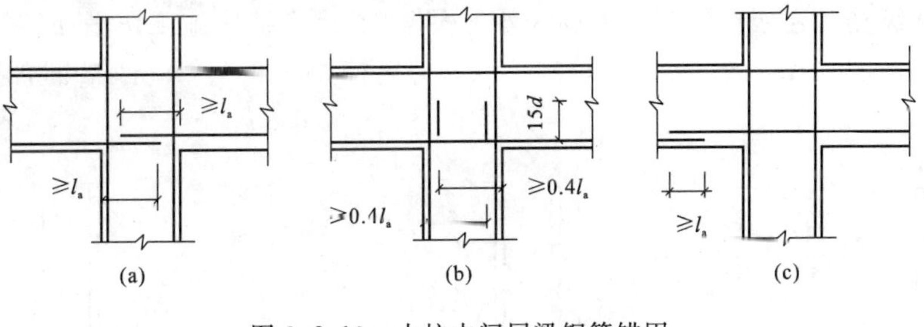

图 3.2.10　中柱中间层梁钢筋锚固

(a)充分利用钢筋的抗拉强度；(b)带弯折的锚固形式；(c)设置搭接接头

(2)梁下部纵筋在中间节点(包括边节点)的锚固要求：当计算中不利用该钢筋的强度时，锚固长度≥12d(带肋钢筋)或≥15d(光圆钢筋)；当计算中充分利用钢筋的抗拉强度时，锚固长度≥l_a，如图 3.2.10(a)所示；也可采用带弯折的锚固形式，水平长度≥0.4l_a、竖向长 15d，总长 l_a，如图 3.2.10(b)所示；也可伸过节点，在梁跨中弯矩较小处设置搭接接头，搭接长度≥l_1，如图 3.2.10(c)所示。

2.抗震框架节点

(1)非抗震钢筋受拉锚固长度取 l_a，抗震取 l_{aE}：抗震一、二级 $l_{aE}=1.15l_a$；抗震三级 $l_{aE}=1.05l_a$；抗震四级 $l_{aE}=l_a$ 所示。

(2)梁下部纵筋伸入边柱节点的锚固长度按受拉要求，如能直线时，锚固长度 l_{aE} 并伸过柱中心线≥5d。柱截面尺寸不足时可向上弯折，水平长度≥0.4l_{aE}，竖向长度15d，总长l_{aE}，如图3.2.11(a)所示。

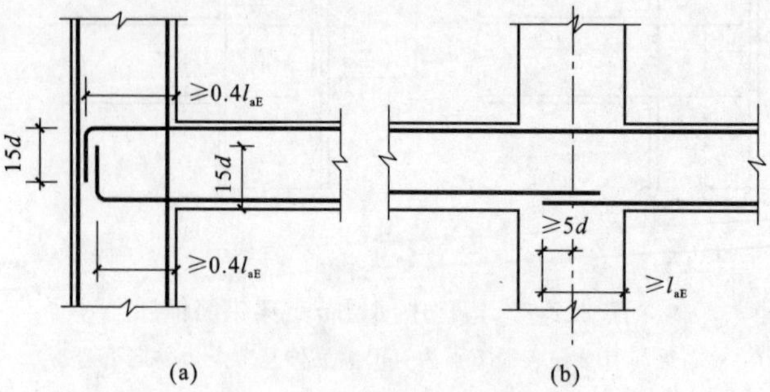

图3.2.11　抗震梁下部纵筋的锚固

(a)纵筋伸入边柱节点；(b)纵筋深入柱中间节点

(3)梁下部纵筋伸入中柱中间节点(中间层及顶层)的锚固长度≥l_{aE}且伸过中柱中心线≥5d，如图3.2.11(b)所示。

2.3.6　框架柱梁纵筋的连接

柱、梁纵筋的连接方法有绑扎搭接、机械连接和焊接，宜优先采用机械连接和绑扎搭接。采用焊接连接时，要保证焊接的质量。对于框架柱，抗震一、二级及抗震三级的底层宜采用机械连接接头，也可采用绑扎搭接或焊接连接，抗震三级的其他部位和抗震四级可采用绑扎搭接或焊接接头。对于框支梁、框支柱，宜采用机械连接接头。对于框架梁，抗震一级宜采用机械连接，抗震二、三、四级可采用绑扎搭接或焊接连接。

1.非抗震柱纵筋

非抗震柱纵筋的连接位置应在节点区外。根据《混凝土结构施工图平面整体表示方法制图规则和构造详图》(03G101－1)，非抗震柱纵筋的连接如图3.2.12所示；非抗震上下柱中纵

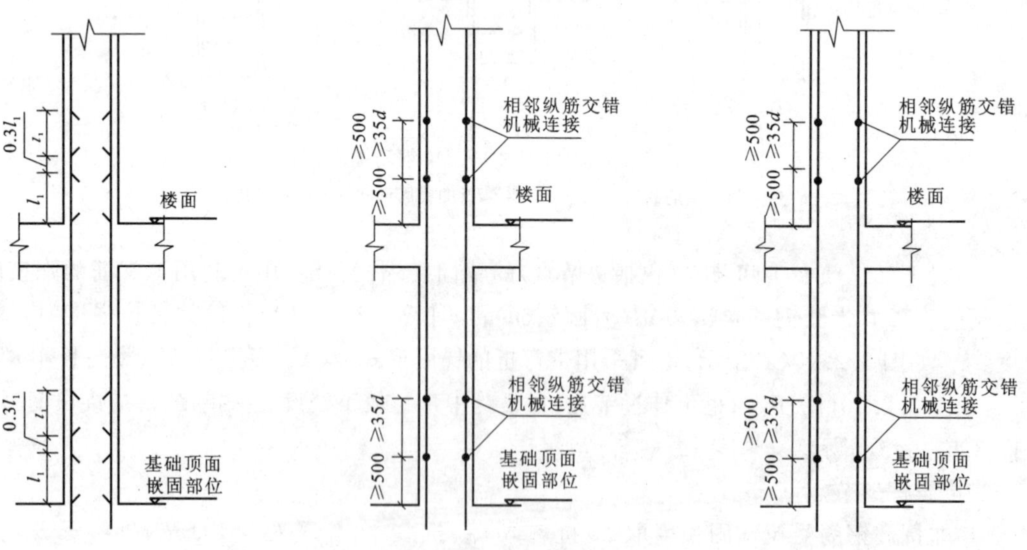

图3.2.12　非抗震柱的纵筋连接

筋直径、根数不同时的搭接连接如图 3.2.13 所示；非抗震上下柱截面不同时纵筋连接如图 3.2.14 所示。

柱纵向钢筋连接接头相互错开，在同一截面内的钢筋接头面积百分率为：对于绑扎搭接和机械连接不宜大于 50%；对于焊接连接不应大于 50%。柱纵向钢筋直径 $d>28$ mm 时，不宜采用绑扎搭接接头。

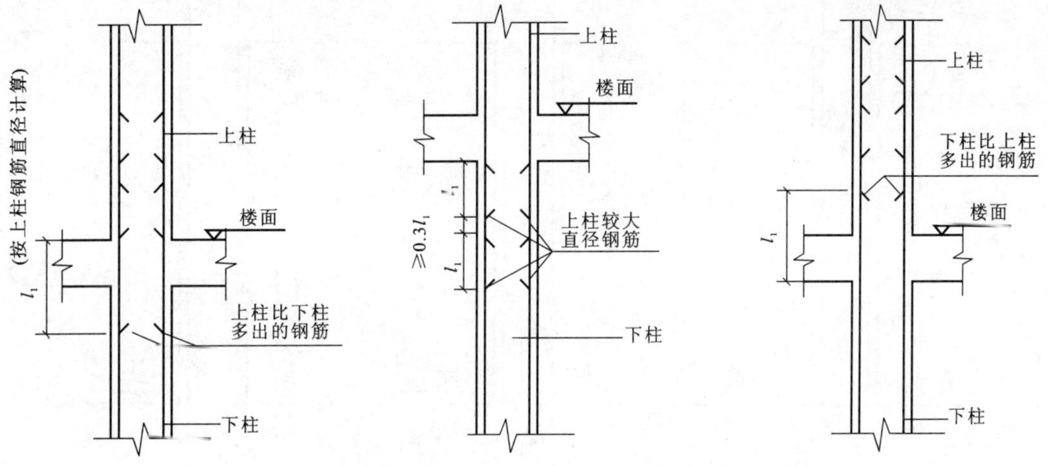

图 3.2.13　非抗震上下柱中纵筋直径、根数不同时的搭接连接

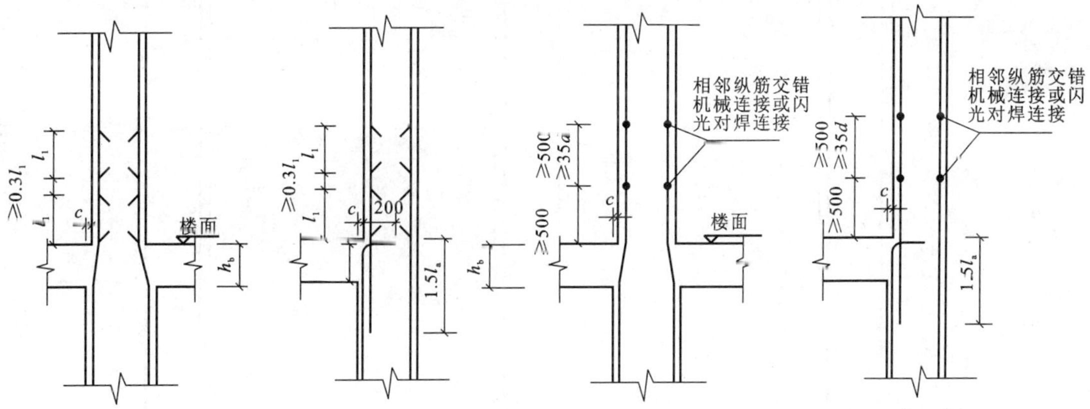

图 3.2.14　非抗震上下柱截面不同时的纵筋连接

2. 抗震柱纵筋

抗震柱纵筋的连接位置应在柱端箍筋加密区外。抗震柱纵筋连接如图 3.2.15 所示，抗震上下柱中纵筋直径、根数不同时的搭接连接如图 3.2.16 所示，抗震上下柱截面不同时的纵筋连接如图 3.2.17 所示。接头面积百分率要求同非抗震柱。

3. 框架梁上部钢筋

框架梁跨中上部钢筋的连接，由于钢筋长度有限，不可能全跨贯通，应与支座上部受力筋

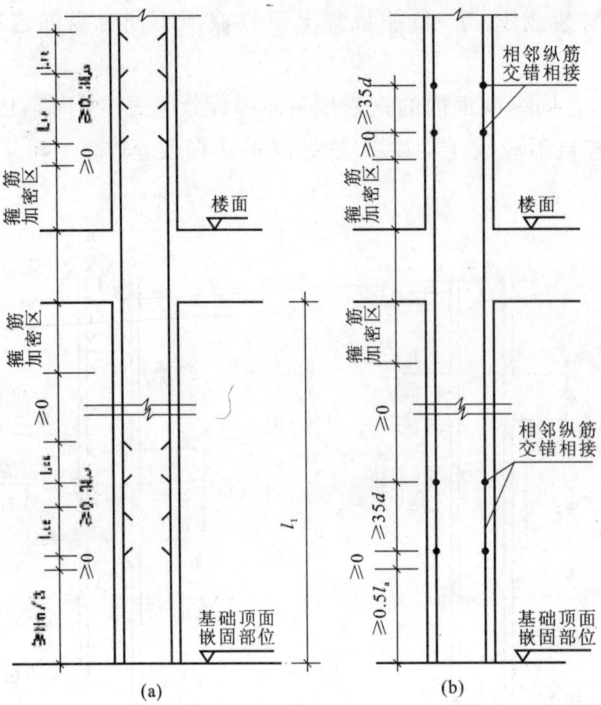

图 3.2.15　抗震柱纵筋连接

(a)绑扎搭接；(b)机械连接；(c)焊接连接

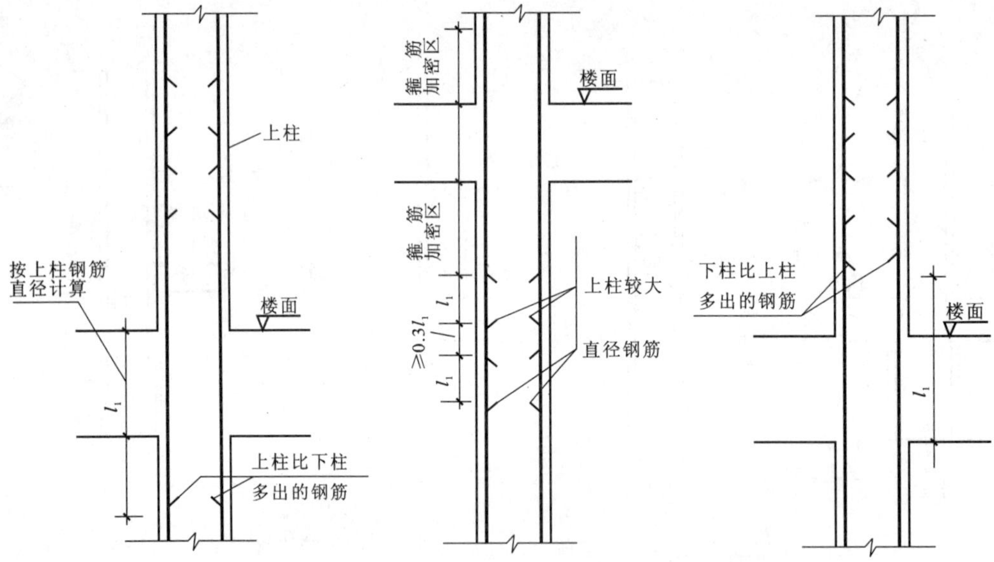

图 3.2.16　抗震柱中纵筋直径、根数不同时的搭接连接

(a)上柱钢筋多于下柱钢筋；(b)上柱钢筋大于下柱钢筋；(c)下柱钢筋多于上柱钢筋

连接，一般采用搭接。对于非抗震框架梁，跨中上部钢筋位于受压区作架立筋，其搭接长度一般可取 150 mm。对于抗震框架梁，考虑强震发生时，支座上部负弯矩区有可能延伸至跨中，跨中上部钢筋设置除按构造规定外，其与支座上部受力筋的连接按受拉搭接长度 l_{lE} 连接(按

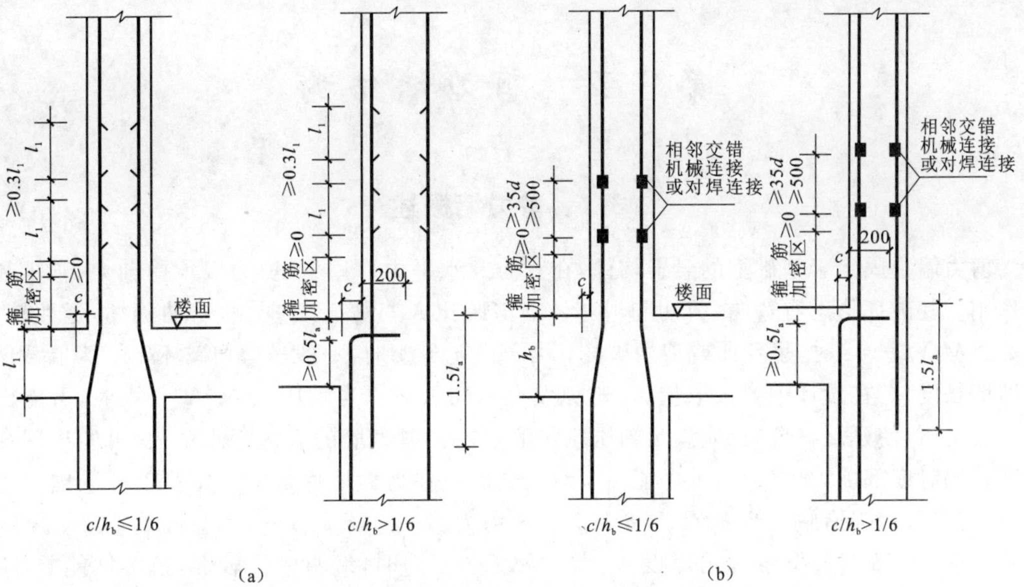

图 3.2.17 抗震上下柱截面不同时的纵筋连接

(a)绑扎搭接连接;(b)机械或焊接连接

跨中上部钢筋直径计算)。

2.3.7 框架填充墙

填充墙宜采用轻质隔墙与柱柔性连接,可减轻自重,减少震害。当使用砖填充墙时应有可靠的连接。

对于非抗震框架,沿柱全高预埋 2ϕ6 间距 500 mm 的钢筋与墙拉结。在柱内应有受拉锚固长度,伸入墙体内长度不少于 500 mm。

对于抗震框架柱内预埋钢筋,同非抗震框架要求,伸入墙体内长度:抗震 6~7 度时不应小于墙长的 1/5 且不小于 700 mm;抗震 8~9 度时宜沿墙全长贯通。砌体砂浆强度等级不应低于 M5,墙顶应与框架梁密切结合。墙长大于 5 m 时,墙顶与梁宜有拉结。墙长超过层高 2 倍时,宜设置钢筋混凝土构造柱。墙高超过 4 m 时,墙体半高处宜设置与柱连接且沿墙全长贯通的钢筋混凝土水平连系梁。

思考题与习题

1. 框架结构的变形特点是什么?
2. 延性框架的特点是什么?延性框架的设计原则是什么?
3. 为什么框架柱的尺寸要满足轴压比和剪跨比的要求?
4. 为什么梁柱的纵向钢筋不应与箍筋、拉筋和预埋件焊接?
5. 框架梁为什么沿跨中顶面和底面设置全长纵向钢筋?
6. 何谓短柱,短柱的配筋要求如何?
7. 为什么框架梁柱端要有箍筋加密区?
8. 为什么框架柱端箍筋加密区要有最小配箍特征值的规定?
9. 比较抗震与非抗震框架节点内钢筋锚固的不同处。
10. 为什么框架节点核心区内要配置水平方向的箍筋?

第3章 剪力墙结构

3.1 剪力墙概述

剪力墙是固定于基础上的悬臂构件，在竖向及水平力作用下，剪力墙承受轴力、弯矩和剪力作用。其破坏形态有弯曲、剪切和滑移。当剪跨比 $M/Wh_w \geqslant 2$ 时，呈弯曲破坏，延性较好；当 $2 > M/Vh_w > 1$ 时，呈弯曲或剪切破坏；当 $M/Vh_w \leqslant 1$ 时，一般呈剪切破坏（h_w 为墙截面高度即墙长度）。在设计中要采取措施，避免发生剪切破坏。当轴压比 $N/A_c f_c$ 大时，可能出现小偏心受压，使延性降低，故应满足轴压比限值要求。剪力墙的底部弯矩最大，可能出现塑性铰区。同时底部剪力也最大，也可能出现斜裂缝。故在剪力墙底部的一定高度范围内为加强部位，需采取加强措施。当 $h_w/b_w > 8$ 时为一般剪力墙；$h_w/b_w = 5 \sim 8$ 为短肢墙；$h_w/b_w < 5$ 为小肢墙（b_w 为墙截面宽度即墙厚度）。当 $h_w/b_w = 3 \sim 5$ 时，墙身刚度较弱，抗震性能差，不宜采用。

3.2 剪力墙分类

根据单片墙身开洞的情况，可分为整体墙、整体小开口墙、联肢墙和壁式框架，各类剪力墙的受力情况和计算方法不同。其受力不同主要表现在墙横截面上正应力的分布形状不同，沿墙高各楼层弯矩分布形状不同以及墙身的侧移变形曲线形式不同。

1. 整体墙

如图 3.3.1(a)所示，墙面不开门窗洞口，或虽开洞口但面积很小，洞口总面积不大于墙面面积的 15%，且洞口间净距及洞口至墙边的净距大于洞口的长边尺寸时为整体剪力墙。墙截面上的正应力呈直线分布，弯矩图沿墙高呈曲线分布，墙侧移呈弯曲型。

2. 整体小开口墙

如图 3.3.1(b)所示，洞口面积略增大，墙肢中出现局部弯矩，其值不超过整体弯矩的 15%，但整个墙截面上的正应力接近直线分布，弯矩图沿墙高各层出现锯齿形曲线，大部分楼层不出现反弯点，剪力墙的受力接近整体墙，墙侧移呈弯曲型。

3. 联肢墙

如图 3.3.1(c)所示，当洞口沿墙高成列布置时，洞口左右两侧墙体成为墙肢，洞口上下墙体成为连梁，联肢墙由墙肢与连梁组成。沿墙高开有一列洞口时成为双肢墙，开有多列洞口时成为多肢墙。墙肢局部弯矩增大，整个墙截面应力不再是直线分布。弯矩图沿墙高各层呈较大锯齿形，但不出现反弯点，墙侧移仍呈弯曲型。

4. 壁式框架

如图 3.3.1(d)所示，洞口面积很大，墙肢较弱，沿墙肢高度各层弯矩图出现反弯点，受力性能已接近框架，但与普通框架不同。壁式框架梁高柱宽，计算时假定节点处各杆都有一段刚度无限大的杆端（即刚域），其侧移呈剪切型。

上述 4 类剪力墙的类别可用剪力墙整体系数 a 及墙肢惯性矩比值 I_n/I 判别。a 反映连梁与墙肢的刚度比，a 值越大，连梁对墙肢的约束作用越大，墙的整体性越好。I_n/I 反映墙体开洞的相对宽度，其中 I 为剪力墙组合截面惯性矩，I_n 为扣除各墙肢截面惯性矩 ΣI_i 后的组合截

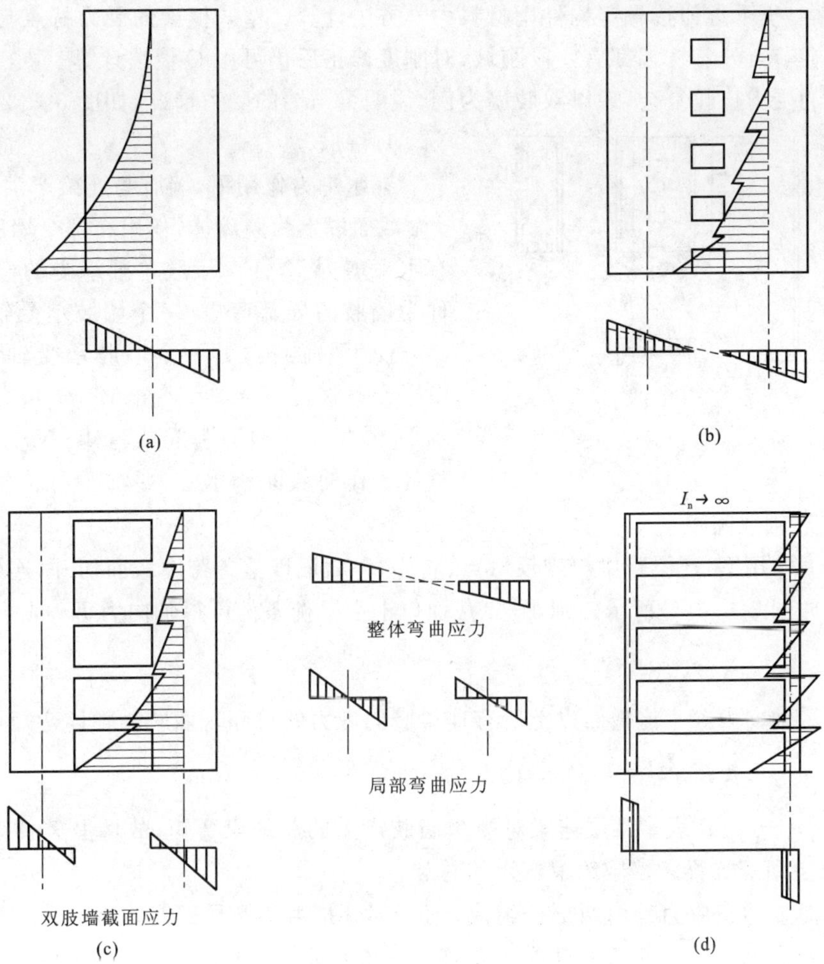

图 3.3.1　剪力墙类型

(a)整体墙；(b)整体小开口墙；(c)双肢墙；(d)壁式框架

面惯性矩，$I_n = I - \Sigma I_i$。ΣI_i 越大，则 I_n 越小，I_n/I 也越小。说明墙肢惯性矩比例越大，墙体开洞越窄。反之 I_n/I 越大，墙体开洞越宽。随着洞口增大，弯矩图出现反弯点的层数增多。理论上根据墙肢弯矩是否出现反弯点的分析，给出了 I_n/I 的限值 ζ，系数 ζ 和 a 详见有关剪力墙设计手册。

当满足 $a \geqslant 10$ 且 $I_n/I \leqslant \zeta$ 时，为整体小开口墙。

当满足 $1 < a < 10$ 且 $I_n/I \leqslant \zeta$ 时，为联肢墙。

当满足 $a \geqslant 10$ 且 $I_n/I > \zeta$ 时，为壁式框架。

当 $a \leqslant 1$ 时，可忽略连梁对墙肢的约束作用，为独立墙肢。

3.3　剪力墙的受力特点和计算方法

剪力墙结构是由一系列纵横墙和楼板组成的空间结构，计算时可简化为纵横两个方向的平面抗侧力结构。一个方向有多片剪力墙组成时，将水平力按各片墙的等效刚度进行分配，各片剪力墙的截面包括两端另一方向的部分墙身作为翼缘，可改善剪力墙的延性性能。整体剪力墙可忽略洞口的影响，按整体悬臂构件用材料力学方法计算。整体小开口墙因大部分楼层不出现反弯点，仍可近似按悬臂构件用材料力学方法计算。壁式框架的受力特点与框架接近，计算时假定在节点处各杆端都有一段刚域，对刚度修正后仍可用 D 值法计算。

联肢墙的受力比较复杂，现以双肢墙为例，说明梁与墙的受力情况，如图 3.3.2 所示。

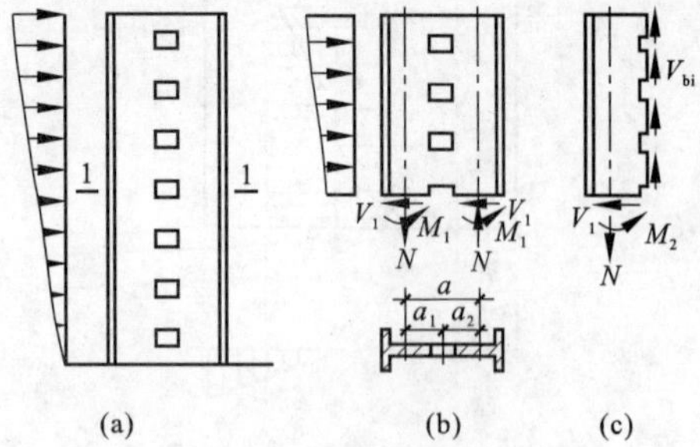

图 3.3.2　墙肢的受力特点

1. 墙肢

在水平力作用下，墙肢与连梁产生内力。取 1—1 截面以上为脱离体，作用在两个墙肢上的内力有水平剪力 V_1、V_2；墙肢单独承受的弯矩 M_1、M_2 称为墙肢的局部弯矩；一个墙肢承受轴向拉力 N（靠近水平荷载），另一个墙肢承受轴向压力 N。由平衡条件可得 $M_p = M_1 + M_2 + Na$，式中 M_p 为水平力对 1—1 截面引起的弯矩；Na 为两个墙肢整体工作的截面所承受的弯矩，称为墙肢的整体弯矩，a 为墙肢轴线间距。

在水平力作用下，连梁跨中出现反弯点，将 1—1 截面以上各跨中截面切开，连梁截面上产生剪力 V_{bi}，如图 3.3.2(c)所示。则 1－1 截面以上由平衡条件可得轴向力 N，即

$$N = \sum_{i=1}^{n} V_{bi}$$

上式表示轴向力等于该截面以上所有连梁竖向剪力的总和。墙肢的整体弯矩可写成：

$$Na = N(a_1 + a_2) = (a_1 + a_2)\sum_{i=1}^{n} V_{bi} = \sum_{i=1}^{n}(a_1 + a_2)V_{bi}$$

上式中$(a_1 + a_2)a_{bi}$表示某层连梁对两个墙肢产生的总约束弯矩，故墙肢整体弯矩也等于 1—1 截面以上所有连梁对墙肢约束弯矩的总和。

墙肢截面上的正应力是由两部分组成，第一部分是由墙肢局部弯矩 M_1、M_2 产生，第二部分是由整体弯矩 Na 产生，其正应力分布如图 3.3.2 所示。

联肢墙的内力计算常采用连续化方法，即假定连梁及其剪力 V_{bi} 沿墙高度是连续分布的，以便于应用微分方程求解。

墙肢截面 $\mathrm{h}_w \times b_w$ 应进行偏心受压、偏心受拉计算，纵向受力钢筋布置在墙肢截面的两端，对称配筋。还应进行斜截面受剪和平面外轴心受压计算。

2. 连梁

连梁起着连接墙肢、保证墙体整体性的重要作用。连梁承受剪力和弯矩作用，按普通梁的方法进行受弯、受剪承载力计算。连梁应设计成延性构件，按照剪力墙结构的强肢弱梁要求，连梁屈服应先于墙肢屈服，以使连梁首先形成塑性铰消耗地震能量。同时还要求连梁设计为强剪弱弯构件，以避免剪切破坏。

3.4　剪力墙结构的构造

3.4.1　一般构造要求

剪力墙结构的构造要求归纳如下。

(1)剪力墙应双向布置，使两个方向的刚度接近。墙不宜布置太密，使结构具有适宜的侧向刚度。

剪力墙的门窗洞口宜上下对齐、成列布置，形成明确的墙肢和连梁。

(2)剪力墙墙肢截面高度(即墙肢长度)不宜大于 8 m,独立墙段的总高度与截面高度之比不应小于 2。高层建筑结构不应采用全部为短肢的剪力墙,当有部分短肢墙时应布置成筒体或设置翼缘。

(3)抗震时,剪力墙结构底部加强部位的高度可取墙肢总高度的 1/8 和底部两层二者的较大值。当剪力墙高度超过 150 m 时,底部加强部位的高度可取墙肢总高度的 1/10,其目的是在该范围内从设计与构造上加强措施,提高剪力墙的抗剪切破坏的能力。

(4)不宜将楼面主梁支撑在剪力墙之间的连梁上,以防止主梁端部约束达不到要求,并对连梁产生不利影响。

(5)楼面梁与剪力墙连接时,梁内纵向钢筋应伸入墙内,并可靠锚固。

3.4.2 剪力墙厚度

剪力墙厚度的确定应按下述原则。

(1)抗震一、二级墙厚不应小于层高或剪力墙无支长度的 1/20,且不应小于 160 mm。抗震三、四级及非抗震墙厚不应小于层高或剪力墙无支长度的 1/25,且不应小于 160 mm。

(2)底部加强部位墙厚:抗震一、二级时不应小于层高或剪力墙无支长度的 1/16,且不应小于 200 mm;抗震三、四级时不应小于层高或剪力墙无支长度的 1/20,且不应小于 160 mm。

无支长度是指沿剪力墙长度方向没有平面外横向支撑墙的长度。

(3)抗震一、二级无端柱或无翼墙的一字形剪力墙时,底部加强部位墙厚尚不应小于层高的 1/12;其他部位尚不应小于层高的 1/15,且不应小于 180 mm。

(4)剪力墙井筒中,分隔电梯井或管道井的墙肢厚度可适当减小,但不宜小于 160 mm。

3.4.3 剪力墙分布钢筋

剪力墙为偏心受压或偏心受拉构件,墙两端配置纵向受力钢筋,同时在墙内配置竖向和横向分布钢筋,竖向分布钢筋抵抗弯矩有一定的作用,水平分布钢筋主要抵抗剪力,故均应满足配筋率、直径与间距要求。剪力墙分布钢筋应按以下原则配置。

(1)高层建筑剪力墙中竖向和水平分布钢筋不应采用单排配筋。墙厚 $b_w \leqslant 400$ mm 时为双排,$400 < b_w \leqslant 700$ mm 时宜 3 排;$b_w > 700$ mm 时宜 4 排,如图 3.3.3 所示。各排之间设拉筋,间距不应大于 600 mm,直径不应小于 6 mm。

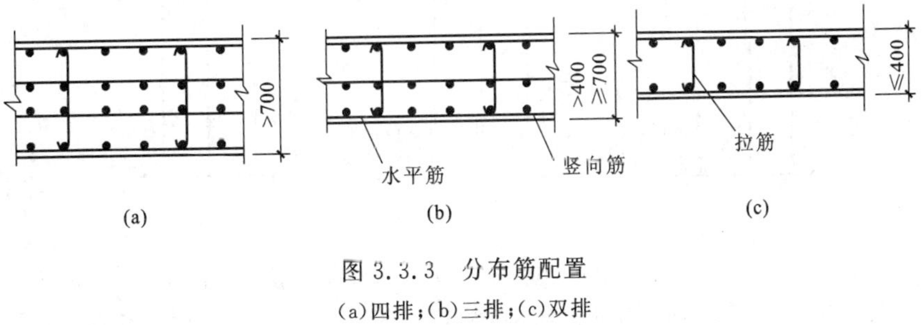

图 3.3.3 分布筋配置

(a)四排;(b)三排;(c)双排

(2)抗震一、二、三级墙的竖向和水平分布钢筋的配筋率均不应小于 0.25%;四级及非抗震时不应小于 0.2%。分布筋间距均不应大于 300 mm,分布筋直径均不应小于 8 mm 且不宜大于墙肢厚度的 1/10。建筑物顶层剪力墙以及长矩形平面建筑的楼梯间和电梯间剪力墙、端开间的纵向剪力墙、端山墙的水平和竖向分布筋的最小配筋率不应小于 0.25%,钢筋间距不应大于 200 mm。

(3)水平分布钢筋应伸至墙端，并向内水平弯折 15d 后截断，如图 3.3.4(a)所示；剪力墙端部有翼墙时水平分布钢筋伸至翼墙外边并分别向两侧水平弯折≥15d 后截断，如图 3.3.4(b)所示；剪力墙端部有端柱时水平分布钢筋伸至端柱对边后向两侧水平弯折 15d 后截断，如图 3.3.4(c)所示；转角墙处内侧水平分布钢筋伸至外侧后水平弯折≥15d 后截断，外侧水平分布钢筋应连续通过转角，如图 3.3.4(d)所示。

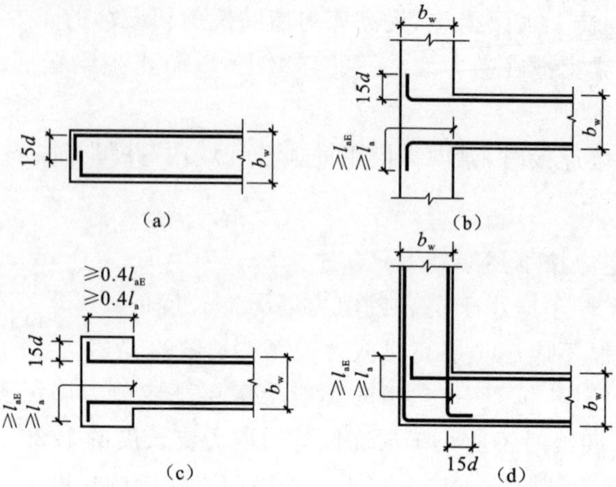

图 3.3.4　剪力墙水平分布钢筋锚固

(a)水平分布钢筋伸至墙端；(b)水平分布钢筋伸至翼墙外；(c)水平分布钢筋伸至端柱对边；(d)转角墙外内侧水平分布钢筋伸至外侧，外侧水平分布钢筋连续通过转角

(4)剪力墙竖向分布钢筋的连接：抗震一、二级应竖向错开连接，如图 3.3.5(a)所示；三、四级及非抗震可在同一部位连接，如图 3.3.5(b)所示；直径大于 28 mm 时抗震与非抗震均采用机械连接且位置错开，如图 3.3.5(c)所示。剪力墙变截面处竖向分布筋的连接如图 3.3.6 所示。水平分布筋的搭接连接，接头位置应错开，如图 3.3.7 所示。

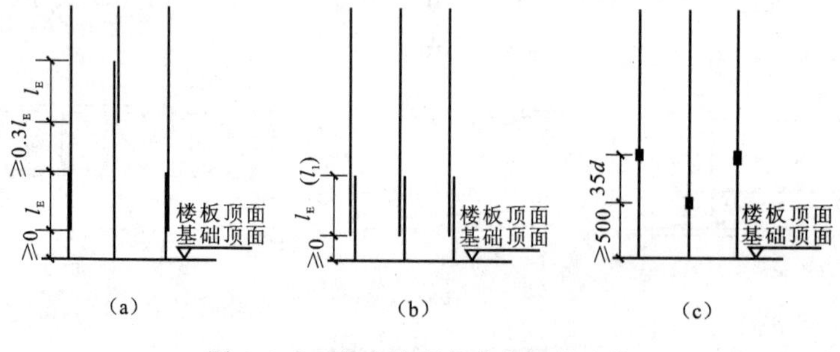

图 3.3.5　剪力墙竖向分布钢筋连接

(a)一、二级竖向错开连接；(b)三、四级及非抗震在同一部位连接；(c)直径大于 28 mm 时机械连接

3.4.4　剪力墙的边缘构件

在剪力墙端部一定范围内配置箍筋，使成为边缘构件(暗柱、明柱和翼柱)。配置的箍筋可约束混凝土，提高端部混凝土的极限压应变，从而改善剪力墙的延性和抗震性能。边缘构件分约束边缘构件及构造边缘构件，前者的箍筋配置要求较高，对混凝土的约束作用就较强。后者

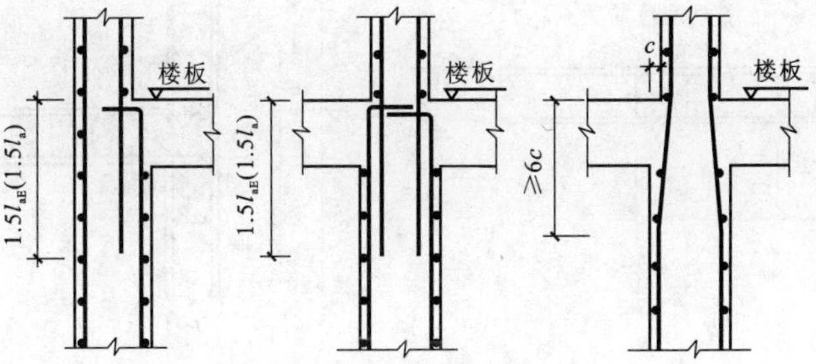

图 3.3.6 剪力墙变截面竖向分布钢筋连接

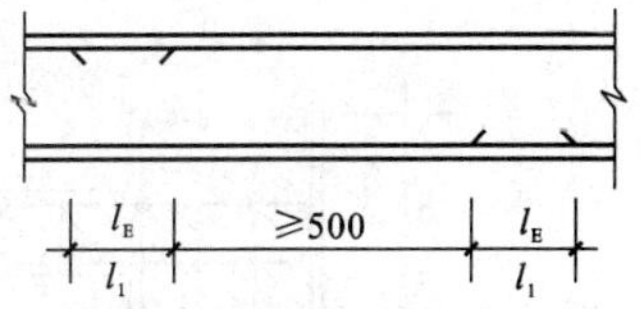

图 3.3.7 剪力墙水平分布钢筋连接

的箍筋按构造配置，对混凝土的约束作用相对较弱。抗震一、二级剪力墙底部加强部位及其上一层的墙肢端部设置约束边缘构件；抗震一、二级剪力墙的其他部位以及抗震三、四级和非抗震剪力墙墙肢端部设置构造边缘构件。

1. 约束边缘构件

约束边缘构件的主要措施是加大边缘构件的长度 l_c 及体积配箍率 ρ_v。允许的体积配箍率可由配箍特征值 λ_v 算出，l_c 和 λ_v 的值见表 3.3.1。

$$\rho_v=\lambda_v \frac{f_c}{f_{yv}} \tag{3.3.1}$$

表 3.3.1 约束边缘构件长度 l_c 及其配箍特征值 λ_v

项目	一级(9 度)	一级(7、8 度)	二级
λ_v	0.20	0.20	0.20
l_c(暗柱)	$0.25h_w$	$0.20h_w$	$0.20h_w$
l_c(翼墙或端柱)	$0.20h_w$	$0.15h_w$	$0.15h_w$

注：(1)λ_v 为约束边缘构件的配箍特征值，h_w 为剪力墙墙肢长度。

(2)l_c 为约束边缘构件沿墙肢方向的长度，不应小于表中数值、$1.5b_w$ 和 450 mm 3 者的较大值，有翼墙或端柱时尚不应小于翼墙厚度或端柱沿墙肢方向截面高度加 300 mm。

(3)翼墙长度小于其厚度 3 倍或端柱截面边长小于墙厚的 2 倍时，视为无翼墙或端柱。

箍筋及纵向钢筋的配置范围不应小于图 3.4.6 中的斜线面积。抗震一、二级时箍筋直径不应小于 8 mm，箍筋间距分别不应小于 100 mm 和 150 mm；纵向钢筋最小截面面积分别不应小于图中斜线面积的 1.2% 和 1% 并分别不应小于 6ϕ16 和 6ϕ14。

2. 构造边缘构件

(1)构造边缘构件的范围如图 3.3.9 中的斜线部分。

(2)构造边缘构件的纵向钢筋应满足受弯承载力要求，抗震时最小配筋应符合表 3.3.2 的规定。当剪力墙端部为端柱时，端柱中纵向钢筋及箍筋宜按框架柱的构造要求配置，拉筋的水平间距不应大于纵向钢筋间距的 2 倍，箍筋的无支长度不应大于 300 mm(箍筋的无支长度是指同一水平面内两个相邻约束点之间的箍筋长度)。

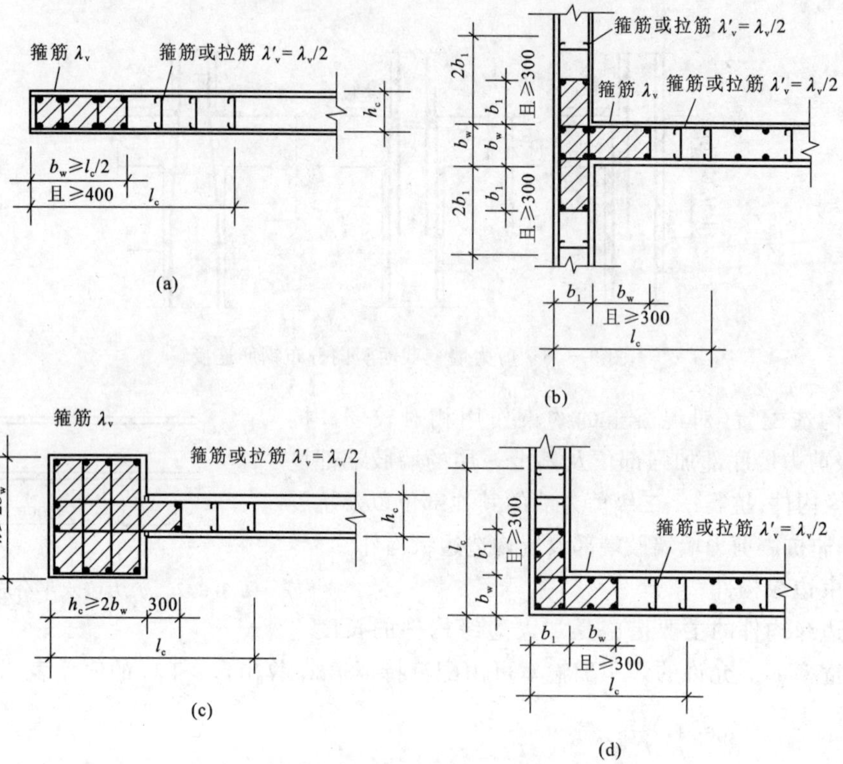

图 3.3.8　剪力墙的约束边缘构件

(a)暗柱；(b)有翼缘；(c)有端柱；(d)转角墙（L 形墙）

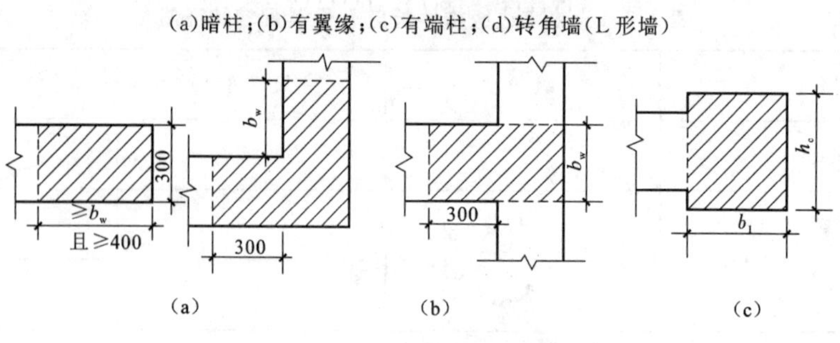

图 3.3.9　剪力墙的构造边缘构件

(a)暗柱；(b)翼柱；(c)端柱

表 3.3.2　剪力墙构造边缘构件的配筋要求

抗震等级	底部加强部位			其他部位		
	纵向钢筋最小量（取较大值）	箍筋		纵向钢筋最小量（取较大值）	箍筋或拉筋	
		最小直径（mm）	最大直径（mm）		最小直径（mm）	最大直径（mm）
一级	—	—	—	$0.008A_c$，6ϕ14	8	150
二级	—	—	—	$0.006A_c$，6ϕ12	8	150
三级	$0.005A_c$，4ϕ12	6	150	$0.004A_c$，4ϕ12	6	200
四级	$0.005A_c$，4ϕ12	6	200	$0.004A_c$，4ϕ12	6	250

注：(1)A_c 为图 3.3.9 中的阴影面积。

(2)对转角墙的暗柱，表中拉筋宜采用箍筋。

(3)非抗震时，剪力墙端部纵向钢筋不少于4根12 mm，沿纵向钢筋应配置不少于直径6 mm、间距为250 mm的拉筋。

(4)抗震时对于复杂高层建筑结构、混合结构、框架—剪力墙结构、筒体结构以及B级高度的剪力墙结构中的剪力墙(筒体)，其构造边缘构件的配筋见《高规》规定。

3.4.5　剪力墙结构的连梁构造

一般连梁的跨高比$\frac{1}{h}$较小，相应的剪跨比$\frac{M}{Vh}=\frac{1}{2h}$更小。试验表明，剪跨比小于1时，连梁易发生剪切破坏。为防止连梁斜裂缝的出现，在构造上应采取下列措施。

(1)连梁顶面、底面纵向受力钢筋(通常对称配筋)伸入墙内锚固长度$\geqslant l_{aE}(l_a)$，且应$\geqslant$600 mm，如图3.3.10所示。

(2)抗震时，沿连梁全长箍筋的构造同框架梁端加密区箍筋的构造；非抗震时，沿梁全长箍筋直径应不小于6 mm，间距应不大于150 mm。

(3)墙体水平分布钢筋应作为连梁的腰筋在连梁范围内拉通连续配置。当连梁截面高度大于700 mm时，其两侧面沿梁高范围设置的纵向构造钢筋(腰筋)的直径不应小于10 mm，间距不应大于200 mm。对跨高比不大于2.5的连梁两侧的纵向构造钢筋(腰筋)的面积配筋率不应小于0.3%。

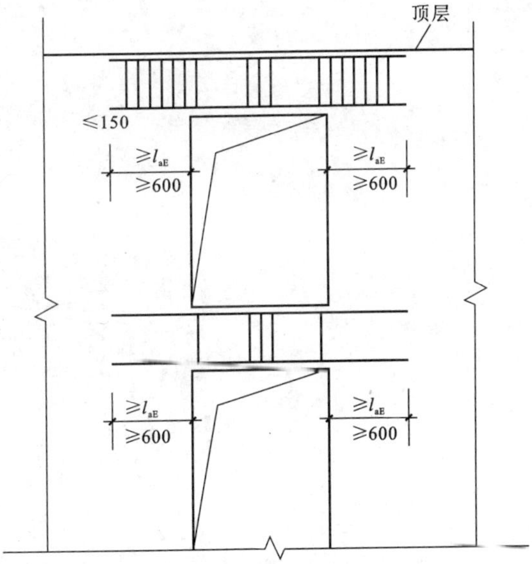

图3.3.10　连梁配筋构造示意图

注：非抗震设计时图中l_{aE}应取l_a

思考题与习题

1.单片剪力墙有哪几种类型？其受力与变形特点是什么？

2.剪力墙结构为什么要控制剪跨比与轴压比限值？

3.为什么剪力墙的底部为加强部位？如何确定其范围？

4.剪力墙与连梁为何种受力构件？应进行哪些方面的计算？

5.连梁的设计原则是什么？其构造措施有哪些？

6.简述剪力墙纵向受力筋的布置位置，剪力墙分布钢筋的作用。

7.为什么剪力墙端部要设置边缘构件？构造边缘构件、约束边缘构件在什么情况下设置？二者的主要区别是什么？

第 4 章　框架—剪力墙结构

4.1　框架—剪力墙的受力特点

在竖向荷载作用下，框架和剪力墙分别承受其受荷范围内的竖向力。在侧向水平力作用下，框架和剪力墙协同工作如图 3.4.1 所示。剪力墙是竖向悬壁构件，侧向变形曲线呈弯曲型，高度越高，侧向位移增长越快。框架的侧向变形曲线呈剪切型，下部侧移增长较快，上部侧移增长缓慢。框墙协同工作时呈反 S 形的弯剪型变形曲线。在下部楼层，剪力墙协助框架工作，使框架原来较大的侧移减小，而剪力墙的侧移增大，剪力墙承受大部分水平力。在上部及顶部楼层，框架协助剪力墙工作，使剪力墙原来较大的侧移减小，而框架的侧移增大，框架要承受把剪力墙拉回来的附加水平力，使框架中出现相当大的剪力。

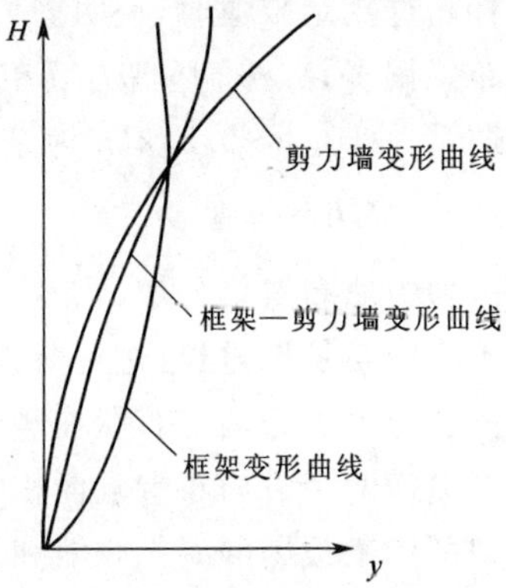

图 3.4.1　框架一剪力墙结构的变形

现再以均布荷载作用下为例，说明框墙两种结构协同承担剪力的情况，如图 3.4.2 所示，均布荷载引起剪力分布呈三角形，底部最大值 $V=qH$，两种结构承担的剪力随结构刚度特征值 λ(框架抗剪刚度与剪力墙抗弯刚度之比)的大小而变化。当 $\lambda=0$ 表示框架刚度很弱(相对剪力墙刚度很大)，剪力墙承担全部剪力。当 $\lambda=\infty$ 时，表示框架刚度很大(相对剪力墙刚度很弱)，框架承担全部剪力。当 $\lambda=6$ 时($\lambda=1\sim6$ 时框剪结构变形呈弯剪型)，表示框架与剪力墙均有一定刚度的剪力分布曲线。框架和剪力墙顶部均存在剪力，表示相互间作用的水平力。框架的最大剪力值在结构的中部附近。框架底部剪力为零而全部剪力由剪力墙承担的图示并不符合实际。

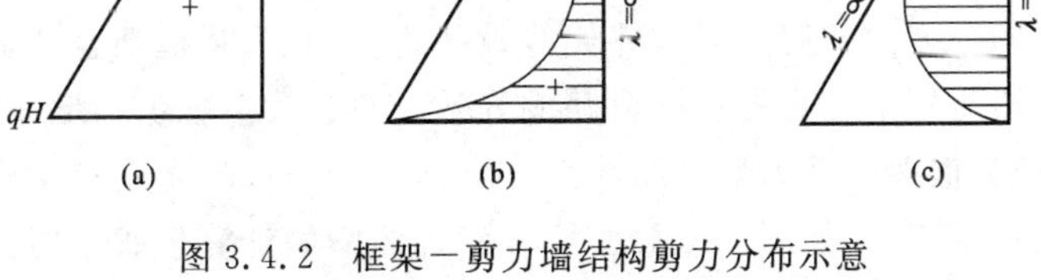

图 3.4.2　框架一剪力墙结构剪力分布示意

(a)V 图；(b)V_W 图；(c)V_F 图

如果框架结构中布置钢筋混凝土墙围成的楼(电)梯间而仍按纯框架结构设计时，则上部楼层会出现不安全因素。应该指出，要使框架与剪力墙能协同工作，重要条件是必须保证楼盖结构的整体性和平面内的刚度。

4.2 剪力墙的布置要求

在框架—剪力墙结构中的重要设计内容是要合理确定剪力墙的数量和布置位置。

4.2.1 剪力墙数量

剪力墙数量多，对抗震有利。但数量过多就不经济。有关资料表明，剪力墙截面面积与楼面面积之比在3%～4%时较为适宜。其他表示剪力墙合理数量的方法也可参考，如楼层层间位移超过规定限值时，说明剪力墙数量不足；如框墙结构的刚度特征值λ接近零时，说明剪力墙布置偏多；$\lambda>6$时，剪力墙布置偏少；$\lambda=1.5\sim2$时，剪力墙数量较合理；又如结构基本自振周期$T_1=(0.1\sim0.5)n$（n为结构层数）时，剪力墙数量尚为合理。

4.2.2 剪力墙布置

剪力墙布置要分散、均匀、对称，并沿周边附近布置。分散与均匀布置是要求剪力墙不要过于集中与长度过长，避免剪力墙受力集中；对称与沿周边附近布置是要求建筑物具有较大的抗扭能力。剪力墙宜布置在竖向荷载较大处，平面形状变化处以及楼（电）梯间位置。剪力墙应沿纵横两个方向布置且面积宜接近。纵向剪力墙不宜集中布置在建筑物的两尽端，避免楼盖中部的梁板因混凝土收缩和温度变化而出现裂缝。剪力墙宜贯通建筑物的全高，避免刚度突变。

4.2.3 剪力墙间距

剪力墙的间距增大，会使楼板的水平弯曲位移增大而降低刚度。现浇楼盖横向剪力墙的间距宜满足表3.4.1的要求，当楼板有较大开洞时，间距适当减小。

表3.4.1 横向剪力墙间距 (m)

非抗震设计取较小值	抗震设计（取较小值）		
	6度、7度	8度	9度
$5B$、60	$4B$、50	$3B$、40	$2B$、30

注：B为楼板宽度（m）。

4.3 框架—剪力墙结构协同工作分析

框架与剪力墙是两种不同的结构，通过楼板与连梁的作用连接而成，常简化成纵向和横向平面结构计算。将同一方向的剪力墙合并成等效的总剪力墙，将框架合并成等效的总框架，将剪力墙之间或剪力墙与框架之间的连梁合并成等效的总连梁。如剪力墙与框架之间只有楼板而无连梁连接时，成为框架—剪力墙铰结体系。当剪力墙与框架之间有楼板又有连梁连接时，成为框架—剪力墙刚结体系，如图3.4.3所示。两种体系的计算公式不同。

在水平荷载作用下，框架—剪力墙结构由总框架和总剪力墙承担。现对常见的刚结体系计算简图（如图3.4.3）加以说明。总连梁与总剪力墙连接的一端带有刚域的作为刚接，表示连梁端部对墙体有转动约束作用。总连梁与总框架连接的一端无刚域的作为铰接，将连梁切开，作用有水平力P_{Fi}及剪力V_i。对框架可略去V_i的作用，将V_i向剪力墙轴心线简化可得到集中力矩M_i。为计算方便，将P_{Fi}和M_i简化为沿墙竖向连续分布的作用力$P_F(x)$和力矩$m(x)$，$m(x)$又称为连梁的约束弯矩。最后，作用在总剪力墙上的力有外荷载$P(x)$（均布风载、倒三

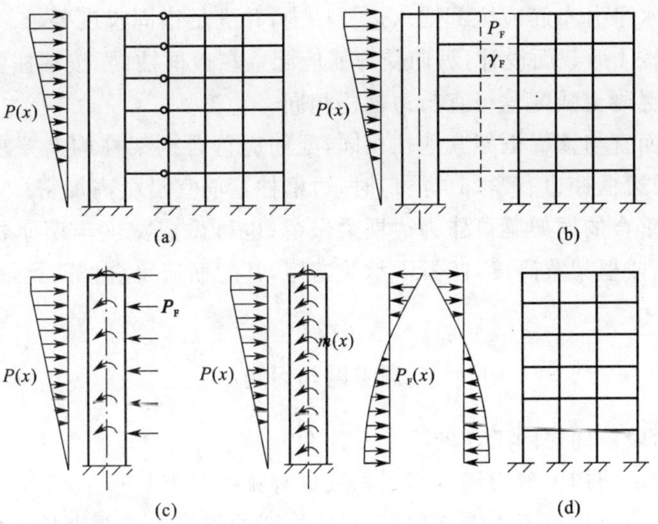

图 3.4.3　框架—剪力墙刚结体系协同工作示意

角形分布的地震力、顶层作用的集中水平地震力)、连续分布的连梁的束弯矩 $m(x)$ 及相互作用力 $P_F(x)$（可看作是框架对墙的反力）。作用在总框架上的力仅有相互作用力 $P_F(x)$，如图3.4.3(d)所示，以上就是框架—剪力墙结构刚接体系的协同工作分析。在铰接体系分析中，不考虑连梁的约束弯矩 $m(x)$ 作用。

根据理论推导出的公式与图表可求得各楼层总剪力墙的弯矩和剪力，总框架的剪力及总连梁的约束弯矩。根据《高规》规定，抗震设计时，若各层框架总剪力 $V_f \geqslant 0.2V_0$（结构底部总剪力）不满足，应予调整。然后进行分配，将总剪力墙的弯矩和剪力按各片墙的等效刚度的比例分配给各片墙，将总框架的剪力按各柱的抗侧刚度的比例分配给各柱，再进行框架梁、柱的内力计算。将总连梁的约束弯矩按每根梁端的约束弯矩系数的比例分配给每根梁，从而求得每根梁端的集中弯矩及剪力。

4.4　框架—剪力墙结构的构造

框架—剪力墙结构的构造除分别符合框架、剪力墙的构造外，对剪力墙的分布钢筋及有边框剪力墙的构造作如下补充。

4.4.1　剪力墙分布钢筋

剪力墙分布钢筋的构造要求归纳如下。

(1)剪力墙竖向和水平分布筋的配筋率，抗震时不应小于 0.25%，非抗震时不应小于 0.2%。

(2)分布筋至少双排布置，各排分布筋之间应设拉筋，直径不应小于 6 mm，间距不应大于 600 mm。

4.4.2　有边框剪力墙的构造

剪力墙与梁柱连在一起就形成有边框剪力墙，其构造要求归纳如下。

(1)墙厚不应小于 160 mm，且不应小于层高的 1/20。抗震时墙底部加强部位墙厚不小于

200 mm，且不应小于层高的 1/16。

(2)剪力墙的水平分布筋应全部锚入边框柱内，并满足锚固长度要求。

(3)剪力墙应按 I 形截面设计，纵向受力筋应配置在边框柱内，按端柱要求配以箍筋。

(4)剪力墙的混凝土强度等级宜与边框柱相同。

(5)边框柱截面宜与该榀框架其他柱相同，配筋应符合框架柱构造要求，边框柱位于剪力墙底部加强部位或边框柱边有紧邻的洞口时，边框柱箍筋宜沿全高加密。

(6)与剪力墙重合的框架梁可作为边框梁保留；也可做成宽度与墙厚相同的暗梁，暗梁高度可取墙厚的 2 倍或框架梁高度，暗梁不承受弯矩，其配筋应符合框架梁最小配筋率要求。

思考题与习题

1. 框架—剪力墙结构协同工作的特点是什么？

2. 框架—剪力墙结构中剪力墙的布置和数量有哪些要求？

3. 框架—剪力墙结构与剪力墙结构中，对剪力墙的配筋构造要求是否相同？

4. 简述有边框剪力墙时对边梁边柱的构造要求。

第 5 章　筒体结构

5.1　筒体结构的受力特点

5.1.1　框筒结构的受力特点

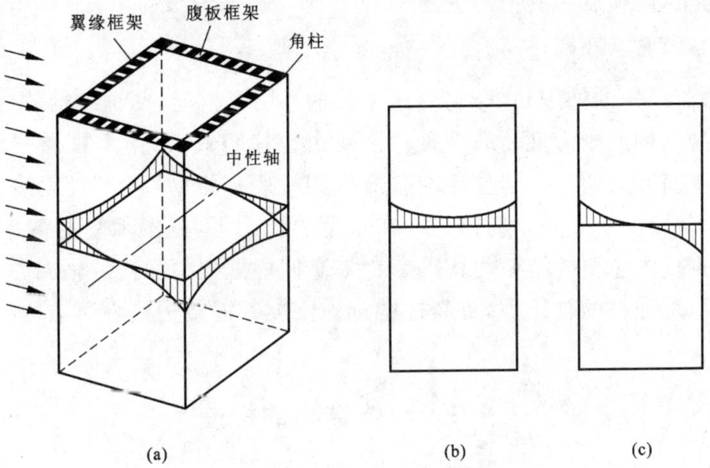

图 3.5.1　框筒结构剪力滞后现象

(a)框筒；(b)翼缘框架；(c)腹板框架

框筒四周由密排柱和窗裙梁(框筒梁)组成的密柱深梁框架，从整体上看是一个悬臂的薄壁箱形结构。

为便于分析，垂直于水平力方向的为翼缘框架，平行于水平力方向的为腹板框架。在水平力作用下，翼缘框架形成受拉翼缘和受压翼缘框架。腹板框架一部分受拉应力，另一部分受压应力，截面上出现中性轴，应力分布为非线性分布。腹板框架受力后，通过角柱向翼缘框架内的裙梁和柱依次传递内力，使柱受轴向力而窗裙梁则受弯、受剪。由于窗裙梁的变形，内力在传递过程中逐渐向中部减小，这种两端角柱轴力大、中部柱轴力小的应力不均匀分布称为剪力滞后。角柱为双向受力构件，如楼板为平板或楼板梁与其余框筒柱铰接，则柱只承受轴力；如楼板大梁与柱刚接，则柱受轴力外，还受平面外的弯矩和剪力。

设计中应减小翼缘框架的剪力滞后，使中间各柱的轴力增大，以提高框筒结构的抗倾覆能力和抗侧刚度，发挥材料的作用，使结构经济合理。主要措施有以下几点。

(1)筒体结构的剪力滞后现象是沿高度变化的，底部剪力滞后现象较严重。结构要达到相当高度后，剪力滞后可减小，柱轴力分布趋向均匀，才能充分发挥结构的空间作用。故结构高度不宜低于 60 m，高宽比不应小于 3。

(2)减少裙梁的跨度(即减小柱距)或增加截面高度，能增大裙梁的剪力刚度。剪切刚度越大，则剪力滞后越小。柱距不宜大于 4 m，裙梁的截面高度可取柱净距的 1/4。

(3)翼缘框架越长，剪力滞后也越大，则中部柱的轴力越小。理想的平面形状是正方形、圆形、正多边形。如为矩形平面，则长宽比不宜大于 2。如翼缘框架过长，可在中部加与翼缘框架相垂直的密柱框架，使成为束筒结构，以减小剪力滞后。

(4)适当加大角柱截面积,可取中柱截面积的1～2倍。可提高角柱及中部柱的轴向力,增大翼缘框架的抗倾覆力矩。但截面积过大时,柱产生的过大拉力不能被重力荷载所抵消,反而对结构不利。

框筒结构的变形由两部分组成,翼缘框架一侧受拉、一侧受压,使结构具有弯曲型,而腹板框架类同框架结构的变形呈剪切型。其整体变形偏于剪切型。

在框筒中部设置内筒,组成筒中筒结构,成为双重抗侧力体系。在水平力作用下,内筒变形以弯曲型为主,框筒变形偏于剪切型,二者通过楼板协同工作,整体变形呈弯剪型。框筒以承受倾覆力矩为主,内筒以承受剪力为主。

5.1.2　框架—核心筒结构的受力特点

框架—核心筒结构的外围是框架,而筒中筒的外围是框筒,两种结构的内筒和核心筒都是实腹筒体,但两种结构的受力性质有区别。框架由于柱距较大,作为翼缘框架考虑时,由角柱传递至中部柱子的轴力已很小,当柱距与普通框架柱距接近时,可忽略其传递作用,故框架—核心筒结构的抗侧刚度小于筒中筒结构。在水平力作用下,框架承受的剪力和抗倾覆力矩均较小,而核心筒则成为主要的抗侧力构件。为提高四周框架中间柱的轴向力,可设连接框架柱与核心筒的大梁,增加柱的轴压力,提高柱的抗侧刚度。框架—核心筒结构的受力性质接近框架—剪力墙结构。

5.2　筒体结构的构造

5.2.1　筒体结构的一般构造要求

筒体结构的构造要求归纳如下。

(1)筒体结构的混凝土强度等级不宜低于C30。

(2)外框各柱中受力不均,角柱受力最大。在楼板四角压缩变形较多,楼板出现翘曲现象,以及楼板混凝土的收缩和温度变化而产生斜裂缝,应在板角顶面和底面配置双向钢筋网,单层单向配筋率不宜小于0.3%,直径不应小于8 mm,间距不应大于150 mm,配筋范围不宜小于外框架(或框筒)至核心筒(内筒)外墙中距的1/3和3 m,如图3.5.2所示。

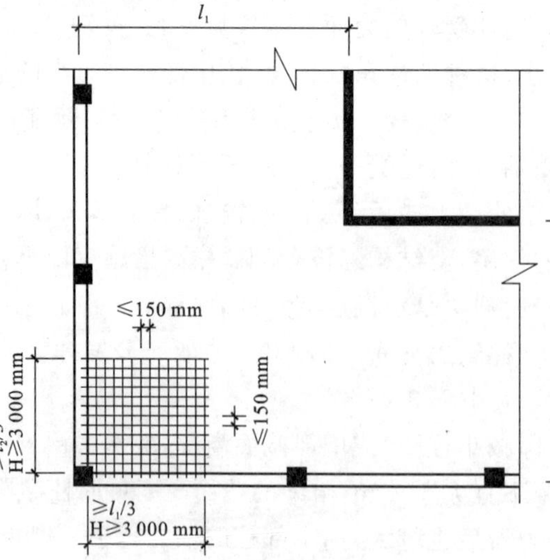

图3.5.2　板角配筋

(3)核心筒或内筒的外墙与外框柱间的中距(即楼板跨度)大于 12 m(非抗震)或大于10 m(抗震)时,宜设内柱等措施以减小楼盖梁的跨度。内柱只承受竖向荷载,不承受水平力。

(4)筒体墙的加强部位、边缘构件的设置和配筋要求等详见剪力墙结构有关规定。墙面应尽量避免连续开洞,防止出现小墙肢等薄弱环节。框筒柱和框架柱的轴压比限值详见框架—剪力墙结构的有关规定。

5.2.2 筒中筒结构的补充构造要求

筒中筒结构除筒体结构的一般构造要求外,尚有以下补充构造要求。

(1)内筒的边长可为高度的 1/12～1/15,内筒的边长为外筒边长的 1/2～1/3 较为合理。

(2)外框筒梁(裙梁)和内筒连梁的构造配筋应符合:①梁中不设弯起钢筋抗剪,全部剪力应由箍筋和混凝土承受;②裙梁上、下纵向钢筋的直径均不应小于 16 mm,腰筋直径不应小于 10 mm,腰筋间距不应大于 200 mm;③箍筋直径不应小于 8 mm(非抗震)及 10 mm(抗震);④箍筋间距非抗震时不应大于 150 mm;抗震时不应大于 100 mm,且间距沿梁长不变。当梁内设置交叉暗撑时,箍筋间距不应大于 150 mm,全部剪力可由暗撑承受。

(3)跨高比不大于 2 的裙梁和内筒连梁宜采用交叉暗撑;跨高比不大于 1 应采用交叉暗撑,如图 3.5.3 所示。且应符合:①梁的截面宽度不宜小于 300 mm;②每根暗撑应由 4 根纵向钢筋组成,纵筋直径不应小于 14 mm。其总面积应计算求得;③斜撑箍筋应采用矩形箍筋或螺旋箍筋,直径不应小于 8 mm,间距不应大于 200 mm 及梁截面宽度的一半,端部加密区的箍筋间距不应大于 100 mm,加密区长度不应小于 600 mm 及梁截面宽度的 2 倍;④纵筋伸入竖向构件的长度非抗震时 $l_{aE}=l_a$;抗震时 $l_{aE}=1.15l_a$。

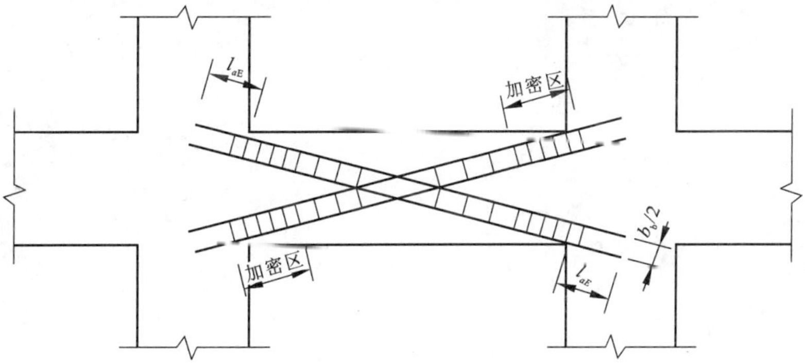

图 3.5.3　梁内交叉暗撑的配筋

5.2.3 框架—核心筒结构的补充构造要求

框架—核心筒结构除筒体结构的一般构造要求外,尚有以下补充构造要求。

(1)核心筒宜贯通建筑物全高,核心筒的宽度不宜小于筒体总高的 1/12,筒体的层间位移应能满足要求。

(2)核心筒应具有良好的整体性,并满足:①墙肢宜均匀对称;②筒体角部开洞时,筒角内壁至洞口距离不应小于 500 mm 和开洞墙的截面厚度;③核心筒外墙的截面厚度不应小于层高的 1/20 及 200 mm,对一、二级抗震设计的底部加强部位不宜小于层高的 1/16 及 200 mm;④筒体墙的水平、竖向配筋不应少于两排;⑤抗震时,核心筒的连梁宜通过配置交叉暗撑、设水平缝或减小梁截面的高宽比等措施，以提高连梁的延性；⑥框架—核心筒结构的楼板为无梁楼板时，会影响结构的整体刚度和抗震性能，应在各层楼板的周边设置框架梁。

思考题与习题

1. 筒体结构有哪些类型？

2. 为什么筒体结构出现剪力滞后现象？减少剪力滞后现象的主要措施有哪些？

3. 简述框架—核心筒结构与筒中筒结构在受力方面的主要区别。

4. 什么情况下设置梁内交叉暗撑？

第4篇　砌体结构

由块材和铺砌的砂浆黏结而成的材料称为砌体，由砌体砌筑而成的构件称为砌体构件，由砌体构件组成的结构称为砌体结构。

砌体结构具有以下特点。

(1)砌体的强度低，因此砌体结构构件的截面尺寸大，其自重也大。同时，由于砂浆和块材的黏结力较弱，因此无筋砌体结构的抗拉、抗剪和抗弯强度低，抗震和抗裂性能较差。必要时采用配筋砌体，并加强构造措施。

(2)砌体结构中的砌体构件(如墙、柱、基础等)多为受压构件，因此在进行砌体结构设计时，要重点考虑墙体的布置和受压构件的稳定问题。

(3)墙体在砌体结构中具有空间性质。因此在砌体结构墙体设计时，须考虑墙体的空间工作性能。

第1章　砌体材料选用与砌体强度

1.1　砌体材料的选用

1.1.1　*砌体材料*

1. 块材

块材是各种砖、石材和砌块的总称，一般分为天然石材和人工块材两大类，人工块材主要有经过焙烧的烧结普通砖、烧结多孔砖以及不经过焙烧的灰砂砖、粉煤灰砖、混凝土小型空心砌块等。

1)烧结普通砖

烧结普通砖由黏土、煤矸石、页岩或粉煤灰为主要原料，经过焙烧而成的实心或孔洞率不大于15%且外形尺寸符合规定的砖，分为烧结黏土砖、烧结煤矸砖、烧结页岩砖和烧结粉煤灰砖等。其中烧结黏土砖是主要品种，但由于黏土的大量使用将占用可贵的土地资源，使用受到政策性限制，其用量将逐步减少。国家标准烧结普通砖(GB/T 5101—1998)规定，普通砖尺寸为240 mm×115 mm×53 mm(684块/ m^3)，常称为标准砖。

2)烧结多孔砖

烧结多孔砖是以黏土、页岩、煤矸石或粉煤灰等为主要原料、经焙烧而成、有贯穿孔洞、孔洞率不小于25%的砖。主要用于承重砌体的砌筑。与烧结普通砖比较，节省材料和能耗，砌筑的墙体保温隔热性能较好。目前多孔砖分为P型砖和M型砖。P型砖为普通多孔砖，可与普通砖匹配砌筑墙体，外形尺寸为240 mm×115 mm×90 mm。M型砖为模数多孔砖，外形尺寸为190 mm×190 mm×90 mm。图4.1.1为部分地区生产的烧结多孔砖。

3)蒸压硅酸盐砖

蒸压硅酸盐砖以硅质材料和石灰为主要原料，经过坯料置备、压制成型、高压蒸汽养护而成。常用的有蒸压灰砂砖和蒸压粉煤灰砖等。其规格尺寸与烧结普通砖相同。

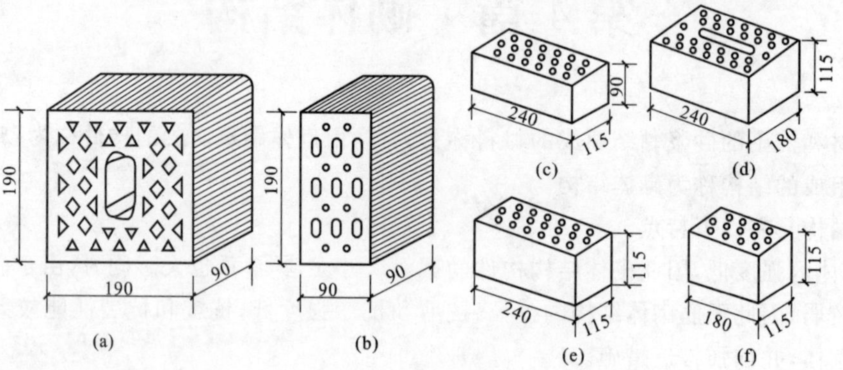

图 4.1.1　部分地区生产的烧结多孔砖

(a)、(b)KM1 型多孔砖；(c)、(d)、(e)、(f)KP1 型多孔砖

4)混凝土砌块

混凝土砌块以普通混凝土或利用浮石、火山渣、陶粒等为骨料的轻集骨料混凝土，以及利用工业矿渣、粉煤灰等工业废料制成的实心或空心砌块。通常将高度为 190～390 mm 的砌块称为小型砌块，高度为 360～900 mm 的砌块称为中型砌块，高度大于 900 mm 的砌块称为大型砌块。小型砌块尺寸较小，自重较轻，型号多、使用灵活，目前在我国应用较广泛。《砌体规范》主要推荐混凝土小型空心砌块，其主规格尺寸为 390 mm×190 mm×190 mm，孔洞率在 25%～50%。混凝土砌块按孔洞排列情况又分为单排孔、多排孔和三排孔。图 4.1.2 为混凝土小型空心砌块。

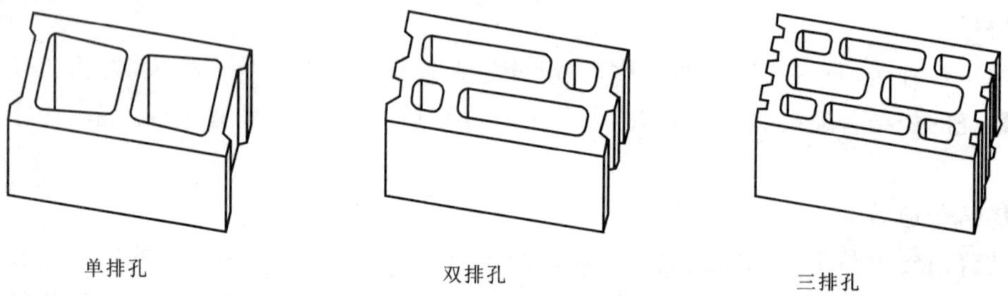

图 4.1.2　混凝土小型空心砌块

5)石材

石材为天然石材，分为料石和毛石两种。料石按其加工后外形的规则程度又分为细料石、半细料石、粗料石和毛料石，毛石是指形状不规则，中部厚度不小于 200 mm 的块石。

2. 砂浆

砌体是用砂浆将单块的块材按一定的组砌方式砌筑成为整体。砂浆在砌体中的作用是使块材与砂浆的接触表面产生黏结力和摩擦力，从而把块材连成整体以承受荷载，并因抹平块材表面，使应力分布均匀。同时，砂浆填满了块体间的缝隙，减少砌体的透气性，从而提高砌体的隔热、防水和抗冻性能。

砂浆按其成分可分为以下3种。

(1)水泥砂浆:不加塑性掺合料(如石灰、黏土)的纯水泥砂浆。具有较高的强度和较好的耐久性,但和易性差,不利于砌筑操作。

(2)混合砂浆:添加塑性掺合料(如石灰、黏土)的砂浆,如水泥石灰砂浆、水泥黏土砂浆。具有一定强度和耐久性,和易性和保水性较好,应用最为广泛。

(3)非水泥砂浆:为不含水泥的砂浆,如石灰砂浆、黏土砂浆等。用于简易建筑物。

为了保证砌块砌体的工程质量和整体受力性能,《砌体规范》要求混凝土砌块的砌筑应采用砌块专用砂浆,这种砂浆根据需要掺入掺合料和外加剂,具有高黏结、工作性能好和强度较高的特点,国家建材行业标准《混凝土小型空心砌块砌筑砂浆》(JC860－2 000)对此作了具体规定。

3.砌体材料的强度等级

块材的强度等级是块材力学性能的基本标志,用符号“MU”表示。

砂浆的强度等级符号用“M”表示。砌块专用砂浆,强度等级符号用“Mb”表示。

块材和砂浆的强度等级应按表4.1.1采用。

表4.1.1 块材和砂浆的强度等级

序号	材　　料	强　度　等　级
1	烧结普通砖、烧结多孔砖	MU30、MU25、MU20、MU15、MU10
2	蒸压灰砂砖、蒸压粉煤灰砖	MU25、MU20、MU15、MU10
3	砌块	MU20、MU15、MU10、MU7.5、MU5
4	石材	MU100、MU80、MU60、MU50、MU40、MU30、MU20
5	砂浆	M15、M10、M7.5、M5、M2.5

注:(1)石材的规格、尺寸及其强度等级可按《砌体规范》附录的方法确定。

(2)确定蒸压粉煤灰砖和掺有粉煤灰15%以上的混凝土砌块的强度等级时,其抗压强度应乘以自然碳化系数,当无自然碳化系数时,可取人工碳化系数的1.15倍。

(3)确定砂浆强度等级时,应采用同类块体为砂浆强度试块底模。

4.砌体材料的选用

砌体材料的选用应考虑建筑物的使用性质和所处的环境条件,保证砌体的耐久性和良好的工作性能。《砌体规范》作了下列规定。

(1)对于5层及5层以上房屋的墙,以及受振动或层高大于6 m的墙、柱所用材料的最低强度等级,应符合下列要求:砖采用MU10,砌块采用MU7.5,石材采用MU30,砂浆采用M5(宜用混合砂浆)。对安全等级为一级或设计使用年限大于50年的房屋,墙、柱所用材料的最低强度等级应至少提高一级。

(2)对于地面以下或防潮层以下的砌体和潮湿房间的墙,所用材料的最低强度等级应符合表4.1.2的要求。

表 4.1.2　地面以下或防潮层以下的砌体和潮湿房间墙所用材料的最低强度等级

基土的潮湿程度	烧结普通砖、蒸压灰砂砖		混凝土砌块	石　材	水泥砂浆
	严寒地区	一般地区			
稍潮湿的	MU10	MU10	MU7.5	MU30	M5
很潮湿的	MU15	MU10	MU7.5	MU30	M7.5
含水饱和的	MU20	MU15	MU10	MU40	M10

注:(1)在冻胀地区,地面以下或防潮层以下的砌体不宜采用多孔砖,如采用时,其孔洞应用水泥砂浆灌实。当采用混凝土砌块砌体时,其孔洞应采用强度等级不低于 Cb20 的混凝土灌实。

(2)对安全等级为一级或设计使用年限大于 50 年的房屋,表中材料强度等级应至少提高一级。

1.1.2　*砌体种类*

砌体分为无筋砌体和配筋砌体两类。

1.无筋砌体

1)砖砌体

砖砌体包括烧结普通砖、蒸压硅酸盐砖、烧结多孔砖和各种空心砖砌体多用于内外承重墙、围护墙及隔墙。通常采用一顺一丁、梅花丁(同一皮丁顺间砌)或三顺一丁的砌筑形式,如图 4.1.3 所示。为保证砖砌体的受力性能和整体性,砌筑时应上下错缝,内外搭砌。

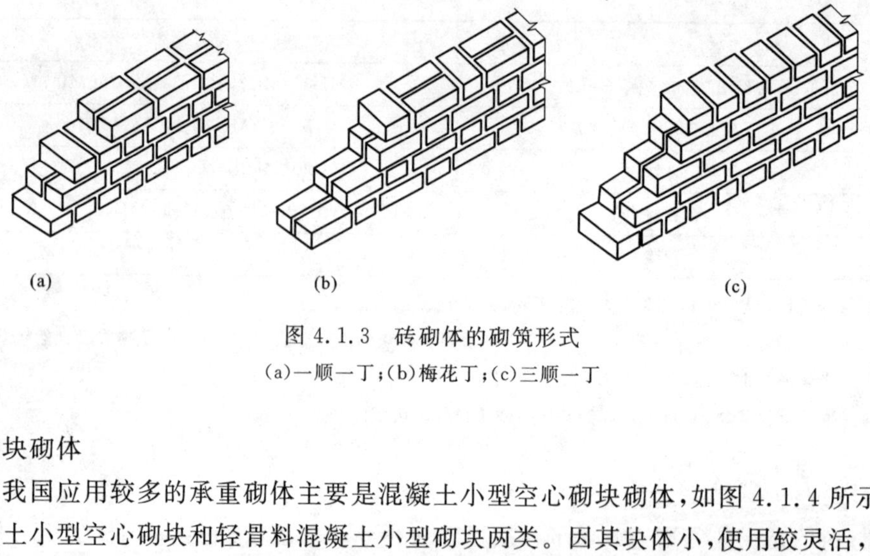

图 4.1.3　砖砌体的砌筑形式

(a)一顺一丁;(b)梅花丁;(c)三顺一丁

2)砌块砌体

目前我国应用较多的承重砌体主要是混凝土小型空心砌块砌体,如图 4.1.4 所示,通常有普通混凝土小型空心砌块和轻骨料混凝土小型砌块两类。因其块体小,使用较灵活,而且可以利用其孔洞做成配筋柱,其作用相当于砖砌体的构造柱,满足了抗震构造要求。

3)石砌体

石砌体是由石材和砂浆或石材和混凝土砌筑而成,可分为料石砌体、毛料石砌体和毛石混凝土砌体,如图 4.1.5 所示。石砌体常用作一般民用建筑的墙、柱、基础等。

2.配筋砌体

为提高砌体强度和减少构件的截面尺寸,可在砌体内配置适量钢筋或钢筋混凝土,构成配筋砌体。根据块材的不同,配筋砌体可分为配筋砖砌体和配筋混凝土砌块砌体。

1)配筋砖砌体

目前我国应用较多的有网状配筋砖砌体和组合砖砌体。

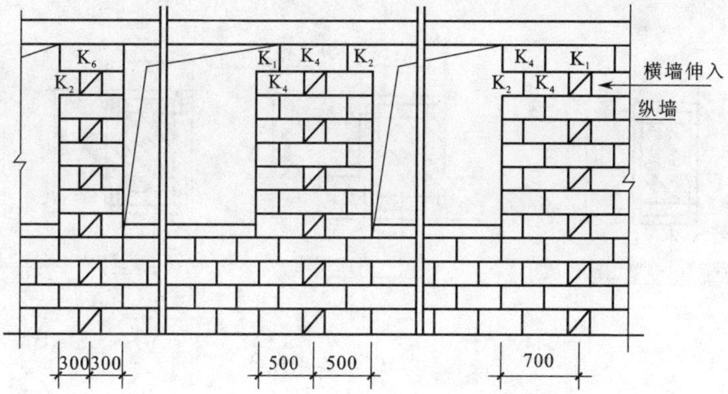

图 4.1.4　混凝土小型空心砌块墙体

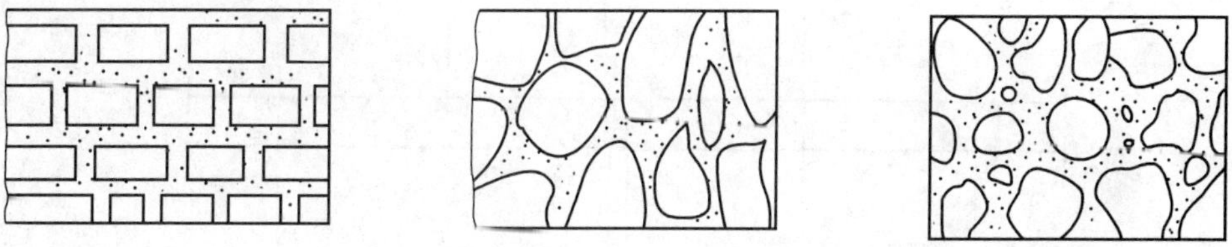

(a)　　(b)　　(c)

图 4.1.5　石砌体的类型

(a)料石砌体;(b)毛料石砌体;(c)毛石混凝土砌体

(1)网状配筋砖砌体

网状配筋砖砌体是将一定数量和规格的钢筋网配置在砌体的水平灰缝中形成的,如图 4.1.6 所示。

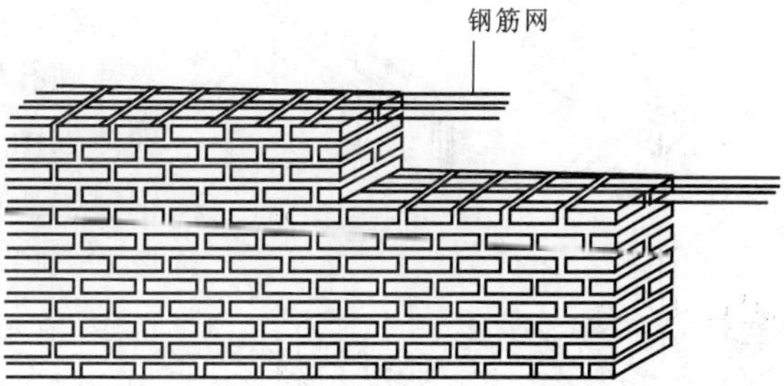

图 4.1.6　网状配筋砖砌体示意

(2)组合砖砌体

组合砖砌体有两种:砖砌体与钢筋混凝土面层或钢筋砂浆面层的组合砌体,砖砌体与钢筋混凝土构造柱的组合墙。

砖砌体与钢筋混凝土面层或钢筋砂浆面层的组合砌体是在砌体外侧预留的竖向凹槽内配置纵向钢筋,再浇筑混凝土或砂浆面层而形成的,如图 4.1.7 所示。组合砌体主要适用于:①轴向力偏心距超过无筋砌体偏压构件限值时;②为已建成的砖砌体构件进行加固;③截面尺寸受到限制的情况。

组合砌体在新建房屋中已很少采用。

砖砌体与钢筋混凝土构造柱的组合墙,是在墙体中按一定距离设置构造柱,可设在墙体的两端和墙体中部,形成组合墙如图 4.1.8。

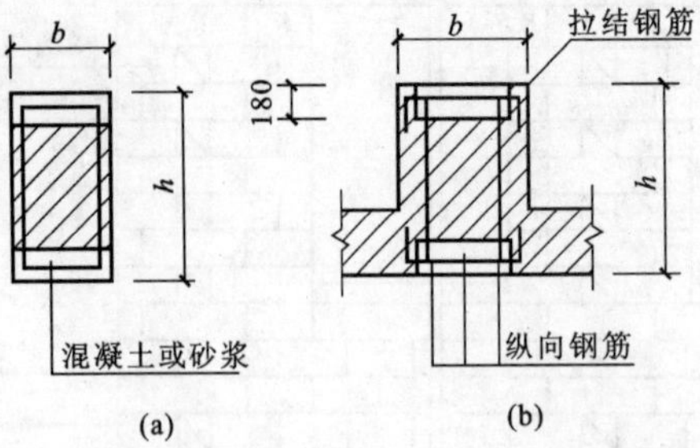

图 4.1.7 组合砌体

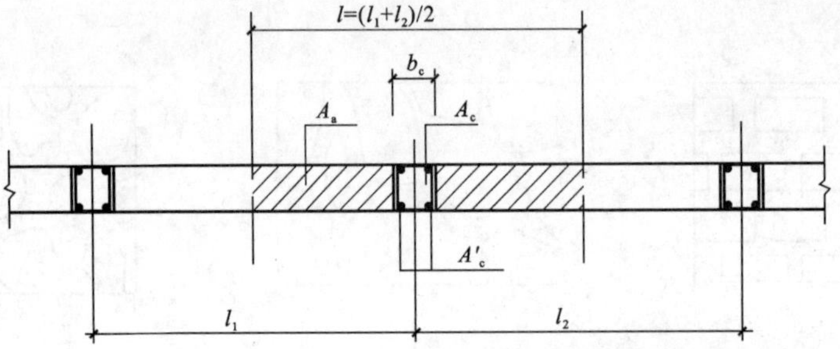

图 4.1.8 砖砌体和钢筋混凝土构造柱的组合墙

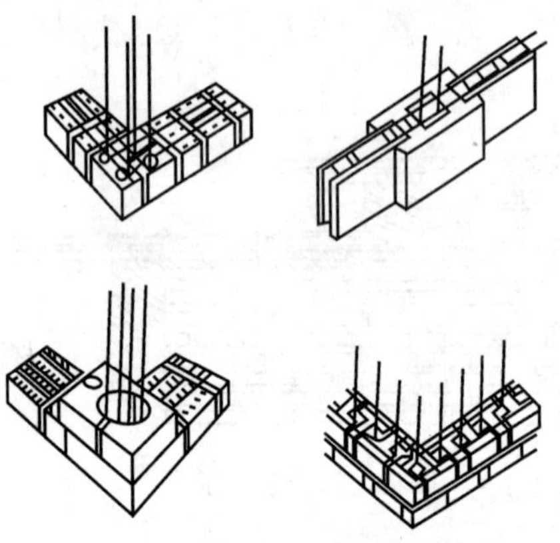

图 4.1.9 配筋混凝土砌块砌体

2)配筋混凝土砌块砌体

在混凝土空心砌块的竖向孔洞中配置竖向钢筋，在砌块横肋凹槽内或水平灰缝内配置水平钢筋，然后浇注灌孔混凝土，所形成的砌体称为配筋混凝土砌块砌体如图 4.1.9。配筋砌体墙体在受力模式上类同于钢筋混凝土剪力墙结构，又称配筋砌块剪力墙。其强度高，延性好，抗震性能好，具有造价低、节约能源等优点，在我国大多数地震区的多层房屋中已得到应用，在一些小高层及高层砌块房屋中也有应用。

1.2 砌体抗压强度

1.2.1 *砖砌体受压时的破坏过程*

砖砌体短柱在轴心压力作用下的破坏，经历以下3个阶段，如图 4.1.10 所示。

第一阶段：从开始加载至 50%～70%的破坏荷载 N_U。在个别单块砖上出现第一批竖向裂缝，如果停止加载，则裂缝不再扩展。

第二阶段：从出现第一批竖向裂缝开始，至 80%～90%的破坏荷载 N_U。新裂缝不断产生，已有裂缝不断扩展成贯通若干皮砖的竖向裂缝，此时荷载不再增加，裂缝仍会继续扩展。

第三阶段：竖向贯通裂缝形成。砌体分裂成互不相连的几个小立柱，产生明显横向变形并

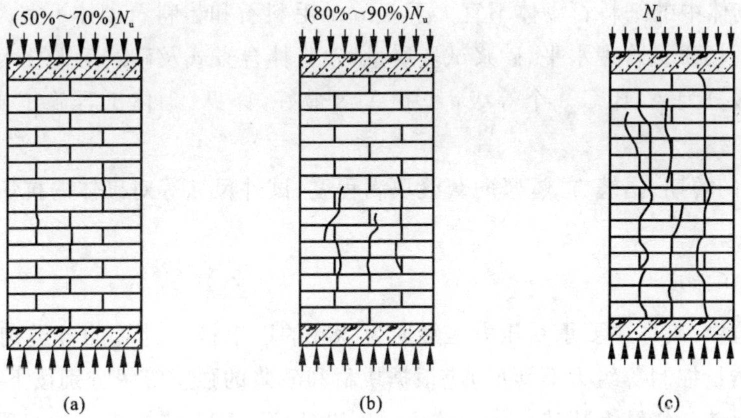

图 4.1.10　砖砌体短柱的破坏过程

(a)第一阶段；(b)第二阶段；(c)第三阶段

处于松散状态，小立柱侧向凸出，最终砌体丧失承载力，被压碎或失稳而破坏。

砌体受压时，砖块处于受弯、受剪、局部受压、横向受拉和应力集中等复杂应力状态。由于砖的抗弯、抗拉强度很低(为抗压强度的 10％～20％)，因而在远小于砖的抗压强度时，砌体的砖块上出现了竖向裂缝，且由于应力集中，竖向裂缝往往产生在竖向灰缝附近。而砖砌体发生压碎或失稳破坏时，砖并未达到抗压强度。

1.2.2　影响砌体抗压强度的主要因素

根据以上分析可知，砌体工作时应力状态相当复杂，影响砌体抗压强度的主要因素如下。

1. 块材和砂浆强度

块材和砂浆强度是决定砌体抗压强度的最主要因素。强度高的块材其抗弯、剪强度高，所以砌体抗压强度也提高。砂浆强度越高时，砂浆的横向变形越小，砌体抗压强度也有所提高，但提高块材强度影响更为明显。

2. 砂浆的性能

砂浆的流动性和保水性好，容易铺砌成厚度和密实性都均匀的水平灰缝，降低砌体内块材的弯曲、剪切和局部压应力，从而提高砌体的抗压强度。纯水泥砂浆的流动性和保水性较差，用它砌筑的砌体比同强度等级的混合砂浆砌体，其抗压强度大约低 15％。

3. 块材的尺寸、形状

砌体强度随块材厚度的增大而提高，随块材长度的增加而降低。块材的外形比较规则、平整时，砌体中块材的弯剪不利影响相对较小，砌体强度较高。

4. 砌筑质量及灰缝厚度

砌筑质量的影响因素是多方面的，如块材砌筑的含水率、工人的技术水平、砂浆搅拌方式、现场管理水平、灰缝饱满度等。其中，砂浆的水平灰缝饱满度(即砂浆层实际覆盖面积与砖水平面积之比)影响最大。《砌体工程施工质量验收规范》(GB50203－2002)规定水平灰缝的砂浆饱满度不得小于 80％。混凝土小型砌块按净面积计算不得小于 90％。

灰缝太厚，灰缝的均匀密实难保证，且使块材的横向拉力加大。灰缝太薄又难以铺设均匀平整。因而灰缝的不饱满、太厚、过薄都将使砌体抗压强度降低，一般灰缝厚度应控制在 8～12 mm。对石砌体中的细料石砌体不宜大于 5 mm，毛料石和粗料石砌体不宜大于 20 mm。

规范根据现场质量管理水平、砂浆试块质量、砂浆拌合方式及砌筑工人技术水平将砌体施工质量控制等级分为 A、B、C 3 个等级，其中 A 级最好，详见《砌体工程施工质量验收规范》(GB50203－2002)。

此外，砌体的龄期、搭缝方式、竖向灰缝填满程度、试件尺寸等对砌体的抗压强度也有一定的影响。

1.2.3　*砌体抗压强度*

在房屋建筑中，砌体主要承受压力是龄期为 28d 的以毛截面计算的各类砌体抗压强度设计值。当施工质量控制等级为 B 级时，应根据块材和砂浆的强度等级分别按下列规定采用。

1)烧结普通砖和烧结多孔砖砌体的抗压强度设计值(MPa)应按表 4.1.3 采用。

2)蒸压灰砂砖和蒸压粉煤灰砖砌体的抗压强度设计值(MPa)应按表 4.1.4 采用。

3)单排孔混凝土和轻骨料混凝土砌块砌体的抗压强度设计值应按表 4.1.5 采用。单排孔混凝土砌体对孔砌筑时，灌孔砌体的抗压强度 f_g 应按《砌体规范》规定予以提高。

4)孔洞率不大于 35%的双排孔或多排孔轻骨料混凝土砌块砌体的抗压强度设计值应按表 4.1.6 采用。

5)块体高度为 180～350 mm 的毛料石或毛石砌体的抗压强度设计值应按表 4.1.7 或表 4.1.8 采用。

表 4.1.3　烧结普通砖和烧结多孔砖砌体的抗压强度设计值　(MPa)

砖强度等级	砂浆强度等级					砂浆强度
	M15	M10	M7.5	M5	M2.5	0
MU30	3.94	3.27	2.93	2.59	2.26	1.15
MU25	3.60	2.98	2.68	2.37	2.06	1.05
MU20	3.22	2.67	2.39	2.12	1.84	0.94
MU15	2.79	2.31	2.07	1.83	1.60	0.82
MU10	—	1.89	1.69	1.50	1.30	0.67

表 4.1.4　蒸压灰砂砖和蒸压粉煤灰砖砌体的抗压强度设计值　(MPa)

砖强度等级	砂浆强度等级				砂浆强度
	M15	M10	M7.5	M5	0
MU25	3.60	2.98	2.68	2.37	1.05
MU20	3.22	2.67	2.39	2.12	0.94
MU15	2.79	2.31	2.07	1.83	0.82
MU10	—	1.89	1.69	1.50	0.67

表 4.1.5　单排孔混凝土和轻骨料混凝土砌块砌体的抗压强度设计值　(MPa)

砌块强度等级	砂浆强度等级				砂浆强度
	Mb15	Mb10	Mb7.5	Mb5	0
MU20	5.68	4.95	4.44	3.94	2.33
MU15	4.61	4.02	3.61	3.20	1.89
MU10	—	2.79	2.50	2.22	1.31
MU7.5	—	—	1.93	1.71	1.01
MU5	—	—	—	1.19	0.70

注:(1)对错孔砌筑的砌体,应按表中数值乘以 0.8。

(2)对独立柱或厚度为双排组砌的砌块砌体,应按表中数值乘以 0.7。

(3)对 T 形截面砌体,应按表中数值乘以 0.85。

(4)表中轻骨料混凝土砌块为煤矸石和水泥煤渣混凝土砌块。

表 4.1.6　双排孔或单排孔轻骨料混凝土砌块砌体的抗压强度设计值　(MPa)

砌块强度等级	砂浆强度等级			砂浆强度
	Mb10	Mb7.5	Mb5	0
MU10	3.08	2.76	2.45	1.44
MU7.5	—	2.13	1.88	1.12
MU5	—	—	1.31	0.78

注:(1)表中的砌块为火山渣、浮石和陶粒轻骨料混凝土砌块。

(2)对厚度方向为双排组砌的轻骨料混凝土砌块砌体的抗压强度设计值,应按表中数值乘以 0.8。

表 4.1.7　毛料石砌体的抗压强度设计值　(MPa)

毛料石强度等级	砂浆强度等级			砂浆强度
	M7.5	M5	M2.5	0
MU100	5.42	4.80	4.18	2.13
MU80	4.85	4.29	3.73	1.91
MU60	4.20	3.71	3.23	31.65
MU50	3.83	3.39	2.95	1.51
MU40	3.43	3.04	2.64	1.35
MU30	2.97	2.63	2.29	1.17
MU20	2.42	2.15	1.87	0.95

注:对下列各类料石砌体,应按表中数值分别乘以相关系数。这些相关系数是:细料石砌体 1.5;半细料石砌体 1.3;粗料石砌体 1.2;半砌勾缝石砌体力 0.8。

表 4.1.8 毛石砌体的抗压强度设计值

(MPa)

毛石强度等级	砂浆强度等级			砂浆强度
	M7.5	M5	M2.5	0
MU100	1.27	1.12	0.98	0.34
MU80	1.13	1.00	0.87	0.30
MU60	0.98	0.87	0.76	0.26
MU50	0.90	0.80	0.69	0.23
MU40	0.80	0.71	0.62	0.21
MU30	0.69	0.61	0.53	0.18
MU20	0.56	0.51	0.44	0.15

6)砌体强度的调整值。

以上各表中砂浆强度为 0 适用于验算施工阶段砂浆尚未硬化的新砌砌体的强度和稳定性。

尚应注意,《砌体规范》规定对于下列情况的各类砌体,其砌体强度设计值应乘以调整系数 γ_a。

(1)对有吊车房屋砌体、跨度不小于 9 m 的梁下烧结普通砖砌体、跨度不小于 7.5 m 的梁下烧结多孔砖、蒸压灰砂砖、蒸压粉煤灰砖砌体,混凝土和轻骨料混凝土砌块砌体:$\gamma_a=0.9$。

(2)对于无筋砌体构件,其截面面积 $A<0.3\ m^2$ 时:$\gamma_a=0.7+A$(A 的单位为 m^2)。对配筋砌体构件,当其中砌体截面面积 $A<2\ m^2$ 时:$\gamma_a=0.8+A$。

(3)当砌体用水泥砂浆砌筑时,对各种砌体的抗压强度设计值乘以调整系数 $\gamma_a=0.9$;对配筋砌体构件,当其中的砌体采用水泥砂浆砌筑时,仅对砌体的强度设计值乘以调整系数 γ_a。

(4)当施工质量控制等级为 C 级时(对配筋砌体不允许采用 C 级):$\gamma_a=0.89$。

(5)当验算施工中房屋的构件时:$\gamma_a=1.1$。

冬季施工时,采用掺盐砂浆法施工的砌体,砂浆强度等级按常温施工的强度等级提高一级时,砌体强度和稳定性可不验算。但配筋砌体不得用掺盐砂浆施工。

砌体除承受压力外,在某些构筑物或墙体部位还承受轴心抗拉、弯曲抗拉与抗剪,但其强度远比抗压强度小,应按表 4.1.9 采用。

表 4.1.9　沿砌体灰缝截面破坏时砌体的轴心抗拉强度设计值、弯曲抗拉强度设计值和抗剪强度设计值　　(MPa)

强度类别	破坏特征及砌体种类		砂浆强度等级			
			≥M10	M7.5	M5	M2.5
轴心抗拉	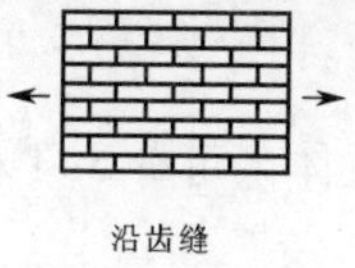 沿齿缝	烧结普通砖、烧结多孔砖	0.19	0.16	0.13	0.09
		蒸压灰砂砖、蒸压粉煤灰砖	0.12	0.10	0.08	0.06
		混凝土砌块	0.09	0.08	0.07	
		毛石	0.08	0.07	0.06	0.04
弯曲抗拉	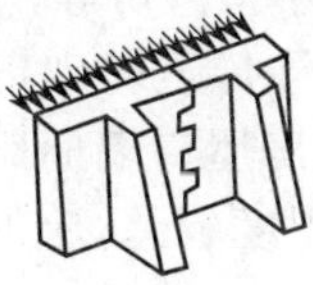 沿齿缝	烧结普通砖、烧结多孔砖	0.33	0.29	0.23	0.17
		蒸压灰砂砖、蒸压粉煤灰砖	0.24	0.20	0.16	0.12
		混凝土砌块	0.11	0.09	0.08	
		毛石	0.13	0.11	0.09	0.07
	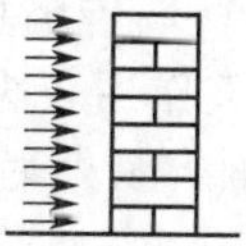 沿通缝	烧结普通砖、烧结多孔砖	0.17	0.14	0.11	0.08
		蒸压灰砂砖、蒸压粉煤灰砖	0.12	0.10	0.08	0.06
		混凝土砌块	0.08	0.06	0.05	
抗剪	烧结普通砖、烧结多孔砖		0.17	0.14	0.11	0.08
	蒸压灰砂砖、蒸压粉煤灰砖		0.12	0.10	0.08	0.06
	混凝土和轻骨料混凝土砌块		0.09	0.08	0.06	
	毛石		0.21	0.19	0.16	0.11

注：(1)对于用形状规则的块体砌筑的砌体，当搭接长度与块体高度的比值小于1时，其轴心抗拉强度设计值 f_t 和弯曲抗拉强度设计值 f_{tm} 应按表中数值乘以搭接长度与块体高度比值后采用。

(2)对孔洞率不大于35%的双排孔或多排孔轻骨料混凝土砌块砌体的抗剪强度设计值，可按表中混凝土砌块砌体抗剪强度设计值乘以1.1。

(3)对蒸压灰砂砖、蒸压粉煤灰砖砌体，当有可靠的试验数据时，表中强度设计值，允许作适当调整。

(4)对烧结页岩砖、烧结煤矸石砖、烧结粉煤灰砖砌体，当有可靠的试验数据时，表中强度设计值，允许作适当调整。

思考题与习题

1. 如何确定砌体材料的最低强度等级？
2. 常用的砌体有哪几类？各有什么特点？
3. 影响砌体抗压强度的主要因素是什么？
4. 查表确定砌体抗压强度设计值时，哪些情况应考虑强度调整系数 γ_a？

第2章　砌体结构房屋的静力计算方案

2.1　墙体的承重体系

根据荷载的传递方式和墙体的布置，砌体结构墙体的承重体系可分为4种。

2.1.1　纵墙承重体系

这类房屋在使用上要求有较大的空间如食堂、仓库和单层小型厂房等，楼屋盖荷载由大梁(屋架)传至纵墙，或直接由板传至纵墙(进深不大时)，再经纵墙传至基础，如图4.2.1所示。因纵墙为主要承重墙，门窗洞口的大小和位置受到限制。此类房屋横墙间距较大因而空间也较大，房间布置灵活，不受横隔墙的限制。但这类房屋的横向刚度较差，应加强楼屋盖与纵墙的连接或适当设置横墙。这种承重体系不宜用于多层建筑物。

2.1.2　横墙承重体系

这类房屋如住宅、多层宿舍等，楼屋盖荷载直接传至横墙，由横墙传至基础，如图4.2.2所示。此类房屋横墙间距小，横向刚度大，对抵抗水平风荷载和地震作用较为有利，可以调整不均匀沉降。纵墙为非承重墙，可以开设较大的门窗洞口，建筑立面容易处理。但这类房屋的横墙较密，使用受限制。

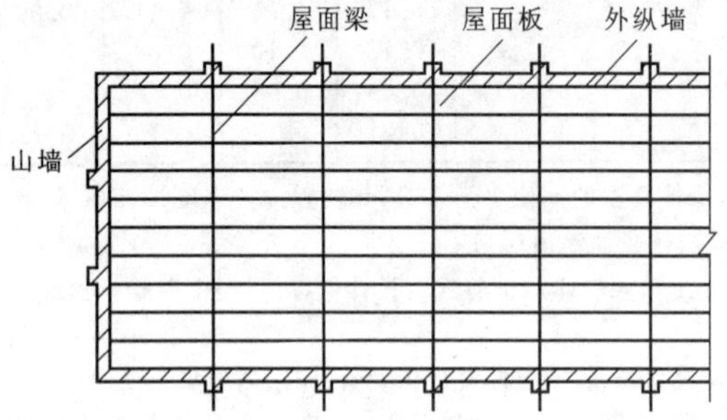

图4.2.1　纵墙承重体系

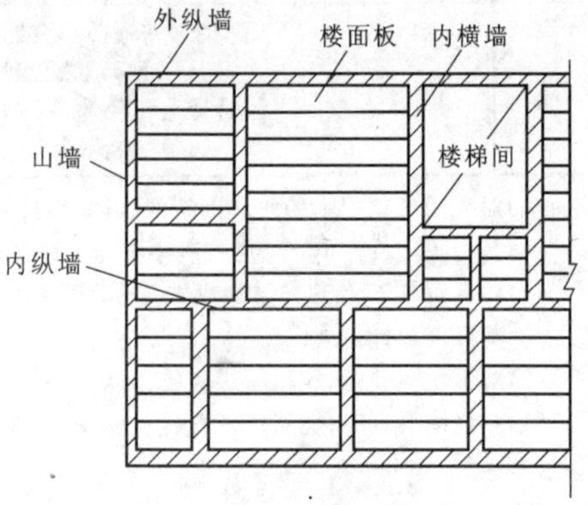

图4.2.2　横墙承重体系

2.1.3　纵横墙承重体系

这类房屋如教学楼、办公楼等，根据房屋平面布置情况，楼屋盖荷载同时传至横墙与纵墙，再各自传至基础，如图4.2.3所示。这类房屋布置灵活、应用广泛，可使楼板有较小跨度，节省钢材用量。因纵横墙均为承重墙，横向刚度介于上述两种承重体系之间。

2.1.4　内框架承重体系

这类房屋如多层轻工业厂房、商场等，有较大的空间。楼屋盖荷载通过大梁传递，大梁一端与柱整浇形成内框架，大梁另一端搁置墙上并传递荷载，使外墙成为承重墙，如图4.2.4所示。此类承重体系受力性能差，横墙较少，空间刚度较差。柱基础与墙基础材料、结构形式不同，易产生不均匀沉降，一般不宜采用。

上述4种墙体承重体系中，对于多层砌体结构宜优先采用横墙承重或纵横墙承重体系，以

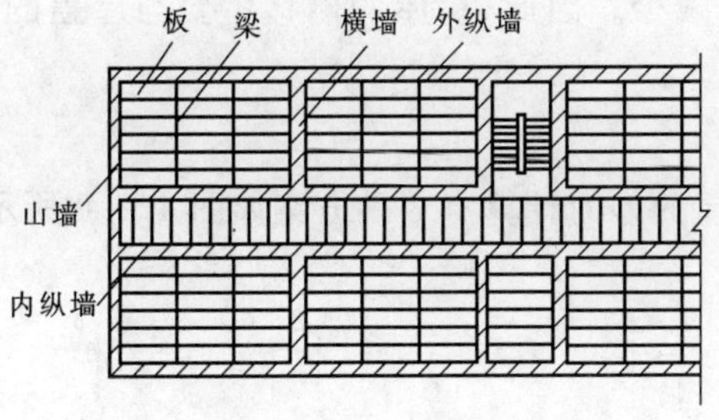

图 4.2.3　纵横墙承重体系

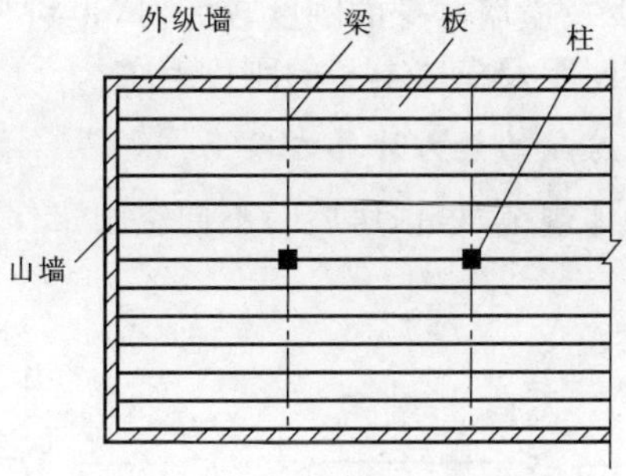

图 4.2.4　内框架承重体系

使房屋有较大的空间刚度，有利于抵抗水平荷载与地震作用。

2.2　房屋的静力计算方案

在确定房屋墙体承重体系以后，进行墙、柱内力计算前，应确定房屋的计算简图，即根据房屋的空间工作性能确定结构的静力计算方案。

2.2.1　空间工作性能

房屋在外荷载作用下(竖向荷载和水平荷载)，是一个空间工作体系。在竖向荷载作用下，房屋的侧移是很小的，通常不予考虑；但在水平荷载(风载和地震荷载)作用下的侧移就不能忽略。现以单层单跨砌体结构房屋为例，受力分析如图 4.2.5 所示。水平风荷载作用在外纵墙上，一部分传给屋盖，一部分直接传给基础。屋盖在水平风荷载作用下产生水平弯曲位移 f_{max}；横墙作为屋盖的支座，产生水平反力 R，反向作用于横墙，使横墙又产生位移 Δ，故屋盖中点的最大水平位移为 $y_{max}=f_{max}+\Delta$，即为房屋的最大侧移。

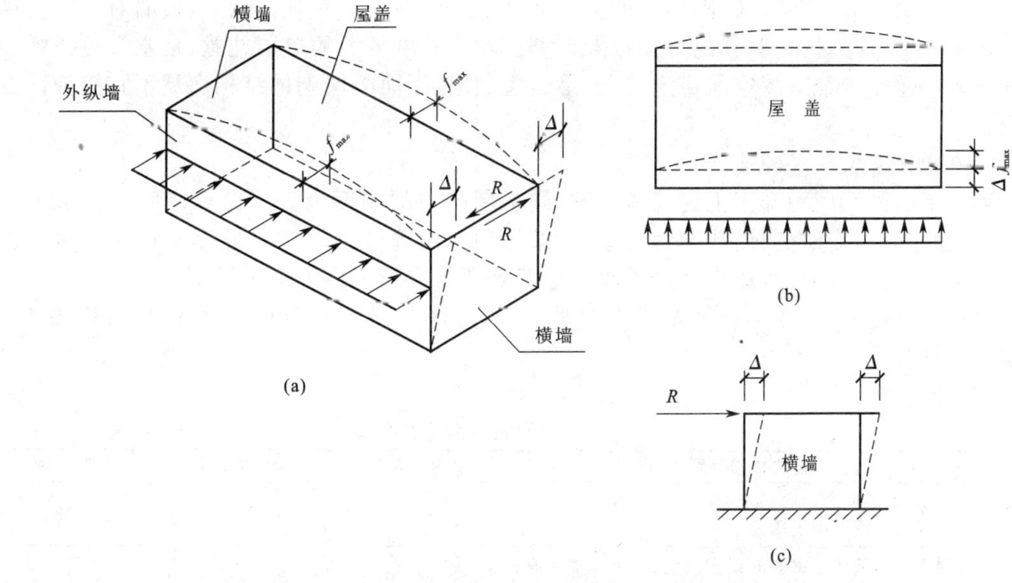

图 4.2.5　单层单跨房屋在水平荷载作用下的空间工作情况

(a)空间关系；(b)屋盖平面；(c)横墙在水平反力作用下受弯

由图 4.2.5 可知，砌体结构房屋屋盖的刚度较大时位移 f 可减少。横墙的间距较小时，位移可减少。横墙本身的刚度较大时，也可使位移 Δ 减少。因此，房屋的侧移主要与屋盖的刚度、横墙间距及横墙本身的刚度有关。

2.2.2 房屋的静力计算方案

《砌体规范》根据房屋的不同空间工作性能，房屋的静力计算有 3 种方案如图 4.2.6 所示。

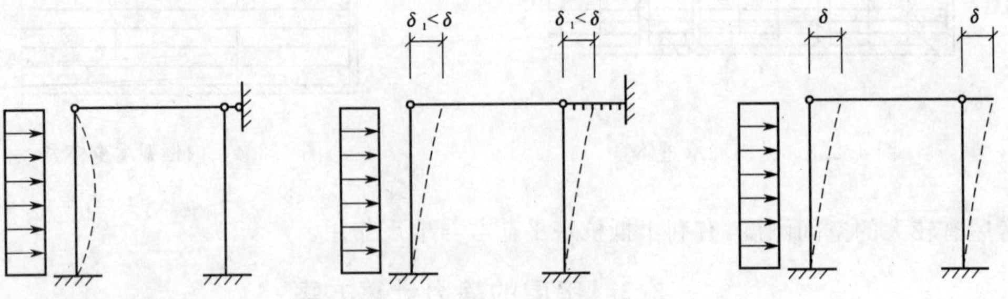

(a)　　(b)　　(c)

图 4.2.6　房屋的静力计算方案

(a)刚性方案；(b)刚弹性方案；(c)弹性方案

1. 刚性方案

当房屋的横墙间距较小、楼屋盖的水平刚度较大时，则房屋的空间刚度较大。在水平荷载作用下，房屋的侧移很小，可忽略不计。在确定计算简图时，可按柱顶有不动铰支撑的排架计算。所谓排架，即把屋架或大梁视作不变形的横梁，承重窗间墙视作柱子，柱端与横梁铰接（一般焊接），柱底固接于基础。取一个开间作为计算单元。对于一般多层住宅、办公室等砌体结构房屋均宜按刚性方案设计。

2. 弹性方案

当房屋的横墙间距较大，则房屋的空间刚度很小。在水平荷载作用下，横墙对房屋侧移的约束作用应予忽略，按有侧移的平面排架计算。对于长度较大的单层礼堂、食堂等应按弹性方案设计。因弹性方案房屋空间稳定性差，易引起倒塌，因而多层砌体结构房屋不宜按弹性方案设计。

3. 刚弹性方案

当房屋的横墙间距介于上述二者之间，则房屋的空间刚度也介于二者之间。在水平荷载作用下，房屋有一定的侧移，比弹性方案小，按柱顶具有弹性支撑的平面排架计算。对于长度不大的单层礼堂、食堂、小型砌体结构单层厂房等通常按刚弹性方案设计。

由此可见，房屋的静力计算方案不同时，其内力计算方法也不同。设计时，可按表 4.2.1 确定静力计算方案。

表 4.2.1　房屋的静力计算方案

	屋盖或楼盖类别	刚性方案	刚弹性方案	弹性方案
1	整体式、装配整体式和装配式无檩体系钢筋混凝土屋盖或钢筋混凝土楼盖	$s<32$	$32\leqslant s\leqslant 72$	$s>72$
2	装配式有檩体系钢筋混凝土屋盖、轻钢屋盖和有密铺望板的木屋盖或楼盖	$s<20$	$20\leqslant s\leqslant 48$	$s>48$
3	瓦材屋面的木屋盖和轻钢屋盖	$s<16$	$16\leqslant s\leqslant 36$	$s>36$

注：(1)表中 s 为房屋横墙间距，其单位为 m。

(2)对无山墙或伸缩缝处无横墙的房屋，应按弹性方案考虑。

横墙刚度是决定房屋静力计算方案的重要因素，因此，对于刚性或刚弹性方案房屋的横墙应符合下列要求，以保证具有足够的刚度。

(1)横墙中开有洞口时，洞口的水平截面面积不应超过横墙截面面积的 50%。

(2)横墙的厚度不宜小于 180 mm。

(3)单层房屋的横墙长度不宜小于其高度，多层房屋的横墙长度不宜小于 $H/2$(H 为横墙总高度)。

当横墙不能同时符合上述要求时，应对横墙的刚度进行验算。如其最大水平位移不超过 $H/4\ 000$(H 为横墙总高度)时，仍可视为刚性或刚弹性方案房屋的横墙。凡符合最大水平位移要求的一段横墙或其他结构构件(如框架等)，也可视作刚性或刚弹性方案房屋的横墙。

2.3 刚性方案房屋的静力计算

2.3.1 单层刚性方案房屋

1. 荷载和计算简图

单层房屋取一个开间或具有代表性的墙体作为计算单元，其纵墙作为立柱，纵墙上端与屋架或大梁铰接，纵墙下端与基础固接，形成排架结构。由于刚性方案房屋纵墙顶端的侧移很小，其上端可看成为不动铰支座，如图 4.2.7(a)所示。

作用在排架上的荷载分为竖向荷载(屋盖荷载和墙体自重)和水平荷载(风荷载)。屋盖荷载(包括活载和恒载)，以集中力的形式通过屋面梁作用于墙体或柱顶部，其对墙体中心线有偏心距。风荷载作用在屋面或墙面。屋面风荷载可简化为作用于墙、柱顶端的集中力，迎(背)风墙面风荷载可按沿高度均布的线荷载考虑。

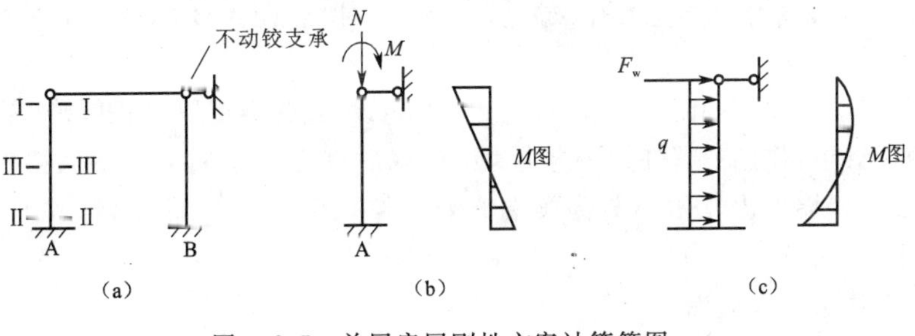

图 4.2.7 单层房屋刚性方案计算简图

(a)排架；(b)竖向荷载作用；(c)水平荷载作用

2. 内力分析和验算截面

计算时可分别求出各荷载单独作用下的内力，如图 4.2.7(b)和图 4.2.7(c)所示，然后按指定的截面可能同时作用的内力进行不利组合，各截面的内力 N、M 求得后，再进行截面承载力验算。

验算截面一般有墙顶截面Ⅰ—Ⅰ、基础顶截面Ⅱ—Ⅱ及墙身弯矩最大截面Ⅲ—Ⅲ。3 个截面除有竖向力以外，还有弯矩作用，故均为偏心受压构件。截面Ⅰ—Ⅰ还要进行局部受压承载力计算。

2.3.2 多层刚性方案房屋

多层刚性方案房屋的计算单元与单层刚性方案房屋的选取基本类似。

1.纵墙

1)竖向荷载作用

混合结构一般纵墙较长,设计时可取其中一段有代表性的一个单元开间宽度作为计算单元,如图4.2.8所示。

多层墙体如同一竖向连续梁,各层楼盖作为连续梁的支撑点。由于大梁搁置处对墙体截面的削弱,影响了墙体上下层的连续性,截面上能传递的弯矩不大。为简化计算,墙体在楼盖处按铰接,基础顶面的轴力较大而弯矩较小,也近似按铰接。故在竖向荷载作用下,多层刚性方案房屋纵墙可按竖向多跨简支梁计算,也即每层可单独按竖向简支梁计算。简支梁的跨度,底层为第一层结构层顶面至基础顶面距离,其余各层取各层结构层高如图4.2.9。

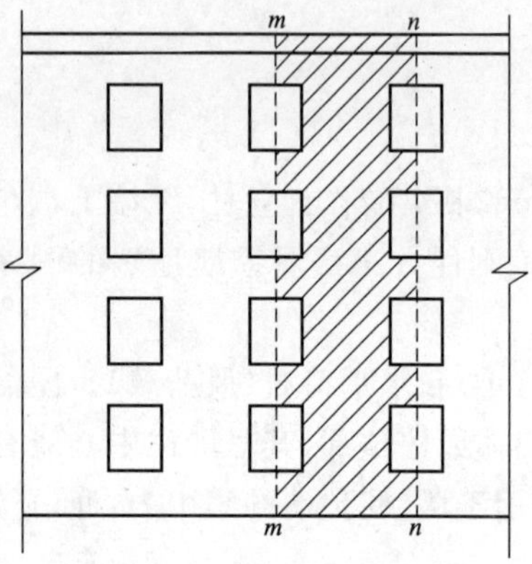

图4.2.8　多层刚性方案房屋计算单元

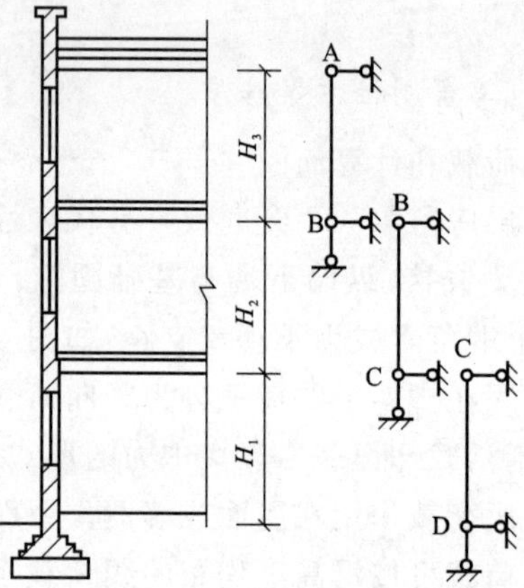

图4.2.9　多层刚性方案房屋纵墙计算简图

(1)上下层墙截面相同时。如图4.2.10所示,设N_u为本层以上各层楼(屋)盖传来的竖向荷载的合力设计值,作用位置在上一楼层墙、柱截面重心处。N_l为本层大梁传来的荷载设计值,作用位置在距墙内边$0.4a_0$(a_0为梁端有效支撑长度)。G为本层墙、柱自重,作用在本层墙、柱截面重心。

作用在上层大梁底截面Ⅰ—Ⅰ上的内力:

$$N_{\mathrm{I}}=N_u+N_l$$

$$M_{\mathrm{I}}=N_l e_l$$

按偏心受压验算Ⅰ—Ⅰ截面承载力。

作用在本层底(下梁底稍上)截面Ⅱ—Ⅱ上的内力:

$$N_{\mathrm{II}}=N_u+N_l+G$$

$$M_{\mathrm{II}}=0$$

按轴心受压验算Ⅱ—Ⅱ截面承载力。

(2)上下层墙截面不相同时。作用在截面Ⅰ－Ⅰ上的内力:

$$N_{\mathrm{I}}=N_u+N_l$$

$$M_{\mathrm{I}}=N_l e_l-N_u e_u\text{(取代数和)}$$

按偏心受压验算Ⅰ—Ⅰ截面承载力。

作用在截面Ⅱ—Ⅱ上的内力:

$$N_{\text{II}} = N_u + N_l + G$$
$$M_{\text{II}} = 0$$

按轴心受压验算Ⅱ－Ⅱ截面承载力。

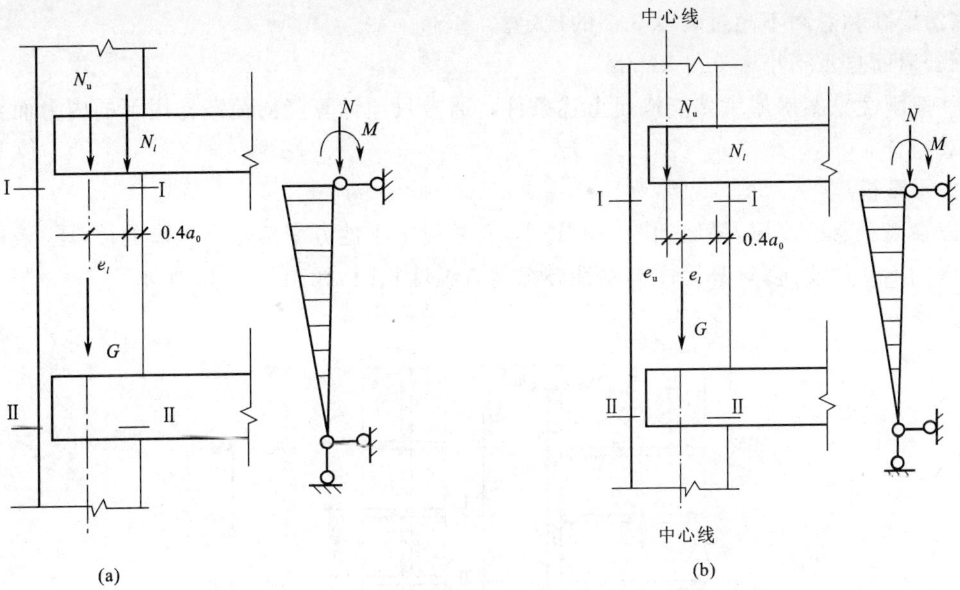

图 4.2.10　墙体内力计算

(a)上下层墙等厚；(b)上下层墙不等厚

每层墙体验算Ⅰ－Ⅰ及Ⅱ－Ⅱ两个截面，截面Ⅰ－Ⅰ除验算砌体受压承载力以外，尚需验算砌体的局部受压承载力。截面Ⅱ－Ⅱ只需验算砌体受压承载力，但超过下梁底即为下一层的截面Ⅰ－Ⅰ。验算截面取窗间墙截面。

2)水平荷载作用

表 4.2.2　外墙不考虑风荷载影响时的最大高度

基本风压值（kN/m^2）	层高(m)	总高(m)
0.4	4.0	28
0.5	4.0	24
0.6	4.0	18
0.7	3.5	18

注：对于多层砌块房屋 190 mm 厚的外墙，当层高不大于 2.8 m、总高不大于 19.6 m、基本风压不大于 0.7 kN/m^2 时，可不考虑风荷载的影响。

外纵墙可视作竖向连续梁，在水平风荷载作用下，为简化计算，各层纵墙上、下端的弯矩可近似按两端固定梁计算，连续梁各层的支座和跨中弯矩取：

$$M = \frac{\omega H_i^2}{12} \tag{4.2.1}$$

式中　ω——沿楼层高均布风荷载设计值，kN/m。

H_i——层高，m。

计算时应考虑两种风向。在水平风荷载作用下的内力应与竖向荷载作用下的内力进行不利组合，按组合后的内力进行截面承载力验算。

对多层刚性方案房屋的外墙，当满足下列要求时，可不考虑风荷载的影响。

(1)洞口水平截面面积不超过全截面面积的 2/3。

(2)层高和总高不超过表 4.3.2 的规定。

(3)屋面自重不小于 0.8 kN/m^2。

一般刚性方案房屋大多能满足上述条件。通常只须计算竖向荷载作用下的内力而无须与风荷载组合。

2. 承重横墙

以横墙承重的房屋，横墙间距一般较小，通常属于刚性方案房屋。房屋的楼(屋)盖均可视为横墙的不动铰支座，计算简图与刚性方案承重纵墙相同，如图 4.2.11 所示。

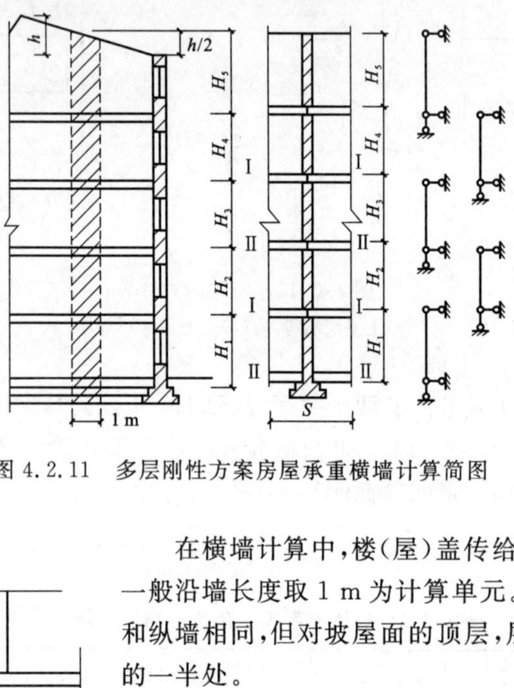

图 4.2.11　多层刚性方案房屋承重横墙计算简图

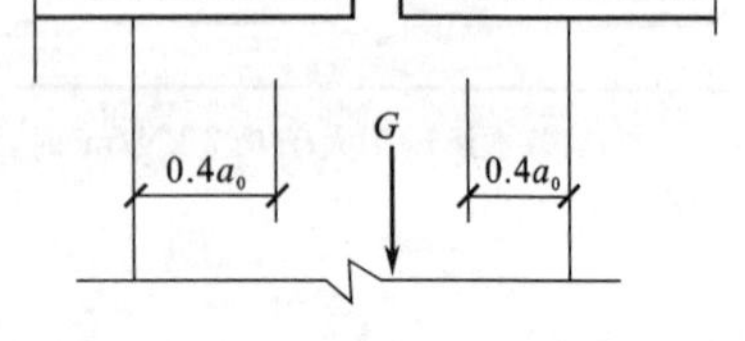

图 4.2.12　横墙上作用的荷载

在横墙计算中，楼(屋)盖传给横墙大多为均布荷载，一般沿墙长度取 1 m 为计算单元。对于各层层高的取值和纵墙相同，但对坡屋面的顶层，层高取至山墙山尖高度的一半处。

横墙所受的荷载为计算单元相邻两侧各 1/2 开间范围内本层楼面传来的轴向力 N_{ll}、N_{lr}(作用于墙边 $0.4a_0$ 处)以及本层以上各层楼(屋)盖传来的竖向荷载的合力设计值 N_u 和本层墙、柱自重 G，如图 4.2.12 所示。

承重横墙的控制截面一般取该层墙体的底部截面Ⅱ—Ⅱ，此处轴力最大。若相邻两开间不等或楼面荷载不相等时，顶部截面Ⅰ—Ⅰ将存在弯矩，须验算此截面的偏心受压承载力。当墙支撑楼面梁时，还须验算梁底砌体的局部承压。

对横墙承重的多层砌体房屋，当楼盖设有跨度大于 9 m 的梁时，除按上述方法计算墙体承载力以外，还应考虑梁端约束弯矩对墙体受力的影响，即须按梁两端固结计算梁端弯矩，再将其乘以修正系数γ后，按墙体线性刚度分到上层墙底部和下层墙顶部。修正系数γ可按下式计算：

$$\gamma=0.2\sqrt{\frac{a}{h}} \tag{4.2.2}$$

式中　a ——梁端实际支撑长度。

h ——支撑墙体的墙厚，当上下墙厚不同时取下部墙厚，当有壁柱时取h_T。

思考题与习题

1. 砌体结构房屋有哪几种承重体系？各自的特点是什么？
2. 划分混合结构房屋静力计算方案的依据是什么？静力计算方案有哪几种？
3. 单层刚性方案房屋的计算简图是怎样的？
4. 简述多层刚性方案房屋的计算简图、内力计算和控制截面。

第3章 砌体受压构件承载力

砌体结构墙、柱承受上部传来的竖向荷载和自重的构件称为砌体受压构件。

3.1 墙、柱的高厚比

墙、柱的高厚比是指墙、柱的计算高度与墙厚的比值。验算的目的是使墙、柱具有足够的稳定性;避免墙、柱在使用阶段出现过大的侧向挠曲,施工期间出现过大的轴线偏差。验算高厚比是保证受压构件稳定性和侧向刚度的重要条件,是一项重要的构造措施。验算的要求是墙、柱的计算高厚比必须不超过允许高厚比[β],见表4.3.1。

表4.3.1 墙、柱的允许高厚比[β]值

砂浆强度等级	墙	柱
M2.5	22	15
M5.0	24	16
≥M7.5	26	17

注:(1)毛石墙、柱允许高厚比应按表中数值降低20%。

(2)组合砖砌体构件的允许高厚比,可按表中数值提高20%,但不得大于28。

(3)验算施工阶段砂浆尚未硬化的新砌砌体高厚比时,允许高厚比对墙取14,对柱取11。

影响墙、柱高厚比的因素很复杂,《砌体规范》中规定的验算方法是结合我国的工程经验,综合考虑下列各种因素而确定的,如图4.3.1所示。

1. 砂浆强度等级

砂浆强度等级越高,砌体的弹性模量越大,构件的侧向刚度和稳定性越好,允许高厚比[β]越大。

2. 墙、柱支撑条件

刚性方案房屋的墙、柱在楼屋盖处假定为不动铰支座,无侧移,刚性好,相同高度的墙、柱其计算高度比房屋为弹性和刚弹性方案时小。

3. 墙体门窗洞口

门窗洞口对墙体削弱得越多,对墙体的稳定和侧向刚度越不利,允许高厚比[β]越小。

4. 砌体截面厚度

砌体截面的厚度越厚,墙体的稳定性和侧向刚度越好。墙中加壁柱,即增加墙的厚度,以增加稳定性。

5. 横墙间距

横墙距离越近,墙体的稳定性和侧向刚度越好,墙体的计算高度 H_0 越小。

6. 构件的重要性

房屋中的次要构件,如非承重墙,[β]可适当提高。

7. 构造柱间距及截面

构造柱间距越小,截面越大,对墙体的约束作用越大,墙体的稳定性越好,[β]越大。

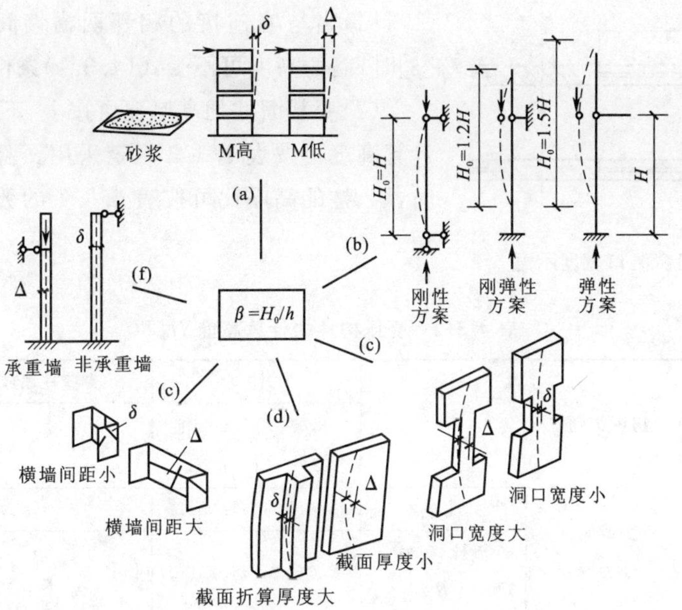

图 4.3.1　墙、柱允许高厚比的影响因素

(a)砂浆的强度等级;(b)支撑条件;(c)洞口宽度;(d)截面形式;(e)横墙间距;(f)构件重要性

3.1.1　等厚墙的高厚比

1. 验算公式

$$\beta=\frac{H_0}{h}\leqslant\mu_1\mu_2[\beta] \tag{4.3.1}$$

$$\mu_2=1-0.4\frac{b_s}{S} \tag{4.3.2}$$

式中　H_0——墙、柱的计算高度,按表 4.3.2 采用。

h——墙厚。轴心受压时为短边,偏心受压时为平行弯矩方向的边长。

μ_1——自承重墙允许高厚比的修正系数,按如下规定采用:

$h=240$ mm	$\mu_1=1.2$
$h=90$ mm	$\mu_1=1.5$
240 mm$>h>$90 mm	μ_1 可按插入法取值
对承重墙	$\mu_1=1.0$

对上端为自由端的非承重墙,除按上述规定提高外,μ_1 尚可提高 30%。对厚度小于 90 mm 的墙,当双面用不低于 M10 的水泥砂浆抹面时,包括抹面层的墙厚不小于 90 mm 时,可按墙厚等于 90 mm 验算高厚比。

μ_2——有门窗洞口墙允许高厚比的修正系数。

S——相邻窗间墙或壁柱之间的距离。

b_s——在宽度 S 范围内的门窗洞口总宽度如图 4.3.2。

当按式(4.3.2)算得的 μ_2 值小于 0.7 时,应取 0.7。当洞口高度等于或小于墙高的 1/5 时,可取 $\mu_2=1.0$。

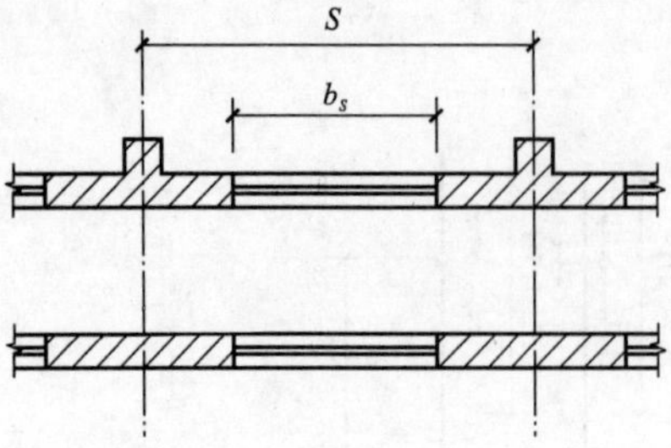

图 4.3.2　门窗洞口宽度示意

在进行墙、柱的高厚比验算时应注意以下几点。

(1)当与墙连接的相邻两横墙间的距离 $S \leqslant \mu_1 \mu_2 [\beta]$时，墙的高度可不受式(4.3.1)条件的限制。

(2)变截面柱的高厚比可按上、下截面分别验算，其计算高度可按表 4.3.2 规定采用。验算上柱的高厚比时，墙、柱的高厚比可按表 4.3.1 的数值乘以 1.3 后采用。

表 4.3.2　受压构件的计算高度 H_0

房屋类别			柱		带壁柱墙或周边拉结的墙		
			排架方向	垂直排架方向	$S>2H$	$2H \geqslant S>H$	$S \leqslant H$
有吊车的单层房屋	变截面柱上段	弹性方案	$2.5H_u$	$1.25H_u$	$2.5H_u$		
		刚性、刚弹性方案	$2.0H_u$	$1.25H_u$	$2.0H_u$		
	变截面柱下段		$1.0H_l$	$0.8H_l$	$1.0H_l$		
无吊车的单层和多层房屋	单跨	弹性方案	$1.5H$	$1.0H$	$1.5H$		
		刚弹性方案	$1.2H$	$1.0H$	$1.2H$		
	多跨	弹性方案	$1.25H$	$1.0H$	$1.25H$		
		刚弹性方案	$1.10H$	$1.0H$	$1.1H$		
	刚性方案		$1.0H$	$1.0H$	$1.0H$	$0.4S+0.2H$	$0.6S$

注：(1)表中 H_u为变截面柱的上段高度；H_l为变截面柱的下段高度。

(2)对于上端为自由端的构件，$H_0=2H$。

(3)独立砖柱，当无柱间支撑时，柱在垂直排架方向的 H_0应按表中数值乘以 1.25 后采用。

(4)S 为房屋横墙间距。

自承重墙的计算高度应根据周边支撑或拉结条件确定。

2.计算高度和构造高度

构件高度 H 应按下列规定采用。

(1)在房屋底层，为楼板顶面到构件下端支点的距离。下端支点的位置，可取在基础顶面。当埋置较深且有刚性地坪时，可取室外地面下 500 mm 处。

(2)在房屋其他层次，为楼板或其他水平支点间的距离。

(3)对于无壁柱的山墙，可取层高加山墙尖高度的 1/2；对于带壁柱的山墙可取壁柱处的山墙高度。

对有吊车的房屋，当荷载组合不考虑吊车作用时，变截面柱上段的计算高度可按表 4.3.2 规定采用；变截面柱下段的计算高度可按下列规定采用。

(1)当 $H_u/H \leqslant 1/3$ 时，取无吊车房屋的 H_0。

(2)当 $1/3<H_u/H<1/2$ 时，取无吊车房屋的 H_0乘以修正系数 μ，即

$$\mu=1.3-0.3\frac{I_u}{I_l}$$

I_u为变截面柱上段的惯性矩，I_1为变截面柱下段的惯性矩；

(3)当 $H_u/H \geqslant 1/2$ 时，取无吊车房屋的 H_0，但在确定 β 值时，应采用上柱截面。

上述规定也适用于无吊车房屋的变截面柱。

【例题 4.3.1】某教学楼的局部平面如图 4.3.3，外墙厚 370 mm，内纵墙及横墙厚 240 mm，底层墙高 4.8 m(算至基础顶面)；隔墙厚 120 mm，墙高 3.6 m。墙体均采用 MUIO 普通砖和 M5 混合砂浆砌筑，楼盖采用现浇钢筋混凝土楼盖，试对各墙体的高厚比进行验算。

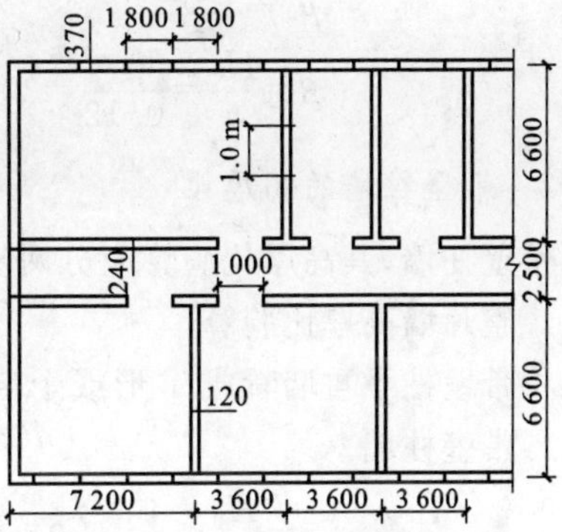

图 4.3.3　某教学楼的局部平面

【解】(1)确定静力计算方案：

横墙最大间距 $S=7.2+3.6=10.8$ m，根据表 4.2.1，确定为刚性方案。

墙体采用 M5 混合砂浆，查表 4.3.1，$[\beta]=24$

(2)验算纵墙高厚比：

$H=4.8$ m，$S>2H=9.6$ m，查表 4.3.2，$H_0=1.0H=4.8$ m

外纵墙：

窗宽度 $b_S=1.8$ m，相邻窗间墙之间的距离 $S=3.6$ m

$$\mu_1=1.0(\text{承重墙})$$

$$\mu_2=1-0.4\frac{b_S}{S}=1-0.4\times\frac{1.8}{3.6}=0.8$$

$$\beta=\frac{H_0}{h}=\frac{4.8}{0.37}=13<\mu_1\mu_2[\beta]=1\times0.8\times24=19.2\quad\text{满足要求}$$

内纵墙：

门宽度 $b_S=1.0$ m，相邻横墙之间的距离 $S=10.8$ m

$$\mu_2=1-0.4\frac{b_S}{S}=1-0.4\times\frac{1.0}{10.8}=0.96$$

$$\beta=\frac{H_0}{h}=\frac{4.8}{0.24}=20<\mu_1\mu_2[\beta]=1\times0.96\times24=23\quad\text{满足要求}$$

(3)验算横墙高厚比：

$$S=6.6\text{ m},H<S<2H$$

查表 4.3.2 得，$H_0=0.4S+0.2H=0.4\times6.6+0.2\times4.8=3.6$ m

横墙上没有门窗洞口，且为承重墙，$\mu_1=1.0$，$\mu_2=1.0$

$$\beta=\frac{H_0}{h}=\frac{3.6}{0.24}=15<\mu_1\mu_2[\beta]=24\quad\text{满足要求}$$

(4)验算隔墙高厚比：

隔墙一般后砌，两侧与先砌墙拉结较差，墙顶砌筑时用斜放立砖顶住楼面梁，故可按两侧无拉接、上下端为不动铰支撑考虑，其计算高度等于每层的实际高度。

$$H_0=H=3.6\text{ m}$$

$$\mu_1=1.2+(1.5-1.2)\times\frac{240-120}{240-90}=1.44$$

$$\mu_2=1.0$$

$$\beta=\frac{H_0}{h}=\frac{3.6}{0.12}=30<\mu_1\mu_2[\beta]=1.44\times1\times24=34.56\quad 满足要求$$

3.1.2　带壁柱墙的高厚比

带壁柱墙，其高厚比验算应分两步进行。

1. 整片墙高厚比验算

将带壁柱承重墙看成 T 形或十字形截面柱进行整体高厚比验算。

1)带壁柱墙

$$\beta=\frac{H_0}{h_T}\leqslant\mu_1\mu_2[\beta] \tag{4.3.3}$$

式中　H_0——带壁柱墙的计算高度，墙长 S 应取相邻横墙的距离。

h_T——带壁柱墙截面的折算厚度，$h_T=3.5i$ ；i 为带壁柱墙截面的回转半径，

$$i=\sqrt{\frac{I}{A}}$$

I、A——带有翼缘宽度的 b_f 的截面惯性矩、截面面积。

带壁柱墙截面翼缘宽度 b_f 的计算，可按下列规定采用。

(1)多层房屋的 b_f，当有门窗洞口时，可取窗间墙宽度；当无门窗洞口时，每侧翼墙宽度可取壁柱高度的 1/3。

(2)单层房屋的 b_f 可取壁柱宽加 2/3 墙高，但不大于窗间墙宽度和相邻壁柱间距离。

2)带构造柱墙

墙中设钢筋混凝土构造柱可提高墙体的稳定性和刚度。当构造柱截面宽度不小于墙厚时，可按式(4.3.1)计算。公式中 h 取墙厚；当确定墙的计算高度 H_0 时，墙长 S 应取相邻横墙间的距离；墙的允许高厚比$[\beta]$可乘以提高系数 μ_c：

$$\mu_c=1+\gamma\frac{b_c}{l}$$

式中　γ——系数。对细料石、半细料石砌体，$\gamma=0$；对混凝土砌块、粗料石、毛料石及毛石砌体，$\gamma=1.0$；其他砌体，$\gamma=1.5$；

b_c——构造柱沿墙长方向的宽度；

l——构造柱的间距。

当 $bc/l>0.25$ 时，取 $bc/l=0.25$；当 $bc/l<0.05$ 时，取 $bc/l=0$，表明构造柱间距过大，对提高墙体稳定性和刚度作用已很小。

2. 壁柱间墙或构造柱间墙高厚比验算

壁柱间墙或构造柱间墙高厚比验算均可按无壁柱墙、柱高厚比公式(4.3.1)进行验算。但在确定计算高度 H_0 时，应注意 S 取相邻壁柱间或相邻构造柱间的距离。

设有钢筋混凝土圈梁的带壁柱墙或带构造柱墙，当 $b/S\geqslant1/30$ 时，圈梁可视作壁柱间墙或构造柱间墙的不动铰支点(b 为圈梁宽度)。如不允许增加圈梁宽度，可按墙体平面外等刚度原则增加圈梁高度，以满足壁柱间墙或构造柱间墙不动铰支点的要求。

如设圈梁宽 240 mm，柱距 6 m，则 $\frac{b}{S}=\frac{240}{6\ 000}=\frac{1}{25}>\frac{1}{3}$，故圈梁宽度一般能满足要求。

由于壁柱或构造柱形成是对墙体稳定有利的支撑条件，故在砌体结构房屋设计时，无论此时房屋属于何种静力计算方案，其墙体计算高度一律按刚性方案取值。

【例题 4.3.2】某刚性方案单层房屋，平面尺寸如图 4.3.4，墙计算高度 5.5 m，墙体采用 MU10 普通砖和 M5 混合砂浆砌筑，试验算带壁柱墙的高厚比。

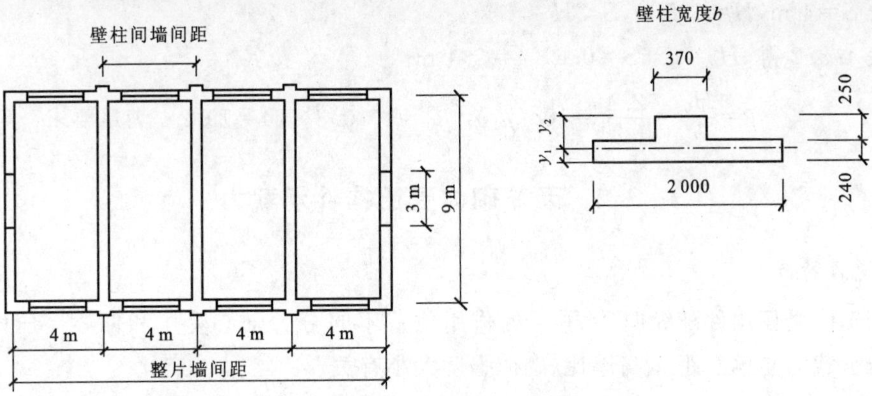

图 4.3.4　例题 4.3.2 图

【解】1)带壁柱墙的回转半径和折算厚度

截面积

$$A=2\ 000\times240+250\times370=572\ 500\ \text{mm}^2$$

重心轴

$$y_1=\frac{\Sigma A_i y_i}{A}=\frac{2\ 000\times240\times120+250\times370\times365}{572\ 500}\ \text{mm}$$

$$y_2=490-160=330\ \text{mm}$$

惯性距

$$I=\Sigma(I_0+Ad^2)=\frac{1}{12}\times2\ 000\times240^3+2\ 000\times240\times(160-120)^2$$

$$+\frac{1}{12}\times370\times250^3+370\times250\times(330-125)^2=7\ 441\times10^6\ \text{mm}^4$$

回转半径

$$i=-\sqrt{\frac{I}{A}}=\sqrt{\frac{7\ 441\times10^6}{572\ 500}}=144\ \text{mm}$$

折算厚度

$$h_T=3.5i=3.5\times114=399\ \text{mm}$$

2)整片墙的高厚比验算

墙长 $S=16$ m，$H=5.5$ m，$S>2H$

查表 4.3.2 得，$H_0=1.0H=5.5$ m

墙体采用 M5 混合砂浆，查表 4.3.1 得，$[\beta]=24$

窗宽度 $b_{S=2\ \text{m}}$，相邻壁柱间的距离 $S=4$ m

$$\mu_1=1.0(\text{承重墙})$$

$$\mu_2=1-0.4\frac{b_S}{S}=1-0.4\times\frac{2}{4}=0.8$$

$$\beta=\frac{H_0}{h_T}=\frac{5.5}{0.399}=13.78\leqslant\mu_1\mu_2[\beta]=1\times0.8\times24=19.2\quad \text{满足要求}$$

3)壁柱间墙高厚比验算

墙长 $S=4$ m,$H=5.5$ m,$S<H$

查表 4.3.2 得,$H_0=0.6S=0.6\times4=2.4$ m

$$\beta=\frac{H_0}{h}=\frac{2.4}{0.24}=10\leqslant\mu_1\mu_2[\beta]=1\times0.8\times24=19.2\quad \text{满足要求}$$

3.2 无筋砌体受压构件承载力

3.2.1 受力特点

无筋砌体受压构件随纵向压力 N 的作用位置不同分为轴心受压和偏心受压两种情况。构件受压承载力与偏心距 e、高厚比、砌体强度大小有关。

1.偏心距 e 的影响

在轴心压力作用下,短而粗的受压构件(高厚比 $\beta=H_0/h\leqslant3$)砌体截面,在破坏阶段的应力是均匀分布的,破坏时截面所能承受的最大压应力即为砌体的抗压强度 f,如图 4.3.5(a)所示。

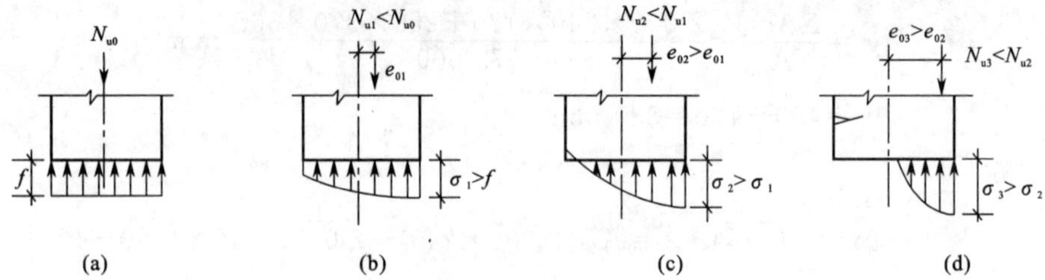

图 4.3.5 砌体受压时截面应力变化

(a)轴心受压;(b)较小偏心距全截面受压;(c)偏心距较大引起的拉力;(d)形成水平裂缝

当在偏心压力作用下,截面应力呈曲线分布。偏心距 e 较小时(如图 4.3.5(b)所示),全截面受压,破坏将发生在压应力较大一侧,破坏时边缘压应力将稍大于 f,但压应力的合力将比轴压破坏时小一些。随着偏心距 e 的增大(如图 4.3.5(c)所示),远离压力一侧边缘可能出现拉应力,而压区边缘的压应力也将更大,但截面应力的合力将比偏心距 e 较小的情况要小。当拉应力超过砌体的通缝弯曲抗拉强度时,截面受拉边缘将出现水平裂缝(如图 4.3.5(d)所示),随着裂缝的开展,拉区砌体退出工作,压区压应力的合力将更小。

2.高厚比 β 的影响

对于细长受压构件(高厚比 $\beta=H_0/h>3$),在轴向压力作用下,产生侧向挠曲,侧向挠曲形成一个附加偏心距(如图 4.3.6 所示),且随着高厚比的增大,侧向挠曲愈明显,使荷载的偏心距 $e=e_0+e_i$ 进一步加大,受压承载力进一步降低。

《砌体规范》采用承载力影响系数 φ 来综合考虑偏心距 e 和高厚比 β 对砌体受压构件承载力的降低程度。

3.2.2 计算公式

$$N \leqslant \varphi f A \tag{4.3.4}$$

式中 N——荷载产生的轴向力设计值。

φ——高厚比 φ 和轴向力的偏心距 e 对受压构件承载力的影响系数,可按表 4.3.3～表 4.3.5 取用。

f——砌体的抗压强度设计值,可按表 4.1.3～表 4.1.6 取用。

A——截面面积,对各类砌体均应按毛截面计算;对带壁柱墙,其翼缘宽度按《砌体规范》规定取用。

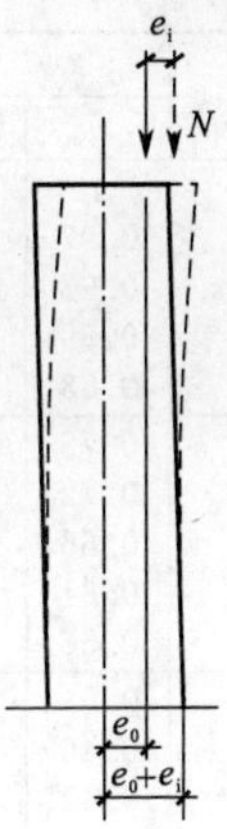

图 4.3.6 偏心受压构件的偏心距和附加偏心距

表 4.3.3 影响系数 φ(砂浆强度等级≥M5)

β	e/h 或 e/h_T												
	0	0.025	0.05	0.075	0.1	0.125	0.15	0.175	0.2	0.025	0.25	0.275	0.3
≤3	1	0.99	0.97	0.94	0.89	0.84	0.79	0.73	0.68	0.62	0.57	0.52	0.48
4	0.98	0.95	0.90	0.85	0.80	0.74	0.69	0.64	0.58	0.53	0.49	0.45	0.41
6	0.95	0.91	0.86	0.81	0.75	0.69	0.64	0.59	0.54	0.49	0.45	0.42	0.38
8	0.91	0.86	0.81	0.76	0.70	0.64	0.59	0.54	0.50	0.46	0.42	0.39	0.36
10	0.87	0.82	0.76	0.71	0.65	0.60	0.55	0.50	0.46	0.42	0.39	0.36	0.33
12	0.82	0.77	0.71	0.66	0.60	0.55	0.51	0.47	0.43	0.39	0.36	0.33	0.31
14	0.77	0.72	0.66	0.61	0.56	0.51	0.47	0.43	0.40	0.36	0.34	0.31	0.29
16	0.72	0.67	0.61	0.56	0.52	0.47	0.44	0.40	0.37	0.34	0.31	0.29	0.27
18	0.76	0.62	0.57	0.52	0.48	0.44	0.40	0.37	0.34	0.31	0.29	0.27	0.25
20	0.62	0.57	0.53	0.48	0.44	0.40	0.37	0.34	0.32	0.29	0.27	0.25	0.23
22	0.58	0.53	0.49	0.45	0.41	0.38	0.35	0.32	0.30	0.27	0.25	0.24	0.22
24	0.54	0.49	0.45	0.41	0.38	0.35	0.32	0.30	0.28	0.26	0.24	0.22	0.21
26	0.50	0.46	0.42	0.38	0.35	0.33	0.30	0.28	0.26	0.24	0.22	0.21	0.19
28	0.46	0.42	0.39	0.36	0.33	0.30	0.28	0.26	0.24	0.22	0.21	0.19	0.18
30	0.43	0.39	0.36	0.33	0.31	0.28	0.26	0.24	0.22	0.21	0.20	0.18	0.17

表 4.3.4 影响系数 φ(砂浆强度等级≥M2.5)

β	e/h 或 e/h_T												
	0	0.025	0.05	0.075	0.1	0.125	0.15	0.175	0.2	0.025	0.25	0.275	0.3
≤3	1	0.99	0.97	0.94	0.89	0.84	0.79	0.73	0.68	0.62	0.57	0.52	0.48
4	0.87	0.82	0.77	0.71	0.66	0.60	0.55	0.51	0.46	0.43	0.39	0.36	0.33
6	0.76	0.70	0.65	0.59	0.54	0.50	0.46	0.42	0.39	0.36	0.33	0.30	0.28
8	0.63	0.58	0.54	0.49	0.45	0.41	0.38	0.35	0.32	0.30	0.28	0.25	0.24
10	0.53	0.48	0.44	0.41	0.37	0.34	0.32	0.29	0.27	0.25	0.23	0.22	0.20
12	0.44	0.40	0.37	0.34	0.31	0.29	0.27	0.25	0.23	0.21	0.20	0.19	0.17
14	0.36	0.33	0.31	0.28	0.26	0.24	0.23	0.21	0.20	0.18	0.17	0.16	0.15
16	0.30	0.28	0.26	0.24	0.22	0.21	0.19	0.18	0.17	0.16	0.15	0.14	0.13
18	0.26	0.24	0.22	0.21	0.19	0.18	0.17	0.16	0.15	0.14	0.13	0.12	0.12
20	0.22	0.20	0.19	0.18	0.17	0.16	0.15	0.14	0.13	0.12	0.12	0.11	0.10
22	0.19	0.18	0.16	0.15	0.14	0.14	0.13	0.12	0.12	0.11	0.10	0.10	0.09
24	0.16	0.15	0.14	0.13	0.13	0.12	0.11	0.11	0.10	0.10	0.09	0.09	0.08
26	0.14	0.13	0.13	0.12	0.11	0.11	0.10	0.10	0.09	0.09	0.08	0.08	0.07
28	0.12	0.12	0.11	0.11	0.10	0.10	0.09	0.09	0.08	0.08	0.08	0.07	0.07
30	0.11	0.10	0.10	0.09	0.09	0.09	0.08	0.08	0.07	0.07	0.07	0.07	0.06

表 4.3.5　影响系数 φ(砂浆强度为 0)

β	e/h 或 e/h_T												
	0	0.025	0.05	0.075	0.1	0.125	0.15	0.175	0.2	0.025	0.25	0.275	0.3
≤3	1	0.99	0.97	0.94	0.89	0.84	0.79	0.73	0.68	0.62	0.57	0.52	0.48
4	0.97	0.94	0.89	0.84	0.78	0.73	0.67	0.62	0.57	0.52	0.48	0.44	0.40
6	0.93	0.89	0.84	0.78	0.73	0.67	0.62	0.57	0.52	0.48	0.44	0.40	0.37
8	0.89	0.84	0.78	0.72	0.67	0.62	0.57	0.52	0.48	0.44	0.40	0.37	0.34
10	0.83	0.78	0.72	0.67	0.61	0.56	0.52	0.47	0.43	0.40	0.37	0.34	0.31
12	0.78	0.72	0.67	0.61	0.56	0.52	0.47	0.43	0.40	0.37	0.34	0.31	0.29
14	0.72	0.66	0.61	0.56	0.51	0.47	0.43	0.40	0.36	0.34	0.31	0.29	0.27
16	0.66	0.61	0.56	0.51	0.47	0.43	0.40	0.36	0.34	0.31	0.29	0.26	0.25
18	0.61	0.56	0.51	0.47	0.43	0.40	0.36	0.33	0.31	0.29	0.26	0.24	0.23
20	0.56	0.51	0.47	0.43	0.39	0.36	0.33	0.31	0.28	0.26	0.24	0.23	0.21
22	0.51	0.47	0.43	0.39	0.36	0.33	0.31	0.28	0.26	0.24	0.23	0.21	0.20
24	0.46	0.43	0.39	0.36	0.33	0.31	0.28	0.26	0.24	0.23	0.21	0.20	0.18
26	0.42	0.39	0.36	0.33	0.31	0.28	0.26	0.24	0.22	0.21	0.20	0.18	0.17
28	0.39	0.36	0.33	0.30	0.28	0.26	0.24	0.22	0.21	0.20	0.18	0.17	0.16
30	0.36	0.33	0.30	0.28	0.26	0.24	0.22	0.21	0.20	0.18	0.17	0.16	0.15

3.2.3　计算公式的应用规定

(1)对矩形截面构件，当轴向力偏心方向的截面边长大于另一方向的边长时，除按偏心受压计算外，还应对较小边长方向，按轴心受压进行验算。

(2)轴向力的偏心距 e 按内力设计值计算，并不应超过 $0.6y$，y 为截面重心到轴向力所在偏心方向截面边缘的距离。

(3)确定影响系数 φ 时，墙、柱的高厚比应按下式确定：

对矩形截面，　$$\beta=\gamma_\beta \frac{H_0}{h} \tag{4.3.5}$$

对 T 形截面，　$$\beta=\gamma_\beta \frac{H_0}{h_T} \tag{4.3.6}$$

式中　γ_β——不同砌体材料的高厚比修正系数，按表 4.3.6 采用。

H_0——受压构件的计算高度，按表 4.3.2 采用。

h——矩形截面轴向力偏心方向的边长，当轴心受压时为截面短边。

h_T——T 形截面的折算厚度，可近似按 $h_T=3.5i$ 计算，i 为截面回转半径。

表 4.3.6　不同砌体材料的高厚比修正系数

砌体材料类别	γ_β
烧结普通砖、烧结多孔砖	1.0
混凝土及轻骨料混凝土砌块	1.1
蒸压灰砂砖、蒸压粉煤灰砖、细料石、细料石	1.2
粗料石、毛石	1.5

【例题 4.3.3】某矩形截面砖柱，尺寸为 490 mm×490 mm，柱两端为不动铰支撑，计算高度 $H_0=4.8$ m，采用强度等级为 MU10 烧结普通砖及 M5 混合砂浆砌筑。结构安全等级为二级，施工质量控制等级为 B 级。柱顶承受轴向压力设计值 $N=250$ kN，试验算该柱的承载力。

【解】考虑砖柱自重，柱底截面轴向压力设计值为

$$N=250+1.2\times0.49\times0.49\times19\times4.8=276.28\ \text{kN}$$

由表 4.1.3 查得 MU10 烧结普通砖及 M5 混合砂浆砌筑的砌体抗压强度设计值 $f=1.5$ MPa。

由表 4.3.6 查得 $\gamma_\beta=1.0$。

$A=0.49\times0.49=0.24\ \text{m}^2<0.3\ \text{m}^2$，砌体强度调整系数 $\gamma_a=0.7+0.24=0.94$。

$$\beta=\gamma_\beta\frac{H_0}{h}=1.0\times\frac{4\,800}{490}=9.8,\ \frac{e}{h}=0$$

查表 4.3.3 得 $\varphi=0.874$。

则柱底截面承载力为

$$\varphi\gamma_a fA=0.874\times0.94\times1.5\times0.24\times10^3=295.76\ \text{kN}>276.28\ \text{kN}$$

满足要求。

【例题 4.3.4】某矩形截面砖柱，尺寸为 490 mm×620 mm 如图 4.3.7，采用 MU10 烧结普通砖及 M5 混合砂浆砌筑。柱计算高度 $H_0=6.0$ m，柱底承受轴向压力设计值 $N=170$ kN，弯矩设计值 $M=24$ kN·m，结构安全等级为二级，施工质量控制等级为 B 级。试验算该柱的承载力。

【解】1)弯矩作用平面内承载力验算

$$e=\frac{M}{N}=\frac{24}{170}=0.141\ \text{m}=141\ \text{mm}<0.6y=0.6\times\frac{620}{2}=186\ \text{mm}$$，满足要求。

由表 4.1.3 查得 MU10 烧结普通砖及 M5 混合砂浆砌筑的砌体抗压强度设计值 $f=1.5$ MPa。

由表 4.3.6 查得 $\gamma_\beta=1.0$。

$A=0.49\times0.62=0.303\,8\ \text{m}^2>0.3\ \text{m}^2$，$\gamma_a=1.0$

$$\beta=\gamma_\beta\frac{H_0}{h}=1.0\times\frac{6\,000}{620}=9.7,\ \frac{e}{h}=\frac{141}{620}=0.227$$

查表 4.3.3 得 $\varphi=0.418$，

则柱底截面承载力为

$$\varphi\gamma_a fA=0.418\times1.0\times1.5\times0.303\,8\times10^3=190.5\ \text{kN}>170\ \text{kN}$$

满足要求。

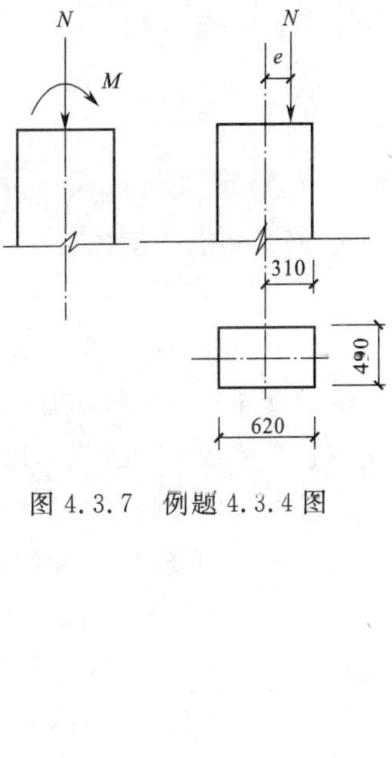

图 4.3.7　例题 4.3.4 图

2)弯矩作用平面外承载力验算

对较小边长方向，按轴心受压构件进行验算。

$$\beta=\gamma_\beta\frac{H_0}{h}=1.0\times\frac{6\,000}{490}=12.2,\ \frac{e}{h}=0$$

查表 4.3.3 得 $\varphi=0.815$，

则柱底截面承载力为

$$\varphi\gamma_a fA=0.815\times1.0\times1.5\times0.303\,8\times10^3=371.4\ \text{kN}>170\ \text{kN}$$，满足要求。

【例题 4.3.5】某带壁柱窗间墙(图 4.3.8)，计算高度 $H_0=6.8$ m，采用 MU10 烧结普通砖及 M5 混合砂浆砌筑。施工质量控制等级为 B 级。承受轴向压力设计值 $N=298$ kN，弯矩设计值 $M=29.5$ kN·m，轴向力作用点偏向翼缘，试验算该墙的承载力是否满足要求。

【解】某带壁柱截面尺寸计算从略，参见例题 4.3.2。

截面积　　$A=666\,200\ \text{mm}^2$

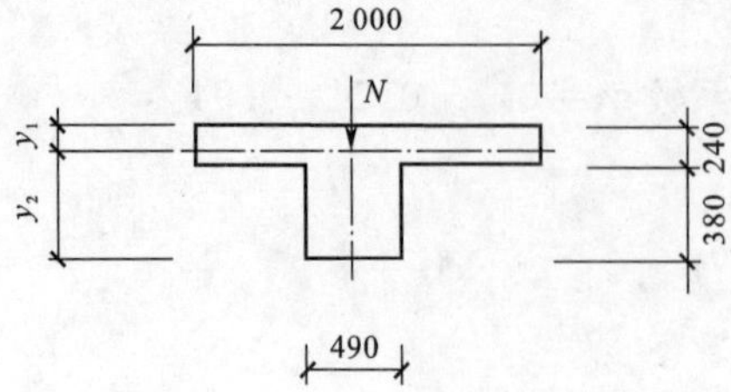

图 4.3.8 例题 4.3.5 图

重心轴 $y_1=207$ mm，$y_2=413$ mm

惯性距 $I=17\ 437\times10^6$ mm^4

回转半径 $i=161.78$ mm，

折算厚度 $h_T=566$ mm

$$e=\frac{M}{N}=\frac{29\ 500\ 000}{298\ 000}=99\text{ mm}<0.6y_1$$

$$=0.6\times207=124\text{ mm}$$

$$\frac{e}{h_T}=\frac{99}{566}=0.175$$

由表 4.1.3 查得 MU10 烧结普通砖及 M5 混合砂浆砌筑的砌体抗压强度设计值 $f=1.5$ MPa。

由表 4.3.6 查得 $\gamma_\beta=1.0$，

高厚比 $$\beta=\gamma_\beta\frac{H_0}{H_T}=1\times\frac{6\ 800}{566}=12$$

查表 4.3.3 得 $\varphi=0.47$

因 $A=0.666\ 2$ m^2$>$$0.3$ m^2，砌体强度调整系数 $\gamma_a=1.0$。

$$\varphi\gamma_a fA=0.47\times1.0\times1.5\times0.666\ 2\times10^3=469.67\text{ kN}>298\text{ kN}$$

满足要求。

3.3 配筋砌体受压构件

3.3.1 配筋砖砌体

1. 网状配筋砖砌体

1)受力特点

网状配筋砖砌体是将一定数量和规格的钢筋网配置在砌体的水平灰缝中(如图 4.3.9 所示)，用以增强砌体的抗压强度。常用的钢筋网有方格网和连弯钢筋网两种。把两片连弯钢筋网交错置于两相邻灰缝内，其作用效果相当于一片方格网。

在轴向压力作用下，砌体不仅发生纵向压缩变形，而且还产生横向膨胀。当在砌体水平灰缝内配置横向钢筋网时，摩擦力和砂浆的黏结力使砌体受压时钢筋受拉，两者共同工作。因钢筋的弹性模量大于砌体的弹性模量，故钢筋变形小，能阻止砌体受压时横向变形的发展。当砌体出现竖向裂缝后，钢筋起横向拉结作用，使被纵向裂缝分割的砌体小柱不至于过早失稳破坏，从而间接地提高了砌体的抗压强度。

当长细比和偏心距过大时，钢筋网的加强作用将逐渐减弱，故《砌体规范》规定，下列情况不宜采用网状配筋砖砌体：①偏心距超过截面核心范围，对于矩形截面即 $e/h>0.17$(e 为荷载偏心距，h 为偏心方向截面边长)；②高厚比 $\beta>16$。

2)构造要求

(1)网状配筋砖砌体中的体积配筋率 ρ 不应小于 0.1%，且不应大于 1%。体积配筋率过小，提高承载力的效果不明显；而过大时，钢筋的作用不能充分发挥。其中体积配筋率 ρ 为钢筋网体积 V_S 与砌体体积 V 的比值。

(2)采用方格网时，钢筋的直径宜采用 3～4 mm；采用连弯钢筋网时钢筋的直径不应大于

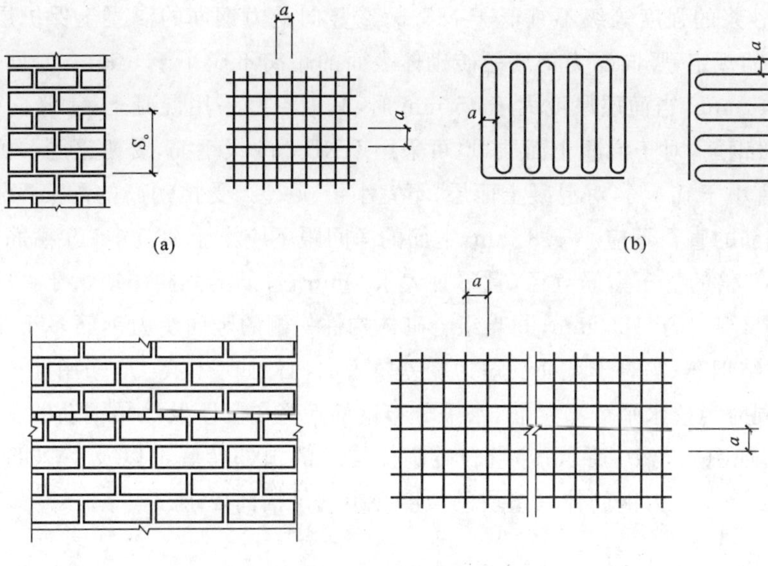

图 4.3.9 网状配筋砌体

(a)用方格网配筋的砖柱;(b)连弯钢筋网,(c)用方格网配筋的砖墙

8 mm。以保证钢筋的保护层厚度及控制水平灰缝不至于过厚。

(3)钢筋网中钢筋的间距不应大于 120 mm,且不应小于 30 mm。避免间距过小影响灰缝砂浆铺设的质量,间距过大造成钢筋横向拉接的不均匀。

(4)钢筋网的竖向间距不应大于五皮砖,且不应大于 400 mm。

(5)网状配筋砖砌体所用的砂浆强度等级不应低于 M7.5,钢筋网应设置在砌体的水平灰缝中,灰缝厚度应保证钢筋上下至少各有 2 mm 厚的砂浆层。其目的是避免钢筋的锈蚀并提高钢筋与砌体间的黏结力。

2.组合砖砌体

组合砖砌体有两种:砖砌体和钢筋混凝土面层或钢筋砂浆面层的组合砌体,砖砌体和钢筋混凝土构造柱组合墙。

1)砖砌体和钢筋混凝土面层或钢筋砂浆面层的组合砌体

(1)受力特点。

砖砌体和钢筋混凝土面层或钢筋砂浆面层的组合砌体,如图 4.1.7 所示。它不但能显著提高砌体的抗弯能力和延性。而且还能提高其抗压能力。

在轴心压力作用下,组合砌体先在与面层钢筋混凝土(或钢筋砂浆)连接处产生第一批裂缝,随着荷载的增加,砌体内逐渐产生竖向裂缝,因两侧的钢筋混凝土(或钢筋砂浆)对砖砌体有套箍作用,故砌体内裂缝的发展较缓慢。当砌体内砖和面层混凝土(或面层砂浆)严重脱落甚至被压碎,钢筋被压屈,组合砌体完全破坏。

在偏心压力作用下,组合砌体的承载能力和变形性能与钢筋混凝土偏压构件类似。

(2)构造要求。

为保证组合砌体的承载能力,砖砌体和钢筋混凝土或钢筋砂浆面层之间应整体连接,并应满足:①面层混凝土强度等级宜采用C20,面层水泥砂浆强度等级不宜低于混凝土强度等级宜采用M10,砌筑砂浆的强度等级不宜低于M7.5;②竖向受力钢筋的混凝土保护层厚度,不应小于表4.3.7中的规定,竖向受力钢筋距砖砌体表面的距离不应小于5 mm;③砂浆面层的厚度,可采用30～45 mm,当面层厚度大于45 mm时,其面层宜采用混凝土;④竖向受力钢筋宜采用HPB 235级钢筋,对于混凝土面层,也可采用HRB 335级钢筋,受压钢筋一侧的配筋率,对砂浆面层,不宜小于0.1%,对混凝土面层,不宜小于0.2%,受拉钢筋的配筋率不应小于0.1%,竖向受力钢筋的直径不应小于8 mm,钢筋的净间距不应小于30 mm;⑤箍筋的直径不宜小于4 mm及0.2倍的受压钢筋直径,且不宜大于6 mm,箍筋的间距不应大于20受压钢筋直径及500 mm,且不应小于120 mm;⑥当组合砌体构件一侧的竖向受力钢筋多于4根时,应设置附加箍筋或拉结钢筋;⑦对于截面长短边相差较大的构件如墙体等,应采用穿通墙体的拉结钢筋作为箍筋,同时设置水平分布钢筋,水平分布钢筋的竖向间距及拉结钢筋的水平间距均不应大于500 mm,如图4.3.10所示;⑧组合砖砌体构件的顶部及底部以及牛腿部位必须设置钢筋混凝土垫块,竖向受力钢筋伸入垫块的长度必须满足锚固要求。

表4.3.7　混凝土保护层最小厚度

构件类别＼环境条件	室内正常环境	露天或室内潮湿环境
墙	15	25
柱	25	35

注:当面层为水泥砂浆时,对于柱,保护层厚度可减小5 mm。

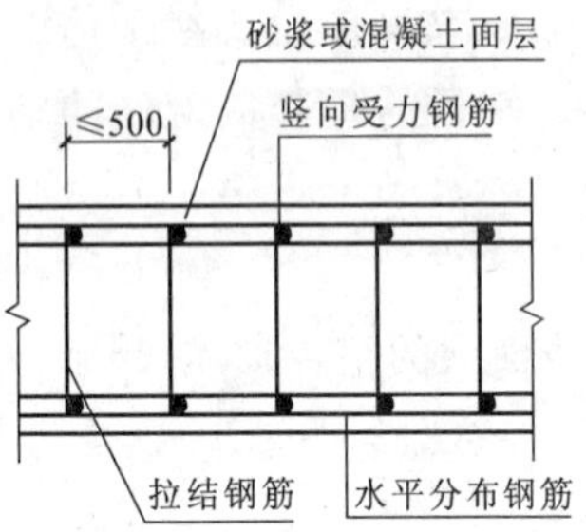

图4.3.10　混凝土或砂浆面层组合墙

2)砖砌体和钢筋混凝土构造柱组合墙

(1)受力特点。

在砖砌体结构中,当砖墙竖向承载力不足而又不宜增大墙体的厚度时,可在墙中设置钢筋混凝土构造柱予以加强,形成砖砌体和钢筋混凝土构造柱组合墙。

在荷载作用下,因构造柱和砖墙的刚度不同,以及内力重分布的结果,构造柱分担了墙体上的一部分荷载。同时柱与圈梁组成“弱框架”,使砌体变形受到约束,从而提高了墙体的承载力,增强了墙体的整体性,增加了墙体抗侧延性,大大改善了墙体的抗震性能。《建筑抗震设计规范》(GBJ50011—2001)指出,对于多层砖房应按要求设置钢筋混凝土构造柱。

(2)构造要求。

为保证组合墙的整体受力性能和可靠的工作,构造柱与圈梁、砌体之间应可靠连接,并应满足:①砂浆的强度等级不应低于M5,构造柱的混凝土强度等级不宜低于C20;②柱内竖向受力钢筋的混凝土保护层厚度,应符合表4.4.7的规定;③构造柱的截面尺寸不宜小于240 mm×240 mm,其厚度不应小于墙厚,边柱、角柱的截面宽度宜适当加大,柱内竖向受力钢筋对于中柱不宜少于4ϕ12,对于边柱、角柱不宜少于4ϕ14,构造柱的竖向受力钢筋的直径也不宜大于

16 mm，箍筋一般部位宜采用 $\phi6@200$，楼层上下 500 mm 范围内宜采用 $\phi6@100$，构造柱的竖向受力钢筋应在基础梁和楼层圈梁中锚固，并应符合受拉钢筋的锚固要求；④组合砖墙砌体结构房屋，应在纵横墙交接处、墙端部和较大洞口的洞边设置构造柱，其间距不宜大于 4 m，各层洞口宜设置在相应的位置，且宜上下对齐；⑤组合墙结构房屋应在基础顶面和有组合墙的楼层处设置现浇钢筋混凝土圈梁，圈梁的截面高度不宜小于 240 mm，纵向钢筋不宜小于 $4\phi12$，纵筋应伸入构造柱内，并应符合受拉钢筋的锚固要求，圈梁的箍筋宜采用 $\phi6@200$；⑥砖砌体与构造柱的连接处应砌成马牙槎，并应沿墙高每隔 500 mm 设 $2\phi6$ 拉结钢筋，且每边伸入墙内不宜小于 600 mm；⑦组合墙的施工程序应为先砌砖墙后浇混凝土构造柱。

3.3.2 配筋混凝土砌块砌体

1.受力特点

配筋混凝土砌块砌体的受力性能和破坏形态与钢筋混凝土剪力墙类似，承受竖向荷载和水平荷载。

2. 配筋砌块砌体剪力墙构造要求

为保证配筋砌块砌体剪力墙发挥其应有性能，《砌体规范》作了如下规定。

1)钢筋的规格

钢筋的直径不宜大于 25 mm，当设置在灰缝中时不应小于 4 mm，其他部位不应小于 10 mm。

配置在孔洞或空腔中的钢筋面积不应大于孔洞或空腔面积的 6%。

2)钢筋的设置

(1)设置在灰缝中的钢筋直径不宜大于灰缝厚度的 1/2。

(2)两平行钢筋间的净距不应小于 25 mm。

(3)柱和壁柱中的竖向钢筋的净距不应小于 40 mm(包括接头处钢筋间的净距)。

3)钢筋在灌孔混凝土中的锚固

(1)当计算中充分利用竖向受拉钢筋强度时，其锚固长度 l_a，对 HRB 335 级钢筋不宜小于 $30d$(d 为钢筋直径)；对 HRB 400 和 RRB 400 级钢筋不宜小于 $35d$；在任何情况下钢筋(包括钢丝)锚固长度不应小于 300 mm。

(2)竖向受拉钢筋不宜在受拉区截断。如必须截断时，应延伸至按正截面受弯承载力计算不需要该钢筋的截面以外，延伸的长度不应小于 $20d$(d 为受拉钢筋的直径)。

(3)竖向受压钢筋在跨中截断时，必须延伸至按计算不需要该钢筋的截面以外，延伸的长度不应小于 $20d$；对于绑扎骨架中末端无弯钩的钢筋延伸的长度不应小于 $25d$(d 为受压钢筋的直径)。

(4)对于钢筋骨架中的受力光面钢筋，应在钢筋末端做弯钩，在焊接骨架、焊接网以及轴心受压构件中，可不做弯钩；绑扎骨架中的受力变形钢筋，在钢筋的末端可不做弯钩。

4)钢筋的接头

钢筋的直径大于 22 mm 时，宜采用机械连接接头，接头的质量应符合有关标准、规范的规定；其他直径的钢筋可采用搭接接头，并应符合下列要求。

(1)钢筋的接头位置宜设置在受力较小处。

(2)受拉钢筋的搭接接头长度不应小于 $1.1l_a$，受压钢筋的搭接接头长度不应小于 $0.7l_a$，但不应小于 300 mm。

(3)当相邻接头钢筋的间距不大于 75 mm 时，其搭接长度应为 $1.2l_a$。当钢筋间的接头错开 $20d$ 时，搭接长度可不增加。

5)水平受力钢筋(网片)的锚固和搭接长度

(1)在凹槽砌块混凝土带中钢筋的锚固长度不宜小于 $30d$，且其水平或垂直弯折段的长度不宜小于 $15d$ 和 200 mm;钢筋的搭接长度不宜小于 $35d$。

(2)在砌体水平灰缝中，钢筋的锚固长度不宜小于 $50d$，且其水平或垂直弯折段的长度不宜小于 $20d$ 和 150 mm;钢筋的搭接长度不宜小于 $55d$。

(3)在隔皮或错缝搭接的灰缝中为 $50d+2h$，(d 为灰缝受力钢筋的直径，h 为水平灰缝的间距。)

6)钢筋的最小保护层厚度

(1)灰缝中钢筋外露砂浆保护层不宜小于 150 mm。

(2)位于砌块孔槽中的钢筋保护层，在室内正常环境不宜小于 20 mm，在室外或潮湿环境不宜小于 30 mm。

7)配筋砌块砌体剪力墙的砌体材料强度等级

(1)砌块不应低于 MU10。

(2)砌筑砂浆不应低于 Mb7.5。

(3)灌孔混凝土不应低于 Cb20。

8)配筋砌块砌体剪力墙的构造配筋

(1)应在墙的转角、端部和孔洞的两侧配置竖向连续的钢筋，钢筋的直径不宜小于 12 mm。

(2)应在洞口的底部和顶部设置不小于 $2\phi10$ 的水平钢筋，其伸入墙内的长度不宜小于 $35d$ 和 400 mm。

(3)应在楼(屋)盖的所有纵横墙处设置现浇钢筋混凝土圈梁，圈梁的宽度和高度宜等于墙厚和块高，圈梁主筋不应少于 $4\phi10$，圈梁的混凝土强度等级不宜低于同层混凝土块体强度等级的 2 倍，或该层灌孔混凝土的强度等级，也不应低于 C20。

(4)剪力墙其他部位的竖向和水平钢筋的间距不应大于墙长、墙高之半，也不应大于 1 200 mm。对局部灌孔的砌体，竖向钢筋的间距不应大于 600 mm。

(5)剪力墙沿竖向和水平方向的构造钢筋配筋率均不宜小于 0.07%。

9)按壁式框架设计的配筋砌块窗间墙

(1)窗间墙的截面：墙宽不应小于 800 mm，也不宜大于 2 400 mm，墙净高与墙宽之比不宜大于 5。

(2)窗间墙中的竖向钢筋：每片窗间墙中沿全高不应少于 4 根钢筋；沿墙的全截面应配置足够的抗弯钢筋；窗间墙的竖向钢筋的含钢率不宜小于 0.2%，也不宜大于 0.8%。

(3)窗间墙中的水平分布钢筋：水平分布钢筋应在墙端部纵筋处弯 180°标准钩，或等效的措施。水平分布钢筋的间距：在梁边 1 倍墙宽范围内不应大于 1/4 墙宽，其余部位不应大于 1/2 墙宽。水平分布钢筋的配筋率不宜小于 0.15%。

10)配筋砌块砌体剪力墙边缘构件的设置

(1)当利用剪力墙端的砌体时:在距墙端至少 3 倍墙厚范围内的孔中设置不小于 $\phi12$ 通长竖向钢筋;当剪力墙端部的设计压力大于 $0.8f_g$时,尚应设置间距不大于 200 mm、直径不小于 6 mm 的水平钢筋(钢箍),该水平钢筋宜设置在灌孔混凝土中。

(2)当在剪力墙墙端设置混凝土柱时:柱的截面宽度宜等于墙厚,柱的截面长度宜为 1～2 倍的墙厚,并不应小于 200 mm;柱的混凝土强度等级不宜低于该墙体块体强度等级的 2 倍,或该墙体灌孔混凝土的强度等级,也不应低于 C20;柱的竖向钢筋不宜小于 $4\phi12$,箍筋宜为 $\phi6$、间距 200 mm;墙体中的水平钢筋应在柱中锚固,并应满足钢筋的锚固要求;柱的施工顺序宜为先砌砌块墙体,后浇捣混凝土。

11)配筋砌块砌体剪力墙中连梁采用钢筋混凝土

连梁钢筋混凝土的强度等级不宜低于同层墙体块体强度等级的 2 倍,或同层墙体灌孔混凝土的强度等级,也不应低于 C20;其他构造尚应符合现行国家标准《混凝土结构设计规范》(GB50010)的有关规定要求。

12)配筋砌块砌体剪力墙中连梁采用配筋砌块砌体

(1)连梁的截面应符合:连梁的高度不应小于两皮砌块的高度和 400 mm;连梁应采用 H 型砌块或凹槽砌块组砌,孔洞应全部浇灌混凝土。

(2)连梁的水平钢筋宜符合:连梁的上、下水平受力钢筋宜对称、通长设置,在灌孔砌体内的锚固长度不应小于 $35d$ 和 400 mm;连梁水平受力钢筋的含钢率不宜小于 0.2%,也不宜大于 0.8%。

(3)连梁的箍筋应符合:箍筋的直径不应小于 6 mm;箍筋的间距不宜大于 1/2 梁高和 600 mm;在距支座等于梁高范围内的箍筋间距不应大于 1/4 梁高,在距支座表面第一根箍筋的间距不应大于 100 mm;箍筋的面积配筋率不宜小于 0.15%;箍筋宜为封闭式,双肢箍末端弯钩为 135°,单肢箍末端的弯钩为 180°,或弯 90°加 12 倍箍筋直径的延长段。

3.4 砌体局部受压计算

当轴向力作用于砌体的部分截面上时,砌体处于局部受压。砌体局部受压是实际工程中常见的受力状态,如基础顶面的墙、柱支撑处,梁或屋架端部的支撑处,砌体受到局部压力作用。

根据局部受压截面上压应力的分布,砌体局部受压分为局部均匀受压和非均匀受压两种情况,如图 4.3.11 所示。

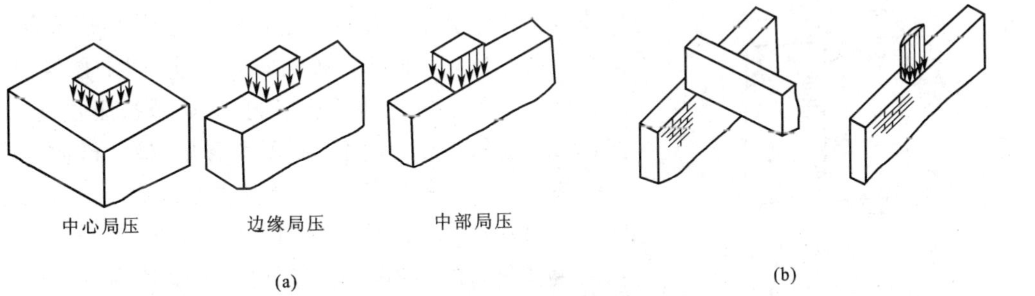

图 4.3.11 砌体局部受压

(a)局部均匀受压;(b)局部非均匀受压

当被支撑的砌体受到较大荷载时，应进行局部受压计算，防止支撑处砌体强度不足而破坏。

3.4.1　受力特点

通过大量试验发现，砌体局部受压有以下 3 种破坏形态。

1. 竖向裂缝破坏

如图 4.3.12(a)所示，初裂往往发生在与垫板直接接触的 1～2 皮砖以下的砌体。随着荷载的增加，纵向裂缝向上、向下发展，同时也出现新的纵向裂缝和斜向裂缝。破坏时，在试件内部有一条主裂缝贯穿而导致破坏。这是较常见的、最基本的破坏形态。

2. 劈裂破坏

如图 4.3.12(b)所示，在荷载作用下，产生的纵向裂缝少而集中，一旦出现纵向裂缝，砌体即犹如刀劈而破坏。只有当砌体面积与局部受压面积之比相当大，且初裂荷载与破坏荷载很接近，才有可能产生这种破坏形态。

3. 砌体局部破坏

如图 4.3.12(c)所示，这种情况较少见，当墙梁的墙高与跨度之比较大，砌体强度较大时，有可能产生梁支撑附近砌体被压碎的现象。

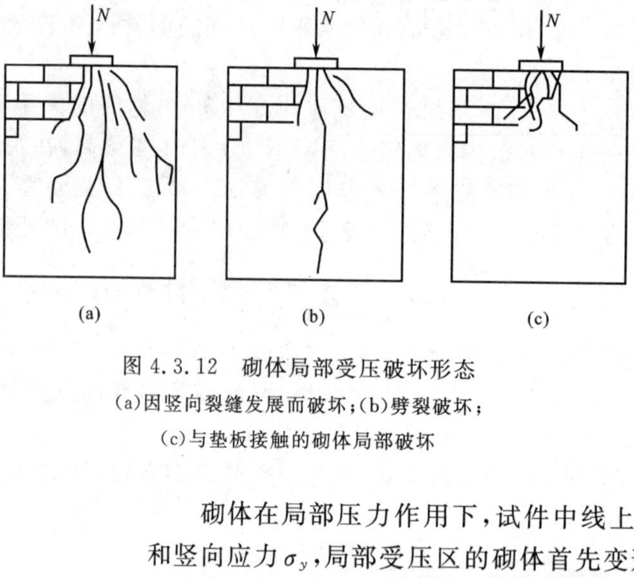

图 4.3.12　砌体局部受压破坏形态

(a)因竖向裂缝发展而破坏；(b)劈裂破坏；

(c)与垫板接触的砌体局部破坏

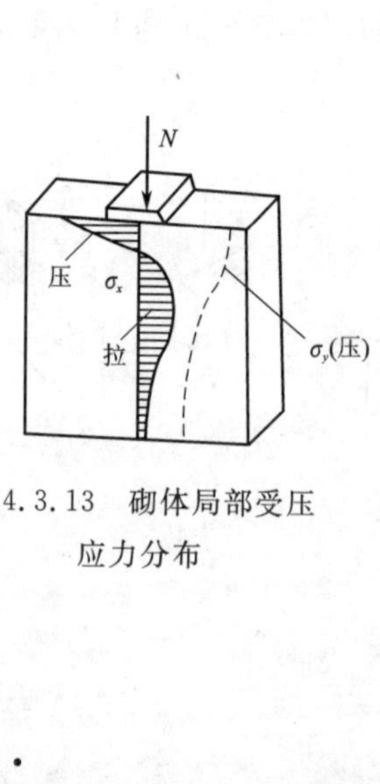

图 4.3.13　砌体局部受压应力分布

砌体在局部压力作用下，试件中线上存在横向应力 σ_x 和竖向应力 σ_y，局部受压区的砌体首先变形，而其周围未直接受荷砌体象套箍一样阻止这种横向变形，由于局部压应力向下扩散，砌体处于双向和三向受压状态(如图 4.3.13 所示)，使局部受压区砌体的抗压能力(局部抗压强度)大大提高，呈现“套箍强化”作用。由图可看出，最大横向拉应力产生在垫板下方的一段长度上，当其值超过砌体的抗拉强度时即出现第一条纵向裂缝，但砌体并不破坏，直至出现其他的纵向裂缝和斜向裂缝，且当竖向应力 σ_y 达到砌体抗压强度时才破坏。

3.4.2 砌体局部均匀受压

1. 承载力计算公式

砌体截面中受局部均匀压力作用时的承载力应按下式计算：

$$N_l \leqslant \gamma f A_1 \qquad (4.3.7)$$

式中 N_l——局部受压面积上的轴向力设计值。

γ——砌体局部抗压强度提高系数。

f——砌体的抗压强度设计值，可不考虑强度调整系数 γ_a 的影响。

A_l——局部受压面积。

2. 抗压强度提高系数的计算公式

砌体局部抗压强度提高系数 γ，按下式计算：

$$\gamma = 1 + 0.35\sqrt{\frac{A_0}{A_1} - 1} \qquad (4.3.8)$$

式中 A_0——影响砌体局部抗压强度的计算面积，表示周围起约束作用的砌体面积范围。按图 4.3.14 所示的规定采用。

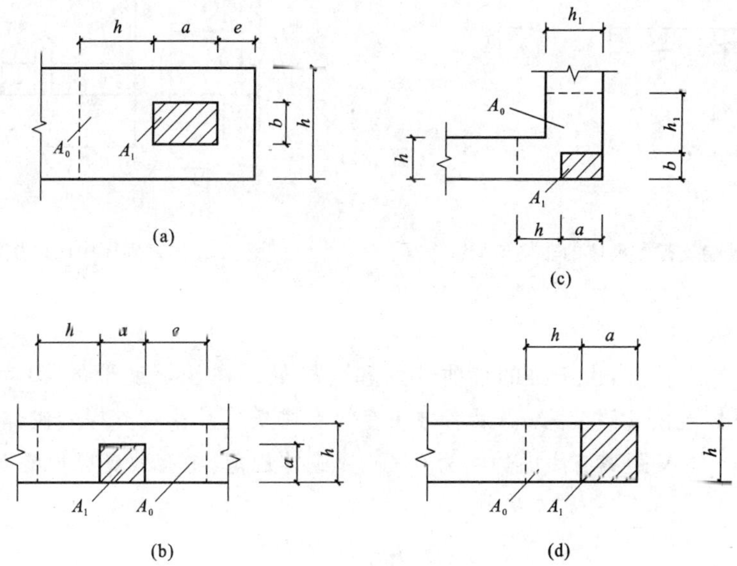

图 4.3.14 影响砌体局部抗压强度的面积 A_0

(a)$A_0=(a+c+h)h$，$\gamma\leqslant 2.5$；(b)$A_0=(b+2h)h$，$\gamma\leqslant 2.0$；(c)$A_0=(a+h)h+(b+h_1-h)h_1$；(d)$A_0=(a+h)h$，$\gamma\leqslant 12.5$

在图 4.3.14(a)的情况下，$A_0=(a+c+h)h$，$\gamma\leqslant 2.5$。式中当 $c>h$ 时取 h。

在图 4.3.14(b)的情况下，$A_0=(b+2h)h$，$\gamma\leqslant 2.0$。

在图 4.3.14(c)的情况下，$A_0=(a+h)h+(b+h_1-h)h_1$，$\gamma\leqslant 1.5$。

在图 4.3.14(d)的情况下，$A_0=(a+h)h$，$\gamma\leqslant 12.5$。

对于多孔砖砌体和灌孔混凝土砌块砌体，在图 4.3.14(a)、图 4.3.14(b)、图 4.3.14(c)的情况下，尚应符合 $\gamma\leqslant 1.5$；未灌孔混凝土砌块砌体，$\gamma=1.0$。

3.4.3 梁端支撑处砌体非均匀受压

梁端支撑处砌体局部受压时，作用在梁端砌体上的竖向应力有上部荷载传来的轴向力 N_0 产生的均匀压应力 σ_0 以及本层梁端支撑压力 N_1产生的非均匀压应力 σ_1，如图 4.3.15 所示。

试验表明，当梁上荷载 N_1增加时，梁端底部砌体的局部压缩变形增大，砌体内部产生应力重分布现象。梁端顶面砌体与梁顶逐渐脱开，使梁端顶面砌体承受的上部荷载 N_0卸至两边墙体并以内拱作用传递荷载，从而减小了梁顶面直接传递的压应力，即起"内拱卸荷作用"，如图 4.3.16 所示。上部荷载对梁端局压强度是有影响的。此时，上部荷载产生的均匀压应力 σ_0 的存在和扩散能增强下端砌体横向抗拉的能力，从而提高局部受压承载力。但随着 σ_0 的增加，内拱作用逐渐减弱，其有利的效应也随之减小。这一影响以上部荷载的折减系数 ψ 来表示。

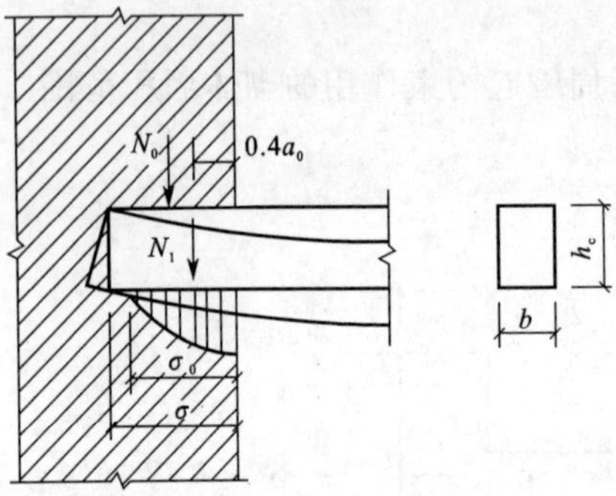

图 4.3.15 梁端支撑处砌体的非均匀局部受压

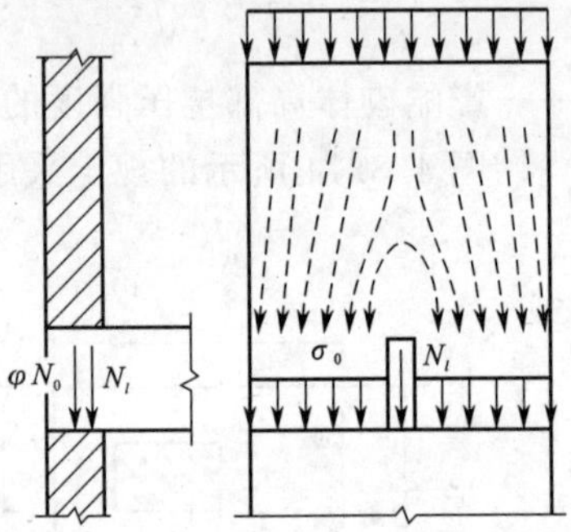

图 4.3.16 砌体中的内拱卸荷作用

1. 梁端有效支撑长度

当梁支撑在砌体上，由于梁的挠曲变形和支撑处砌体压缩变形的影响（如图 4.3.15 所示），梁的支撑长度由 a 改变为 a_0，后者称为有效支撑长度。梁端支撑处砌体局部压应力呈不均匀分布，其合力 N_l距离支座内边缘为 $0.4a$。《砌体规范》中有效支撑长度采用下式计算：

$$a_0=10\sqrt{\frac{h_c}{f}} \tag{4.3.9}$$

式中 a_0——梁的有效支撑长度，mm，当 $a_0>a$ 时，应取 $a_0=a$。

a——梁端实际支撑长度，mm。

h_c——梁的截面高度，mm。

f——砌体的抗压强度设计值，MPa。

2. 梁端支撑处砌体的局部受压承载力计算

计算公式为

$$\psi N_0+N_l\leqslant\eta\gamma f A_l \tag{4.3.10}$$

$$\psi=1.5-0.5\frac{A_0}{A_l}$$

式中 ψ——上部荷载的折减系数，当 $A_0/A_l\geqslant3$ 时，应取 ψ 等于 0。

N_0——局部受压面积（$A_l=a_0b$；b 为梁截面宽度，mm）内上部轴向力设计值（N），$N_0=\sigma_0A_l$。

N_l——梁端支撑压力设计值，N。

σ_0——上部平均压应力设计值，N/mm^2。

η——梁端底面压应力图形的完整系数，可取 0.7，对于过梁和墙梁可取 1.0。

【例题 4.3.6】某窗间墙，截面尺寸为 1 200 mm×240 mm，采用普通砖 MU10、混合砂浆 M5 砌筑，施工质量控制等级 B 级。墙上支撑钢筋混凝土楼面梁，梁截面 $b\times h=$ 200 mm×350 mm，搁置墙上的长度 $a=240$ mm 如图 4.3.17。梁端支撑压力设计值为 39 kN，上部墙体传来轴向力设计值为 104.8 kN，试验算梁端支撑处砌体的局部受压承载力。

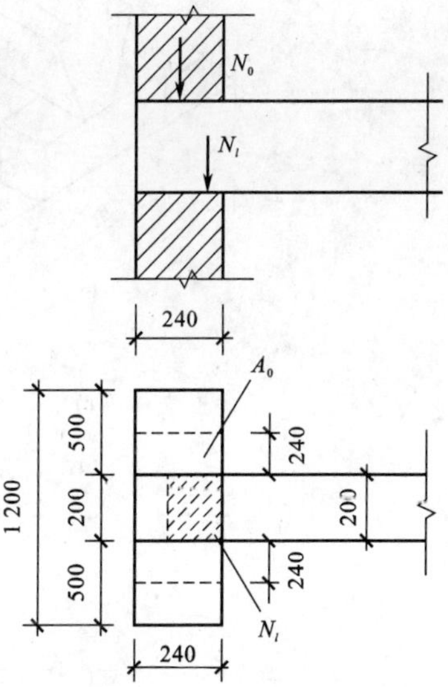

图 4.3.17 例题 4.3.6 图

【解】查表 4.1.3 得，$f=1.5$ MPa（对于局部受压，不考虑 γ_a）。

本题属图 4.3.14(b)情况的局部受压。

梁端实际支撑长度 $a=240$ mm

有效支撑长度 $a_0=10\sqrt{\dfrac{h_c}{f}}=10\sqrt{\dfrac{350}{1.5}}$

$=152.8\ \text{mm}<a$

局部受压面积 $A_l=a_0b=152.8\times200=30\ 560\ \text{mm}^2$

计算面积 $A_0=(b+2a)a=(200+2\times240)\times240=163\ 200\ \text{mm}^2$

$\dfrac{A_0}{A_l}=\dfrac{163\ 200}{30\ 560}=5.3>3$，取 $\psi=0$，即不考虑上部荷载的影响。

强度提高系数 $\gamma=1+0.35\sqrt{\dfrac{A_0}{A_l}-1}=1+0.35\sqrt{5.3-1}=1.73<2$

$$\psi N_0+N_l=0+39=39\ \text{kN}$$

$$\eta\gamma fa_l=0.7\times1.73\times1.5\times30\ 560=55\ 512\ \text{N}=55.5\ \text{kN}>39\ \text{kN}$$

满足要求。

3.4.4 梁端有刚性垫块的砌体局部受压

1. 刚性垫块的设置

当梁端支撑处砌体局部受压按式(4.3.10)计算不能满足要求时，可在梁端下设置钢筋混凝土刚性垫块如图 4.3.18。其作用是扩大局部受压面积，使梁端压力较好地传至砌体截面上，避免砌体因局部受压而破坏。刚性垫块分为预制刚性垫块和现浇刚性垫块，在实际工程中，往往采用预制刚性垫块。

梁端下设置的刚性垫块应符合以下要求。

(1)高度(厚度)t_b不宜小于 180 mm，自梁边算起的垫块挑出长度 c 不宜大于垫块高度 t_b；

(2)在带壁柱墙的壁柱内设置刚性垫块时，由于翼墙多数位于压应力较小边，翼墙参加工作的程度有限，所以其计算面积应取壁柱范围内的面积，而不应计算翼缘部分，同时壁柱上垫块伸入翼墙内的长度不应小于 120 mm，如图 4.3.19 所示。

2. 刚性垫块下砌体局部受压承载力计算

刚性垫块下砌体局部受压承载力可按不考虑纵向弯曲影响的偏心受压砌体计算，但可考

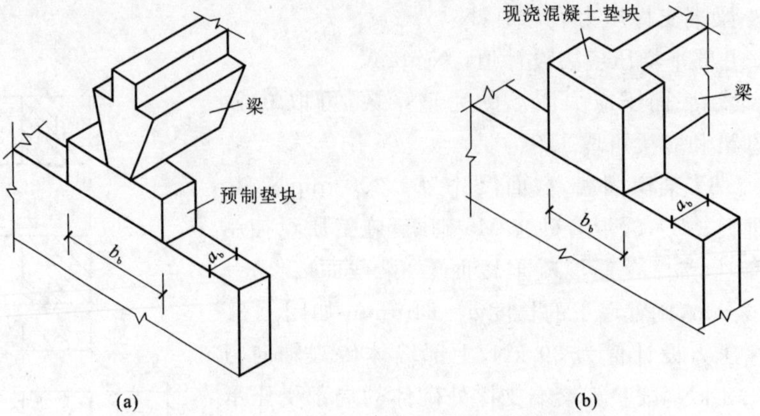

图 4.3.18　设置刚性垫块的梁端砌体局部受压

(a)预制刚性垫块；(b)现浇刚性垫块

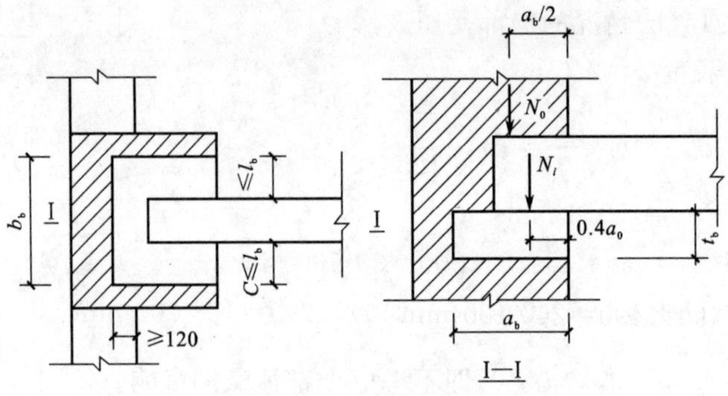

图 4.3.19　壁柱上设有垫块时梁端局部受压

虑垫块外砌体对垫块下砌体抗压强度的有利影响，其计算公式为：

$$N_0 + N_1 \leqslant \varphi \gamma_1 f A_b, N_0 = \sigma_0 A_b \tag{4.3.11}$$

式中　N_0——垫块面积 A_b 内上部轴向力设计值，N。

A_b——垫块面积，mm^2，$A_b = a_b b_b$，a_b 为垫块伸入墙内的长度，b_b 为垫块宽度。

φ——垫块上 N_0 及 N_1 合力的影响系数，应采用式(4.3.4)当 $\beta \leqslant 3$ 时的 φ 值。

γ——垫块外砌体面积的有利影响系数，γ_1 应为 0.8γ，但不小于 1.0。γ 为砌体局部抗压强度提高系数，按式(4.3.8)以 A_b 代替 A_l 计算得出。

3. 刚性垫块上表面梁端有效支撑面积计算

$$A_0 = \delta_1 \sqrt{\frac{h_c}{f}} \tag{4.3.12}$$

式中　δ_1——刚性垫块的影响系数，可按表 4.3.8 采用。

垫块上 N_l 作用点的位置可取 $0.4a_0$ 处。

表 4.3.8　系数 δ_1 值表

σ_0/f	0	0.2	0.4	0.6	0.8
δ_1	5.4	5.7	6.0	6.9	7.8

4.梁端有整浇垫块的砌体局部受压承载力计算

当现浇刚性垫块与梁端整体浇筑时，垫块可在梁高范围内设置，如图4.3.17(b)所示。整浇垫块下的砌体局部受压与预制刚性垫块下的局部受压有些差别，但为了简化计算，可按预制刚性垫块下砌体的局部受压计算。

【例题4.3.7】某带壁柱窗间墙，采用普通砖MU10、混合砂浆M5砌筑，施工质量控制等级B级，墙截面尺寸如图4.3.20所示。墙上支撑钢筋混凝土楼面梁，梁截面 $b\times h=200$ mm×500 mm，搁置墙上的长度 $a=370$ mm。本层大梁端支撑压力设计值为80 kN，梁底截面以上由上部墙体传来轴向力设计值为185 kN，试验算梁端支撑处砌体的局部受压承载力。

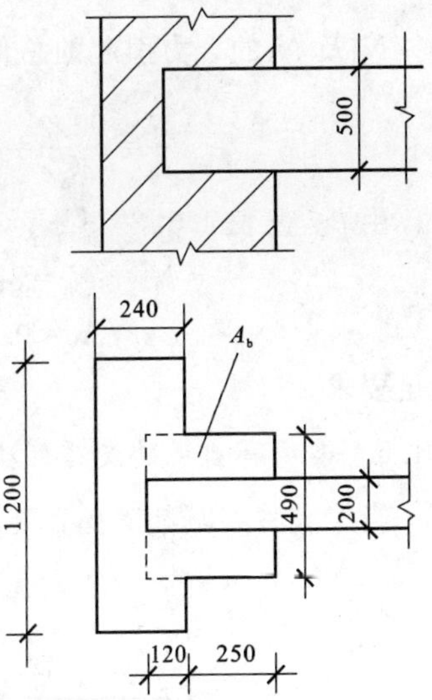

图4.3.20 例题4.3.7图

【解】查表4.1.3得，$f=1.5$ MPa(对于局部受压，不考虑 γ_a)。

本题属图4.3.14(b)情况的局部受压。

梁端实际支撑长度 $a=240$ mm

有效支撑长度 $a_0=10\sqrt{\dfrac{h_c}{f}}=10\sqrt{\dfrac{500}{1.5}}=182.6\ \text{mm}<a$

局部受压面积 $A_l=a_0b=182.6\times200=36\ 520\ \text{mm}^2$

计算面积 $A_0=490\times490=240\ 100\ \text{mm}^2$

$\dfrac{A_0}{A_l}=\dfrac{240\ 100}{36\ 520}=6.6>3$，取 $\psi=0$，即不考虑上部荷载的影响。

强度提高系数 $\gamma=1+0.35\sqrt{\dfrac{A_0}{A_l}-1}=1+0.35\sqrt{6.6-1}=1.83<2$

$$\psi N_0+N_l=0+80=80\ \text{kN}$$

$$\eta\gamma fA_l=0.7\times1.83\times1.5\times36\ 520=70\ 173\ \text{N}=70.2\ \text{kN}<80\ \text{kN}$$

不满足局部受压要求，在梁端下设预制钢筋混凝土刚性垫块，垫块尺寸 $a_b\times b_b\times t_b=370\ \text{mm}\times490\ \text{mm}\times180\ \text{mm}$，则垫块面积 $A_b=a_bb_b=370\times490=181\ 300\ \text{mm}^2$，

计算面积(不考虑翼缘面积)$a_0=490\times490=240\ 100\ \text{mm}^2$

强度提高系数 $\gamma=1+0.35\sqrt{\dfrac{A_0}{A_b}-1}=1+0.35\sqrt{\dfrac{240\ 100}{181\ 300}-1}=1.2<2$

$$\gamma=0.8\gamma=0.8\times1.2=0.96<1，取\ \gamma_1=1$$

上部荷载传来平均压应力 $\sigma_0=\dfrac{N_0^1}{A_l}=\dfrac{185\ 000}{1\ 200\times240+250\times490}=0.45\ \text{N/mm}^2$

垫块面积内上部轴向力设计值 $N_0=\sigma_0A_b=0.45\times181\ 300=81\ 585=82\ \text{kN}$

由 $\dfrac{\sigma_0}{f}=\dfrac{0.45}{1.5}=0.3$，查表4.3.8得，$\delta_1=5.85$

有效支撑长度 $a_0=\delta_1\sqrt{\dfrac{h_c}{f}}=5.85\sqrt{\dfrac{500}{1.5}}=107\ \text{mm}$

N_l 对垫块中心的偏心距 $e_l=\dfrac{a_b}{2}-0.4a=\dfrac{370}{2}-0.4\times107=142.2\ \text{mm}$

N_0作用于垫块中心，不引起偏心力距。

N_0及N_l的合力引起的总偏心距 $e=\frac{N_l e_l}{N_0+N_l}=\frac{80\times142.2}{80+80}=70.2\ \text{mm}$

$$\frac{e}{a_b}=\frac{70.2}{370}=0.19$$

由β≤查表4.3.3，得$\varphi=0.70$

$$N_0+N_l=82+80=162\ \text{kN}$$

$$\varphi\gamma_1 fA_b=0.7\times1\times1.5\times181\ 300=190\ 365\quad N=190.4\ \text{kN}>162\ \text{kN}$$

满足要求。

3.4.5 梁端有垫梁的支撑处砌体局部受压

当梁或屋架端部支撑在连续钢筋混凝土圈梁上时，该圈梁即为垫梁。

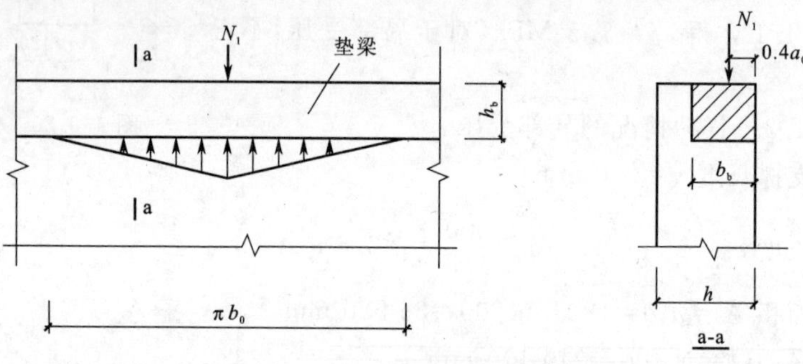

图 4.3.21 垫梁局部受压

钢筋混凝土垫梁承受上部墙体传来的均布荷载和梁端局部荷载作用。在墙体上的垫梁可看作为弹性地基梁，作用在垫梁上的集中力在墙体内引起竖向压应力，为简化计算，压应力的分布取图4.3.21所示的三角形，分布长度取πh_0，略去理论推导，长度大于πh_0的垫梁下砌体局部受压承载力按下式计算：

$$N_0+N_l\leqslant2.4\delta_2 fb_b h_0 \tag{4.3.13}$$

式中 N_0——垫梁上部轴向力设计值，N。

$$N_0=\frac{\pi b_b h_0\sigma_0}{2} \tag{4.3.14}$$

$$h_0=2^3\sqrt{\frac{E_b I_b}{Eh}} \tag{4.3.15}$$

δ_2——当荷载沿墙厚方向均匀分布时，δ_2取1.0，不均匀时，δ_2取0.8。

h_0——垫梁折算高度，mm。

E_b、I_b——分别为垫梁的混凝土弹性模量和截面惯性矩。

E——砌体的弹性模量。

h——墙厚，mm。

思考题与习题

1. 为什么要验算墙、柱的高厚比？影响高厚比的因素有哪些？

2. 砌体偏心受压构件有哪几种破坏形态？偏心距 e 为什么不宜过大？

3. 配筋砌体有哪几种主要形式？简述各自的受力特点？

4. 砖砌体和钢筋混凝土构造柱组合墙有哪些构造措施？

5. 什么是砌体局部受压？它有几种破坏形态？

6. 砌体局部抗压强度提高系数与何因素有关？为何对其规定限值？

7. 什么情况下应设置钢筋混凝土梁垫？刚性垫块有何构造要求？

8. 某单层房屋层高为 4.5 m，砖柱截面为 490 mm×370 mm，采用 M5 混合砂浆砌筑，房屋的静力计算方案为刚性方案。试验算此砖柱的高厚比。

9. 如图 4.3.22 所示单层厂房平面，长 30 m，宽 12 m，采用轻钢屋盖，层高 5 m，采用 MU10 普通砖和 M5 混合砂浆砌筑，构造柱为 240 mm×240 mm，要求：(1)确定房屋的静力计算方案，并画出计算简图；(2)验算带壁柱纵墙的高厚比。

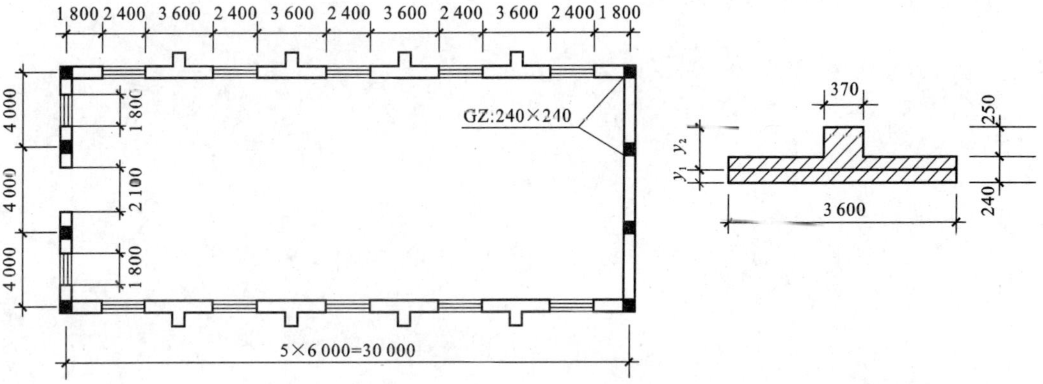

图 4.3.22　题 4.3.9 附图

10. 某矩形截面砖柱，尺寸为 490 mm×490 mm，柱两端为不动铰支撑，计算高度 H_0 = 5 m，柱顶承受轴向压力设计值 N=200 kN。(1)若采用 MU10 砖及 M5 混合砂浆砌筑，试验算该柱底截面承载力。(2)若采用 MU10 轻骨料混凝土砌块及 M5 混合砂浆砌筑，则承载力为多少？

11. 某矩形截面砖柱，尺寸为 370 mm×620 mm，采用 MU10 砖及 M5 混合砂浆砌筑，施工质量控制等级为 B 级，柱计算高度 H_0=5.1 m，柱顶截面承受轴向压力设计值 N=170 kN，沿截面长边方向的弯矩设计值 M=20 kN·m，试验算该柱的承载力是否满足要求。

12. 如图 4.3.23 所示带壁柱窗间墙，计算高度 H_0=5 m，采用 MU10 烧结普通砖及 M5 混合砂浆砌筑。施工质量控制等级为 B 级。承受轴向压力设计值 N=150 kN，弯矩设计值 M =30 kN·m，轴向力作用点偏向翼缘，试验算该墙的承载力是否满足要求。

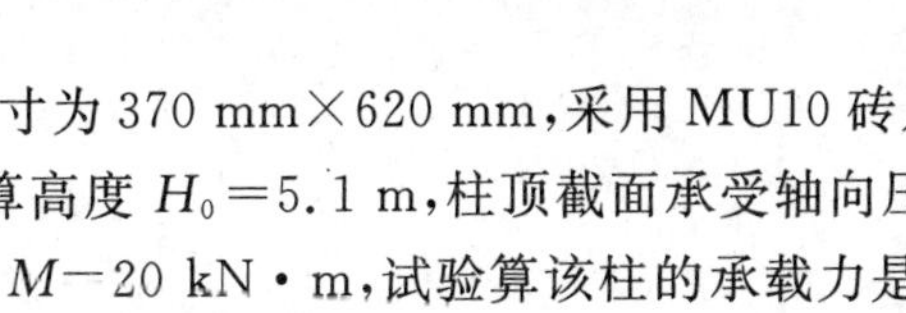

图 4.3.23　题 4.3.12 附图

13. 某窗间墙截面尺寸为 1 100 mm×370 mm，采用 MU10 烧结普通砖及 M5 混合砂浆砌筑。墙上支撑钢筋混凝土楼面梁，梁截面 $b\times h=200\ \text{mm}\times 600\ \text{mm}$，梁端伸入墙内的支撑长度 $a=370\ \text{mm}$。本层大梁端支撑压力设计值为 125 kN，梁底截面以上由上部墙体传来轴向力设计值为 145 kN，试验算梁端支撑处砌体的局部受压承载力（若承载力不够可设置梁垫再进行验算）。

第4章 砌体结构的构造措施

4.1 一般构造要求

为了保证砌体结构房屋有足够的耐久性和良好的整体工作性能，在房屋设计中，除进行墙、柱承载力和高厚比验算外，还必须采取合理的构造措施。

4.1.1 墙、柱最小截面尺寸

承重的独立砖柱截面尺寸不应小于240 mm×370 mm。毛石墙的厚度不宜小于350 mm，毛石柱的较小边长不宜小于400 mm。当有振动荷载时，墙、柱不宜采用毛石砌体。

4.1.2 墙、柱的拉结

墙、柱必须和楼板、梁、屋架和骨架柱有可靠的拉结，形成稳定的承重体系，避免局部受压破坏。其构造要求如下。

(1)对于跨度大于6 m的屋架和跨度大于4.8 m(对砖砌体)、4.2 m(对砌块和料石砌体)、3.9 m(对毛石砌体)的梁，应在支撑处砌体上设置混凝土或钢筋混凝土垫块。当墙中设有圈梁时，垫块与圈梁宜浇成整体。

(2)当梁跨度大于或等于6 m(240 mm墙)、4.8 m(180 mm厚砖墙以及砌块、料石墙)时，其支撑处宜加设壁柱，或采取其他加强措施。

(3)预制钢筋混凝土板的支撑长度在墙上不宜小于100 mm；在钢筋混凝土圈梁上不宜小于80 mm。当利用板端伸出钢筋拉结和混凝土灌缝时，其支撑长度可为40 mm，但板端缝宽不小于80 mm，灌缝混凝土不宜低于C20。

(4)对于支撑在墙、柱上的吊车梁、屋架及跨度大于或等于9 m(砖砌体)、7.2 m(砌块和料石砌体)的预制梁的端部，应采用锚固件与墙、柱上的垫块锚固。

(5)填充墙、隔墙应分别采取措施与周边构件可靠连接。

(6)山墙处的壁柱宜砌至山墙顶部，屋面构件应与山墙可靠拉结。

4.1.3 砌块砌体的构造

(1)砌块砌体应分皮错缝搭砌，上下皮搭砌长度不得小于90 mm。当搭砌长度不满足上述要求时，应在水平灰缝隙内设置不小于2ϕ4的焊接钢筋网片(横向钢筋间距不宜大于200 mm)网片每端均应超过该垂直缝，其长度不得小于300 mm。

(2)在砌块墙与后砌隔墙交接处，应沿墙高度每400 mm在水平灰缝内设置不少于2ϕ4、横筋间距不大于200 mm的焊接钢筋网片如图4.4.1。

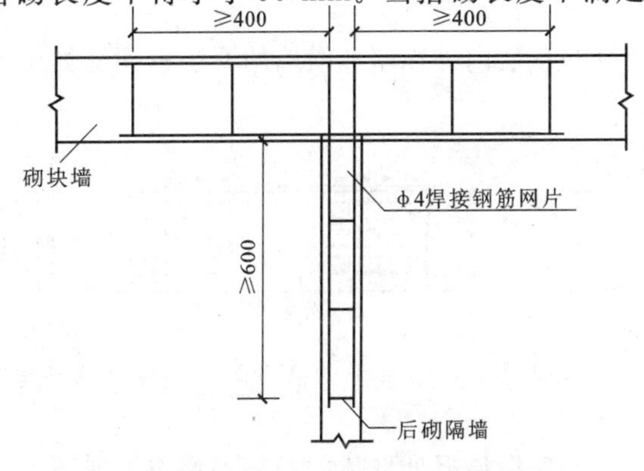

图4.4.1 砌块墙与后砌隔墙交接处钢筋网片

(3)为增强混凝土砌块房屋的整体性和抗裂能力，根据工程经验，宜将混凝土砌块房屋的纵横墙交接处和距墙中心线每边不小于 300 mm 范围内的孔洞采用不低于 Cb20 灌孔混凝土灌实，灌实高度应为墙身全高。

(4)混凝土砌块墙体的下列部位如未设圈梁或混凝土垫块时，应采用不低于 Cb20 灌孔混凝土将孔洞灌实：①搁栅、檩条和钢筋混凝土楼板的支撑面下，高度不应小于 200 mm 的砌体；②屋架、梁等构件的支撑面下，高度不应小于 600 mm，长度不应小于 600 mm 的砌体；③挑梁支撑面下，距墙中心线每边不应小于 300 mm，高度不应小于 600 mm 的砌体；

(5)在砌体中留槽洞及埋设管道时，对砌体的受压承载力影响较大，故应遵守：①不应在截面长边小于 500 mm 的承重墙体、独立柱内埋设管线；②不宜在墙体中穿行暗线或预留、开凿沟槽，无法避开时应采取必要的措施或按削弱后的截面验算墙体的承载力。

对受力较小或未灌孔的砌块砌体，允许在墙体的竖向孔洞中设置管线。

4.2 防止与减轻墙体开裂的主要措施

由于砌体的抗裂性差，外荷载变化、墙体收缩、温度变化和地基不均匀沉降，都可使砌体结构房屋的墙体产生各种裂缝，降低房屋的整体刚度，影响建筑物的使用安全。因此，在砌体结构房屋设计中，采取有效措施尽可能防止或减少墙体开裂。

4.2.1 防止由于墙体收缩和温度变化引起墙体开裂的主要措施

1. 墙体收缩和温度变化引起墙体裂缝的主要形态

混合结构房屋中，墙体和钢筋混凝土屋盖等结构的温度线膨胀系数和收缩率不同。当温度变化或材料收缩时，在墙体内产生附加应力，当产生的附加应力超过砌体抗拉强度时，墙体就会开裂。裂缝主要形态如下。

(1)平屋顶下边外墙的水平裂缝和包角裂缝如图 4.4.2 所示。

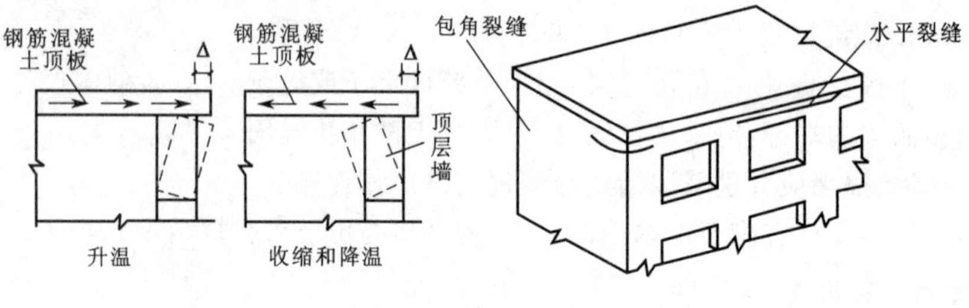

图 4.4.2 平屋顶下边外墙的裂缝

(2)顶层内外纵墙和横墙的八字形裂缝如图 4.4.3 所示。

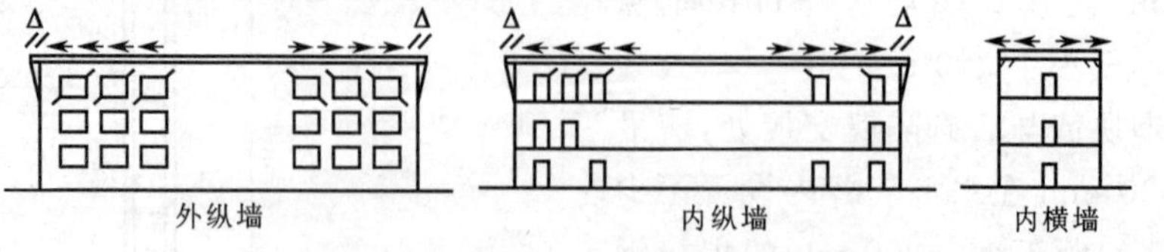

图 4.4.3 顶层内外纵墙和横墙的八字形裂缝

(3)房屋错层处墙体的局部垂直裂缝如图 4.4.4 所示。

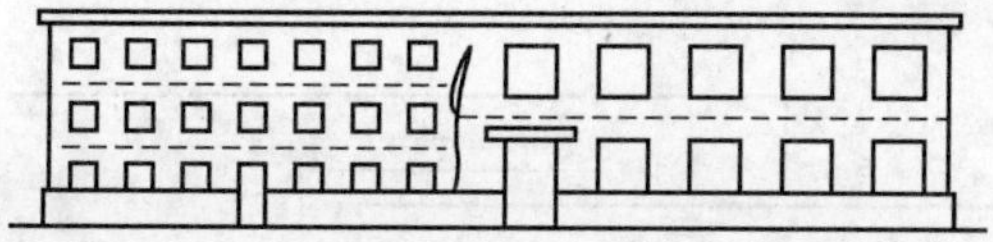

图 4.4.4　房屋错层处墙体的局部垂直裂缝

2. 主要防止措施

(1)为了防止或减轻房屋在正常使用条件下，由温差和砌体干缩引起的墙体竖向裂缝，应在墙体中设置伸缩缝。伸缩缝应设在因温度和收缩变形可能引起应力集中、砌体产生裂缝可能性最大的地方。伸缩缝的间距可按表 4.4.1 采用。

表 4.4.1　砌体房屋伸缩缝的最大间距　(m)

屋盖或楼盖类别		间距
整体式或装配式钢筋混凝土结构	有保温层或隔热层的屋盖、楼盖	50
	无保温层或隔热层的屋盖	40
装配式无檩体系钢筋混凝土结构	有保温层或隔热层的屋盖、楼盖	60
	无保温层或隔热层的屋盖	50
装配式有檩体系钢筋混凝土结构	有保温层或隔热层的屋盖	75
	无保温层或隔热层的屋盖	60
瓦材屋盖、木屋盖或楼盖、轻钢屋盖		100

注：(1)对烧结普通砖、多孔砖、配筋砌块砌体房屋取表中数值；对石砌体、蒸压灰砂砖、蒸压粉煤灰砖和混凝土砌块房屋取表中数值乘以 0.8 的系数。当有实践经验并采取有效措施时，可不遵守本表规定。

(2)在钢筋混凝土屋面上挂瓦的屋盖应按钢筋混凝土屋盖采用。

(3)按本表设置的墙体伸缩缝，一般不能同时防止由于钢筋混凝土屋盖的温度变形和砌体干缩变形引起的墙体局部裂缝。

(4)层高大于 5 m 的烧结普通砖、多孔砖、配筋砌块砌体结构单层房屋，其伸缩缝间距可按表中数值乘以 1.3。

(5)温差较大且变化频繁地区和严寒地区不采暖的房屋及构筑物墙体的伸缩缝的最大间距，应按表中数值予以适当减小。

(6)墙体的伸缩缝应与结构的其他变形缝相重合，在进行立面处理时，必须保证缝隙的伸缩作用。

(2)为了防止或减轻房屋顶层墙体的裂缝，可根据情况采取措施：①屋面应设置保温、隔热层；②屋面保温(隔热)层或屋面刚性面层及砂浆找平层应设置分隔缝，分隔缝间距不宜大于 6 m，并与女儿墙隔开，其缝宽不小于 30 mm；③采用装配式有檩体系钢筋混凝土屋盖和瓦材屋盖；④在钢筋混凝土屋面板与墙体圈梁的接触处设置水平滑动层，滑动层可采用两层油毡夹滑石粉或橡胶片等，对于长纵墙，可只在其两端的 2～3 个开间内设置，对于横墙可只在其两端各 $l/4$ 范围内设置(l 为横墙长度)；⑤顶层屋面板下设置钢筋混凝土圈梁，并沿内外墙拉通，房屋两端圈梁下的墙体内宜适当设置水平钢筋；⑥顶层挑梁末端下墙体灰缝内设置 3 道焊接钢筋网片(纵向钢筋不宜少于 2ϕ4，横筋间距不宜大于 200 mm)或 2ϕ6 钢筋，钢筋网片或钢筋应自挑梁末端伸入两边墙体不小于 1 m，如图 4.4.5 所示；⑦顶层墙体有门窗等洞口时，在过梁上的水平会缝内设置 2～3 道焊接钢筋网片或 2ϕ6 钢筋，并应伸入过梁两端墙内不小于 600 mm；⑧顶层及女儿墙砂浆强度等级不低于 M5；⑨女儿墙应设置构造柱，构造柱间距不宜大于 4 m，构造柱应伸至女儿墙顶并与现浇钢筋混凝土压顶整浇在一起；⑩房屋顶层端部墙体内适当增

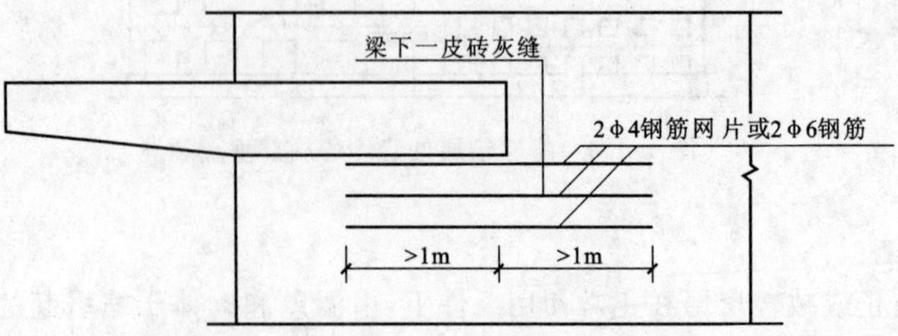

图 4.4.5　顶层挑梁末端钢筋网片或钢筋

设构造柱。

(3)墙体转角处和纵横墙交接处宜沿竖向每隔 400～500 mm 设拉结钢筋，其数量为每 120 mm 墙厚不少于 1ϕ6 或焊接钢筋网片，埋入长度从墙的转角或交接处算起，每边不少于 600 mm。

4.2.2　防止由于地基不均匀沉降引起墙体开裂的主要措施

1. 地基不均匀沉降引起墙体裂缝的主要形态

当砌体结构的房屋基础处于软土地基或承受不均匀荷载时，房屋将产生不均匀沉降，造成墙体开裂。

不均匀沉降引起墙体裂缝往往为由下而上指向沉降较大处，主要有正八字形、倒正八字形裂缝和斜裂缝，底层门窗洞口较大时，还会出现窗台下墙体的垂直裂缝等，如图 4.4.6 所示。

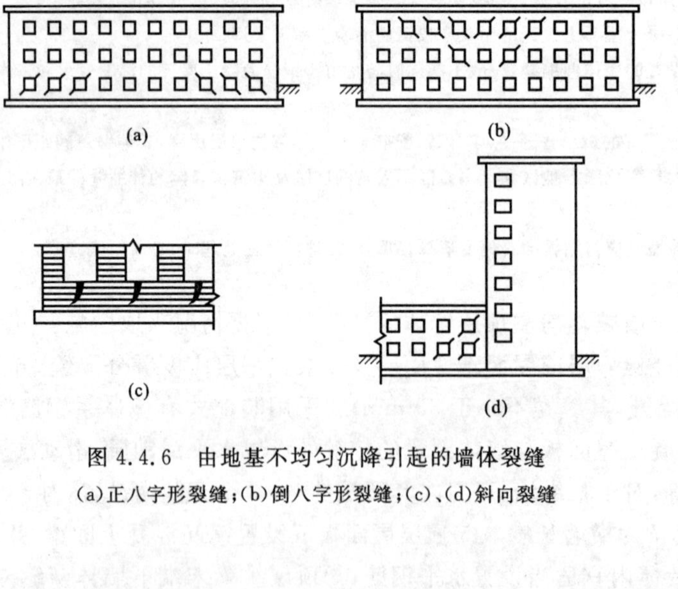

图 4.4.6　由地基不均匀沉降引起的墙体裂缝

(a)正八字形裂缝；(b)倒八字形裂缝；(c)、(d)斜向裂缝

2. 主要措施

(1)为防止或减轻房屋底层墙体裂缝，可根据情况采取措施：①增大基础圈梁的刚度；②在底层的窗台下墙体灰缝内设置 3 道焊接钢筋网片或 2ϕ6 钢筋，并伸入两边窗间墙内不小于 600 mm；③采用钢筋混凝土窗台板，窗台板嵌入窗间墙内不小于 600 mm。

(2)设置沉降缝。沉降缝将房屋分成若干刚度较好的独立结构单元，使各单元能自由沉降，防止墙体开裂。沉降缝应贯通基础与上部结构全高。一般宜在有关部位设置沉降缝：①建筑物平面有转折的部位；②建筑物高度差异或荷载有较大差异处；③过长的砌体结构房屋中间部位；④地基土压缩性有显著差异处；⑤不同建筑结构形式或不同基础类型分界处；⑥在分期施工建筑物的交接处。

思考题与习题

1. 砌体结构有哪些一般构造要求？

2. 产生墙体开裂的主要原因是什么？防止墙体开裂的主要措施有哪些？

第5章　砌体结构中的主要构件

5.1　圈梁

5.1.1　圈梁的设置

圈梁是沿外墙四周及部分内横墙设置的水平方向连续封闭的梁。可增强房屋的整体刚度，防止由于地基的不均匀沉降或较大振动荷载等对房屋引起的不利影响。圈梁一般采用现浇钢筋混凝土梁。圈梁与构造柱相配合，还能提高砌体结构的抗震性能。

《砌体规范》有以下规定。

(1)车间、仓库、食堂等空旷的单层房屋应按规定设置圈梁：①砖砌体房屋，檐口标高为5～8 m时，应在檐口标高处设置圈梁一道，檐口标高大于8 m时，应增加设置数量；②砌块及料石砌体房屋，檐口标高为4～5 m时，应在檐口标高处设置圈梁一道，檐口标高大于5 m时，应增加设置数量；③对有吊车或较大振动设备的单层工业房屋，除在檐口或窗顶标高处设置现浇钢筋混凝土圈梁外，尚应增加设置数量。

(2)宿舍、办公楼等多层砌体民用房屋应按规定设置圈梁：①层数为3～4层时，应在檐口标高处设置圈梁一道；②当层数超过4层时，应在所有纵横墙上隔层设置；③多层砌体工业房屋应每层设置现浇钢筋混凝土圈梁；④设置墙梁的多层砌体房屋应在托梁、墙梁顶面和檐口标高处设置现浇钢筋混凝土圈梁，其他楼层处应在所有纵横墙上每层设置。

5.1.2　圈梁构造

圈梁的构造有如下要求。

(1)圈梁宜连续地设在同一水平面上，并形成封闭状；当圈梁被门窗洞口截断时，应在洞口上部增设相同截面的附加圈梁。附加圈梁与圈梁的搭接长度不应小于其中到中垂直间距的二倍，且不得小于是1 m如图4.5.1。

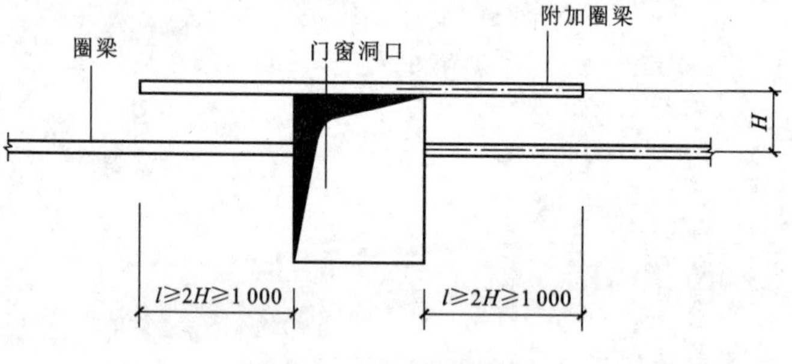

图4.5.1　附加圈梁

(2)纵横墙交接处的圈梁应有可靠的连接，如图4.5.2所示。刚弹性和弹性方案房屋，圈梁应与屋架、大梁等可靠连接。

(3)钢筋混凝土圈梁的宽度宜与墙厚相同，当墙厚 $h \geqslant 240$ mm时，其宽度不宜小于 $2h/3$。圈梁高度不应小于120 mm。纵向钢筋不应少于4ϕ10，绑扎接头的搭接长度按受拉钢筋考虑，箍筋间距不应大于300 mm。

(4)圈梁兼作过梁时，过梁部分的钢筋应按计算用量另行增配。

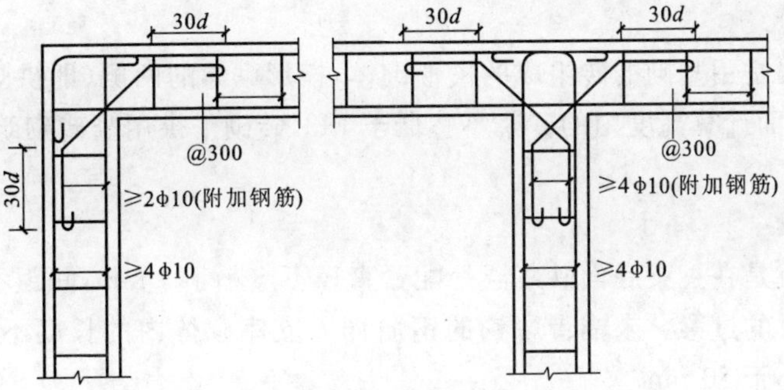

图 4.5.2　纵横墙交接处圈梁的连接构造

(5)采用现浇钢筋混凝土楼(屋)盖的多层砌体结构房屋，当层数超过 5 层时，除在檐口标高处设置一道圈梁外，可隔层设置圈梁，并与楼(屋)面板一起现浇。未设置圈梁的楼面板嵌入墙内的长度不应小于 120 mm，并沿墙长配置不少于 2φ10 的纵向钢筋。

5.2　过梁

为了承受门窗洞口以上砌体自重和楼(屋)盖传来的荷载，常在门窗洞口顶部设置过梁。过梁有砖砌过梁和钢筋混凝土过梁。其中砖砌过梁又可分为钢筋砖过梁、砖砌平拱和砖砌弧拱过梁，如图 4.5.3 所示。工程中，砖砌弧拱因施工较复杂，较少采用，钢筋混凝土过梁比较常见。

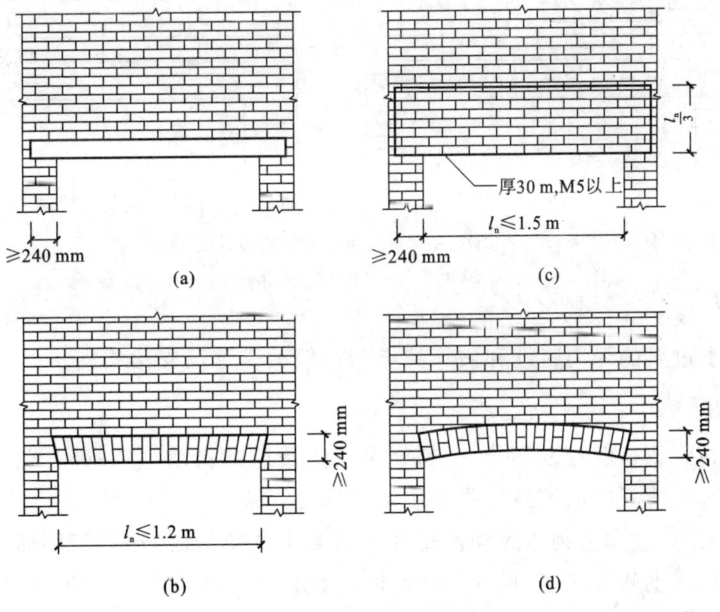

(a)钢筋混凝土过梁；(b)钢筋砖过梁；(c)砖砌平拱过梁；(d)砖砌弧拱过梁

图 4.5.3　过梁的种类和构造

5.2.1　过梁的构造

砖砌过梁具有节约钢材和水泥的优点，但其整体性差，使用跨度受到限制，钢筋砖过梁不应超过 1.5 m，砖砌平拱过梁不应超过 1.2 m。对有较大振动荷载或可能产生不均匀沉降的房屋，应采用钢筋混凝土过梁。

1. 砖砌平拱

砖砌平拱过梁是用竖砌的砖组成的楔形砌体，楔形砌体的两侧(即拱脚)伸入墙中 20～30 mm。砖砌过梁截面计算高度内的砂浆不宜低于 M5，砖砌平拱用竖砖砌筑部分的高度不应小于 240 mm。

2. 钢筋砖过梁

钢筋砖过梁就是在过梁底面砂浆层处配置直径不应小于 5 mm，间距不宜大于 120 mm 的纵向受力钢筋形成的过梁。末端带弯钩的钢筋伸入支座砌体内的长度不宜小于 240 mm，砂浆层的厚度不宜小于 30 mm。

3. 钢筋混凝土过梁

过梁在墙上的支撑长度一般为 240 mm，其余构造与钢筋混凝土受弯构件相同。

5.2.2　过梁的受力特性

砖砌过梁与其上部墙体共同工作。当荷载较小时，与一般受弯构件一样，截面下部受拉、上部受压。随着荷载的增大，当跨中正截面的拉应力或支座斜截面的主拉应力大于砌体的抗拉强度时，先在跨中受拉区出现竖向裂缝，然后在支座处出现约成 45°方向的阶梯形裂缝，如图 4.5.4 所示。当荷载再继续增大，跨中竖向裂缝不再发展。对于砖砌平拱，过梁下部的拉力将由两端砌体提供的推力来平衡，如同三铰拱进行工作。对钢筋砖过梁，过梁下部的拉力将由钢筋承受。

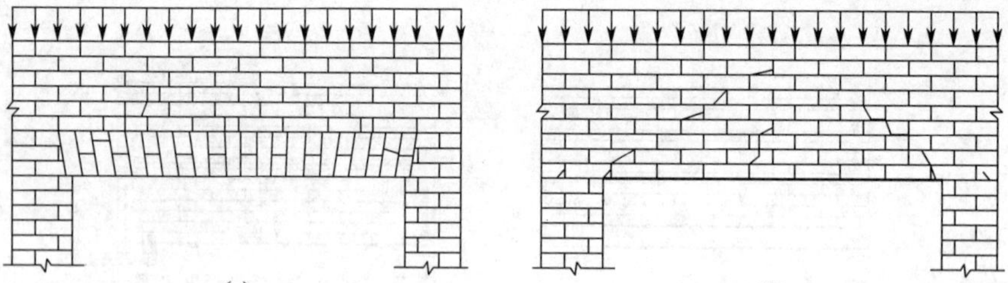

(a)　　　　　　　　(b)

(a)砖砌平拱过梁；(b)钢筋砖过梁

图 4.5.4　过梁的破坏形态

钢筋混凝土过梁的受力特性和破坏特点与一般的受弯简支梁相同。

5.2.3　过梁的荷载

过梁承受的荷载一般有两部分，一部分为墙体及过梁自重，另一部分为过梁上部的梁、板传来的荷载。这些荷载的取值与过梁上墙体的高度有关。

大量试验表明，过梁上砌体的砌筑高度达到梁 1/2 净跨时，过梁与墙体共同工作，过梁上墙体形成内拱而产生卸荷作用，将一部分墙体荷载直接传给支座。当过梁上的墙体高度超过 1/3 梁净跨时，过梁上的墙体荷载始终接近 45°三角形范围内的墙体自重，即不超过相当于 1/3 梁净跨高度的墙体自重。当过梁上的墙体高度达 0.8 倍梁净跨时，过梁的挠度增长很小。故过梁的荷载，应按下列规定采用。

1. 梁、板荷载

对于砖和小型砌块砌体，当梁、板下的墙体高度 $h_w < l_n$ 时(l_n 为过梁的净跨)，应计入梁、板传来的荷载。当梁、板下的墙体高度 $l_w \geqslant l_n$ 时，可不考虑梁、板荷载。

2. 墙体荷载

(1)对砖砌体,当过梁上的墙体高度 $h_w < l_n/3$ 时,应按墙体的均布自重采用。当墙体高度 $h_w \geq l_n/3$,应按高度为 $l_n/3$ 墙体的确均布自重采用如图 4.5.5。

(2)对混凝土砌块砌体,当过梁上的墙体高度 $h_w < l_n/2$ 时,应按墙体的均布自重采用。当墙体高度 $h_w \geq l_n/2$ 时,应按高度为 $l_n/2$ 墙体的均布自重采用,如图 4.5.6 所示。

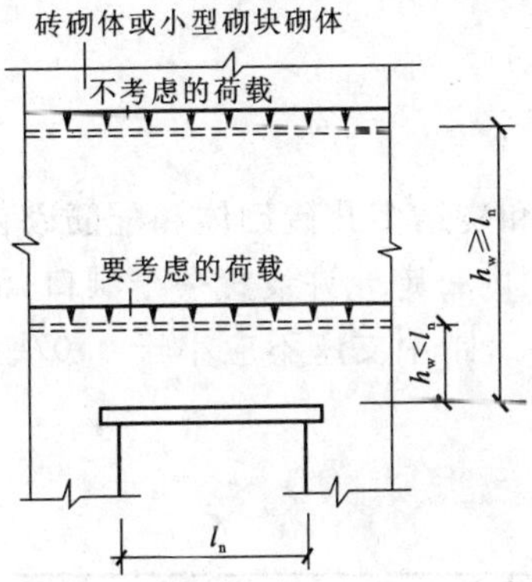

图 4.5.5　过梁上的梁、板荷载

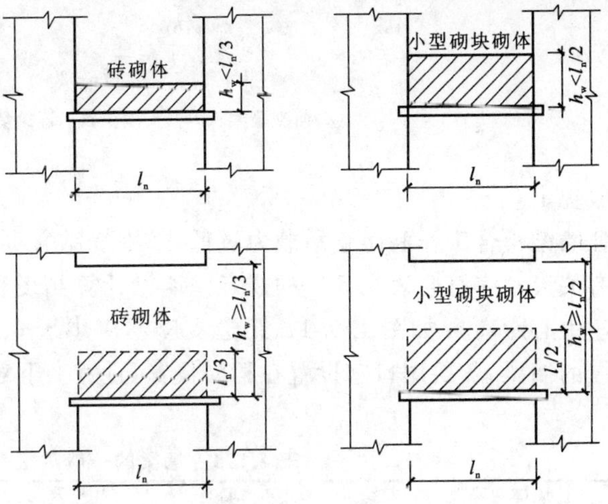

图 4.5.6　过梁上的墙体荷载

5.2.4　钢筋混凝土过梁的计算

钢筋混凝土过梁可采用上述荷载取值,按受弯构件计算过梁的配筋。在验算梁端支撑处砌体局部受压时,可不考虑上部荷载的影响,即上部荷载折减系数 $\psi=0$;并取砌体局部抗压强度提高系数 $\gamma=1.25$;由于过梁与其上部砌体共同工作,梁端变形小,可取梁端底面压应力图形的完整系数 $\eta=1$,梁的有效支撑长度 a_0 取梁端实际支撑长度 a 计算。

5.3　墙梁

在多层砌体房屋中,为了满足底层在使用上有较大的空间(如底层为商店、上层为住宅的商住楼,底层为饭店、上层为旅馆的饭店一旅馆等房屋),常用底层的钢筋混凝土楼面梁(称托梁)承受上部结构传来的楼屋面及墙体荷载。由钢筋混凝土托梁及其上部一定高度范围内的墙体形成的共同工作的组合体称为墙梁。

墙梁分为承重墙梁和自承重墙梁。只承受托梁及以上墙体自重的称为自承重墙梁,如围护结构墙体下的基础梁。墙梁还承受由楼屋盖传来荷载的称为承重墙梁。承重墙梁根据支撑形式分为简支墙梁、框支墙梁和连续墙梁,如图 4.5.7 所示。

5.3.1　墙梁的构造

墙梁除应符合《砌体规范》和《混凝土规范》的有关构造规定外,尚应符合构造要求。

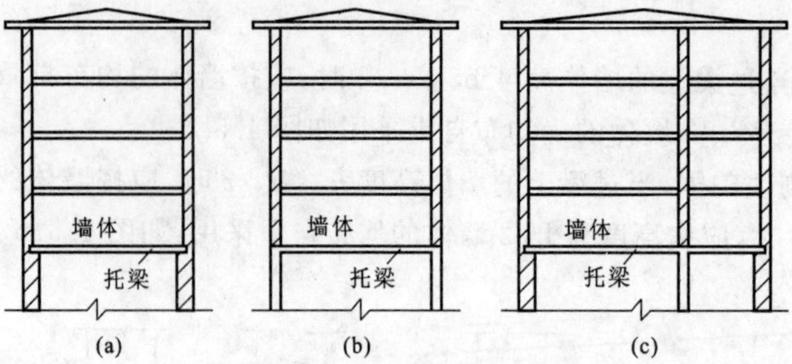

图 4.5.7　承重墙梁

(a)简支墙梁;(b)框支墙梁;(c)连续墙梁

1. 一般规定

为保证墙梁组合工作和防止承载力过低,采用烧结普通砖和烧结多孔砖砌体和配筋砌体的墙梁的有关尺寸应符合表 4.5.1 的规定。墙梁计算高度范围内每跨允许设置一个洞口;洞口边至支座中心距离 a_i 如图 4.5.11,距边支座不应小于 $0.15l_{0i}$,距中支座不应小于 $0.07l_{0i}$。对多层房屋的墙梁,各层洞口宜设置在相同位置,且宜上下对齐。

表 4.5.1　墙梁的一般规定

墙梁类别	墙体总高度(m)	跨度(m)	墙高 h_w/l_{0i}	托梁高 h_b/l_{0i}	洞宽 b_h/l_{0i}	洞高 h_h
承重墙梁	≤18	≤9	≥0.4	≥1/10	≤0.3	$5h_w/6$ 且 $h_w-h_b\geqslant 0.4$ m
自承重墙梁	≤18	≤12	≥1/3	≥1/15	≤0.8	

注:(1)采用混凝土小型砌块砌体的墙梁可参照使用。

(2)墙体总高度指托梁顶面到檐口的高度,带阁楼的坡屋面应算到山尖墙 1/2 高度处。

(3)对自承重墙梁,洞口至边支座中心的距离不宜小于 $0.1l_{0i}$,门窗洞上口至墙顶的距离不应小于 0.1 m。

(4)h_w 表示墙体计算高度;h_b 表示托梁截面高度;l_{0i}表示墙梁计算跨度;b_h 表示洞口宽度;h_h 表示洞口高度,对窗洞取洞顶至托梁顶面距离。

2. 材料要求

(1)托梁的混凝土强度等级不应低于 C30。

(2)纵向钢筋宜用 HRB 335、HRB 400 或 RRB 400 级钢筋。

(3)承重墙梁的块体强度等级不应低于 MU10,计算高度范围内墙体的砂浆强度等级不应低于 M10。

3. 墙体构造

(1)框支墙梁的上部砌体房屋,以及设有承重的简支墙梁或连续墙梁的房屋应满足刚性方案房屋的要求。

(2)墙梁的计算高度范围内的墙体厚度,对砖砌体不应小于 240 mm,对混凝土小型砌块砌体不应小于 190 mm。

(3)墙梁洞口上方应设置钢筋混凝土过梁,其支撑长度不应小于 240 mm;洞口范围内不应施加集中荷载。

(4)承重墙梁的支座处应设置落地翼墙。翼墙厚度对砖砌体不应小于 240 mm,对混凝土砌块不应小于 190 mm;翼墙宽度不应小于墙梁墙体厚度的 3 倍,并与墙梁墙体同时砌筑。当不能设置翼墙时,应设置落地且上、下贯通的构造柱。

(5)当墙梁墙体在靠近支座1/3跨度范围内开洞时，支座处应设置落地且上、下贯通的构造柱，并应与每层圈梁连接。

(6)墙梁计算高度范围内的墙体，每天可砌高度不应超过1.5 m，否则，应加设临时支撑。

4. 托梁构造

(1)有墙梁的房屋的托梁两边各一个开间及相邻开间处应采用现浇混凝土楼盖，楼板厚度不宜小于120 mm；当楼板厚度大于150 mm时，宜采用双层双向钢筋网；楼板上应少开洞，洞口尺寸大于800 mm时应设洞边梁。

(2)托梁每跨底部的纵向受力钢筋应通长设置；不得在跨中段弯起或截断。钢筋接长应采用机械连接或焊接。

(3)墙梁的托梁跨中截面纵向受力钢筋总配筋率不应小于0.6%。

(4)托梁距边支座边 $l_0/4$ 范围内，上部纵向钢筋面积不应小于跨中下部纵向钢筋面积的1/3。对连续墙梁或多跨框支墙梁的托梁中支座上部的附加纵向钢筋，从支座边算起每边延伸不少于 $l_0/4$。

(5)承重墙梁的托梁在砌体墙、柱上的支撑长度不应小于350 mm。纵向受力钢筋伸入支座应符合受拉钢筋的锚固要求。

(6)当托梁高度 $h_b \geqslant 500$ mm时，应沿梁高设置通长水平腰筋，直径不应小于12 mm，间距不应大于200 mm。

(7)墙梁偏开洞口的宽度及两侧各一个梁高 h_b 范围内直至靠近洞口的支座边的托梁箍筋直径不宜小于8 mm，间距不应大于是100 mm，如图4.5.8所示。

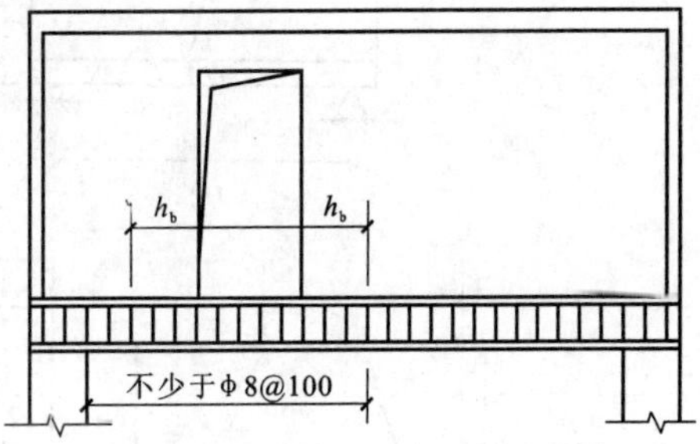

图4.5.8 偏开洞时托梁箍筋加密区

5.3.2 墙梁的受力特性与破坏形态

1. 墙梁的受力特性

试验表明，对于简支墙梁，当无洞口和跨中开洞时，作用于简支墙梁顶面的荷载通过墙体内拱的作用向支座传递；为托梁为拉杆(如图4.5.9(a)所示)时，墙体主要受压，托梁上、下部钢筋全部受拉，托梁处于小偏心受拉状态，两者形成组合拱受力体系。当偏开洞时，由于墙梁顶部荷载通过墙体的大拱和小拱作用向两端支座及托梁传递。托梁既作为大拱的拉杆，又作为小拱的弹性支撑而承受较大的弯矩，处于大偏心受拉状态。墙梁为大拱套小拱的梁一拱组合受力体系，如图4.5.9(b)所示。

连续墙梁的托梁与计算高度范围内的墙体组成了连续组合拱受力体系。托梁大部分区段处于偏心受拉状态，而托梁中间支座附近小部分区段处于偏心受压状态。

框支墙梁将形成框支组合拱受力体系，托梁的受力与连续墙梁类似。

2. 墙梁的破坏形态

墙梁为偏心受拉构件，影响其承载力的因素有很多，根据因素的不同，墙梁可能发生的破坏形态有如下几种。

1)弯曲破坏

主要是正截面受弯破坏，当墙砌体强度较大，托梁纵向受力，钢筋配置不足时发生，如图4.5.10(a)所示。

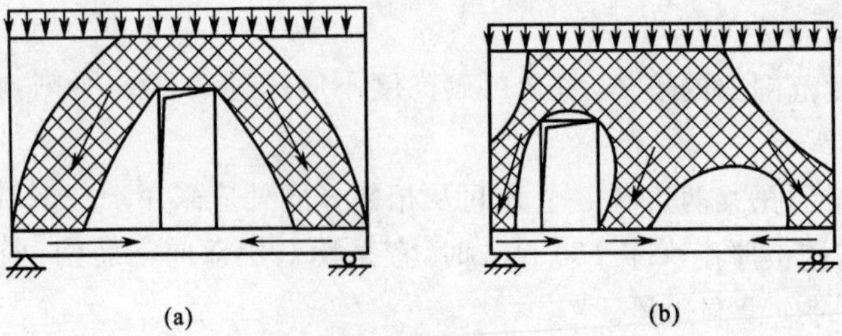

图 4.5.9　墙梁的受力特性

(a)跨中开洞墙梁；(b)偏开洞墙梁

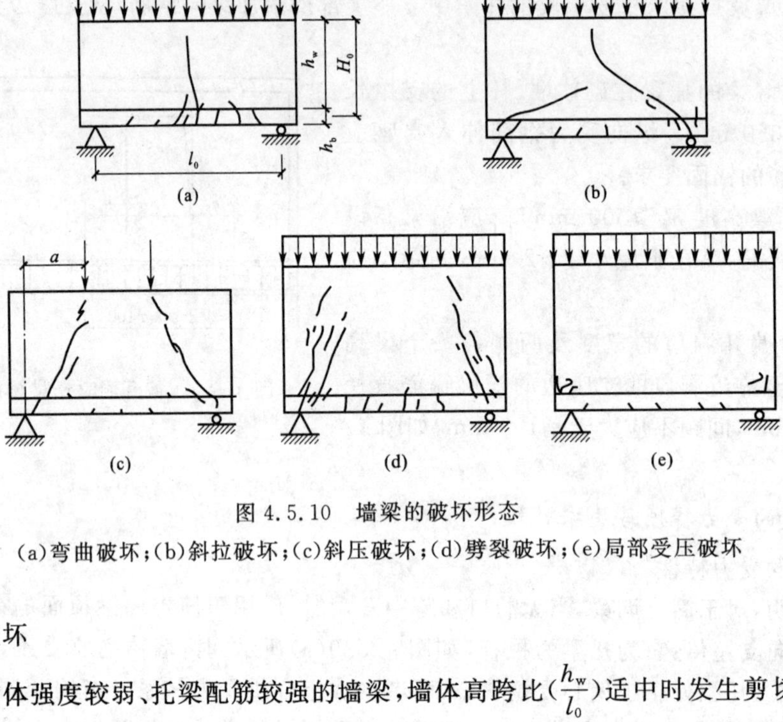

图 4.5.10　墙梁的破坏形态

(a)弯曲破坏；(b)斜拉破坏；(c)斜压破坏；(d)劈裂破坏；(e)局部受压破坏

2)剪切破坏

对于墙砌体强度较弱、托梁配筋较强的墙梁，墙体高跨比($\frac{h_w}{l_0}$)适中时发生剪切破坏，如图4.5.10(b)～图4.5.10(d)所示。剪切破坏可细分为斜拉破坏($\frac{h_w}{l_0}<0.5$)、斜压破坏($\frac{h_w}{l_0}\geq 0.5$)和劈裂破坏(当墙体顶面有集中力作用时)。

3)局部受压破坏

当墙体高跨比较大($\frac{h_w}{l_0}\geq 0.75$)、砌体强度不高时，支座上方砌体的集中压应力大于砌体的局部抗压强度，在梁端小范围内产生局部受压破坏，如图4.5.10(e)所示。

5.3.3　墙梁的计算

1.计算简图

如图4.5.11所示。墙梁的计算跨度 $l_0(l_{0i})$，对简支墙梁和连续墙梁，取 $1.1l_n(1.1l_{ni})$ 或 $l_c(l_{ci})$ 二者较小值；$l_n(l_{ni})$ 为净跨，$l_c(l_{ci})$ 为支座中心线距离。对于框支墙梁，取框架柱中心线间

的距离 $l_c(l_{ci})$。

墙体计算高度 h_w 取托梁顶面上一层墙体高度，当 $h_w>l_0$ 时，取 $h_w=l_0$（对连续墙梁或多跨框支墙梁 l_0 取各跨的平均值）。

墙梁跨中截面计算高度 H_0，取 $H_0=h_w+0.5h_b$。

翼墙计算宽度 b_f，取窗间墙宽度或横墙间距的 2/3，且每边不大于 $3.5h$（h 为墙体厚度）和 $l_0/6$。

框架柱计算高度 h_c，取 $h_c=H_{cn}+0.5h_b$，H_{cn} 为框架柱的净高，取基础顶面至托梁底面的距离。

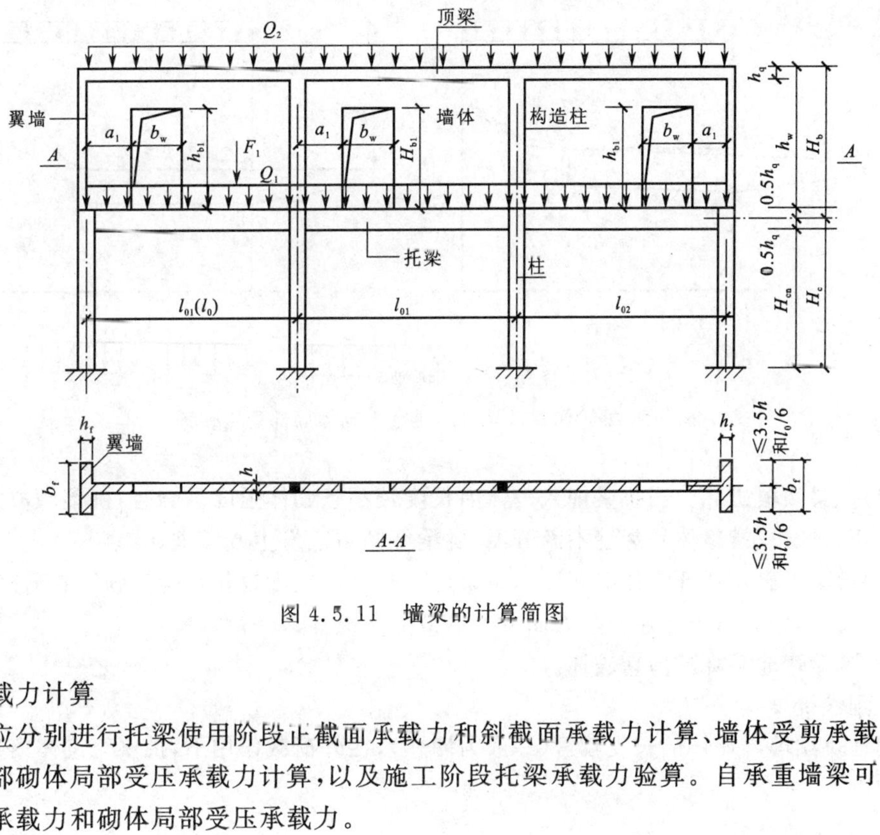

图 4.5.11　墙梁的计算简图

2.承载力计算

墙梁应分别进行托梁使用阶段正截面承载力和斜截面承载力计算、墙体受剪承载力和托梁支座上部砌体局部受压承载力计算，以及施工阶段托梁承载力验算。自承重墙梁可不验算墙体受剪承载力和砌体局部受压承载力。

5.4　挑梁

在挑式走廊、梁式阳台、梁式雨篷等悬挑结构中，常设置有悬臂挑梁。其作用是将悬挑结构的大部分荷载通过挑梁传递到墙体中去。

挑梁一般的嵌固方式是埋入墙体内一定的长度。当埋入墙体内的长度 l_1 较长，即 $l_1\geq 2.2h_b$（h_b 为挑梁的截面高度），且相对于砌体的刚度较小，梁的挠曲变形明显时，这种挑梁称为弹性挑梁；当埋入墙体内的长度 l_1 较短，即 $l_1<2.2h_b$，且相对于砌体的刚度较大、梁的挠曲变形很小时，主要发生刚体转动变形，这种挑梁称为刚性挑梁。

5.4.1　挑梁的构造

挑梁除应符合《砌体规范》和《混凝土规范》的有关构造规定外，尚应满足如下构造要求。

(1)纵向受力钢筋至少应有 1/2 的钢结构面积伸入梁尾端，且不少于 2ϕ12。其余钢筋伸入支座的长度不应小于 $2l_1/3$。

(2)挑梁埋入砌体长度 l_1 与挑出长度 l 之比宜大于 1.2；当挑梁上无砌体时，l_1 与 l 之比宜大于 2。

5.4.2 挑梁的破坏形态

1.弹性挑梁

弹性挑梁埋入墙体内一定长度，该埋入长度内承受的竖向压力可平衡挑梁挑出端承受的荷载。在挑出端施加集中力，墙边支座截面将产生弯距和剪力，埋入端将发生弯曲变形。

挑梁可能发生的破坏形态有以下 3 种，如图 4.5.12 所示：

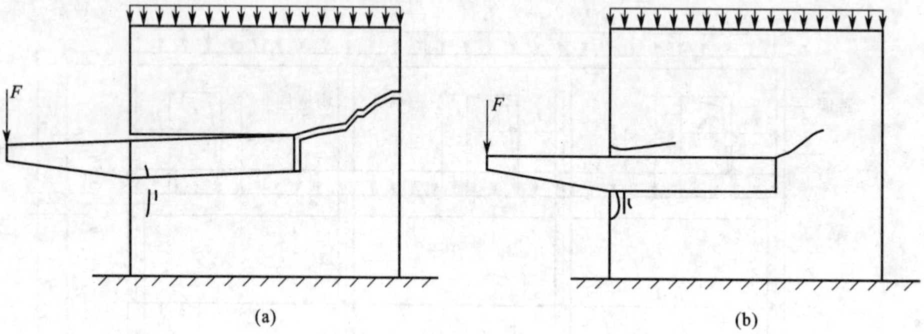

图 4.5.12 挑梁的破坏形态

(a)挑梁倾覆破坏；(b)挑梁下砌体局部受压破坏

(1)挑梁倾覆破坏。当挑梁埋入砌体内长度较小且砌体强度足够时，挑梁倾覆力矩大于抗倾覆力矩，挑梁尾端墙体斜裂缝不断开展，挑梁绕倾覆点发生倾覆破坏。

(2)挑梁下砌体局部受压破坏。当挑梁埋入砌体内长度较长且砌体强度较低时，挑梁下靠近墙边小部分砌体由于压应力过大而发生局部受压破坏。

(3)挑梁弯曲破坏或剪切破坏。

2.刚性挑梁

刚性挑梁埋入墙体的长度较短(一般为墙厚)，在外荷载作用下，挑梁绕砌体内某点发生刚体转动。

5.4.3 挑梁的计算

对挑梁应进行挑梁抗倾覆验算、挑梁下砌体局部受压验算以及挑梁承载力计算。

1.挑梁抗倾覆验算

如图 4.5.13 所示：

$$M_{OV} \leqslant M_r \tag{4.5.1}$$

$$M_r = 0.8G_r(l_2 - x_0) \tag{4.5.2}$$

式中 M_{OV}——挑梁的荷载设计值对计算倾覆点产生的倾覆力矩；

M_r——挑梁的抗倾覆力矩设计值。

x_0——计算倾覆点至墙外边缘的距离，mm。挑梁发生倾覆破坏时，倾覆点的位置并不在墙体最外边缘，而是在挑梁下砌体压应力的合力作用点处。当 $l_1 \geqslant 2.2h_0$ 时，$x_0 = 0.3h_b$，且不大于 $0.13l_1$；当 $l_1 < 2.2h_0$ 时，$x_0 = 0.13l_1$。工程上常在挑梁下设置钢筋混凝土构造柱，此时计算倾覆点至墙外边缘的距离可取偏于安全的 $0.5x_0$。

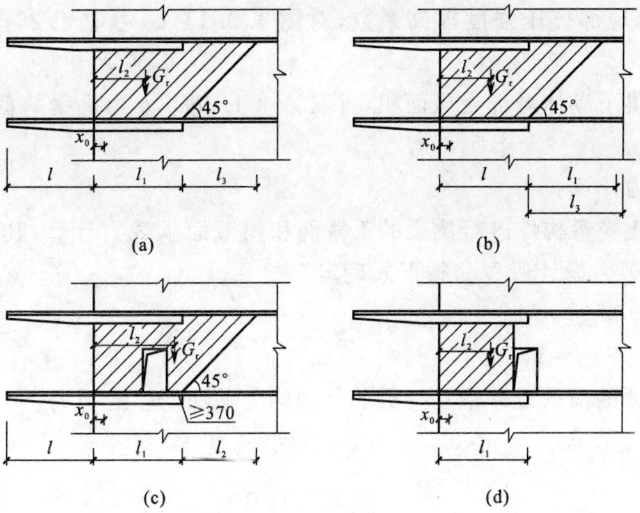

图 4.5.13　挑梁的抗倾覆荷载

(a)$l_3 \leqslant l_1$时；(b)$l_3 > l_1$时；(c)洞在 l_1 之内；(d)洞在 l_1 之外

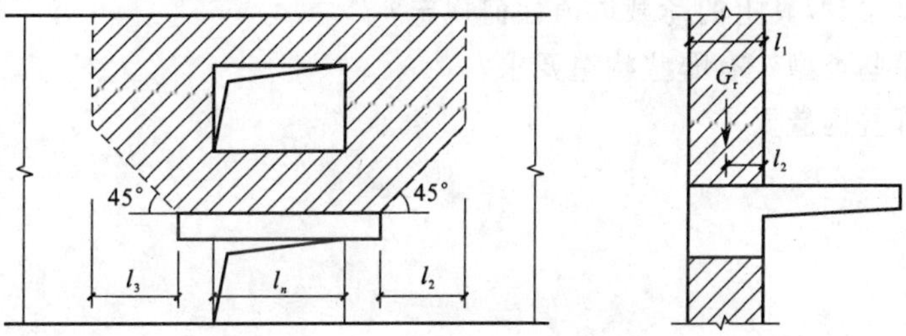

图 4.5.14　雨篷的抗倾覆荷载

G_r——挑梁的抗倾覆荷载，为挑梁尾部上部 45°扩展角的阴影范围(其水平长度为 l_3)内本层的砌体与楼面恒荷载标准值之和，如图 4.5.13 所示。

l_2　—G_r 作用点至墙外缘的距离。对雨篷等悬挑构件，抗倾覆荷载 G_r 可按图 4.5.14 确定，图中 G_r 至墙外缘的距离为 $l_2 = l_1/2$，$l_3 = l_n/2$。

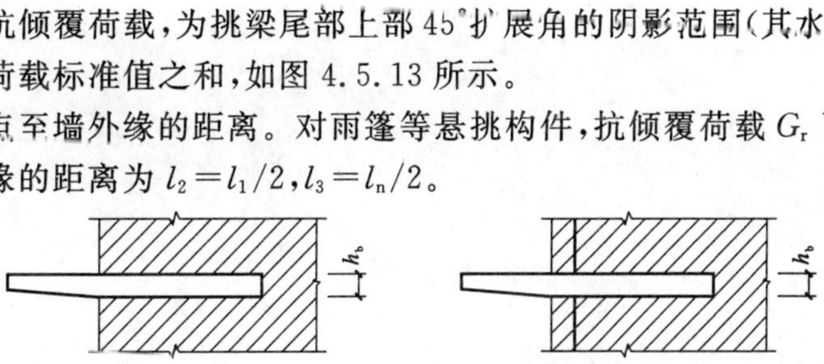

图 4.5.15　挑梁下砌体局部受压

(a)挑梁支撑在一字墙；(b)挑梁支撑在丁字墙

2.挑梁下砌体局部受压承载力验算

$$N_l \leqslant \eta\gamma f A_l \qquad (4.5.3)$$

式中　N_l——挑梁下的支撑压力，可取 $N_l = 2R$，R 为挑梁的倾覆荷载设计值。

η——梁端底面压应力图形的完整系数，可取 0.7。

γ——砌体局部抗压强度提高系数，对图 4.5.15(*a*)可取 1.25；对图 4.5.15(*b*)可取 1.5。

A_l——挑梁下砌体局部受压面积，可取 $A_l=1.2bh_b$，b 为挑梁的截面宽度，h_b 为挑梁的截面高度。

3.挑梁承载力计算

按钢筋混凝土受弯构件进行挑梁的正截面和斜截面承载力计算，其中挑梁的最大弯矩设计值 M_{max} 和最大剪力设计值 V_{max} 按下式确定：

$$M_{max}=M_{0V} \tag{4.5.4}$$

$$V_{max}=V_0 \tag{4.5.5}$$

式中　V_0——挑梁的荷载设计值在挑梁墙外边缘处截面产生的剪力。

思考题与习题

1.圈梁的作用是什么？主要构造要求有哪些？

2.如何合理布置圈梁？

3.在设计过梁时，其上的荷载取值如何规定？

4.墙梁有哪些类型？有哪些构造要求？

5.挑梁有哪些构造要求？

第5篇　钢结构

钢结构的应用与发展除了本身的特性(如投资较高,施工快,工期短)外,还取决于国民经济发展的具体情况。近十多年来随着经济的迅速发展,综合国力的快速提升,我国的钢产量在1997年起已居世界前列,加上钢结构理论研究和技术的不断发展和钢结构形式的不断改进,钢结构已成为现代建筑工程中较普通的结构形式之一。

第1章　钢材的种类与选用

1.1　钢材的机械性能

钢结构在使用过程中要受到各种形式的外力作用,因此钢材必须具有能抵抗外力作用而不超过允许的变形和不会引起破坏的能力,这种能力统称为钢材的力学性能(机械性能)。钢材在冶炼、轧制等过程中的质量好坏,最终都要反映到力学性能上来,并会直接影响钢材的可焊性。

承重结构所用钢材的力学性能主要包括强度、塑性、冷弯试验、韧性和可焊性。它们是衡量钢材质量好坏的重要指标,也是结构设计的主要依据,这些指标主要通过试验测定。

1.1.1　强度

结构的使用条件和受力情况是多种多样的,显然不可能对每种情况都进行试验并测定其力学性能指标,而通过钢材的单向拉伸试验则可获得最基本、最主要的力学性能指标。图2.2.2所示的应力—应变($\sigma-\varepsilon$)曲线是典型的建筑结构钢(Q235钢),在常温静载条件下的单向拉伸试验的结果,从这条曲线中可得到许多有关钢材性能的信息。

1.屈服点(屈服强度)

在图中可看出,当钢材进入流动范围时,曲线波动较大,以后逐渐趋于平稳,其最高点和最低点分别称为上屈服点(上限)和下屈服点(下限)。上屈服点与试验条件有关,而下屈服点对此不敏感(即比较稳定),设计中以下屈服点为依据,用符号 f_y 表示。

2.抗拉强度

抗拉强度(极限强度)f_u 是 $\sigma-\varepsilon$ 曲线图中的最大应力值,它是钢材力学性能中必不可少的保证项目。钢结构设计准则是以构件最大应力达到材料屈服点作为极限状态,而把钢材的极限强度视为局部应力高峰的强度储备,这样能同时满足构件的强度和刚度要求。因而对承重结构的钢材,要求同时保证抗拉强度和屈服点的强度指标。

1.1.2　塑性

钢材的塑性一般是指当应力超过屈服点后,能产生显著的残余变形(塑性变形)而不立即断裂的性质。衡量钢材塑性好坏的主要指标是伸长率 δ(%)和截面收缩率 ψ(%)。

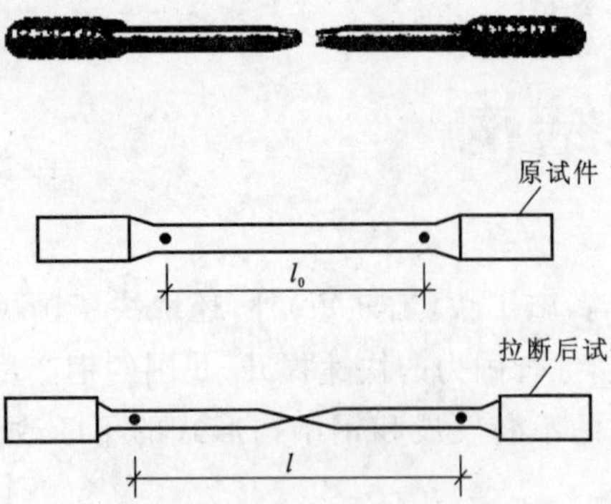

图 5.1.1　钢材伸长率

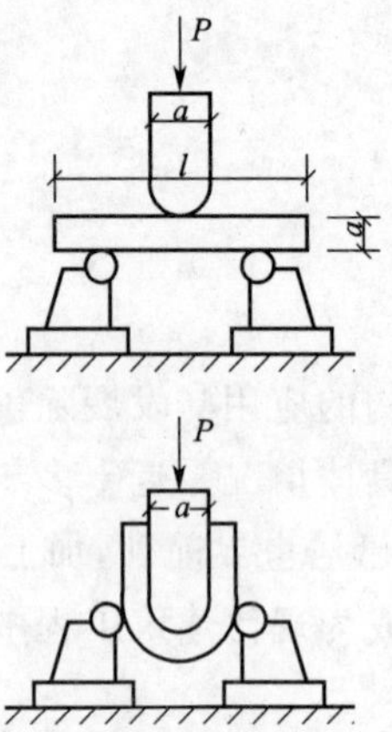

图 5.1.2　钢材冷弯试验示意图

断裂前试件的永久变形与原标定长度的百分比称为伸长率(%)，如图 5.1.1 所示。当试件标距长度与 d(圆形试件)之比为 10 时，以 δ_{10} 表示；当该比值为 5 时，以 δ_5 表示。其值可按下式计算

$$\delta=\frac{l-l_0}{l_0}\times 100\% \tag{5.1.1}$$

式中　l_0——试件原标距长度。

l——试件拉断后的标距长度。

截面收缩率 ψ(%)是指试件拉断后，颈缩区的断面面积缩小值与原断面面积比值的百分率，以往也有用它表示钢材塑性变形能力，但因实际操作没有伸长率测试方便、可信度高，现在一般情况下已很少应用。

1.1.3　冷弯性能

冷弯性能由冷弯试验确定。试验时按照规定的弯心直径在材料试验机上用冷弯冲头加压，如图 5.1.2 所示，当试件弯曲至 180°时如外表面和侧面无裂纹，断裂或分层，即为合格。一般来说，钢材的冷弯性能指标要比钢材的塑性指标(伸长率)更难达到，因为弯曲试验中塑性变形的生成是处于受制约的状态，完全不同于拉伸试件，它不仅能直接检验钢材的弯曲变形能力或塑性性能，反映钢材对冷加工的适应程度，还能暴露钢材内部的冶金缺陷，如非金属夹杂、裂缝、分层和偏析(化学杂质元素分布的不均匀性)，甚至在一定程度上还可以反映钢材的可焊性。因此，冷弯性能是评价钢材工艺性能和力学性能钢材质量的一项综合性指标，冷弯试验是鉴定钢材质量的一项有效措施。

1.1.4　冲击韧性

钢材的强度和塑性指标是由静力拉伸试验获得的，一般只能反映钢材在常温静载下的性能。用于承受动力荷载时，显然有很大的局限性。衡量钢材抗冲击性能的指标是钢材的韧性。韧性是钢材抵抗冲击荷载的能力，它用材料在断裂时所吸收的总能量度量。

材料的数值随试件缺口形式和试验机不同而异。过去我国长期以来均采用梅氏(Mesnager)试件(如图 5.1.3(a)所示)在梅氏试验机上进行，所得结果以单位截面面积上所消耗的冲击功 α_k 表示，单位为 J/ cm²。根据《碳素结构钢》(GB700—1988)规定，应采用夏比

(Charpy)V 形缺口试件(如图 5.1.3(b)所示)在夏比试验机上进行,所得结果以所消耗的功 A_{KV}或 C_V表示,单位为J(焦耳)(1 J=1 N·m),试验结果不除以截面面积,夏比试件比梅氏试件的缺口更为尖锐,更接近实际构件中可能出现的严重缺陷。

冲击韧性还与试验的温度有关,温度越低,冲击韧性越低。因此,在寒冷地区建造的结构不但要求具有常温(+20 ℃)冲击韧性,还要求具有低温(0 ℃、-20 ℃或-40 ℃)冲击韧性指标,以保证结构具有足够的抗脆性破坏能力。

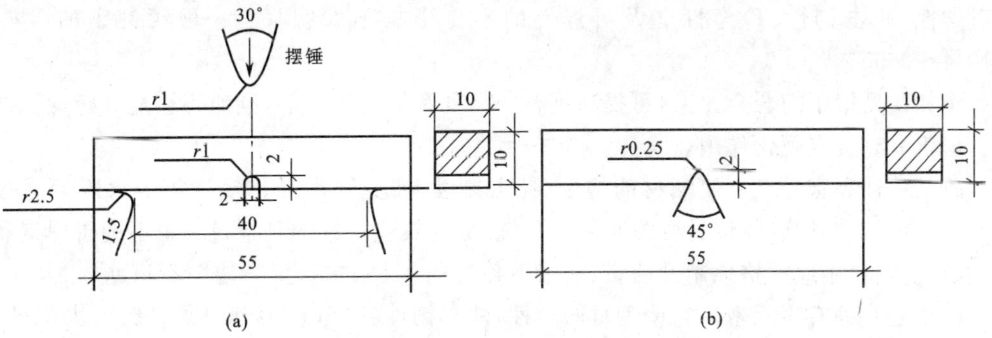

图 5.1.3　冲击韧性试验示意

(a)梅氏 U 形缺口;(b)夏比 V 形缺口

1.1.5　可焊性

可焊性是指钢材对焊接工艺的适应能力,包括两方面的要求:①通过一定的焊接工艺,能保证焊接接头具有良好的力学性能;②施工过程中,选择适宜的焊接材料和焊接工艺参数后,有可能避免焊缝金属和钢材热影响区产生热(冷)裂纹的敏感性。钢材的可焊性评定可分化学成分判别和工艺试验法评定两种方法。

1.2　各种因素对钢材主要性能的影响

以上介绍了建筑钢材在正常情况下的物理力学性能。只是对于含碳量为 0.1%~0.3%的建筑钢材,表面光滑平整,无应力集中,在+20°C 温度条件下一次缓慢拉伸时,才能获得图2.2.2所示的标准性能曲线及几个标准性能指标。如果这些条件有变化,钢材性能也将发生变化。因而尚应研究影响钢材性能的各种因素,如化学成分、熔炼和浇铸方法、轧制和热处理技术、工作环境和受力状态等。

1.2.1　化学成分

钢是由各种化学成分组成的,化学成分及其含量对钢的性能特别是强度有着重要的影响。铁(Fe)是钢的基本元素,纯铁质软,在碳素结构钢中约占 99%,其他元素碳、硅、锰、硫、磷、氮、氧等,它们的总和只有 1%左右,但对钢材的力学性能有着决定性的影响。在低合金钢中,还含有少量(含量低于 5%)合金元素,如铬(Cr)、镍(Ni)、铜(Cu)、钛(Ti)、铌(Nb)等。

在碳素结构钢中,碳是仅次于纯铁的主要元素,它直接影响钢材的强度、塑性、韧性和可焊性等。碳的含量提高,钢材的屈服点和抗拉强度提高,但塑性和韧性,特别是低温冲击韧性下降。同时,钢材的抗腐蚀性能,疲劳强度和冷弯性能也都明显下降,可焊性降低,并且易低温脆断。因此,尽管碳是钢材获得足够强度的主要元素,但结构用钢的含碳量不宜太高,一般不超过 0.22%，在焊接结构中则应低于 0.20%。

锰是一种弱脱氧剂，可提高钢材的强度但不明显地影响塑性，同时还能消除硫、氧引起的钢材热脆影响，改善钢材的热加工性能，并能改善钢材的冷脆倾向，而又不显著降低钢材的塑性和冲击韧性。锰在普通碳素钢中的含量约为 0.3%～0.8%。因此是一种十分有效的合金成分。但含量过高将使钢材变得脆而硬，并降低钢材的抗锈性和可焊性。因此，锰是我国低合金钢的主要合金元素，含量一般为 1.0%～1.6%。

硅是一种很强的脱氧剂，是制造镇静钢的必要元素。适量的硅可以使钢材强度大为提高，而对塑性、冲击韧性、冷弯性能及可焊性的不良影响不太明显。一般镇静钢的含硅量为 0.10%～0.55%。

钒和钛是钢中的合金元素，可提高钢材的强度和抗锈蚀性能，同时不会显著降低钢材的塑性。但钒有时会有硬化作用。

硫是一种有害元素。使钢材的塑性、冲击韧性、疲劳强度和抗锈性等大大降低。在高温(800～1 200 ℃)时，硫使钢材变脆和发生裂缝，称为热脆。它的含量过大也不利于焊接和热加工。因此，钢材中应严格控制含硫量，一般不超过 0.05%，在焊接结构中不超过 0.045%。

磷也是一种有害元素。它使钢材的塑性，冲击韧性、冷弯性能和可焊性等大大降低，特别是在温度较低时将促使钢材变脆(冷脆)，不利于钢材冷加工。因此，磷的含量也应严格控制，一般不超过 0.050%，在焊接结构中不超过 0.045%。但是，磷可提高钢材强度和抗锈蚀的能力，对钢材的强化作用尤其显著。可使用的高磷钢，其含磷量可达 0.08%～0.12%，这时应减少钢材中的含碳量，以保证钢材具有一定的塑性和韧性。

氧和氮也是有害元素。氧和氮能使钢材变得极脆。氧的作用与硫类似，使钢材发生热脆；氮和磷作用类似，使钢材发生冷脆。由于氧、氮容易从铁液中逸出，一般不会超过极限含量，故通常不要求作含量分析。

1.2.2 冶金缺陷

常见的冶金缺陷有偏析、非金属夹杂、气孔、裂纹及分层等。

主要的偏析是硫和磷，偏析严重恶化偏析区钢材的性能。非金属夹杂是钢中含有硫化物与氧化物等杂质，气孔是浇注钢锭时，由氧化铁与碳作用所生成的一氧化碳气体不能充分逸出而形成的，它们都将影响钢材的力学性能。浇注时的非金属夹杂物在轧制后能造成钢材的分层，会严重降低钢材的冷弯性能。

冶金缺陷对钢材性能的影响，不仅表现在结构或构件受力过程中，有时也表现在加工制作过程中。

1.2.3 钢材硬化

钢材在弹性变形阶段，若多次间歇重复加载并不影响钢材的性能，因为弹性变形是可以恢复的。但在塑性变形阶段，重复加载将改变钢材的性能。冷拉、冷弯、冲孔、机械剪切等冷加工使钢材产生很大塑性变形，从而提高了钢的屈服点，同时降低了钢的塑性和韧性，这种现象称为冷作硬化。

在高温时熔化于铁中的少量氮和碳随着时间的推移将逐渐从纯铁中析出，形成自由碳化物和氮化物，对纯铁体的塑性变形起遏制作用，使钢材的强度提高，而塑性、韧性下降，这种现象称为时效硬化，俗称老化。时效硬化的过程一般很长，但如在材料塑性变形后加热，则时效硬化将会快速地产生，这种方法称为人工时效。

在一般钢结构中，不利用冷作硬化来提高钢材强度。对于直接承受动荷载的结构，还要求采取措施，消除冷加工后钢材硬化的影响，防止钢材变脆。

1.2.4 温度影响

温度对钢材的材性也有影响。研究表明总的趋势是：随着温度的升高，钢材强度和弹性模量会降低，应变增大；反之，温度降低，钢材强度会略有增加，塑性和韧性却会降低而变脆。

温度升高，约在 200 ℃以内钢材性能没有很大变化。但在 250 ℃左右，钢材的强度反而略有提高，同时塑性和韧性均下降，材料有转脆的倾向，钢材表面氧化膜呈现蓝色，称为蓝脆现象。钢材应避免在蓝脆温度范围内进行热加工。钢材在 430～540 ℃之间强度急剧下降，600 ℃时钢材的强度比原来下降约 2/3，钢材已不适于继续承载。所以，钢结构是一种不耐火的结构，规范规定钢结构表面温度超过 150 ℃要采取隔热防护措施。

当温度从常温下降时，特别是在负温度范围内时，钢材强度会略有提高而塑性和韧性会有所降低，材料逐渐变脆，这种性质称为低温冷脆。

1.2.5 应力集中

钢材的工作性能和力学性能指标都是以轴心受拉杆件中应力沿截面均匀分布的情况作为基础的。工程中的构件不可避免地存在着孔洞、缺口、凹槽、裂缝、厚度和宽度的变化以及钢材内部缺陷等。在截面形状或连续性改变处，应力分布将变得不再均匀，在某些点形成了应力高峰，而在其他一些点，应力则减小。这种现象叫应力集中，如图 5.1.4 所示。高峰区的最大应力与净截面的平均应力之比称为应力集中系数。研究表明，在应力高峰区域总是存在着同号的双向或三向应力，使材料处于复杂受力状态，由能量强度理论得知，这种同号的平面或立体应力场，阻碍了材料塑性变形的发展，有促使钢材变脆的趋势。应力集中系数越大，变脆的倾向亦越严重。但由于建筑钢材塑性较好，在一定程度上能促使应力进行重分配，使应力分布严重不均的现象趋于平缓。故常温下受静荷载作用的结构，只要符合设计和施工规范要求，计算时就可不考虑应力集中的影响。但是对于受动力荷载的结构，尤其是低温下受动荷载的结构，应力集中的不利影响将十分突出，往往是引起脆性破坏的根源，设计时应注意构件形状合理，避免构件截面急剧变化，以减小应力集中程度，从构造措施上防止钢材脆性破坏。

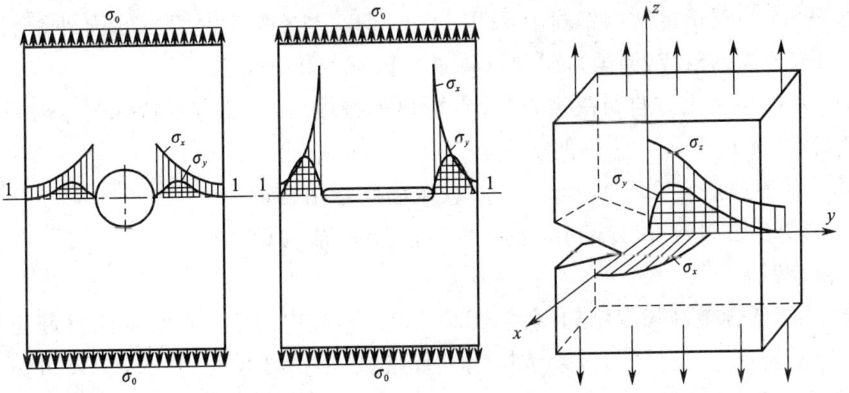

图 5.1.4 孔洞及槽孔处的应力集中

1.2.6 反复荷载作用

钢材在反复荷载作用下，结构的抗力及性能都会发生重大变化。在连续反复的动力荷载作用下，在应力低于极限强度，甚至还低于屈服点时，也会发生破坏，这种破坏称为疲劳破坏。疲劳破坏之前，并没有明显的变形，属于突然发生的脆性断裂。

实践证明，受荷载变化不大或反复次数不多的钢结构一般不会发生疲劳破坏，计算中不必考虑疲劳的影响。但是，长期承受频繁的反复荷载的结构及其连接（如重级工作制吊车作用下的吊车梁等），设计时就必须考虑结构的疲劳问题。

1.3 钢材的种类、规格和标准

1.3.1 钢材的种类

钢材的品种虽然繁多，性能也各异，适用于钢结构的钢只是其中的一小部分，到目前为止仍然主要是碳素结构钢、低合金结构钢和优质碳素结构钢。钢材按冶炼方法，有转炉钢和平炉钢之分。当前的转炉钢主要采用氧气顶吹转炉钢，以前的侧吹（空气）转炉钢由于质量差，目前已基本改建成氧气转炉钢。平炉钢质量好，但冶炼时间长，成本高，至 2000 年底我国基本上淘汰了平炉。按脱氧方法，钢材又有沸腾钢（代号为 F）、半镇静钢（代号为 b）、镇静钢（代号为 Z）和特殊镇静钢（代号为 TZ）之分。镇静钢和特殊镇静钢的代号可以不标。镇静钢脱氧充分，沸腾钢脱氧较差，半镇静钢介于镇静钢和沸腾钢之间。按成型方法，钢材又有轧制钢（热轧、冷轧）、锻钢和铸钢之分。

1. 碳素结构钢

现行国家标准《碳素结构钢》（GB/T700－88）是参照国际标准化组织 ISO630《结构钢》制订的。按质量等级将钢分为 A、B、C、D 4 级。A 级保证 f_u、f_y、δ 冷弯，P、S 含量；B 级保证 f_u、f_y、δ 冷弯，常温时 C_u、P、S、C 含量；C 级保证 f_u、f_y、δ 冷弯，0 ℃时 C_u、P、S、C 含量；D 级保证 f_u、f_y、δ 冷弯，－20 ℃时 C_u、P，S，C 含量。

钢的牌号由代表钢材屈服点中屈字汉语拼音的字母 Q，屈服点数值（ N/mm^2）、质量等级代号（A、B、C、D）及脱氧方法代号（F、b、Z、TZ）等 4 个部分按顺序组成。根据钢材厚度（直径）≤16 mm 时的屈服点数值，钢材分为 Q195、Q215、Q295、Q255、Q275，钢结构设计规范（GB50017－2003）对承重结构钢材宜采用 Q235 钢。与 Q235 钢相当的国外钢材有（A36）美国，43A、43B（英国），St37（德国），SM41（日本），Fe360（ISO），等。

冶炼方法一般由供方自行决定，设计者不再另行提出，如需方有特殊要求时可在合同中注明。现将 Q235 钢的表示方法举例如下。

Q235A 代表屈服点 235 N/mm^2 的 A 级镇静碳素结构钢。

Q235C代表屈服点235 N/mm^2 的C级镇静碳素结构钢。

2. 低合金钢

国家标准《低合金高强度结构钢》（GB/T1591—94）中规定（1995 年元旦起正式实施），低合金钢的牌号表示方法已经与碳素结构钢一致，也根据钢材厚度（直径）≤16 mm 时的屈服点大小，分为 Q295、Q345、Q390、Q420、Q460。钢的牌号和质量等级符号，除与碳素结构钢 A、B、C、D 4 个等级相同外，还增加一个 E 级，主要是要求－40 ℃的冲击韧性。低合金结构钢的脱氧方法为镇静钢或特殊镇静钢，因此钢的牌号中不注明脱氧方法，应以热轧、冷轧、正火及回火状态交货。钢结构设计规范对承重结构低合金钢宜采用 Q345、Q390 及 Q420 钢。现将

Q345 和 Q390 表示法举例如下。

Q345B 代表屈服强度为 345 N/mm^2 的 B 级镇静钢。

Q390A 代表屈服强度为 390 N/mm^2 的 A 级镇静钢。

A 级钢应进行冷弯试验、其他质量级别钢如供方能保证冷弯试验结果符合要求，可不作检验。Q460 及各牌号 D、E 级钢一般不供应型钢、钢棒。

与 Q345 钢、Q390 钢和 Q420 钢相当的国外钢种有：A242，A440，A441（美国）；50A－D，55C－E（英国）；St52，St70（德国）；SM50，SM53，SM58（日本）。

3. 优质碳素结构钢

优质碳素结构钢是碳素钢经过热处理后得到的优质钢，具有较好的综合性能，所以价格较贵，在钢结构中除常用作高强螺栓的螺母及垫圈等外，一般很少用。

4. 高耐候结构钢

高耐候结构钢是在低碳钢或低合金钢中加入铜、磷、铬、镍、钛等合金元素制成的一种耐大气腐蚀的钢材。在大气作用下，表面自动生成一种致密的防腐薄膜，起到抗腐蚀作用。这种钢材很适用于露天或对耐腐蚀有要求的结构。我国在 20 世纪 80 年代已研制成功耐候钢，并制定了标准(GB/T4172)。但因价格昂贵，目前应用不多。

5. 厚度方向性能钢板(Z 向钢板)

随着高层建筑、大跨度结构发展，所用钢板的厚度也日趋增大(目前国内高层建筑中所用钢板厚度已达 70 mm)，要求钢板在厚度方向具有良好的抗层状撕裂性能，因而出现了新的钢材——厚度方向性能钢板。对厚钢板来说，轧制过程显然会导致钢材各向异性，在长度、宽度和厚度 3 个方向的机械性能，以厚度方向(Z 向)为最差，尤其是塑性和冲击韧性。而在实际的钢结构中，尤其是层数较高的建筑和跨度较大的结构，常常会有沿钢板厚度方向受拉的情况，例如梁与柱的连接处、焊接结构中产生的焊接应力等，很容易沿平行于钢板表面层间内的出现撕裂　层状撕裂。因此，对于重要焊接构件的钢板，不仅要求沿宽度和长度方向有一定的力学性能，而且要求厚度方向有良好的抗层状撕裂性能。钢板的抗层状撕裂性能采用厚度方向拉力试验时的断面收缩率来评定。

Z 向钢板是在母级钢的基础上，经过特殊冶炼、处理的钢材，其含硫量控制更严，为一般钢材的 1/5 以下，截面收缩率 ψ 在 15％以上。因此 Z 向钢沿厚度方向有较好的延性。我国生产的 Z 向钢板的标记是在母级钢牌号后面加上 Z 向钢板等级标记 Z15、Z25 和 Z35。Z 后面的数字为截面收缩率的指标(％)。Z 向钢板的附加性能见表 5.1.1。

表 5.1.1　Z 向钢板的附加性能

等　级	含硫量(％) ≤	板厚方向截面收缩率 ψ(％)	
		3 个试件平均值	单个试件值
Z15	0.01	15	10
Z25	0.007	25	15
Z35	0.005	35	25

我国建筑抗震设计规范和建筑钢结构焊接技术规程中均规定厚度大于 40 mm 时应采用厚度方向性能钢板，其材质要求见《厚度方向性能钢板》GB/T5313 规定。

1.3.2 钢材的规格

钢结构常用的有用热轧成型的钢板和型钢，冷弯（或冷压）成型的薄壁型钢。

1. 钢板和钢带

建筑钢结构使用的钢板（钢带）按轧制方法有冷轧板和热轧板之分。钢带和钢板的区别在于成品形状。钢带是成卷交货，宽度≥600 mm 的为宽钢带，宽度小于 600 mm 的为窄钢带（可直接轧制也可有由宽钢带纵剪而成）。按板厚划分则有薄钢板（0.35～4 mm）、厚钢板（4.5～60 mm，也有将 4.5～20 mm 称为中厚板，>20 mm 称为厚板的）、特厚板（>60 mm）。钢板的表示方法为"—宽度×厚度×长度"或"—宽度×厚度"，如—500×10×2100，—500×10。

薄钢板一般用冷轧法轧制，冷轧钢板的国家标准《冷轧钢板和钢带的尺寸、外形、重量及允许偏差》（GB/T 708—88）中规定的厚度为 0.2～5 mm（冷轧钢带厚度不大于 3 mm），板宽大于或等于 600 mm，钢板的长度与其宽度和厚度有关，一定的宽度和厚度相应有一最小长度和最大长度。例如，厚度 1.4～2.0 mm 的冷轧钢板，宽度为 600 mm 时，最小长度为 1.2 m，最大长度为 3 m；当板宽达 1800 mm 时，长度变化在 2.5～6 m。

2. 热轧型材

热轧型材包括工、槽、角钢、钢管等，如图 5.1.5 所示。

工字钢有普通工字钢和轻型工字钢两种，其型号用截面高度的厘米数表示，20 号以上的工字钢根据腹板厚度和翼缘宽度的不同，同一号工字钢又有 a、b 或 a、b、c 的区别，其中 a 类腹板最薄、翼缘最窄，c 类最厚最宽。如 I32a、I32b、I32c，由于 a 类腹板较薄，用作梁时比较经济。轻型工字钢的翼缘和腹板均较普通工字钢薄，因而在相同重量下截面模量和回转半径均较大。工字钢的型号、规格见现行国家标准《热轧工字钢尺寸、外形、重量及允许偏差》（GB/T706—88）。

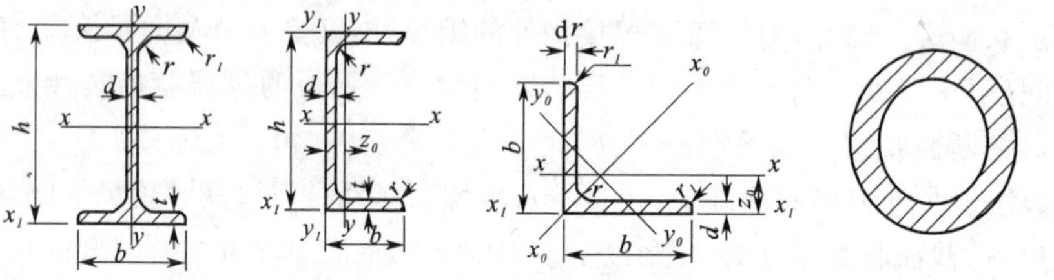

图 5.1.5 工字钢、槽钢、角钢、钢管

槽钢也有热轧普通槽钢和轻型槽钢两种，与工字钢一样也是以截面高度的厘米数表示型号。从[14 开始，也有 a、b 或 a、b、c 规格的区分，如[32a。槽钢翼缘内表面的斜度（1∶10）比工字钢要平缓，故用螺栓连接时比较容易。型号相同的轻型槽钢比普通槽钢的翼缘要宽且薄，腹板厚度亦小，截面特性更好一些。热轧槽钢的型号、规格见现行标准《热轧槽钢尺寸、外形、重量及允许偏差》（GB/T707—88）。

角钢有等边角钢和不等边角钢两类。不等边角钢的表示方法为在符号"∟"后加"长肢宽×短肢宽×厚度"，如∟ 100×63×8，对于等边角钢则以肢宽和厚度来表示，如∟ 100×8，单位均为 mm。其型号、规格见现行国家标准《热轧等边角钢尺寸、外形、重（质）量及允许偏差》（GB/T9787—88）和《热轧不等边角钢尺寸、外形、重（质）量及允许偏差》（GB/T9788—88）。

结构用钢管有热轧无缝钢管和焊接钢管两类，焊接钢管由钢带卷焊而成，依据管径大小，又分为直缝焊和螺旋焊两种。用符号“ϕ”后面加“外径×壁厚”表示，如 ϕ102×5，单位为 mm。

3. H 形钢和 T 形钢

H 形钢与普通工字钢的区别如下，首先是翼缘宽，有称宽翼缘工字钢；其次翼缘内表面不需有斜度、上下表面平行，便于与其他构件连接；材料分布侧重在翼缘部分，如图 5.1.6 所示。所以，H 形钢的截面特性要明显优越于传统的工、槽、角钢及它们的组合截面。

根据现行标准《热轧 H 形钢和剖分 T 形钢》(GB/T11263－1998)的规定，H 形钢分为三类：宽翼缘 H 形钢、代号 HW，中翼缘 H 形钢、代号 HM，窄翼缘 H 形钢、代号 HN；各种 H 钢均可剖分为 T 形钢供应，代号分别为 TW、TM、TN 3 种。H 形钢和剖分 T 形钢的标记方式均采用：高度 $H(h)$×宽度 B×腹板厚度 t_1×翼缘厚度 t_2 表示。如 HW300×300×10×15，单位均为 mm。

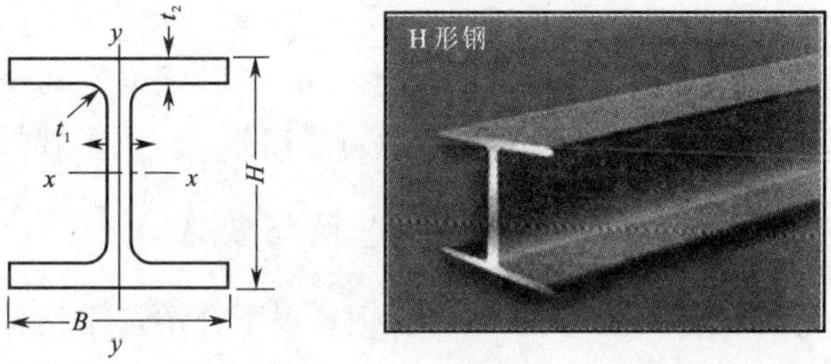

图 5.1.6　H 型钢

4. 冷弯薄壁型钢

冷弯型钢是用薄钢板在连续辊式冷弯机组上生产出来的冷加工型材，其壁厚常用 2～6 mm，美国已有厚度达 1 in(25.4 mm)的。其截面形式有等边角钢、卷边等边角钢、Z 形钢、卷边 Z 形钢、槽钢、卷边槽钢等开口截面以及方形和矩形闭口截面的管材见图 5.1.7。方钢管结构是近年来在国内外发展较迅速的一种新型钢结构，以其外型线条简洁、流畅，连接构造方便而在大跨度钢结构中占有不容忽视的地位。

按国家标准《冷弯薄壁型钢结构技术规范》(GB50018－2003)的规定，冷弯型钢所用钢的牌号可以为碳素结构钢、低合金高强度结构钢和其他牌号，一般以冷加工状态交货，其力学性能试验仅在原料钢带上进行，冷弯型钢一般不做力学性能试验。

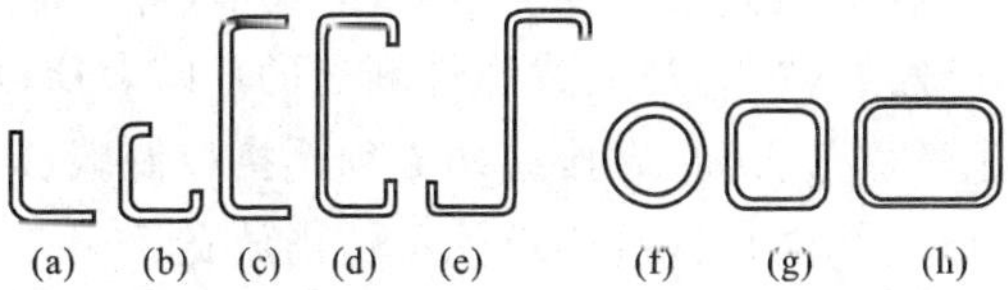

图 5.1.7　冷弯薄壁型钢

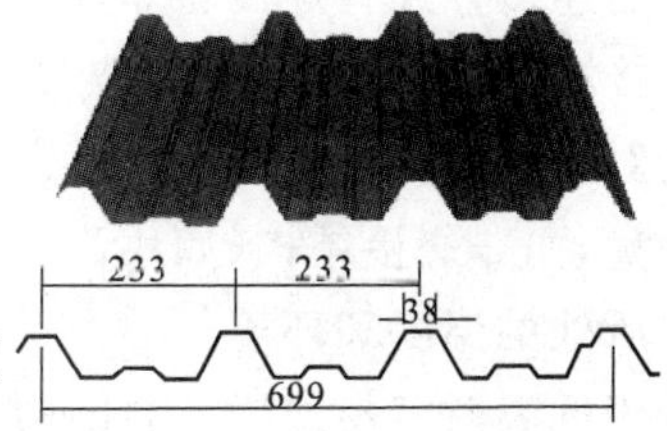

图 5.1.8　压型钢板

5. 其他钢材制品

应用于建筑钢结构的钢材制品还有花纹钢板、压型钢板、钢格栅板和网架球节点等。

(1)花纹钢板是用碳素结构钢、船体用结构钢、高耐候性结构钢热轧成菱形、扁豆形或圆豆形花纹的钢板制品，按现行国家标准《花纹钢板》(GB/T3277－91)规定，花纹钢板基本厚度有2.5～8.0 mm，按0.5 mm进级(共10级)；宽度600～1 800 mm；长度2 000～12 000 mm按100 mm进级。花纹钢板的力学性能不作保证，以热轧状态交货，表面质量分普通精度和较高精度两级。

(2)压型钢板是由厚度为0.4～2 mm的钢板压制而成的波纹状钢板，如图5.1.8所示。波纹高度为10～200 mm；钢板表面涂漆、镀锌、涂有机层(又称彩色压型钢板)以防止锈蚀，因此耐久性较好。压型钢板常用作屋面板、墙板及楼板等，其优点是轻质、高强、美观、施工进度快。

(3)压焊钢格栅板(YB4001—91)。压焊钢格栅板是由负载扁钢作为纵条、扭绞方钢作为横条，在正交方向压焊于纵条，并有包边和挡边板的钢格板。适用于工业平台、地板、天桥、栈道的铺板、楼梯踏板、内盖板以及栅栏等等。

钢格板按纵条和横条的间距以及纵条的规格共分59种规格。其表面状态有热浸镀锌(用G表示)、浸渍沥青(D)、涂漆(PT)及不处理(U—可省略)4种，用钢牌号为Q235A。

1.4 钢材的选用与要求

钢材选用的目的是为保证安全可靠、经济合理。以下介绍选用钢材时应考虑的原则。

1.结构的重要性

对重型工业建筑结构、大跨度结构、高层或超高层的民用建筑结构或构筑物等重要结构，应考虑选用质量好的钢材。根据《建筑结构设计统一标准》的规定，结构安全等级有一级(重要的)、二级(一般的)和三级(次要的)之分，因此所选钢材的质量也应有所不同。同时，构件破坏对结构整体造成的影响也应考虑，当构件破坏导致整体结构不能正常作用时，则后果严重；如果构件破坏只造成局部影响，而不涉及整体结构的正常使用，则后果就不十分严重。二者对钢材的要求也应有所区别。

2.荷载情况

荷载可分为静态荷载和动态荷载两种。直接承受动态荷载作用的结构和强烈地震区的结构应选用综合性能好的钢材，一般承受静态荷载的结构则可选用质量等级稍低、价格较低的钢材(如Q235钢)。

3.连接方式

钢结构的连接方式有焊接和非焊接两类。由于在焊接过程中会产生焊接变形、焊接应力以及其他焊接缺陷，如咬肉、气孔、裂纹、夹渣等，导致结构产生裂纹或脆性断裂的危险。所以，焊接钢结构对材质的要求应严格一些。例如，在化学成分方面，焊接结构必须严格控制碳、硫、磷的极限含量，而非焊接结构(如用高强度螺栓连接的结构)，这些要求就可适当放宽。

4.结构所处的温度和环境

钢材处于低温时容易冷脆，因此在低温条件下工作的结构，尤其是焊接结构，应选用具有良好抗低温脆断性能的镇静钢。此外，露天结构的钢材容易产生时效，受有害介质作用的钢材容易锈蚀、疲劳和断裂，选用材料时也应注意区别。

5.钢材厚度

因为薄钢材辊轧次数多，轧制的压缩比大，厚度大的钢材压缩比小，所以厚度大的钢材不但强度较小，而且塑性、冲击韧性和焊接性能也较差。因此，厚度大的焊接结构应采用材质较好的钢材，对重要结构中可能产生三向应力的构件，可考虑采用Z向钢。

对于具体的钢结构工程，选用哪一种钢材应根据上述原则，结合工程实际情况进行综合考虑，详见《钢结构设计规范》规定。

思考题与习题

1. 钢材的主要力学性能指标主要有哪些？并说明其意义。
2. 钢材的强度设计值为什么要按厚度进行划分？
3. 促使钢材转脆的主要因素有哪些？
4. 应力集中对钢材的机械性能有何影响？设计时如何减小应力集中？
5. 冷弯180°试验主要检验钢材的什么性能？
6. 钢材中除铁(Fe)以外，还有那些化学元素？试简要说明它们对钢材的影响？
7. 简述结构用钢牌号的表示方法。
8. 热轧型钢有哪几种类型？他们是如何表示的？

第 2 章　钢结构的连接

钢结构的连接方式有铆钉、焊接和螺栓连接 3 种，如图 5.2.1 所示。铆钉连接由于工艺比较复杂且费料费工，已基本被焊接和高强螺栓连接所取代，除特殊情况外已很少采用；焊接连接应用最为普遍；高强度螺栓连接近年来发展很快，使用越来越多。但不论采用哪种连接方式，必须符合安全可靠、传力明确、构造简单、制造方便、节约材料、降低造价的原则。连接接头应具有足够的强度，要有适于施行连接手段的足够空间。

除上述常用连接方式外，在薄钢结构中还经常采用抽芯铆钉(拉铆钉)、自攻螺钉、射钉和焊钉等连接方式。抽芯铆钉、自攻螺钉、射钉主要用于薄板之间的连接。焊钉用于钢板与混凝土之间的连接。

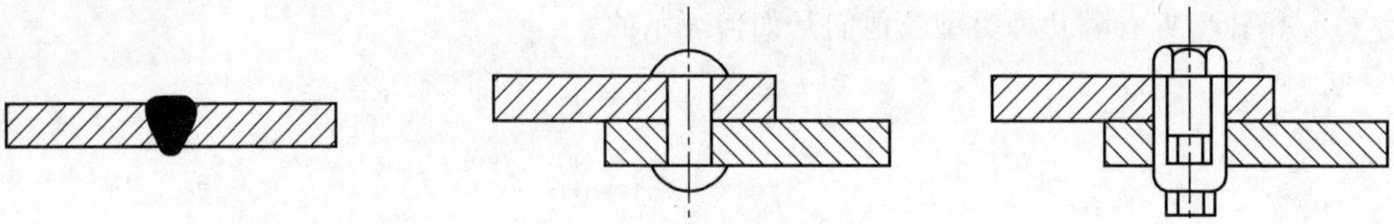

(a)　(b)　(c)

图 5.2.1　钢结构的连接方式

(a)焊接连接；(b) 铆钉连接；(c)螺栓连接

2.1　焊接连接

焊接连接是通过电弧产生的热量，使焊条和焊件局部熔化，经冷却凝结成焊缝，从而将焊件连接成一体。其优点是：任何形式的构件一般都可直接相连，不削弱构件截面，用料经济，构造简单，制造加工方便，连接的刚度大，密封性能好，易于工厂自动化作业，生产效率高。其缺点是：焊缝附近钢材因焊接高温作用形成热影响区，其金相组织和力学性能发生变化，导致局部材质变脆；焊接过程中钢材受到不均匀的高温和冷却，使结构产生焊接残余应力和残余变形，对结构的承载力、刚度和使用性能有一定影响。此外，焊接结构由于刚度大，局部裂缝一旦发生很容易扩展到整体，尤其是在低温下易发生脆断。再有，焊接连接的塑性和韧性较差，施焊时可能产生缺陷，使疲劳强度降低，焊接多需人工施焊劳动强度大，施工质量较难控制。

2.1.1　焊接方法、焊缝连接形式和焊缝形式

1. 钢结构常用焊接方法

焊接的方法很多，钢结构常用的是电弧焊。它包括手工电弧焊、自动和半自动电弧焊及气体保护焊等。

1) 手工电弧焊

手工电弧焊是钢结构中最常用的一种焊接方法，如图 5.2.2 所示。手工焊接时，先将焊条与焊件很快地接触造成短路，然后稍稍提起，使涂有焊药的焊条端与焊件间的气体中通过强大电流，从而激发产生电弧，电弧的温度很高(约为 3 000 ℃)，能使焊条和焊件熔化。熔化后的

焊条金属形成熔滴，脱离焊条端头向焊件过渡，并和熔化了的焊件金属形成液态的焊接熔池。熔池处于电弧作用的中心，熔池中的金属总是处于过热的液体状态，随着焊条的移动，焊接熔池不断地形成和不断地冷却，从而形成连续焊缝。

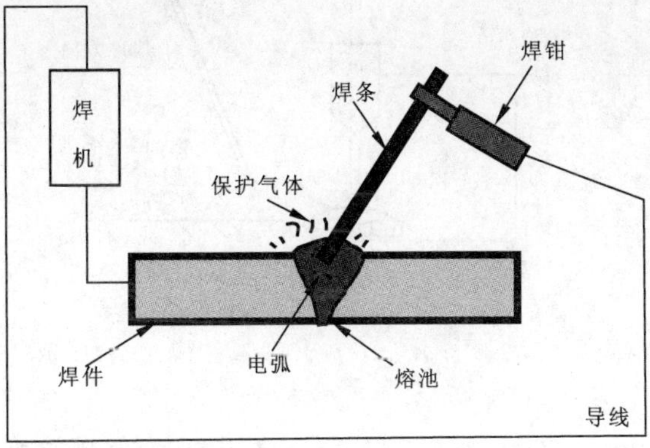

图 5.2.2 手工电弧焊

手工电弧焊的设备简单，操作灵活方便，适应性强，特别适合于焊接短焊缝。但生产效率比自动和半自动焊要低，质量较差，焊缝质量波动性大，且取决于焊工的技术水平，劳动条件等。

《钢结构设计规范》规定，手工焊接采用的焊条应符合现行标准《碳钢焊条》(GB/T5117—85)或《低合金钢焊条》(GB/T5118—85)的规定。所用焊条型号应与主体金属强度相适应，对直接承受动力荷载或振动荷载且必须验算疲劳的结构，宜采用低氢型焊条。焊条选用是否合适，将直接影响焊缝的质量，实际工作中应给以充分的重视。焊条应与焊件钢材相适应。一般情况下，Q235 钢选择 E43 型焊条（E4300—E4328）；Q345 钢选择 E50 型焊条（E5000—E5048）；Q390、Q420 钢选择 E55 型焊条（E5500—E5518）。不同钢种的钢材焊接，宜采用与低强度钢材相适应的焊条。焊条的表示方法：E—焊条（Electrode），第 1、2 位数字表示熔融金属的最小抗拉强度（kgf/mm^2），第 3、4 位数字表示适用焊接位置、电流及药皮的类型。

2) 埋弧焊（自动或半自动电弧焊）

埋弧焊的主要设备是自动电焊机，如图 5.2.3 所示。自动焊的全部设备装在一个小车上，小车可以沿轨道按规定速度移动。通电引弧后，电弧使埋在焊剂下的焊丝和附近的焊件熔化，而焊剂则浮在熔化了的金属表面上，有效地保护了熔化的金属，使之与空气隔绝，且给焊缝金属提供必要的合金元素，改善了焊缝质量。随着电焊机的自动移动，颗粒状的焊剂不断地由漏斗流下埋住电弧，与此同时，焊丝也自动地随着熔化而下降，故称为自动埋弧焊。当焊机的移动由人工控制时，称为半自动埋弧焊。

自动焊的焊缝质量稳定，焊缝内部缺陷较少，塑性和韧性较好，其质量比手工焊好，适用于焊接较长的直线焊缝。半自动焊的质量介于二者之间，由于焊机移动是由人工掌握的，故用来焊曲线或任意形状的焊缝更为适宜。自动焊或半自动焊的焊接速度快，生产效率高，成本低，劳动条件好。

埋弧焊应采用与主体金属强度相适应的焊丝和焊剂。焊丝应符合国家标准的规定，焊剂则应根据焊接工艺要求确定。

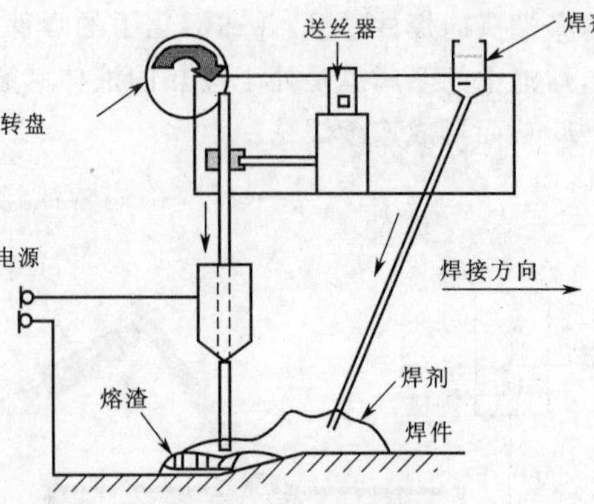

图 5.2.3　自动电弧焊

3）气体保护焊

气体保护焊是利用二氧化碳或惰性气体(代替焊剂)把电弧熔池与大气隔离的一种电弧熔焊方法。操作时可用自动或半自动焊方式。由于焊接时没有熔渣,焊工能够清楚地观察焊缝成型的过程,由于保护气体是喷射的,有助于熔滴的过渡;又由于加热集中,焊接速度较快,焊件熔深大、熔池较小,热影响区较窄,焊接变形较小,焊缝强度比手工电弧焊高,且塑性和抗锈蚀性好,适用于全位置的焊接。

其缺点有:设备复杂,电弧光较强,金属飞溅多,焊缝表面成型不如埋弧焊平滑,不适用于野外或有风的地方施焊,若在工地施焊则须搭设防风棚。

2. 焊缝连接形式

焊缝连接按被连接构件的相对位置可分为平接、搭接、T 形连接和角接 4 种。这些连接所采用的焊缝主要有对接焊缝和角焊缝,如图 5.2.4 所示。使用时,应根据连接的受力情况,结合制造、安装和焊接条件进行合理选择。

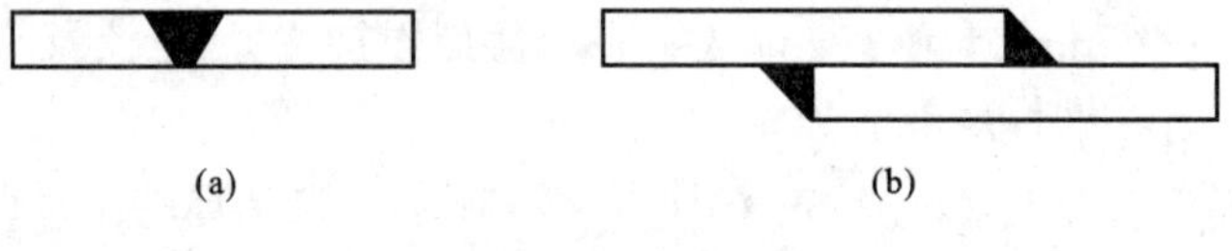

图 5.2.4　焊缝形式
(a)对接焊缝;(b)角焊缝

3. 焊缝形式

对接焊缝可分为正对接焊缝(直缝)和斜对接焊缝(斜缝),如图 5.2.14 所示。角焊缝按作用力的方向可分为正面角焊缝(端角焊缝)、侧面角焊缝和斜焊缝,如图 5.2.17 所示。焊缝沿长度方向的布置分为连续角焊缝和断续角焊缝。连续角焊缝的受力情况较好,断续角焊缝的起、灭弧处容易引起应力集中,重要结构应避免采用,但可用于一些次要构件的连接或受力很小的连接中。

焊缝按施焊位置分为俯焊、横焊、立焊及仰焊,如图 5.2.5 所示。俯焊的焊接工作最方便,质量也最好,应尽量采用。立焊和横焊的质量及生产效率比俯焊差一些。仰焊的操作条件最差，焊缝质量不易保证，应尽量避免采用。

2.1.2 焊缝缺陷和焊缝质量检验

1. 焊缝缺陷

焊缝缺陷是指在焊接过程中产生于焊缝金属或附近热影响区钢材表面或内部的缺陷。最常见的缺陷有裂纹、焊瘤、烧穿、弧坑、气孔、夹渣、咬边、未熔合、未焊透（规定不焊透者除外）及焊缝外形尺寸不符合要求，焊缝成型不良等，如图5.2.6所示。裂纹是焊缝连接中最危险的缺陷。产生裂纹的原因很多，如钢材的化学成分不当，焊接工艺条件（如电流、电压、焊速、施焊次序等）选择不合适，焊件表面油污未清除干净等。

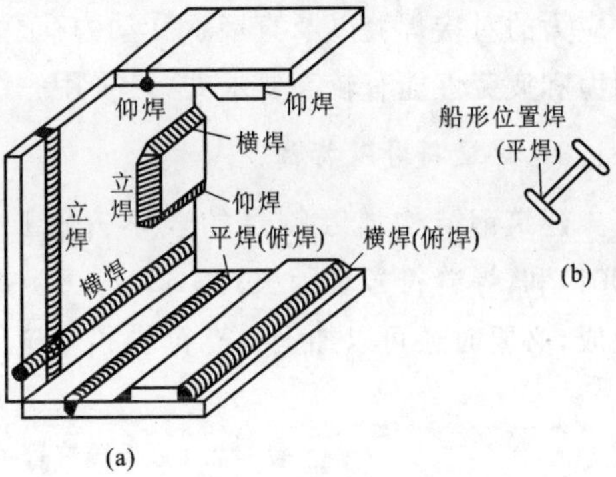

图 5.2.5 焊缝施焊位置

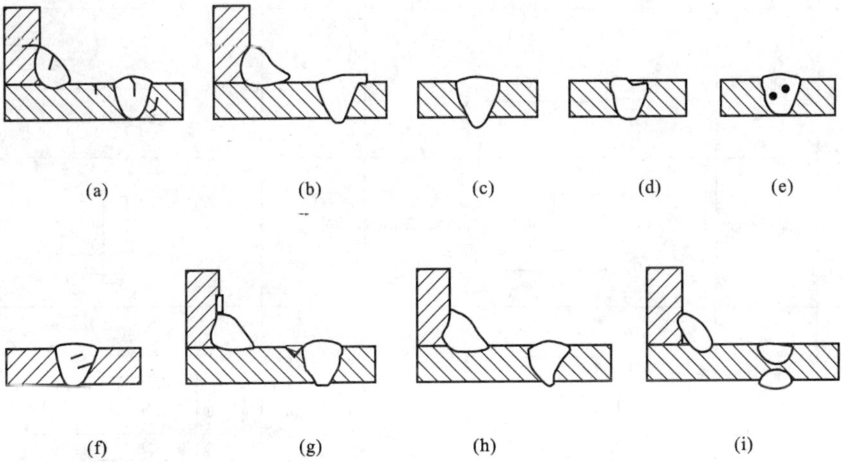

图 5.2.6 焊缝缺陷

(a)裂纹；(b)焊瘤；(c)烧穿；(d)弧坑；(e)气孔；(f)夹渣；(g)咬边；(h)未熔合；(i)未焊透

2. 焊缝质量检验

外观检查：检查外观缺陷和几何尺寸。内部无损检验：检验内部缺陷。焊缝缺陷的存在将削弱焊缝的受力面积，在缺陷处引起应力集中，故对连接的强度、冲击韧性及冷弯性能等均有不利影响。因此，焊缝质量检验极为重要。

《钢结构工程施工质量验收规范》（GB50205—2001）规定，焊缝按其检验方法和质量要求分为一级、二级和三级。其中三级焊缝只要求对全部焊缝作外观检查；一、二级焊缝除要求对全部焊缝作外观检查外，还应采用超声波探伤进行内部缺陷的检验，超声波探伤不能对缺陷作出判断时，应采用射线探伤，这些检查都应符合相应级别的质量标准。一级焊缝超声波和射线探伤的比例均为100％，二级焊缝超声波和射线探伤的比例均为20％，且每条焊缝探伤长度不小于200 mm，长度不足200 mm的，应对整条焊缝进行探伤。

钢结构中一般采用三级焊缝即可满足通常的强度要求。但手工焊对接焊缝的抗拉强度有较大的变异性,《钢结构设计规范》规定其设计值只为主体钢材的85%左右。因而对于有较大拉应力的对接焊缝以及直接承受动力荷载构件的较重要的对接焊缝,可采用二级焊缝;对于抗动力和疲劳性能有较高要求处,可采用一级焊缝。

2.1.3 焊缝符号及标注

建筑钢结构焊缝符号的表示方法应按国家标准《建筑结构制图标准》(GB/T50105—2001)和《焊缝符号表示法》(GB324—88)执行。焊缝符号主要由基本符号、辅助符号和引出线组成,必要时还可以加上补充符号和焊缝尺寸符号,见表5.2.1。

表5.2.1 焊缝符号中的基本符号、辅助符号、补充符号

基本符号	名称	对接焊缝					角焊缝	塞焊缝与槽焊缝	点焊缝
		I形焊缝	V形焊缝	单边V形焊缝	带钝边的V形焊缝	带钝边的U形焊缝			
	符号	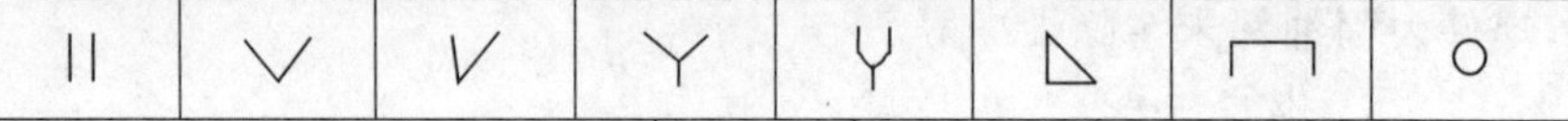							

	名称	示意图	符号	示例
辅助符号	平面符号		—	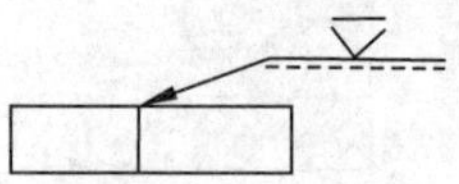
	凹面符号	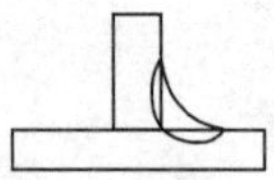		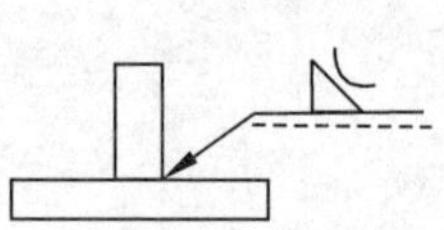
补充符号	三面围焊缝符号	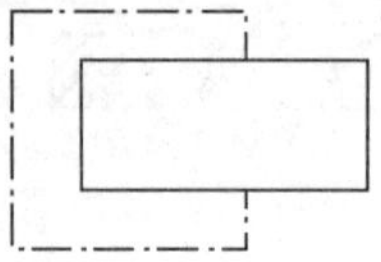		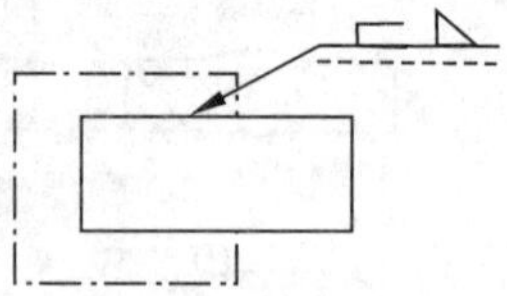
	周边焊缝符号	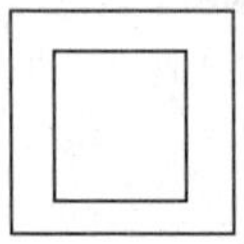	○	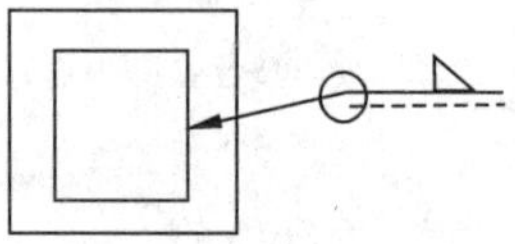
	工地现场焊缝符号			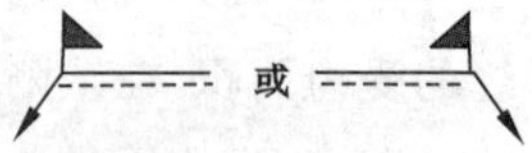

1. 基本符号

基本符号是表示焊缝横截面形状特征的符号。

2. 辅助符号

辅助符号是表示焊缝表面形状特征的符号。

3. 补充符号

补充符号是为了补充说明焊缝的某些特征而采用的符号。

4. 引出线

引出线由带箭头的指引线(简称箭头线)和两条基准线(一条实线,另一条为虚线)两部分组成,其线条均用细线绘制,如图 5.2.7(b)和图 5.2.7(c)所示。基准线的虚线可以画在基准线实线的上侧或下侧。基准线一般与图样底边平行,箭头线有斜线和箭头组成,箭头指向焊缝的位置,对有坡口的焊缝,箭头线应指向带坡口的一侧,必要时允许箭头线弯折一次,箭头指引线一般与水平方向成 30°、45°、60°。图 5.2.7(b)和图 5.2.7(c)是对图 5.2.7(a)图所示 V 形坡口焊缝的两种不同的表示法。

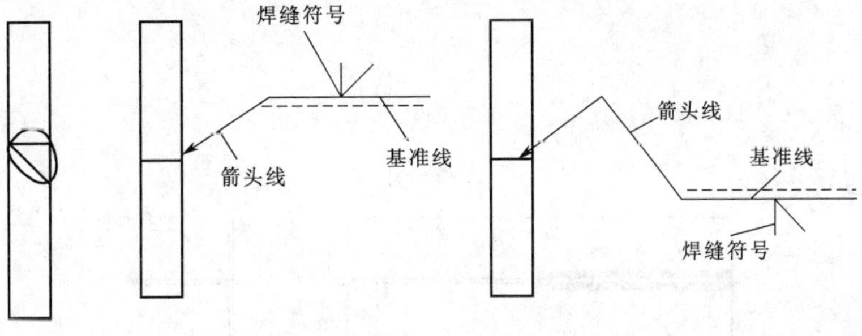

图 5.2.7 焊缝指引线的画法

(a)V 形坡口焊缝;(b)、(c)引出线的组成

5. 基本符号相对于基准线的位置

(1)当箭头指向焊缝所在的一面时(即近端),基本符号及尺寸符号等应标在基准线实线侧。

(2)当箭头指向焊缝所在的另一面时(相对的一面,即远端),基本符号及尺寸符号等应标在基准线虚线侧。

(3)若为双面对称焊缝,基准线可不加虚线。箭头线相对焊缝的位置一般无特殊要求,对有坡口的焊缝,箭头线应指向带坡口的一侧。

6. 几种常用焊缝的标注方式

1)相同焊缝符号的标注方式。

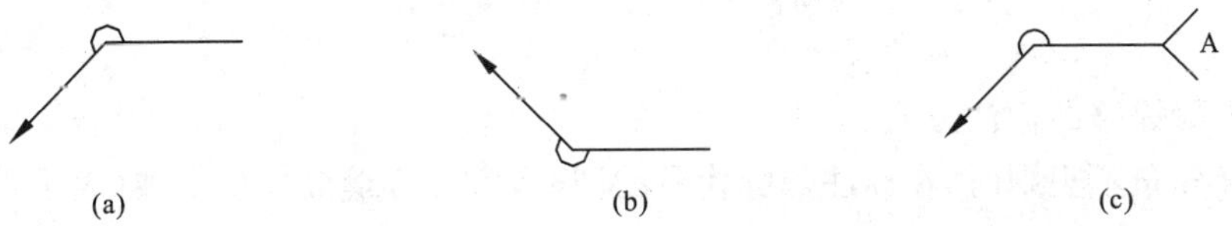

图 5.2.8 相同焊缝的标注方式

(a)、(b)焊缝符号为 3/4 圆弧;(c)将焊缝分类编号标注

(1)在同一图形上,当焊缝形式,断面尺寸和辅助要求均相同时,可只选择一处标注焊缝的符号和尺寸,并加注“相同焊缝符号”,相同焊缝符号为 3/4 圆弧,画在引出线的转折处的外突一侧,如图 5.2.8(a)和图 5.2.8(b)所示。

(2)在同一图形上,当有数种相同的焊缝时,可将焊缝分类编号标注。在同一类焊缝中选择一处标注焊缝符号和尺寸，分类编号采用大写的拉丁字母 A、B、C……如图 5.2.8(c)所示。

2)熔透角焊缝和局部焊缝的标注方式

熔透角焊缝的符号应按图 5.2.9(a)方式标注，熔透角焊缝的符号为涂黑的圆圈，绘在引出线的转折处。局部焊缝应按图 5.2.9(b)方式标注。

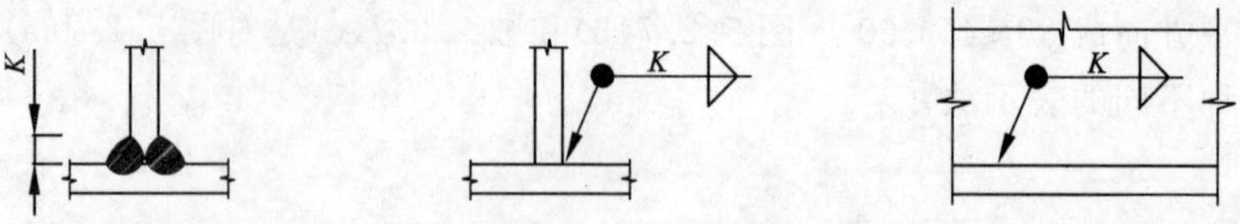

(a)

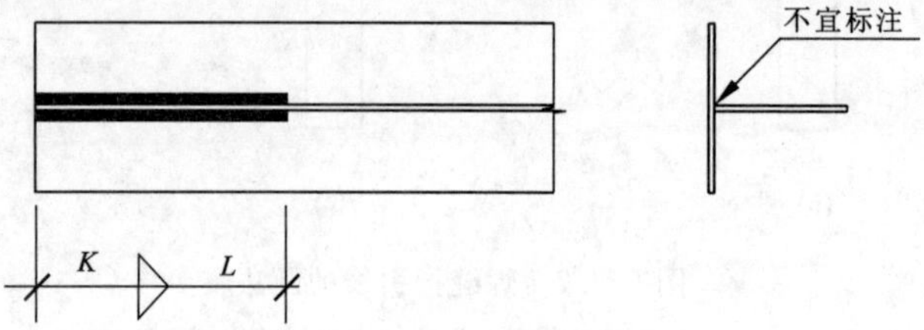

(b)

图 5.2.9　熔透角焊缝和局部焊缝的标注方式

(a)熔透角焊缝的标注；(b)局部焊缝的标注

3)较长角焊缝的标注方式

图样中较长的角焊缝(如焊接实腹钢梁的翼缘焊缝)，可不用引出线标注，而直接在角焊缝旁标注焊缝高度 K 值，如图 5.2.10 所示。

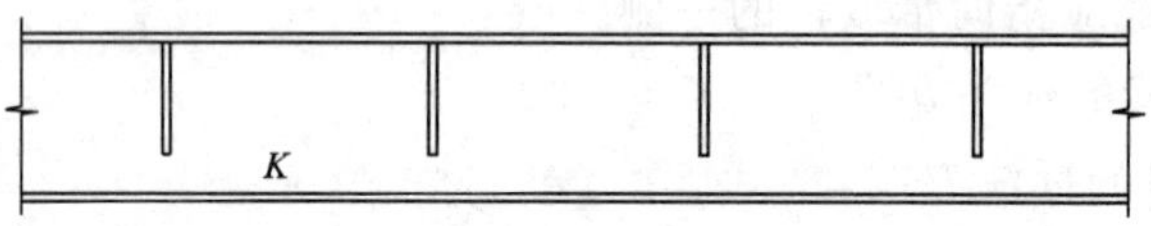

图 5.2.10　较长角焊缝的标注

4)不规则焊缝的标注方式

当焊缝分布不规则时，在标注焊缝代号的同时，宜在焊缝处加中实线(表示可见焊缝)或加栅线(表示不可见焊缝)，表示方法详见制图标准(GB/T50105—2001)。

2.1.4　对接焊缝的计算和构造

1. 对接焊缝的坡口形式

对接焊缝传力均匀平顺，无明显的应力集中，受力性能较好。但对接焊缝连接要求下料和装配的尺寸准确，保证相连板件间有适当空隙，还要将焊件边缘开坡口，制造费工。用对接焊缝连接的板件常开成各种形式的坡口，焊缝金属填充在坡口内。对接焊缝板边的坡口形式有 I 形、单边 V 形、V 形、J 形、U 形、K 形和 X 形等，如图 5.2.11 所示。

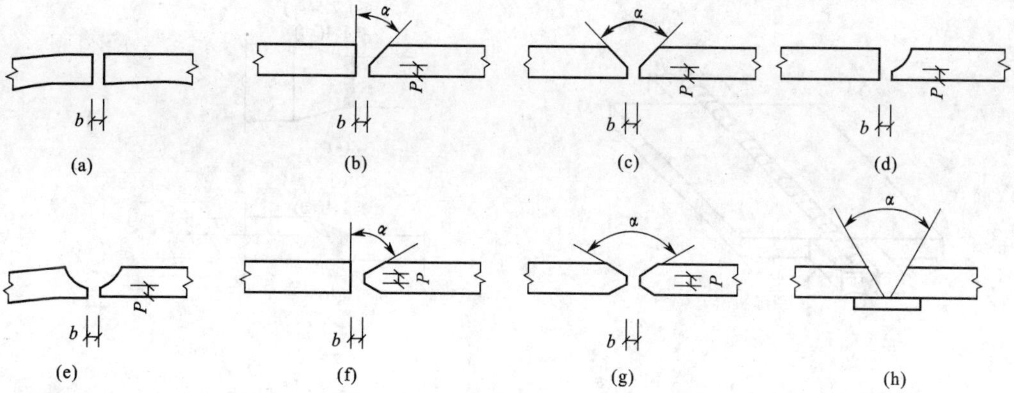

图 5.2.11 对接焊缝的坡口形式

(a)I形;(b)单边V形;(c)V形;(d)J形;(e)U形;(f)K形;(g)X形;(h)加垫板V形

p —钝边,b —间隙,a—坡口角度

2. 对接焊缝的构造

位于同一平面的构件连接常采用对接焊缝。对接焊缝传力均匀平缓,没有明显的应力集中,用料经济,因此,最适宜在承受动荷载的构件中采用。但在施焊时焊件应保持一定的间隙,板边需要加工,故施工不便。

对接焊缝一般焊透全厚度,但在板件较厚而内力较小,也可采用不焊透全厚度,以达到省工省料和减小焊接变形的目的。但由于未焊透,应力集中和残余应力严重,对于直接承受动力荷载的构件不宜采用。

对接焊缝的焊件常做成坡口,故又叫坡口焊缝。坡口形式与焊件厚度和施焊条件有关,一般由制造厂结合工艺条件和根据国家标准确定。

(1)当 $t<6$ mm(手工焊),$t<10$ mm(埋弧焊)时,可不做坡口,采用直边缝。

(2)当 $t=7\sim20$ mm 时,宜采用单边V形和V形坡口。

(3)当 $t>20$ mm 时,宜采用U形、K形、X形坡口。

其中,t 为焊件厚度。

对于V形和U形坡口,正面焊好后应再从背面清根补焊。当对接接头的一边板件不便开坡口时,要在坡口下面预设垫板,以阻止熔化金属流失和使根部焊透。

在焊缝的起灭弧处,常因不易焊透而出现凹陷等,这些缺陷对承载力影响极大,对承受动力荷载的结构更是不利。因此,施焊时应在焊缝两端设置引弧板,如图 5.2.12 所示。这样引弧、灭弧均在引弧板上进行,焊接完毕后再将它割除,并将板边沿受力方向修磨平整,以消除焊口缺陷的影响。对受静力荷载且设置引弧板有困难的构件,允许不设置引弧板,但焊缝的计算长度应取实际长度减去 $2t$(t 为较薄焊件的厚度)。

在对接焊缝的拼接处,当焊件宽度不同或厚度相差 4 mm 以上时,应将较宽或较厚的板件加工成坡度不大于 1∶2.5 的斜坡,对直接承受动荷载且需要进行疲劳破坏计算的结构不应大于 1∶4。如图 5.2.13 所示,以形成平缓的过渡,减少应力集中。当厚度不同时,坡口形式应根据较薄焊件厚度取用,焊缝的计算厚度等于较薄焊件的厚度。

根据焊缝的熔敷金属是否充满整个连接截面,对接焊缝还可分为焊透和不焊透两种形式。不焊透又称部分焊透,当板厚且受力较小时可采用。在承受动荷载的结构中,垂直于受力方向

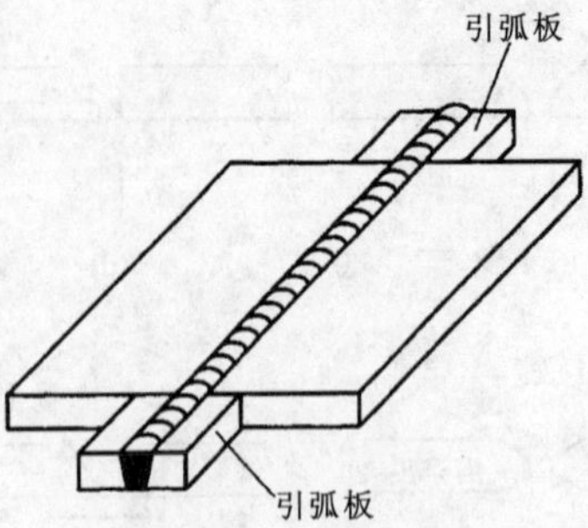

图 5.2.12　对接焊缝施焊用引弧板

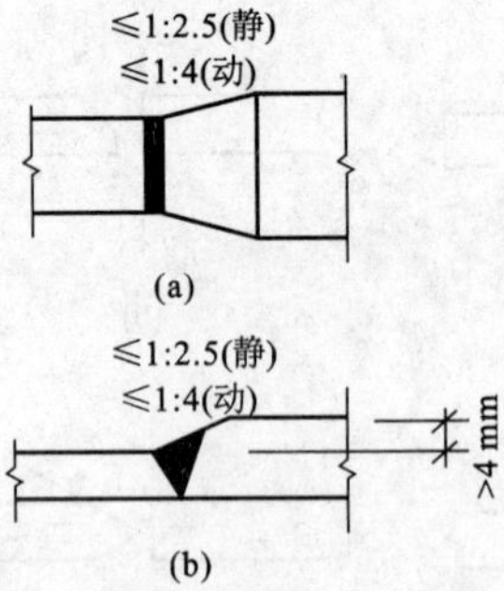

图 5.2.13　变截面钢板的拼接

的焊缝不宜采用不焊透的对接焊缝。不焊透的对接焊缝必须在设计图中注明坡口形式和尺寸，对接焊缝的计算厚度 h_e 不得小于 $1.5\sqrt{t}$，t 为坡口所在焊件的较大厚度，单位为 *mm*。

3. 对接焊缝的计算（焊透对接焊缝）

无内部及外观缺陷的焊透对接焊缝，其焊缝受力后的应力分布可认为与母材原来的应力分布情况基本相同（计算方法与材料力学非常接近）。

1）轴心受力对接焊缝的计算

对接焊缝受垂直于焊缝长度方向的轴心力（如图 5.2.14(*a*)）时，其焊缝强度按下式计算

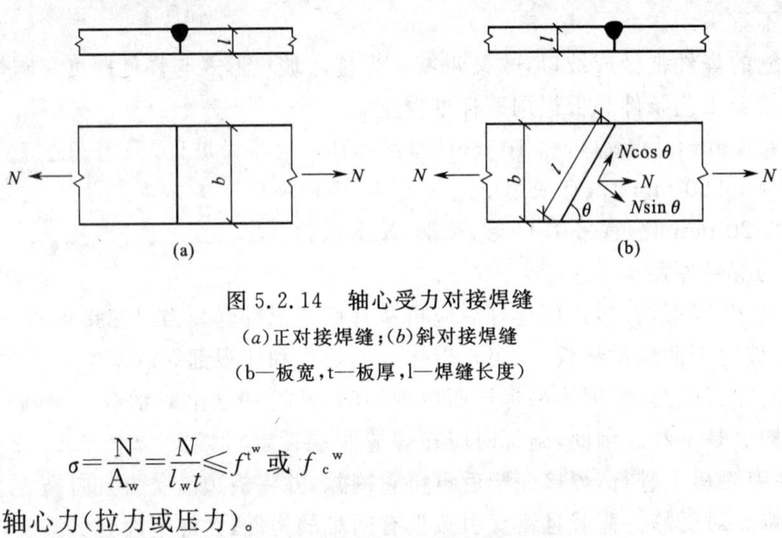

图 5.2.14　轴心受力对接焊缝

(*a*)正对接焊缝；(*b*)斜对接焊缝

（b—板宽，t—板厚，l—焊缝长度）

$$\sigma=\frac{\mathrm{N}}{\mathrm{A_w}}=\frac{N}{l_w t}\leqslant f^{w}\text{ 或 }f_c^{\ w} \qquad (5.2.1)$$

式中　N——轴心力（拉力或压力）。

l_w——焊缝的计算长度，当未采用引弧板施焊时，每条焊缝取实际长度减去 $2t$，即 $l_w=l-2t$，当采用引弧板施焊时，取焊缝的实际长度。

t——在对接接头中取连接件的较小厚度，在 T 形接头中取腹板厚度。

A_w——焊缝的计算截面面积，$A_w=l_w t$。

$f_t^{\ w}$、$f_c^{\ w}$——对接焊缝的抗拉、抗压强度设计值，见表 5.2.1。

如果采用直焊缝不能满足强度要求时，可采用斜对接焊缝如图 5.2.14(b)。计算表明，当焊缝与作用力间的夹角 θ 满足 $\tan\theta\leqslant1.5$ 时（即 $\theta\leqslant56°$），斜焊缝的强度不低于母材强度，可不

再进行验算。但斜对接焊缝比正对接焊缝费料，不宜多用。

【例 5.2.1】试验算图 5.2.14(a)所示钢板的对接焊缝强度。图中 $l=470$ mm，$t=10$ mm，轴心力的设计值 $N=850$ kN。钢材为 Q235BF，手工焊，焊条 E43 型，焊缝质量标准三级。

【解】由表 5.2.1 查得焊缝抗拉强度设计值 $f_t^w=185\ \text{N/mm}^2$

(1)不用引弧板：直缝连接时计算长度 $l_w=470-2\times10=450$ mm。焊缝正应力为：

$$\sigma=\frac{N}{A_w}=\frac{N}{l_w t}=\frac{860\times10^3}{450\times10}=191.2\ \text{N/mm}^2>f_t^w=185\ \text{N/mm}^2$$

(2)采用引弧板(考虑到 $\sigma>f_t^w$ 但相差不大)：则直缝连接时计算长度 $l_w=470$ mm。焊缝正应力为

$$\sigma=\frac{N}{A_w}=\frac{N}{l_w t}=\frac{860\times10^3}{470\times10}=183\ \text{N/mm}^2<f_t^w=185\ \text{N/mm}^2\text{，可满足要求。}$$

表 5.2.1　焊缝的强度设计值

焊接方法和焊条型号	构件钢材		对接焊缝				角焊缝
	牌号	厚度或直径(mm)	抗压 f_c (N·mm⁻²)	焊缝质量为下列级别时，抗拉和抗弯 f_c (N·mm⁻²)		抗剪 f_c/(N·mm⁻²)	抗接、抗压和抗剪 f_c (N·mm⁻²)
				一级、二级	三级		
自动焊、半自动焊和 E43 型焊条的手工焊	Q235 钢	≤16	215	215	185	125	160
		17～40	205	205	175	120	160
		41～60	200	200	170	115	160
		61～100	190	190	160	110	160
自动焊、半自动焊 E50 型焊条的手工焊	Q345 钢	≤16	310	310	265	180	200
		17～35	295	295	250	170	200
		36～50	265	265	225	155	200
		51～100	250	250	210	145	200
自动焊、半自动焊 E55 型焊条的手工焊	Q390 钢	≤16	350	350	300	205	220
		17～35	335	335	285	190	220
		36～50	315	315	270	180	220
		51～100	295	295	250	170	220
自动焊、半自动焊 E55 型焊条的手工焊	Q420 钢	≤16	380	380	320	220	220
		17～35	360	360	305	210	220
		36～50	340	340	290	195	220
		51～100	325	325	275	185	220

注：自动焊和半自动焊所采用的焊丝和焊剂应保证其熔敷金属抗拉强度不低于相应手工焊焊条的数值。

2)弯矩、剪力共同作用时对接焊缝的计算

(1)板件间对接连接(板件直立放置)。

板件间对接连接焊缝截面为矩形，M、V 共同作用下应力图如图 5.2.15 所示。

$$\sigma_{max}=\frac{M}{W_w}=\frac{6M}{l_w^2 t}\leqslant f_t^w\text{或}f_c^w \tag{5.2.2}$$

$$\tau_{max}=\frac{VS_w}{I_w t_w}\leqslant f_v^w \tag{5.2.3}$$

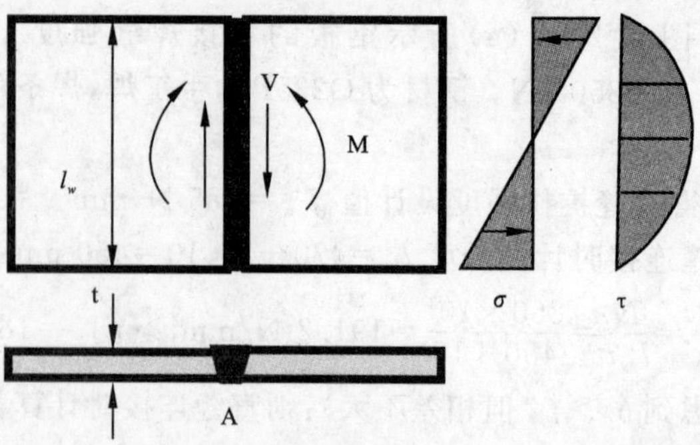

图 5.2.15　矩形截面对接焊缝受弯矩和剪力共同作用

式中　M、V——焊缝承受的弯矩和剪力。

I_w、W_w——焊缝计算截面的惯性矩和抵抗矩。

S_w——计算剪应力处以上(或以下)焊缝计算截面对中和轴的面积矩。

t_w——计算剪应力处焊缝计算截面的宽度。

f_v^w——对接焊缝的抗剪强度设计值。

(2)工字形截面梁对接连接

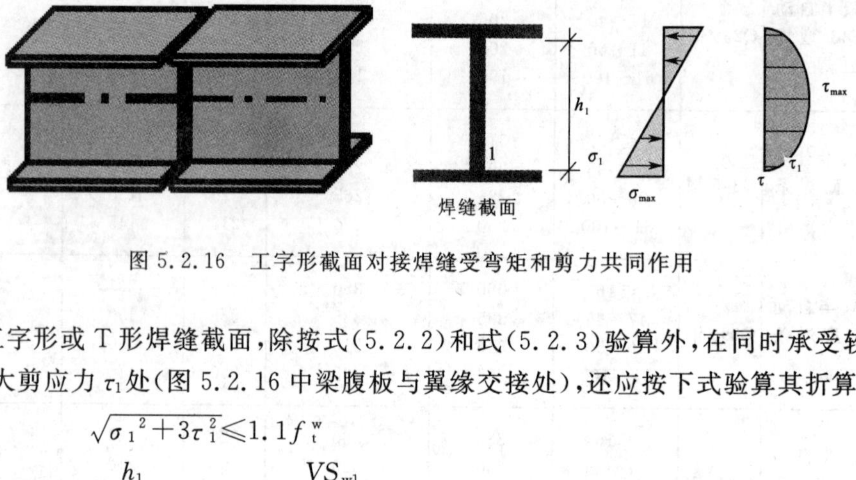

图 5.2.16　工字形截面对接焊缝受弯矩和剪力共同作用

对于工字形或 T 形焊缝截面,除按式(5.2.2)和式(5.2.3)验算外,在同时承受较大正应力 σ_1 和较大剪应力 τ_1 处(图 5.2.16 中梁腹板与翼缘交接处),还应按下式验算其折算应力:

$$\sqrt{\sigma_1^2+3\tau_1^2}\leqslant 1.1 f_t^w \tag{5.2.4}$$

$$\sigma_1=\sigma_{max}\frac{h_1}{h} \qquad \tau_1=\frac{VS_{w1}}{I_w t_w}$$

式中　系数 1.1——考虑到最大折算应力只发生在局部而将焊缝抗拉强度设计值 f_t^w 提高 10%后的系数。

h_1——腹板高度。

2.1.5　角焊缝的计算和构造

1.角焊缝的形式

在搭接或 T 形连接构件的边缘,所焊截面为三角形的焊缝称为角焊缝。角焊缝按其与作用力的关系可分为:焊缝长度方向与作用力垂直的正面角焊缝(端角焊缝);焊缝长度方向与作用力平行的侧面角焊缝;焊缝长度方向与作用力斜交的斜向角焊缝,如图 5.2.17 所示。按其截面形式可分为直角角焊缝和斜角角焊缝,如图 5.2.18 所示。角焊缝的焊件板边不必预先加工，也不必校正缝距，施工方便。但其应力集中现象比较严重，在材料使用上也不够经济。

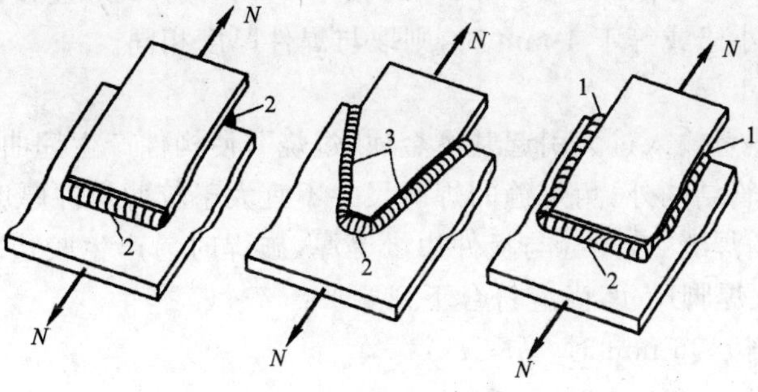

图 5.2.17　角焊缝的受力形式

1—侧面角焊缝；2—正面角焊缝；3—斜向角焊缝

一般情况下采用普通型焊缝(表面微凸的等腰直角三角形)，如图 5.2.18(a)所示；对直接承受动力荷载结构，为使传力平缓，正面角焊缝宜采用平坦型(长边顺内力方向)，如图 5.2.18(b)所示，侧面角缝则宜采用凹面型角焊缝，如图 5.2.18(c)所示。

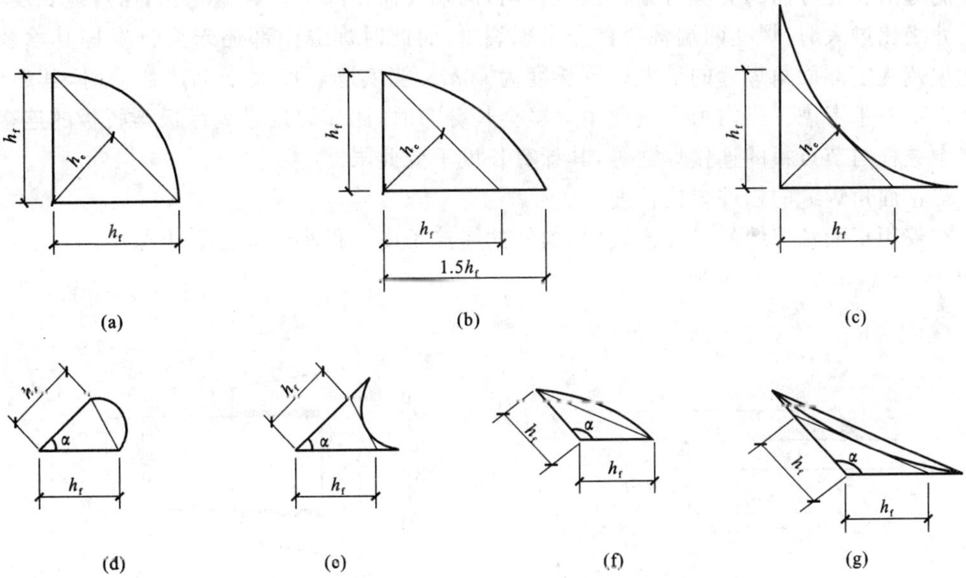

图 5.2.18　角焊缝的截面形式

(a)、(b)、(c)直角角焊缝；(d)、(e)、(f)、(g)斜角角焊缝

角焊缝两焊脚边的夹角 $\alpha>90°$ 或 $\alpha<90°$ 时，称为斜角角焊缝，如图 5.2.18(d)、图 5.2.18(e)、图 5.2.18(f)、图 5.2.18(g)所示。当 $\alpha>120°$ 或 $\alpha<60°$ 时，除钢管结构外，不宜用作受力焊缝。

2. 角焊缝的构造要求

1) 最小焊脚尺寸

若板件厚度较大而焊缝焊脚尺寸 h_f 过小，则施焊时焊缝冷却速度过快，可能产生淬硬组织，相当于冶金反应中的淬火，焊缝易变脆，导致母材开裂。规范规定，角焊缝的焊脚尺寸 h_f 不得小于 $1.5\sqrt{t}$，t 为较厚焊件厚度（当采用低氢型碱性焊条时，可取较薄焊件的厚度），单位为 mm。自动焊熔深较大，故最小焊脚尺寸可减小 1 mm；对 T 形连接的单面角焊缝，应增加 1 mm。当焊件厚度小于或等于 4 mm 时，则取与焊件厚度相同。

2）最大焊脚尺寸

为避免焊接时热量输入过大引起基本金属"过烧"，使构件产生翘曲、变形和较大的焊接应力。规范规定，除钢管结构外，角焊缝的焊脚尺寸不宜大于较薄焊件厚度的 1.2 倍。

对板件边缘的角焊缝，若焊缝与板件边缘等厚，施焊时易产生咬边现象。故板件（厚度为 t）边缘的角焊缝最大焊脚尺寸，尚应符合下列要求：

当 $t \leqslant 6$ mm 时，$h_f \leqslant t$

当 $t > 6$ mm 时，$h_f \leqslant t-(1\sim 2)$ mm

圆孔或槽孔内的角焊缝的焊脚尺寸尚不宜大于圆孔直径或槽孔短径的 1/3。

3）角焊缝的最小计算长度

角焊缝的焊脚尺寸大而焊缝长度过短时，焊件的局部受热严重，施焊时起灭弧所引起的缺陷相距过近，加上可能产生的其他缺陷，使焊缝不够可靠。因此，角焊缝的最小计算长度不得小于 8 h_f 和 40 mm。

4）侧面角焊缝的最大计算长度

侧缝沿长度方向的剪应力分布很不均匀，两端大而中间小。焊缝越长，当焊缝长度与其焊脚尺寸之比过大时，焊缝两端将会首先出现裂纹，而此时焊缝中部还未充分发挥其承载能力，因此规范规定侧面角焊缝的最大计算长度为 $60h_f$。当实际长度大于上述数值时，其超过部分在计算中不予考虑。当内力沿侧面角焊缝全长分布时，比如焊接梁翼缘板与腹板的连接焊缝、屋架中弦杆与节点板的连接焊缝等，其计算长度不受此限。

5）正面角焊缝的构件焊接长度

在仅用正面角焊缝的搭接连接中，构件的搭接长度不得小于焊件较小厚度的 5 倍，并不得小于 25 mm，如图 5.2.19 所示。

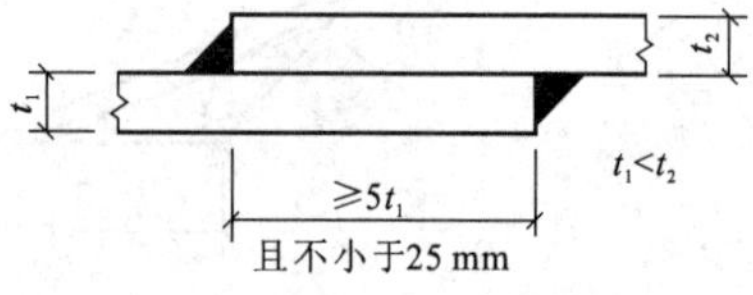

图 5.2.19　搭接长度要求与最大焊脚尺寸示意

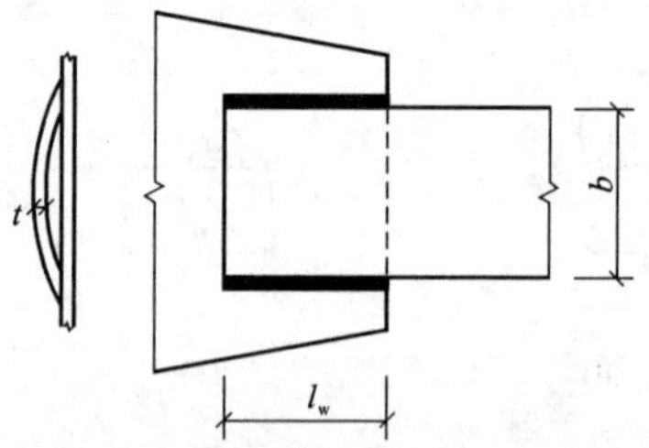

图 5.2.20　侧面角焊缝长度及两侧角焊缝间距

6）两侧面角焊接之间的距离

当板件的端部仅有两条侧面角焊缝连接时（如图 5.2.20 所示），每条侧面角焊缝长度不宜小于两侧面角焊缝之间的距离，这是为了避免应力传递的过分弯折而使构件中应力不均匀；同时两侧面角焊缝之间的距离不宜大于 $16t$（$t>12$ mm）或 190 mm（当 $t \leqslant 12$ mm 时）。t 为较薄焊件的厚度，是为了避免焊缝横向收缩时引起板件的拱曲太大。

7）构件转角的连续施焊

杆件端部搭接采用三面围焊时，在转角处截面突变，会产生应力集中，为避免起灭弧缺陷发生在应力集中较严重的转角处，所有围焊的转角处必须连续施焊。对于非围焊的情况，当角焊缝的端部在构件转角处时，可连续地作长度为 $2h_f$ 的绕角焊(图 5.2.21)，以改善连接的受力工作。

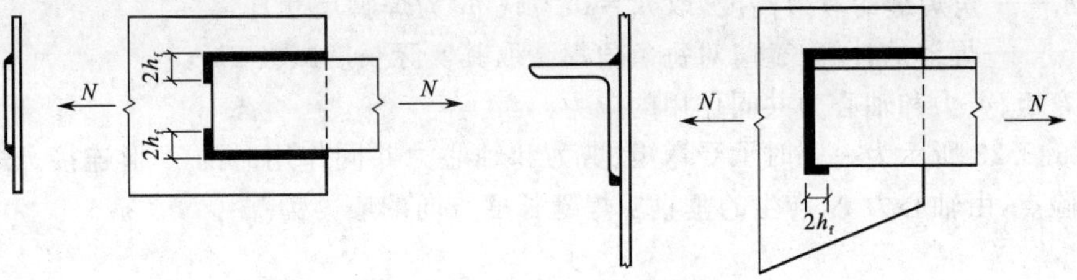

图 5.2.21　角焊缝的绕角焊

3.直角角焊缝的受力特点

直角角焊缝如图 5.2.18(a)、图 5.2.18(b)、图 5.2.18(c)所示，其受力后，其应力状态极为复杂。大量试验结果表明：侧面角焊缝以承受剪力为主，塑性较好但弹性模量和强度较低，以 45°喉部截面破坏居多；正面角焊缝受力非常复杂，焊根处存在严重的应力集中，正面角焊缝的破坏强度较高，一般是侧面角焊缝的 1.35～1.55 倍，但塑性变形较差，且多数不以 45°喉部截面破坏；斜向角焊缝的受力性能和强度则介于正面角焊缝和侧面角焊缝之间。规范偏于安全地假定直角角焊缝的破坏截面均在 45°喉部截面处，即图 5.2.18(a)中的 h_e 截面(不考虑余高)，称为有效截面，截面面积为 $h_e l_w$。同时由于角焊缝的应力分布十分复杂，且正面焊缝与侧面焊缝工作差别很大，要精确取值很困难。因此，计算时均按破坏时计算截面上的平均应力确定其强度，即采用统一的强度设计值 f_f^w，见表 5.2.1。

4.直角角焊缝的计算

(1) 在通过焊缝形心的拉力或压力或剪力作用的应力

图 5.2.22 所示为拉力作用的应力。

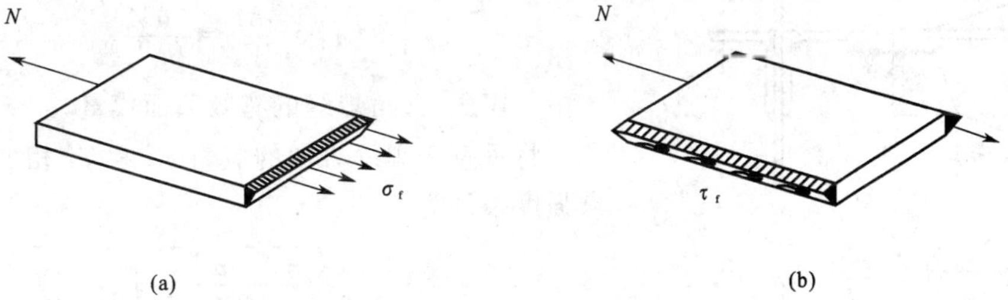

图 5.2.22　轴力作用下的角焊缝

(a)正面角焊缝；(b)侧面角焊缝

当力垂直于焊缝长度方向时(正面角焊缝)，

$$\sigma_f=\frac{N}{h_e\Sigma l_w}\leqslant\beta_f f_f^w \tag{5.2.5}$$

当力平行于焊缝长度方向时(侧面角焊缝)，

$$\tau_f=\frac{N}{h_e\Sigma l_w}\leqslant f_f^w \tag{5.2.6}$$

式中　σ_f——按焊缝有效截面计算的垂直于焊缝长度方向的应力。

τ_f——按焊缝有效截面计算的沿焊缝长度方向的剪应力。

β_f——正面角焊缝的强度设计值增大系数，对承受静荷载和间接承受动荷载的结构，$\beta_f=1.22$，对直接承受动荷载的结构，$\beta_f=1.0$。

h_e——角焊缝的有效高度，取 $h_e=0.7h_f$（h_f 为焊脚尺寸）。

l_W——焊缝的计算长度，对每条角焊缝取其实际长度减去 $2h_f$。

2）弯矩、剪力和轴心力共同作用的应力

图 5.2.23 所示为一同时承受弯矩、剪力和轴心力共同作用时的 T 形连接。焊缝的 A 点为最危险点，由轴心力 N 产生的垂直于焊缝长度方向的应力为

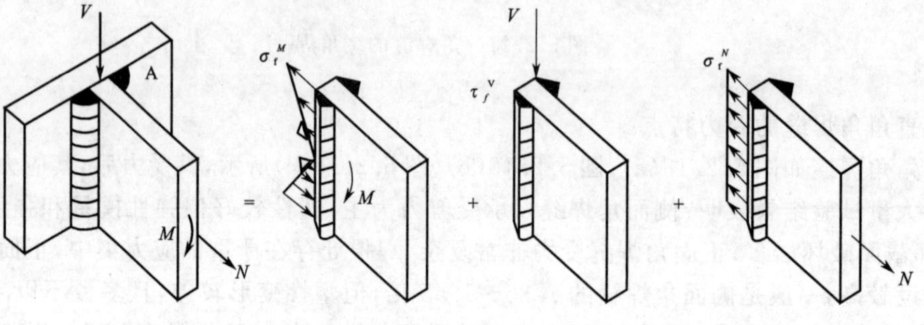

图 5.2.23　弯矩、剪力和轴心力共同作用时 T 形接头角焊缝

$$\sigma_f^N=\frac{N}{A_w}=\frac{N}{2h_e l_w} \tag{5.2.7(a)}$$

式中　A_w——角焊缝的有效截面面积。

由剪力 V 产生的平行于焊缝长度方向的应力为

$$\tau_f^V=\frac{N}{A_w}=\frac{N}{2h_e l_w} \tag{5.2.7(b)}$$

由弯矩 M 引起的垂直于焊缝长度方向的应力为

$$\sigma_f^M=\frac{M}{W_w}=\frac{6M}{2h_e l_w^2} \tag{5.2.7(c)}$$

式中　W_w——角焊缝的有效截面模量。

将垂直于焊缝方向的应力 σ_f^N 和 σ_f^M 相加，可得到 A 点强度条件为

$$\sqrt{\left(\frac{\sigma_f^N+\sigma_f^M}{\beta_f}\right)^2+\tau_f^2}\leqslant f_f^w \tag{5.2.8}$$

3）角钢与钢板连接的角焊缝的计算

角钢与钢板用角焊缝连接，可以采用两侧焊缝、三面围焊缝和 L 形围焊缝 3 种形式，如图 5.2.24 所示。为避免偏心受力，应使焊缝传递的合力作用线与角钢杆件的轴线相重合。

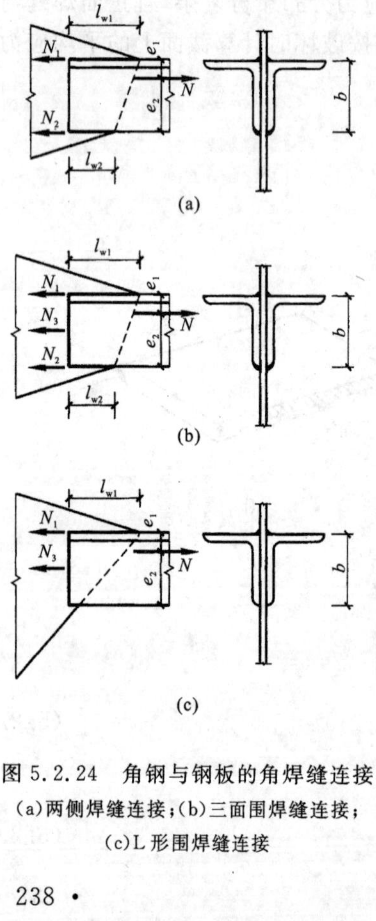

图 5.2.24　角钢与钢板的角焊缝连接

(a)两侧焊缝连接；(b)三面围焊缝连接；(c)L 形围焊缝连接

（1）采用两侧焊缝连接时

如图 5.2.24(a)所示，设 N_1、N_2 分别为角钢肢背和肢尖焊缝承受的内力，根据平衡条件可得

$$N_1 = \frac{e_1}{e_1 + e_2} N = k_1 N \tag{5.2.9(a)}$$

$$N_2 = \frac{e_2}{e_1 + e_2} N = k_2 N \tag{5.2.9(b)}$$

式中　e_1、e_2——角钢重心轴线到肢背与肢尖的距离。

k_1、k_2——角钢肢背与肢尖焊缝的内力分配系数(不同规格的角钢 k_1、k_2 基本上是常数),可直接按表 5.2.2 采用。

计算出 N_1、N_2 后,可根据构造要求确定肢背和肢尖的焊脚尺寸 h_{f1} 和 h_{f2},很容易计算出角钢肢背和肢尖焊缝所需的长度

$$\Sigma l_{w1} = \frac{N_1}{0.7 h_{f1} f_f^w} \tag{5.2.10(a)}$$

$$\Sigma l_{w2} = \frac{N_2}{0.7 h_{f2} f_f^w} \tag{5.2.10(b)}$$

表 5.2.2　角钢角焊缝内力分配系数

角钢类型	连接情况	分配系数	
		角钢肢背 k_1	角钢肢尖 k_2
等边	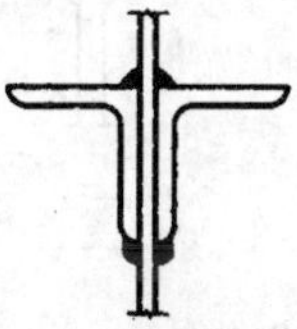	0.70	0.30
不等边(短肢相连)	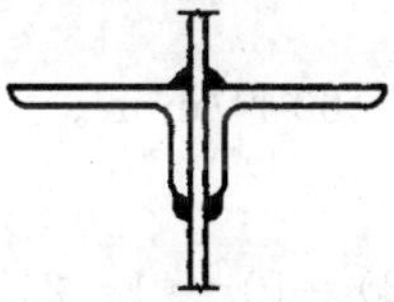	0.75	0.25
不等边(长肢相连)		0.65	0.35

(2)采用三面围焊缝连接时

如图 5.2.24(b)所示,三面围焊时焊脚尺寸 h_f 一般应一致,可在构造要求范围内统一取一个 h_f,首先计算出正面焊缝所能承受的内力 N_3

$$N_3 = 2 \times 0.7 h_f l_w \beta_f f_f^w \tag{5.2.11}$$

再由平衡条件可得

$$N_1 = k_1 N - \frac{N_3}{2} \tag{5.2.12a}$$

$$N_2 = k_2 N - \frac{N_3}{2} \tag{5.2.12b}$$

与两侧焊缝连接时的计算方法相同，可由 N_1、N_2 分别计算角钢肢背和肢尖的侧面焊缝长度。

(3)采用 L 形围焊缝连接时

如图 5.2.24(c)所示，由于 L 形围焊中由于角钢无肢尖焊缝，在式(5.2.12(b))中，即 $N_2=0$，则可得

$$N_3=2k_2N \tag{5.2.13a}$$

$$N_1=N-N_3=(1-2k_2)N \tag{5.2.13b}$$

求得 N_1、N_3 后，可分别计算角钢正面角焊缝和肢背侧面角焊缝长度。

【例 5.2.2】在图 5.2.25 所示角钢和节点板采用三面围焊缝连接中，$N=800$ kN(静荷载设计值)，角钢为 2∟110×70×10(长肢相并)，节点板厚度 $t_1=14$ mm，钢材为 Q235A·F，焊条 E43 型，手工焊。试确定所需角焊缝的焊脚尺寸 h_f 和焊缝长度。

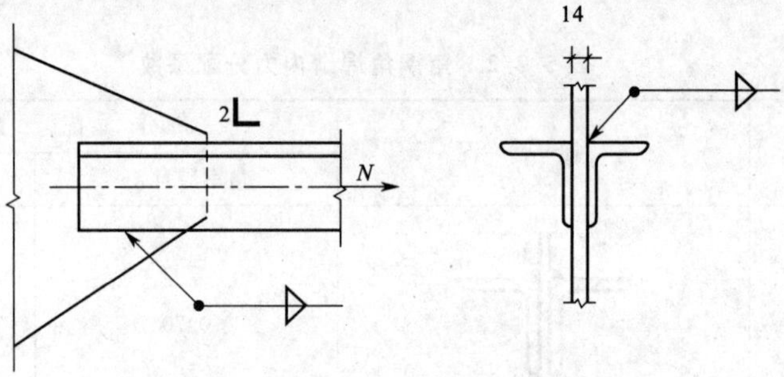

图 5.2.25　例 5.2.2 附图

【解】查表 5.2.1 得角焊缝的强度设计值 $f_f^w=160\ \text{N/mm}^2$。

构造要求：

$h_f>1.5\sqrt{t}=1.5\sqrt{14}=5.6$ mm；$h_f\leqslant t-(1\sim2)=10-(1\sim2)=8\sim9$ mm；$h_f\geqslant1.2t_{\min}=1.2\times10=12$ mm。角钢肢尖和肢背都取 $h_f=8$ mm

端焊缝承受的内力为 $N_3=2\times0.7h_fb\beta_ff_f^w=2\times0.7\times8\times110\times1.22\times160=240$ kN

肢背和肢尖焊缝分挡的内力分别为

$$N_1=k_1N-\frac{N_3}{2}=0.65\times800-\frac{240}{2}=400\ \text{kN}$$

$$N_2=k_2N-\frac{N_3}{2}=0.35\times800-\frac{240}{2}=160\ \text{kN}$$

肢背和肢尖所需焊缝计算长度分别为

$$l_{w1}=\frac{N_1}{2h_ef_f^w}=\frac{400\times10^3}{2\times0.7\times8\times160}=223\ \text{mm}$$

$$l_{w2}=\frac{N_2}{2h_ef_f^w}=\frac{160\times10^3}{2\times0.7\times8\times160}=89\ \text{mm}$$

因增加 $h_f=8$ mm 长的焊口，故肢背侧焊缝的实际长度应为 231 mm，取 240 mm；肢尖侧焊缝的实际长度应为 97 mm，取 100 mm。

2.1.6 焊接应力和焊接变形

1.焊接应力和焊接变形的产生

焊接过程是一个局部热源(焊条端产生的电弧)不断移动的过程,在施焊位置及其邻近区域温度最高,可达到 1 600 ℃以上,而且加热速度非常快,加热极不均匀,而在这以外的区域温度却急剧下降,因而焊件上的温度梯度极大。此外,由于焊件冷却一般是在自然条件下连续进行的,先焊的区域先冷却达到常温,后焊的区域后冷却,先后施焊的区域表现出明显的热不均匀性。这将使得焊缝及其附近热影响区金属的应力状态及金属组织将发生明显变化。

在施焊过程中,焊件由于受到不均匀的电弧高温作用所产生的变形和应力,称为热变形和热应力。而冷却后,焊件中所存在的反向应力和变形,称为焊接应力和焊接变形。由于这种应力和变形是焊件经焊接并冷却至常温以后残留于焊件中的,故又称为焊接残余应力和残余变形。

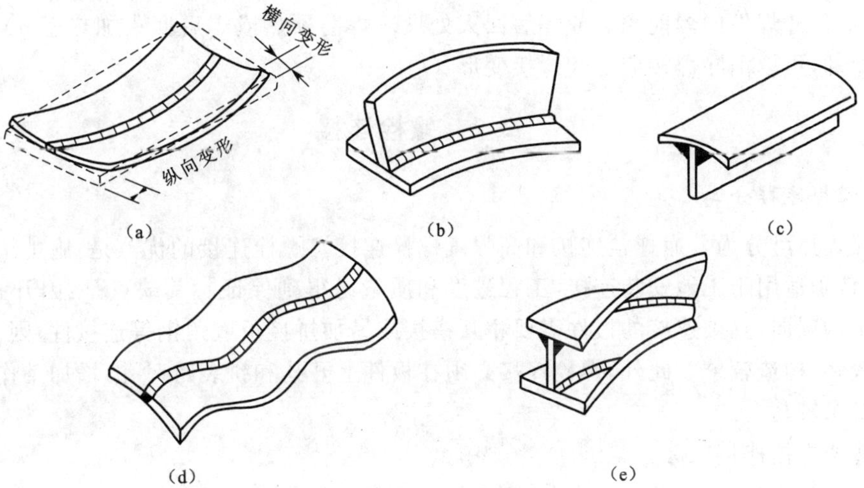

图 5.2.26 焊接变形

2.减少焊接应力和焊接变形的措施

存在焊接应力和焊接变形是焊接结构的主要缺点。焊接应力会使钢材抗冲击断裂能力及抗疲劳破坏能力降低,尤其是低温下受冲击荷载的结构,焊接应力的存在更容易引起低温工作应力状态下的脆断。焊接变形会使结构构件不能保持正确的设计尺寸及位置,影响结构正常工作,严重时还可使各个构件无法安装就位。

为减少或消除焊接应力和焊接变形的不利影响,可在设计、制造和焊接工艺等方面采取相应的措施。

1)设计方面

(1)焊接位置应合理安排。焊缝应尽可能布置在结构的对称位置上,以减少焊接残余变形。

(2)选用适当的焊缝尺寸。选用适宜的焊脚尺寸和焊缝长度,宜采用细长焊缝,不用粗短焊缝。

(3)尽可能少的焊缝数量。焊缝数量要少,且不宜过分集中,以防因焊接变形受到过大的约束而产生过大的残余应力导致裂纹。

(4)尽量避免三向焊缝相交。应采用使次要焊缝中断而主要焊缝连续通过的构造。对于直接承受动荷载的吊车梁受拉翼缘处，尚应将加劲肋截短 50～100 mm，以提高抗疲劳强度。应尽量避免两条以上的焊缝垂直交叉。

(5)应尽量避免母材在厚度方向的收缩应力。

(6)对接焊缝的拼接处，应做成平缓过渡，以减少连接处的应力集中。

(7)要注意施焊方便，尽量避免采用仰焊及立焊等。

2)工艺方面

(1)选择合理的施工工艺和施工方法。如尽量采用自动焊及半自动焊。

(2)采用合理的施焊顺序。例如钢板对接时采用分段退焊，厚焊缝采用分层施焊，工字形截面按对角跳焊等。

(3)采用反变形处理。施焊前给构件施加一个与焊接变形方向相反的预变形，使之与焊接所引起的变形相互抵消，从而达到减小焊接变形的目的。

(4)小尺寸焊件的焊前预热或焊后回火处理。焊前预热或焊后回火加热至 60 ℃左右，然后缓慢冷却，可以消除焊接应力和焊接变形。

2.2 螺栓连接

2.2.1 螺栓连接分类

螺栓连接可分为普通螺栓连接和高强度螺栓连接。螺栓连接的优点是：施工工艺简单，安装方便，特别适用于工地安装连接，工程进度和质量易得到保证。其缺点是：因开孔对构件截面有一定的削弱，且被连接的板件需要相互搭接或另加拼接板或角钢等连接件，因而比焊接连接用材较多，构造较繁。此外，螺栓连接必须在板件上开孔和拼装时对孔，增加工作量，对制造的精度要求较高。

1. 普通螺栓连接

普通螺栓分为 A、B、C 三级。A、B 级螺栓(旧称精制螺栓)，C 级螺栓(旧称粗制螺栓)。C 级螺栓材料性能等级为 4.6 级和 4.8 级，A、B 级螺栓材料性能等级为 5.6 级和 8.8 级。小数点前的数字表示螺栓成品的最低抗拉强度，小数点及以后数字表示螺栓材料的屈强比，即屈服点与抗拉强度的比值。例如 4.6 级小数点前为最低抗拉强度 400 N/mm^2，小数点后为屈强比 0.6。钢结构使用的普通螺栓牌号一般为 Q235，形式多为大六角头型，其代号用字母 M 和公称直径的毫米数表示。建筑工程中常用 M16、M20、M22、M24 等。

A、B 级螺栓杆身经车床加工制成，加工精度高，螺杆直径只允许负公差，A 级为－0.27～－0.33 mm、B 级为－0.43～－0.52 mm。A、B 级螺栓要求与Ⅰ类孔匹配使用，由于精度较高。受剪性能较好，变形很小，但制造和安装过于费工，价格昂贵，在钢结构中已很少采用。C 级螺栓由未经加工的圆钢压制而成，螺栓表面粗糙，加工精度低，尺寸不精确，一般只要求用Ⅱ类孔，孔径比螺栓杆径大 1.0～3 mm。对于采用 C 级螺栓的连接，由于螺栓杆与螺栓孔之间间隙较大，受剪时，板件间将产生较大的相对滑移，连接的变形大，所以其受剪性能较差，但是结构的装配和螺栓装拆方便，操作不需特殊设备，且能有效地传递拉力，故常用于承受拉力的安装螺栓连接、次要结构和可装拆结构的受剪连接以及安装时的临时固定。对直接承受动力荷载的普通螺栓连接应采用双螺帽或其他能防止螺帽松动的有效措施。

2. 高强度螺栓连接

高强度螺栓、螺帽和垫板均采用强度较高的钢材制作，其材料性能等级为 8.8 级和 10.9

级。安装时用特制的板手拧紧螺帽，使螺栓得到强大的预拉力，把连接件夹紧，从而产生强大的摩擦力。高强度螺栓按其传力方式可分为摩擦型和承压型。摩擦型高强度螺栓连接，在受剪时，只依靠摩擦阻力传力，并以剪力不超过板件接触面的最大摩擦力为准则。而承压型高强度螺栓连接除依靠摩擦力外还依靠螺栓的抗剪和承压传力，允许被连接件间的摩擦力被克服后产生相对滑移而继续承载，以连接达到破坏的极限承载力作为设计准则。承压型高强度螺栓连接的设计承载力高于摩擦型高强度螺栓连接，因而可减少螺栓用量，但与摩擦型高强度螺栓连接相比，整体性和连接刚度较差，变形大，动力性能差，其实际强度储备小，只能用于承受静力，或在间接动力荷载结构中允许产生一定滑移变形的连接。而摩擦型高强度螺栓连接则整体性和连接刚度好，变形小，受力可靠，耐疲劳，适用于承受动力荷载的结构。高强度螺栓在材料、扳手、制造和安装方面有一定的特殊要求，且价格较贵。

2.2.2 螺栓连接的构造

1.螺栓的排列及间距

螺栓的排列应简单、统一、整齐而紧凑，满足受力要求，构造合理又便于安装。排列方式分并列排列和错列排列如图 5.2.27。并列较简单，错列较紧凑。

螺栓在构件上的排列应考虑以下要求。

1)受力要求

在受力方向，螺栓的端距过小时，板端有被剪掉的可能(端距不应小于 $2d_0$)。当螺栓间距过小时，螺孔周围应力集中的相互影响较人，且对钢板的截面削弱过多，构件有沿直线或折线破坏的可能。对受压构件，当沿作用力方向的螺栓间距过大时，在被连接的板件间易发生张口或鼓曲现象。因此，从受力的角度规定了最大和最小的容许间距。

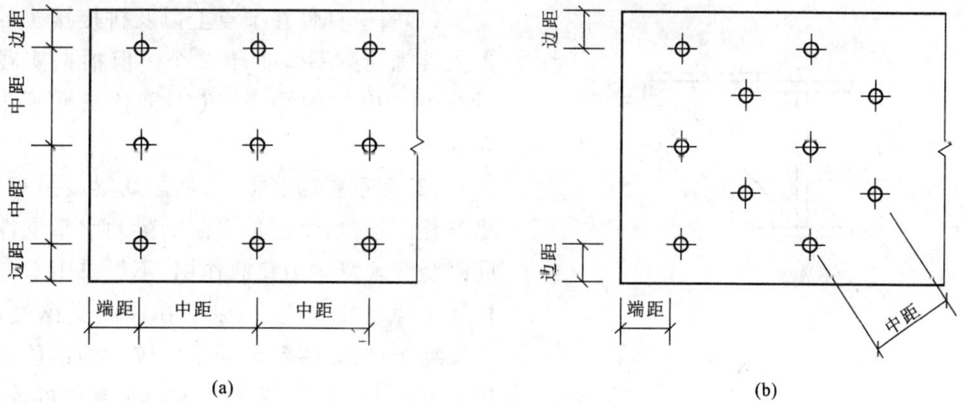

图 5.2.27 钢板的螺栓(铆钉)排列

(a)并列排列；(b)错列排列

2)构造要求

螺栓的间距及边距也不宜过大，否则构件接触面就不易紧密接触，潮气侵入缝隙而产生锈蚀。

3)施工要求

螺栓间距应有足够距离，以便于转动扳手和拧紧螺母。根据扳手和工人的施工经验，规定中间螺孔的最小间距为 $3d_0$。

根据上述要求，钢板上螺栓的排列规定如图 5.2.27 和表 5.2.3 所示。在型钢截面上螺栓的排列尚应考虑不要在截面倒角等处打孔，具体要求详见相应的规范或设计、施工手册。

表 5.2.3　螺栓或铆钉的最大、最小容许距离

<table>
<tr><th>名称</th><th colspan="3">位置和方向</th><th>最大容许距离（取两者的较小值）</th><th>最小容许距离</th></tr>
<tr><td rowspan="5">中心距离</td><td colspan="3">外排（垂直内力方向或顺内力方向）</td><td>$8d_0$或$12t$</td><td rowspan="5">$3d_0$</td></tr>
<tr><td rowspan="3">中间排</td><td colspan="2">垂直内力方向</td><td>$16d_0$或$24t$</td></tr>
<tr><td rowspan="2">顺内力方向</td><td>构件受压力</td><td>$12d_0$或$18t$</td></tr>
<tr><td>构件受拉力</td><td>$16d_0$或$24t$</td></tr>
<tr><td colspan="3">沿对角线方向</td><td>—</td></tr>
<tr><td rowspan="4">中心至构件边缘距离</td><td colspan="3">顺内力方向</td><td rowspan="4">$4d_0$或$8t$</td><td>$2d_0$</td></tr>
<tr><td rowspan="3">垂直内力方向</td><td colspan="2">剪切边或手工气割边</td><td rowspan="2">$1.5d_0$</td></tr>
<tr><td rowspan="2">轧制边、自动气割或锯割边</td><td>高强度螺栓</td></tr>
<tr><td>其他螺栓或铆钉</td><td>$1.2d_0$</td></tr>
</table>

注：(1)d_0为螺栓或铆钉的孔径，t为外层较薄板件的厚度。

(2)钢板边缘与刚性构件（如角钢、槽钢等）相连的螺栓或铆钉的最大间距，可按中间排的数值采用。

2.螺栓连接的构造要求

螺栓连接除了满足上述螺栓排列的容许距离外，根据不同情况尚应满足下列构造要求。

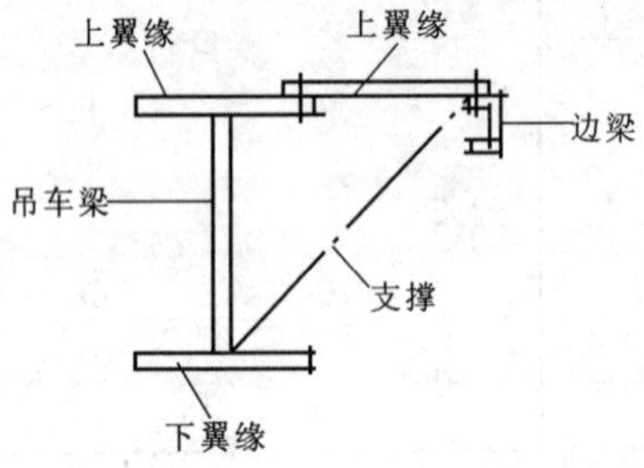

图 5.2.28　制动梁组成示意

(1)每一杆件在节点上以及拼接接头的一端，永久性螺栓数不宜少于 2 个。但根据实践经验，对于组合构件的缀条，其端部连接可采用 1 个螺栓。

(2)在重要的连接中，如制动梁或吊车梁上翼缘与柱的连接，由于传递制动梁的水平支撑反力，同时受到反复动力荷载作用，不得采用 C 级螺栓。柱间支撑与柱的连接，以及在柱间支撑处吊车梁下翼缘与柱的连接，承受受力较大的部位，均不得用 C 级螺栓。制动梁与吊车梁上翼缘的连接承受着反复的水平制动力和卡轨力，应优先采用高强度螺栓，不能采用 C 级螺栓，如图 5.2.28 所示。

制动梁是由吊车梁上翼缘、制动板和与吊车梁平行的边梁组成的一种制动结构，其作用是承受横向水平力、保证吊车梁的侧向稳定性、增加吊车梁的侧向刚度和检修操作平台。

(3)当型钢构件采用高强度螺栓拼接连接时，由于型钢的抗弯刚度较大不能保证摩擦面紧密贴紧，应采用钢板作为拼接件（不能用型钢）。

2.2.3　螺栓、孔及电铆钉的表示法

螺栓、孔、电铆钉的表示方法应符合表 5.2.4 中的规定，在钢结构施工图上应将螺栓且其孔眼的施工要求用图形表示清楚，以免引起混淆。

表 5.2.4　螺栓、孔、电铆钉的表示方法

序号	名　　称	图　　　　例	说　　明
1	永久螺栓	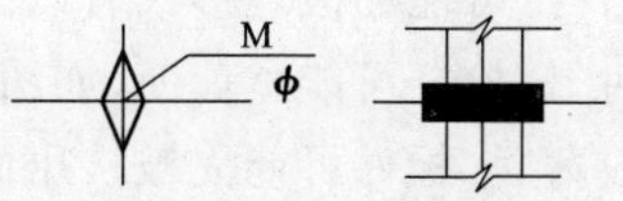	
2	高强螺栓	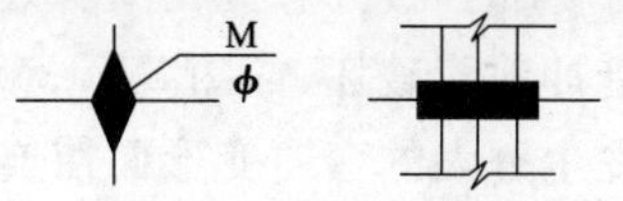	
3	安装螺栓	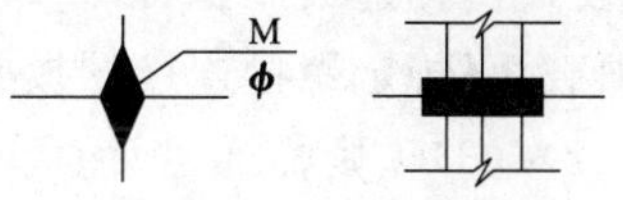	(1)“+”线表示定位线 (2)M 表示螺栓型号 (3)ϕ 表示螺栓孔直径 (4)d 表示膨胀螺栓、电焊铆钉直径 (5)采用引出线标注螺栓时，横线上标注螺栓规格，横线下标注螺栓孔直径
4	胀锚螺栓	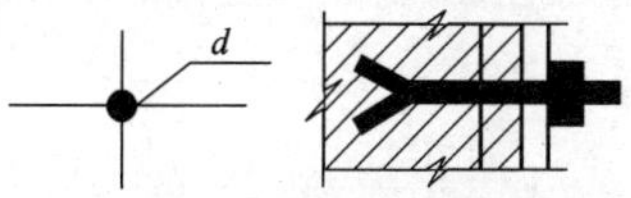	
5	圆形螺栓孔	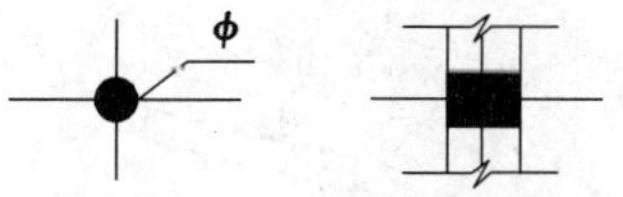	
6	长圆形螺栓孔	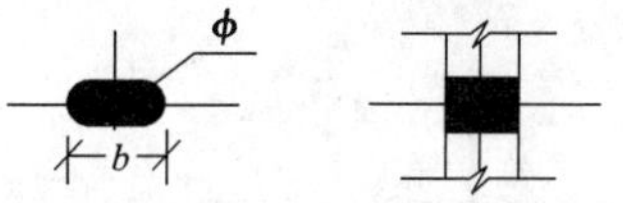	
7	电焊铆钉	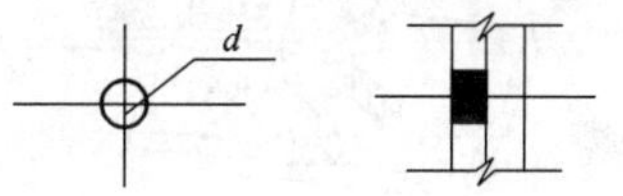	

2.2.4　普通螺栓连接

普通螺栓连接的受力形式如图 5.2.29 所示，可分为 3 类：外力与栓杆垂直的受剪螺栓连接；外力与栓杆平行的受拉螺栓连接；同时受剪和受拉的螺栓连接。

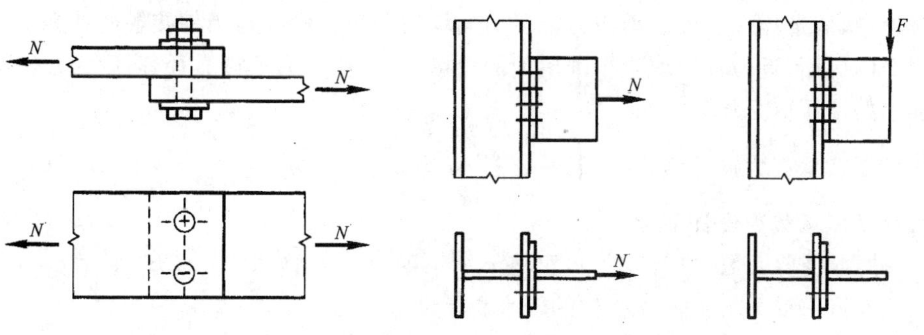

图 5.2.29　普通螺栓连接按受力形式分类

(a)受剪螺栓连接；(b)受拉螺栓连接；(c)同时受剪和受拉的螺栓连接

1.受剪螺栓连接

1)受力特点

受剪螺栓连接达到极限承载力时,可能的破坏形式有以下5种。

(1)当螺栓杆较细、板件较厚时,螺栓杆可能被剪断,如图5.2.30(a)所示;

(2)当螺栓杆较粗、板件相对较薄时,板件可能先被挤压而破坏,如图5.2.30(b)所示;

(3)当螺栓孔对板的削弱过于严重时,板件可能在削弱处被拉断,如图5.2.30(c)所示;

(4)当端距太小时,板端可能受冲剪而破坏,如图5.2.30(d)所示;

(5)当栓杆细长,螺栓杆可能发生过大的弯曲变形而使连接破坏,如图5.2.30(e)所示。

在上述5种破坏中,后两项主要通过构造措施保证不发生破坏。表5.2.3规定了端距的最小允许距离$\geqslant 2d_0$以避免第(4)项破坏;规定螺栓连接的板叠加厚度$\sum t\leqslant 5d$(d为螺杆直径)即可防止发生(5)项破坏。第(1)、(2)、(3)项则需通过计算保证螺栓连接能安全承载,对于第(1)、(2)类型的破坏,通过计算单个螺栓承载力来控制;对于第(3)类型的破坏,则由验算构件净截面强度来控制。

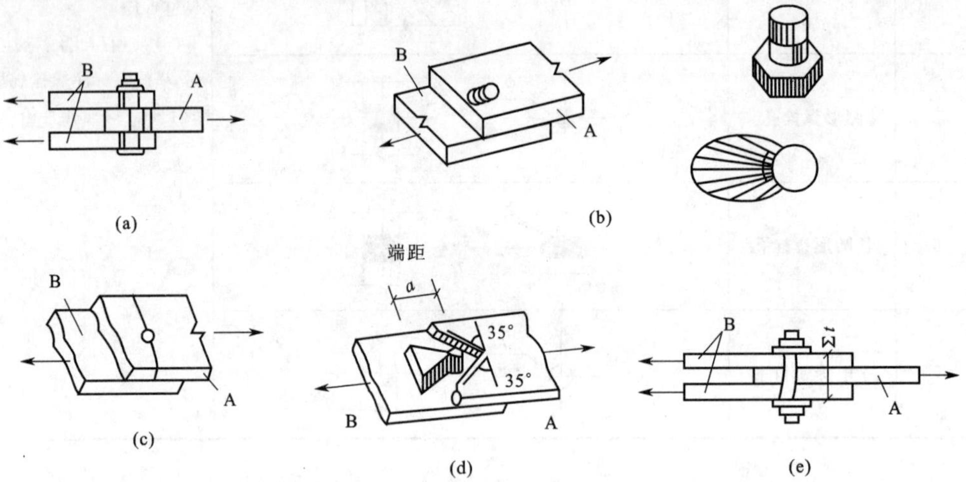

图5.2.30 螺栓连接的破坏形式

(a)螺栓杆剪断;(b)板件挤压;(c)板件拉断;(d)板端冲剪;(e)螺栓杆弯曲变形

2)计算方法

受剪螺栓中,假定栓杆受到的剪应力沿受剪面均匀分布。栓杆与板件接触面处为承压面,承压面为半个圆周面,近似计算取半个圆周面的投影面,其宽度为栓杆直径,高度为板件厚度。假定投影面上的承压应力均匀分布。

一个螺栓受剪承载力设计值为 $N_v^b=n_v\dfrac{\pi d^2}{4}f_v^b$ (5.2.14)

一个螺栓承压承载力设计值为 $N_c^b=d\Sigma t f_c^b$ (5.2.15)

式中 n_v——螺栓受剪面数,单剪$n_v=1$,双剪$n_v=2$,四剪$n_v=4$(如图5.2.31所示)。

Σt——在同一受力方向承压构件的较小总厚度。

d——螺栓杆直径。

f_v^b、f_c^b——分别为螺栓的抗剪和承压强度设计值,见表5.2.5。

N_v^b、N_c^b中的较小值作为单个受剪螺栓的承载力设计值,即$N^b=\min(N_v^b、N_c^b)$。

应该指出,按轴心受力计算的单角钢构件单面连接时,考虑不对称截面单面连接的不利影

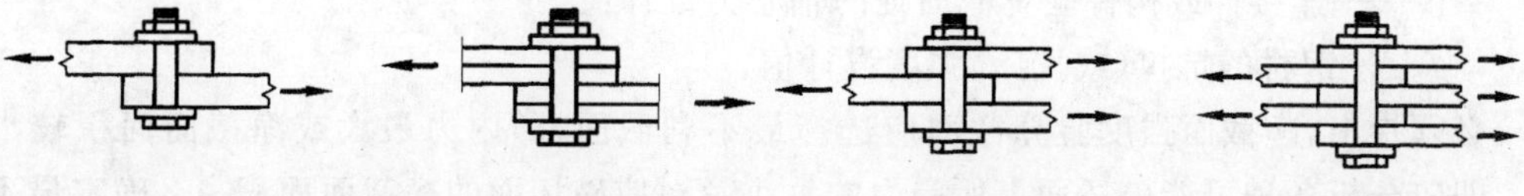

(a)单剪　　(b)双剪　　(c)四剪

图 5.2.31　受剪螺栓连接的受剪面数

响，螺栓承载力设计值应乘以 0.85 的折减系数予以降低；钢板搭接或用拼接板的单面拼接，以及一个构件借助填板或其他中间板件与另一构件连接的螺栓，应乘以 0.9 的折减系数予以降低（高强度螺栓摩擦型连接除外）。

表 5.2.5　螺栓连接的强度设计值

螺栓的钢材牌号（或性能等级）和构件的钢材牌号		普通螺栓						锚栓	承压型高强度螺栓		
		C 级螺栓			A 级、B 级螺栓						
		抗拉 f_t^b	抗剪 f_v^b	承压 f_c^b	抗拉 f_t^b	抗剪 f_v^b	承压 f_c^b	抗拉 f_t^b	抗拉 f_t^b	抗剪 f_v^b	承压 f_c^b
普通螺栓	4.6 级、4.8 级	170	140	—	—	—	—	—	—	—	—
	5.6 级	—	—	—	210	190	—	—	—	—	—
	8.8 级	—	—	—	400	320	—	—	—	—	—
锚栓	Q235 钢	—	—	—	—	—	—	140	—	—	—
	Q345 钢	—	—	—	—	—	—	180	—	—	—
承压型高强度螺栓	8.8 级	—	—	—	—	—	—	—	400	250	—
	10.9 级	—	—	—	—	—	—	—	500	310	—
构件	Q235 钢	—	—	305	—	—	405	—	—	—	470
	Q345 钢	—	—	385	—	—	510	—	—	—	590
	Q390 钢	—	—	400	—	—	530	—	—	—	615
	Q420 钢	—	—	425	—	—	560	—	—	—	655

注：①A 级螺栓用于 $d\leqslant 24$ mm 和 $l\leqslant 10d$ 或 $l\leqslant 150$ mm（按较小值）的螺栓；

②B 级螺栓用于 $d>24$ mm 和 $l>10d$ 或 $l>150$ mm（按较小值）的螺栓，d 为公称直径，l 为螺栓公称长度。

当构件的所受轴心拉力通过螺栓群中心且沿受力方向的连接长度（拼接接头的一端）$l_1\leqslant 15d_0$（d_0 为螺栓孔径）时，可假定每个螺栓受力相等，根据单个受剪螺栓的承载力设计值即 N^b，可以计算出连接一侧所需螺栓数 n 为

$$n\geqslant\frac{N}{N_b} \tag{5.2.16}$$

$$\beta-1.1-\frac{l_1}{150d_0} \tag{5.2.17}$$

当 $l_1>15d_0$ 时，螺栓的抗剪和承压承载力设计值应乘以折减系数 β 予以降低，以防沿受力方向两端的螺栓提前破坏。当 $l_1>60d_0$ 时，一律取 $\beta=0.7$。

对连接一侧所需螺栓数 n（取整数并应结合排列方式）进行排列，并对构件净截面强度进行验算。构件开孔处净截面强度应满足

$$\sigma=\frac{N}{A_n}\leqslant f \tag{5.2.18}$$

式中　A_n——连接件或构件在所验算截面处的净截面面积。

N——连接件或构件验算截面处的轴心力设计值。

f——钢材的抗拉(或抗压)强度设计值。

必须指出,净截面强度验算截面应选择最不利截面,即内力最大或净截面面积较小的截面。即应分析各种可能破坏面上所受力的大小及对应破坏面的净截面面积 A_n,确定最不利截面,然后将净截面面积和相应验算截面处的轴心力设计值代入式(5.2.18)验算。

图 5.2.32(a)为受轴心拉力作用下的螺栓连接示意图,图 5.2.32(b)、图 5.2.32(c)为取连接体的左边部分,拉力 N 通过二块连接盖板传给右边连接钢板。验算钢板时的不利截面取Ⅰ—Ⅰ截面承受最大轴力 N;验算盖板时取Ⅲ—Ⅲ截面承受最大轴力 N。

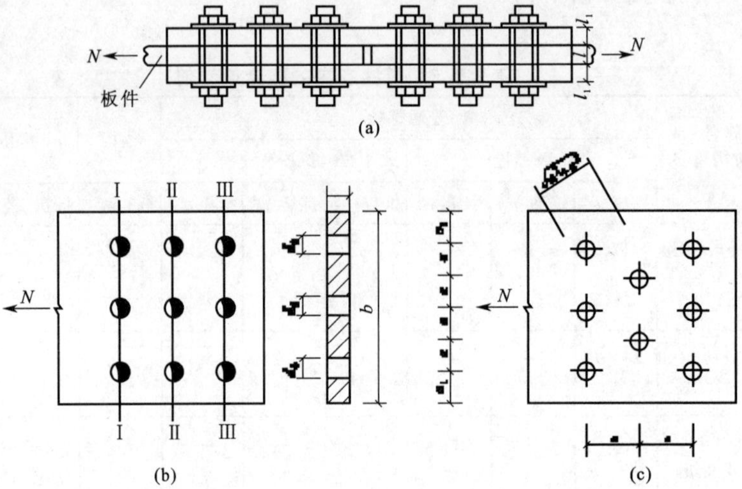

图 5.2.32　受剪螺栓连接受轴心力作用

(a)螺栓连接;(b)并列布置;(c)错列布置

【例 5.2.3】如图 5.3.33 所示,截面为 400 mm×14 mm 的钢板采用双盖板和 C 级普通螺栓进行拼接。钢材 Q235,螺栓 M20,承受轴心拉力设计值 N=920 kN,试设计此连接。

【解】1)确定连接盖板截面

采用双盖板拼接,截面尺寸选 2—400×8 mm(由于钢材均用 Q235,总截面面积≥连接钢板 400 mm×14 mm)。

2)确定所需螺栓数目和螺栓排列布置。

由表 5.2.5 查得 $f_v^b=140\ \text{N/mm}^2$,$f_c^b=305\ \text{N/mm}^2$。

单个螺栓受剪承载力设计值

$$N_v^b=n_v\frac{\pi d^2}{4}f_v^b=2\times\frac{\pi\times 20^2}{4}\times 140=87\ 965\ \text{N}$$

单个螺栓承压承载力设计值

$$\sum t=\min(16,14)$$

$$N_c^b=d\sum t f_c^b=20\times 14\times 305=85\ 400\ \text{N}$$

取 $N_b=\min(N_v^b、N_c^b)=854$ kN,则连接一侧所需螺栓数目为

$$n=\frac{N}{N_b}=\frac{920\times 10^3}{85400}=10.78,取\ n=12。$$

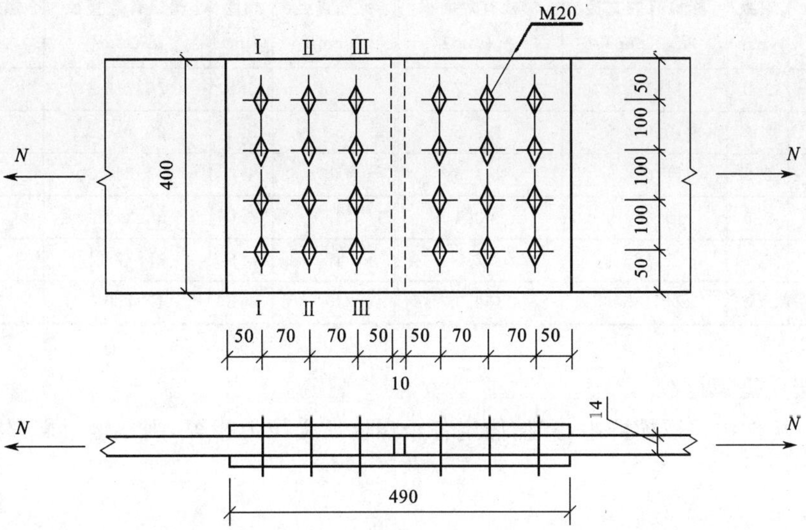

图 5.2.33　例 5.2.3 附图

验算图 5.2.32 所示的并列布置。连接盖板尺寸采用 2—400×8×490 mm，其螺栓的中距、边距和端距均满足表 5.2.3 的要求。

3)验算连接板件的净截面强度

由附表(2.1)查得 $f=215\ \text{N/mm}^2$，因二者钢材相同，盖板总厚度大，故只验算连接钢板。取螺栓孔径 $d_0=22$ mm。

$$A_n=(b-n_1d_0)t=(400-4\times22)\times14=4\ 368\ \text{mm}^2$$

$$\sigma=\frac{N}{A_n}=\frac{920\times10^3}{4368}=210.6\ \text{N/mm}^2<f=215\ \text{N/mm}^2\text{，满足要求。}$$

2. 受拉螺栓连接

1)工作性能

抗拉螺栓连接在外力作用下，连接板件接触面有脱开趋势，螺栓杆受杆轴方向拉力作用，以栓杆被拉断为其破坏形式，如图 5.2.29(b)所示。

2) 受拉螺栓连接受轴心力作用时的计算方法

(1)单个普通螺栓的抗拉承载力设计值。由于受拉螺栓的最不利截面在螺栓削弱处，因此，计算时应根据螺纹削弱处的有效直径 d_e 或有效面积 A_e 确定其承载力。一个受拉螺栓的承载力设计值为

$$N_t^b=A_ef_t^b=\frac{1}{4}\pi d_e^2f_t^b \tag{5.2.19}$$

式中　d_e、A_e——分别为螺栓螺纹处的有效直径和有效面积，见表 5.2.6；

f_t^b——螺栓抗拉强度设计值，见表 5.2.5。

表 5.2.6　螺栓的有效面积

螺栓直径 d/(mm)	螺距 p(mm)	螺栓有效直径 d_e/(mm)	螺栓有效面积 A_e(mm)	螺栓直径 d(mm)	螺距 p(mm)	螺栓有效直径 d_e(mm)	螺栓有效面积 A_e(mm)
16	2.0	14.123 6	156.7	30	3.5	26.716 3	560.5
18	2.5	15.654 5	192.5	33	3.5	29.716 3	693.6
20	2.5	17.654 5	244.8	36	4.0	32.247 2	816.7
22	2.5	19.654 5	303.4	39	4.0	35.247 2	975.8
24	3.0	21.185 4	352.5	42	4.5	37.778 1	1 121
27	3.0	24.185 4	459.4	45	4.5	40.778 1	1 306

(2)连接所需螺栓数

当外力 N 作用在螺栓群中心时，假定各个螺栓所受拉力相等，则连接所需螺栓数目为

$$n=\frac{N}{N_t^b} \tag{5.2.20}$$

2.2.5　高强度螺栓连接

1.高强度螺栓连接的构造与性能

高强度螺栓的形状、连接构造(如构造原则、连接形式、直径选择及螺栓排列要求等)和普通螺栓基本相同。高强度螺栓的构造和排列要求，除螺栓杆与孔径的差值较小外，与普通螺栓相同。

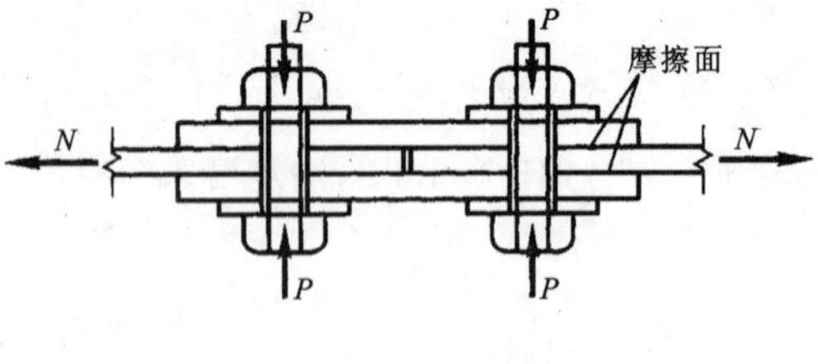

图 5.2.34　高强度螺栓连接

目前我国采用的高强度螺栓性能等级，按热处理后的强度分为 10.9 级和 8.8 级两种。推荐采用的钢号：大六角高强度螺栓 8.8 级的有 40B(40 硼)钢、45 号钢和 35 号钢。10.9 级的有 20MnTiB(20 锰钛硼)钢和 35VB(35 钒硼)钢。扭剪型高强度螺栓只有 10.9 级，推荐钢号为 20MnTiB 钢。垫圈常用 45 号和 35 号钢制造。螺栓、螺母、垫圈制成品均应经过热处理后达到规定的指标要求。高强度螺栓要求采用钻成孔。摩擦型高强度螺栓的孔径比螺栓公称直径稍大，一般采用 1.5 mm(≤M16)。承压型高强度螺栓则应比摩擦型相应减小0.5 mm，一般用 1.0 mm(≥M16)或1.5 mm(≥M20)。

高强度螺栓连接具有施工简便、受力好、耐疲劳、可拆换、工作安全可靠等优点，已广泛用于钢结构连接中，尤其适用于承受动力荷载的结构中，已经可以取代铆钉连接。

2.高强度螺栓的预应力和紧固方法

高强度螺栓的预应力值应尽可能高些，但必须保证螺栓在拧紧过程中不会屈服或断裂，所以控制预应力是保证连接质量的关键因素。预应力值与螺栓的材料强度、有效截面等因素有关，《钢结构设计规范》规定按下式确定：

$$P=\frac{0.9\times0.9\times0.9f_yA_e}{1.2}=0.675f_yA_e \tag{5.2.21}$$

式中：第一个 0.9 系数考虑材料的不均匀性；第二个 0.9 补偿螺栓紧固以后有一定松弛而引起

的预应力损失;第三个 0.9 是由于以螺栓的抗拉强度为准,为安全起见再引入的一个附加安全系数,系数 1.2 是考虑螺栓拧紧时产生的扭转剪力的不利影响。

按式(5.2.21)的计算结果,并取 5 kN 的倍数,得出《钢结构设计规范》(GB50017—2003)的规定的预拉力值 P(表 5.2.7)。

表 5.2.7 一个高强度螺栓的预拉力值 P (kN)

螺栓的性能等级	螺栓公称直径(mm)					
	M16	M20	M22	M24	M27	M30
8.8 级	80	125	150	175	230	280
10.9 级	100	155	190	225	290	355

高强度螺栓的预拉力是通过施工时紧固螺帽来实现的,其力学原理是根据扭矩与预拉力成正比的关系。施工中紧固(拧紧)螺帽的方法有如下几种。

1)扭矩法

通过控制拧紧力矩来控制预拉力,一般有指针式扭力扳手或预置式扭力扳手。现在大多采用电动扭矩扳手。

施工方法:

初拧——用力矩扳手拧至终拧力矩的 30%~50%,使板件贴紧密;

终拧——初拧基础上,按 100%设计终拧力矩拧紧。

特点:简单、易实施,但得到的预拉力误差较大。

2)转角法

施工方法:

初拧——用普通扳手拧至不动,使板件贴紧密;

终拧——以初拧基础为起点,在用长扳手或电动扳手拧过一定的角度,一般为 120°~180°完成终拧。

特点:预拉力的建立简单、有效,但要防止欠拧、漏拧和超拧。

3)扭断螺栓杆尾部法(扭剪型高强度螺栓)

由于螺栓尾部连接一个截面较小的带槽沟的梅花头,而槽沟的深度是按终拧扭矩和预拉力之间的关系确定的,故当这带槽沟的梅花头被扭掉时,即达到规定的预拉力值。这种方法施加预应力简单、准确,已在钢结构连接中广泛使用,现在大都采用扭剪型螺栓特制机动扳手施工,十分方便。

施工方法:

初拧——拧至终拧力矩的 60%~80%;

终拧 在初拧基础上,以扭断螺栓杆尾部为准。

特点:施工简单、技术要求低、易实施、质量易保证等。

3. 高强度螺栓的施工要求

由于高强度螺栓的承载力在很大程度上取决于螺栓杆的预拉力,因此施工要求较严格。

(1)终拧力矩偏差不应大于±10%。

(2)如发现欠、漏和超拧螺栓应更换。

(3)拧固顺序先主后次,且当天安装,当天终拧完。如工字型梁为:上翼缘→下翼缘→腹板。

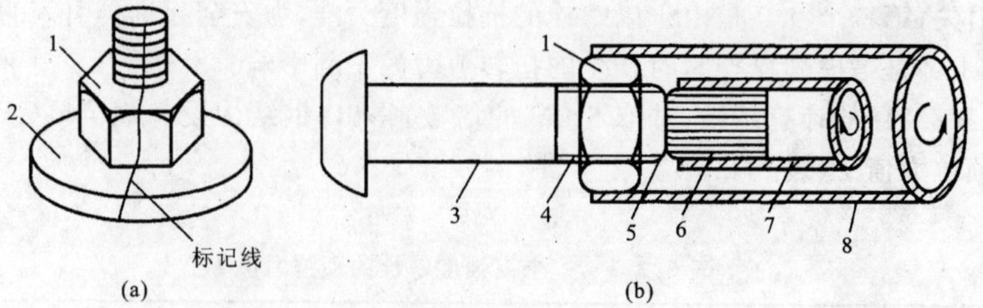

图 5.2.35　高强度螺栓的紧固方法

(a)转角法；(b)拧掉扭剪型高强度螺栓尾部梅花卡头

1—螺母；2—垫圈；3—栓杆；4—螺纹；5—槽口；6—螺栓尾部梅花卡头；7、8—电动扳手小套筒和大套筒

思考题与习题

1. 钢结构中常用的连接方法有那几种？各有什么特点？

2. 焊条型号怎样表示？焊条药皮的作用是什么？

3. 对接焊缝的截面型式有哪些？对接焊缝有何特点？

4. 对接焊缝的构造要求有哪些？

5. 角焊缝的截面型式有哪些？角焊缝有何特点？

6. 角焊缝的构造要求有哪些？

7. 常用焊缝符号表示什么意义？

8. 什么是焊接应力与焊接变形？减小焊接应力和焊接变形的措施有哪些？

9. 螺栓在钢板和型钢上排列的容许距离有哪些规定？它们是根据哪些要求确定的？

10. 简述普通螺栓的分级、区分及应用。

11. 受剪螺栓连接的破坏形式有哪些？如何保证？

12. 受拉螺栓连接的受力特点是什么？

13. 高强度承压形螺栓与高强度摩擦型螺栓在受力性能上有何区别？

14. 普通螺栓与高强度螺栓在受力性能方面有何区别？

15. 试设计图 5.2.36 所示连接中的双面角钢与连结钢板的三面围焊焊缝。已知轴心拉力设计值 N=1 000 kN，角钢为 $2L100\times80\times10$。钢材为 Q345B，焊条为 E50 型，手工焊，不用引弧板。

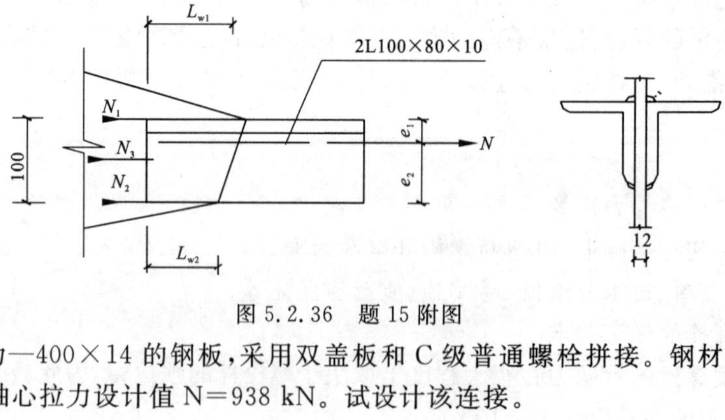

图 5.2.36　题 15 附图

16. 两截面为—400×14 的钢板，采用双盖板和 C 级普通螺栓拼接。钢材为 Q235－BF，螺栓 M20，承受轴心拉力设计值 N=938 kN。试设计该连接。

第3章　轴心受力构件

3.1　构件的截面形式

轴心受力构件是指只承受轴向力作用的构件。依轴向力为拉力或压力分为轴心受拉或轴心受压构件。在钢结构中，轴心受力构件的应用十分广泛，例如应用于桁架、网架、塔架、支撑系统等。轴心受压柱由柱头、柱身和柱脚3部分组成，柱头支撑上部结构并把荷载传给柱身，柱脚则把荷载传给基础。

轴心受力构件可分为实腹式构件(如图5.3.1所示)和格构式构件(如图5.3.2所示)。实腹式构件可直接选用单个型钢截面，如圆钢、钢管、角钢、T形钢、槽钢、工字钢、H形钢等，也可选用由型钢或钢板组成的组合截面。实腹式构件制作简单，连接方便。格构式构件一般由两个或多个型钢肢件用缀材相连而成，因缀材不是连续的，故在截面图中缀材以虚线表示。截面上通过分肢腹板的轴线叫实轴(一般用 y 轴表示)，通过缀材平面的轴线叫虚轴(一般用 x 轴表示)。缀材的作用是将各分肢连成整体，并承受构件绕虚轴弯曲时的剪力。辍材分为缀条和缀板。缀条常采用单角钢，与分肢组成桁架体系。缀板常采用钢板，必要时也可采用型钢，沿构件长度方向分段设置，与分肢组成刚架体系。格构式构件抗扭刚度大，容易实现两主轴方向等稳定性，用料较省，但制作比较费工费时。

进行轴心受力构件设计时，轴心受拉构件应满足强度和刚度要求；轴心受压构件除应满足强度、刚度要求外，还应满足整体稳定和局部稳定要求。

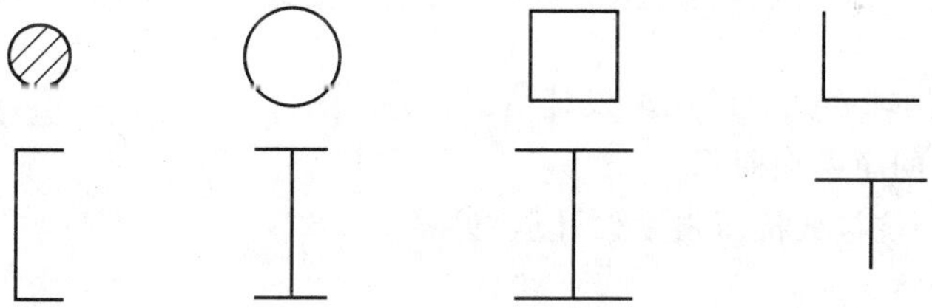

图5.3.1　实腹式截面

为避免弯扭失稳，轴压柱一般采用双对称轴截面。选择轴压柱的截面形式时，应考虑以下原则。

(1)肢宽壁薄。在满足板件宽厚比情况下，使截面面积分布尽量开展，以增加截面的惯性矩和回转半径，提高构件的整体稳定承载能力和刚度。

(2)等稳定性。使构件在两个主轴方向等稳定性，即 φ_x 与 φ_y(轴心受压构件的稳定系数)基本相同，以充分发挥截面的承载能力。

(3)构造简单。制造省工，与其他构件连接方便。

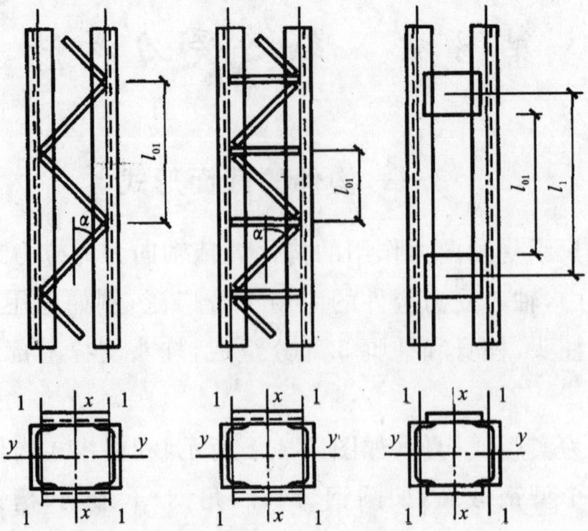

图 5.3.2　格构式截面

3.2　轴心受力构件正常工作的基本要求

对于在荷载作用下轴心受力构件，正常工作的基本要求应满足强度、刚度及稳定性要求。

3.2.1　强度计算

轴心受力构件在正常工作时材料处于单向应力状态，达到承载能力极限状态时截面的平均正应力达到钢材的屈服强度 f_y。规范规定构件净截面的平均应力不应超过钢材的强度设计值，轴心受力构件的强度按下式计算

$$\sigma=\frac{N}{A_n}\leqslant f \tag{5.3.1}$$

式中　N——构件的轴心拉力或压力设计值。

A_n——构件的净截面面积。

f——钢材的抗拉或抗压强度设计值，见表 2.2.2。

3.2.2　刚度验算

按正常使用极限状态的要求，轴心受力构件应该具有必要的刚度。当构件刚度不足时，容易在制造、运输、吊装和使用过程中产生弯曲或过大的变形；在动力荷载作用下轴心受拉构件也会发生较大的振动。衡量轴心受力构件刚度的指标是构件的长细比 λ，规范规定轴心受力构件的刚度按下式验算：

$$\lambda=\frac{l_0}{i}\leqslant[\lambda] \tag{5.3.2}$$

或　$$\lambda_x=\frac{l_{0x}}{i_x}\leqslant[\lambda]\qquad \lambda_y=\frac{l_{0y}}{i_y}\leqslant[\lambda]$$

式中　λ——构件最不利方向的长细比。

l_0——相应方向的构件计算长度。

i——相应方向的截面回转半径；($i=\sqrt{I/A}$，I 为构件毛截面的惯性矩，A 为构件毛截面的面积)。

$[\lambda]$——构件的容许长细比，按表 5.3.1、表 5.3.2 选用。

表 5.3.1 受拉构件的容许长细比

项次	构件名称	承受静力荷载或间接承受动力荷载的结构		直接承受动力荷载的结构
		一般建筑结构	有重级工作制吊车的厂房	
1	桁架的杆件	350	250	250
2	吊车梁或吊车桁架以下的柱间支撑	300	200	—
3	其他拉杆、支撑、系杆等(张紧的圆钢除外)	400	350	—

注:(1)在承受静力荷载的结构中，可仅计算受拉构件在竖向平面内的长细比。

(2)在直接或间接承受动力荷载的结构中，计算单角钢受拉构件的长细比时，应采用角钢的最小回转半径。但在计算交叉点相互连接的交叉杆件平面外的长细比时，应采用与角钢肢边平行轴的回转半径。

(3)中、重级工作制吊车桁架下弦杆的长细比不宜超过 200。

(4)在有夹钳吊车或刚性料耙吊车的厂房中，支撑(表中第 2 项除外)的长细比不宜超过 300。

(5)受拉构件在恒荷载与风荷载组合作用下受压时，其长细比不宜超过 250。

(6)跨度等于或大于 60 m 的桁架，其受接弦杆和腹杆的长细比不宜超过 300(承受静力荷载或间接承受动力荷载)或 250(承受动力荷载)。

表 5.3.2 受压构件的容许长细比

项 次	构 件 名 称	容许长细比
1	柱、桁架和天窗架构件	150
	柱的缀条、吊车梁或吊车桁架以下的柱间支撑	

【例 5.3.1】试确定如图 5.3.3 所示钢屋架下弦杆(轴心受拉)截面的最大承载力设计值和最大的容许计算长度，钢材为 Q235。

【解】查表 2.1.5 得 $f=215\ \mathrm{N/mm^2}$；查型钢表附录 3 得 $A_n=19.3\times2=38.6\ \mathrm{cm^2}$，截面对 x 轴的回转半径 $i_x=3.05$ cm，截面对 y 轴的回转半径 $i_y=4.52$ cm

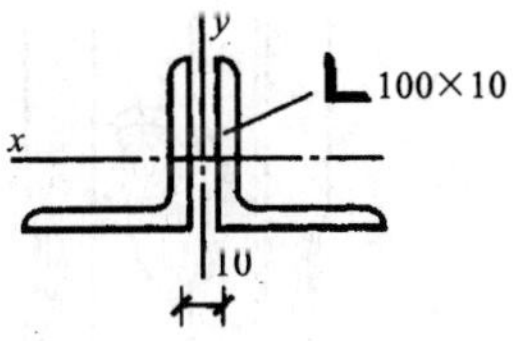

图 5.3.3 例 5.3.1 附图

按式(5.3.1)可得该轴心拉杆最大承载能力设计值为

$$N=A_nf=38.6\times10^2\times215$$
$$=829\ 900\ \mathrm{N}=829.9\ \mathrm{kN}$$

查表 5.3.1 得$[\lambda]=350$，按式(5.3.2)可得该轴心拉杆的长度(取平面内)为

$$l_{0x}=[\lambda]i_x=350\times3.05=10.7\ \mathrm{m}$$

3.2.3 稳定性验算

钢结构及其构件除应满足强度和刚度条件外，还应满足稳定条件。近些年来，由于结构形式的不断发展和高强钢材的应用，使构件更加轻型而薄壁，更容易出现失稳现象，因而对钢结构稳定性的验算显得特别重要。

轴心受拉构件在拉力作用下，构件只会越拉越直，其平衡状态总是稳定的，故不需要进行稳定性验算。对于轴心受压构件，截面若没有孔洞等削弱，稳定性是导致其破坏的主要因素，轴心受压构件的承载能力往往是由稳定条件决定的。

1. 整体稳定性验算

轴心受压构件的整体稳定性按下式验算：

$$\sigma=\frac{N}{\varphi A}\leqslant f \tag{5.3.3}$$

式中 N——轴心受压构件的压力设计值。

A——构件的毛截面面积。

f——钢材的抗压强度设计值。

φ——轴心受压构件的整体稳定系数，详见《钢结构设计规范》。

2. 局部稳定性验算

如图 5.3.4 所示的工字形截面轴心受压构件，如果腹板及翼缘的板件太宽太薄，就可能在构件丧失强度和整体稳定之前产生凹凸鼓出变形，这种现象称为板件失去稳定（板件屈曲）。因板件是组成构件的一部分，故又把这种屈曲现象称为构件失去局部稳定或局部屈曲。丧失局部稳定的构件虽然还能继续承受荷载，但由于鼓屈部分退出工作，使构件应力分布恶化，从而使构件的承载能力降低。《钢结构规范》规定，受压构件中板件的局部稳定以板件屈曲不先于构件的整体失稳为条件，并以限制板件的宽厚比来控制。

对于轧制型钢，由于翼缘、腹板较厚，一般都能满足局部稳定要求，无须计算。

根据以上内容要求，实腹式轴心受压构件的截面设计步骤是：选择截面形式；根据整体稳定、局部稳定求截面尺寸；进行强度、刚度和稳定性计算及验算。

3.3 轴心受压柱的柱头及柱脚

3.3.1 柱头

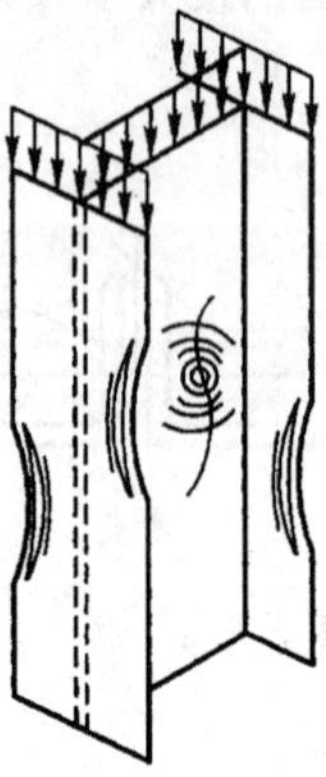

图 5.3.4 实腹式轴心受压构件局部屈曲

柱头通常是指梁柱连接节点，节点设计应按照传力可靠，构造简单，便于制作、安装、运输的原则进行。梁与轴心受压柱的连接应为铰接，刚接会使柱顶承受弯矩，成为压弯柱。为了适应梁的传力要求，轴心受压柱的柱头有两种构造方案：一种是将梁设置于柱顶，如图 5.3.5 所示；另一种是将梁连接于柱的侧面，如图 5.3.6 所示。

1. 梁支撑于柱顶的构造

当梁支撑在柱顶时，梁的支座反力通过柱顶板传给柱子。顶板厚为 16～20 mm，与柱用焊缝连接，梁与顶板用普通螺栓连接。在图 5.3.5(a)中，梁的支撑加劲肋应对准柱的翼缘，直接将反力传给柱翼缘。两相邻梁之间留一空隙，便于安装，最后用夹板和螺栓连接。此连接构造简单，但当两侧梁的反力不等时，将使柱偏心受压。在图 5.3.5(b)中，梁的突缘加劲肋支撑刨平顶紧在柱轴线附近，这样即使两相邻梁反力不等，柱仍接近于轴心受压，为不使柱顶腹板受力过分集中，在腹板两侧应设加劲肋。两侧梁之间应留一些空隙，便于安装调节，最后嵌入合适的填板并用普通螺栓连接。如图 5.3.5(c)所示的格构式柱，为了保证传力均匀，在柱顶必须用缀板将两个分肢连接起来，同时分肢间的顶板下面也须设加劲肋。

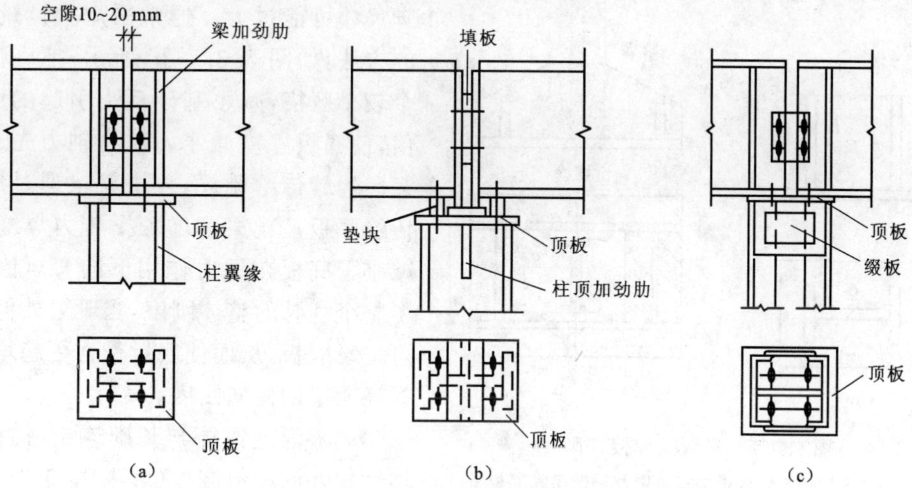

图 5.3.5　梁支撑于柱顶的铰接连接

(a)梁加劲肋对准柱翼缘；(b)梁加劲肋顶紧在柱轴线附近；(c)格构式柱

2. 梁支撑于柱侧的构造

梁连接在柱的侧面时，可在柱的翼缘上焊一个如图 5.3.6(a)所示的 T 形承托。为防止梁的扭转，可在梁顶部附设一小角钢用构造螺栓与柱连接。用厚钢板作承托（如图 5.3.6(b)所示）时，适用于承受较大荷载的情况，制造与安装的精度要求高，承托板的端面须刨平顶紧以便直接传递压力。

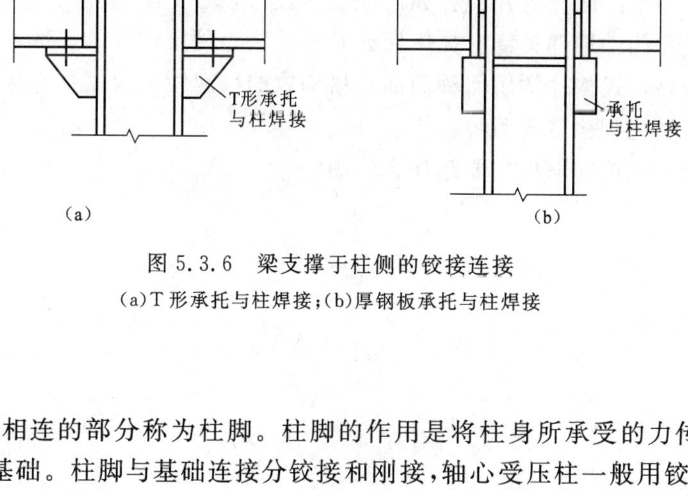

图 5.3.6　梁支撑于柱侧的铰接连接

(a)T 形承托与柱焊接；(b)厚钢板承托与柱焊接

3.3.2　柱脚

柱下端与基础相连的部分称为柱脚。柱脚的作用是将柱身所承受的力传递和分布到基础，并将柱固定于基础。柱脚与基础连接分铰接和刚接，轴心受压柱一般用铰接，偏心受压柱一般用刚接（可以有整体式、分离式、插入式、埋入式和外包式等不同做法），本节仅介绍铰接柱脚。

图 5.3.7 是铰接柱脚常用的几种形式。对轴力很小的柱，待柱身底端切割平齐后直接与底板焊接，柱身所受的力通过焊缝传给底板，由底板传给基础，如图 5.3.7(a)所示。当柱的轴

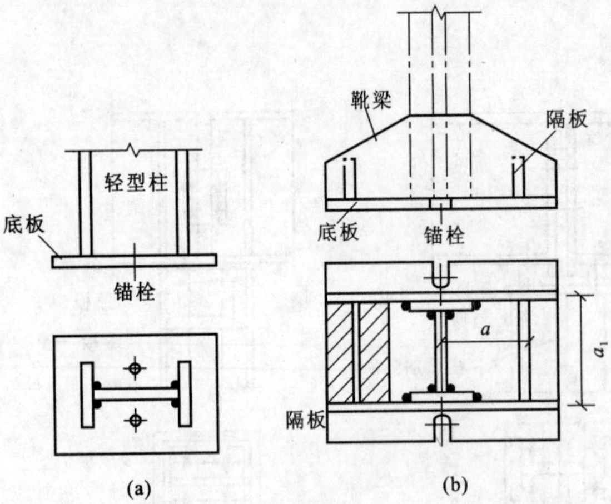

图 5.3.7　平板式铰接柱脚

(a)柱身直接与底板焊接；(b)增及设靴梁和隔板

力较大时，若仍采用这种做法，底板厚度和焊脚尺寸可能过大。通常采用增设靴梁、隔板的方法，如图 5.3.7(b)所示，把底板分成几个较小区格，减小基础反力引起的底板弯矩值，使底板厚度减小。柱身轴力先通过柱端竖向焊缝传给靴梁，再由靴梁通过底部焊缝传给底板。靴梁既增加了传力焊缝的长度，减小了底板在反力作用下的弯矩值，又加强了整个柱脚的整体刚度，当靴梁外伸较长时，可增设隔板，从而使底板受力更趋均匀，并可提高靴梁的侧向刚度。

底板通过锚栓与基础连接，锚栓应采用塑性较好的材料制作(多采用 Q235)，以保证柱脚转动时锚栓有一定的变形能力。锚栓孔径取 1.5～2 倍锚栓直径，以便调整。柱脚的设计内容主要包括确定底板和靴梁的尺寸以及它们的连接焊缝等。

铰接柱脚只能承受轴心压力和剪力，不能承受弯矩。由于柱脚处轴心压力较大，通常剪力可由底板与基础之间的摩擦力承受，一般不必计算。当水平剪力超过柱底摩擦力时(摩擦系数可取 0.4)，可在柱脚底板下面设置抗剪键或在柱脚外包混凝土以承受剪力。抗剪键可用钢板、方钢、短 T 形钢或 H 形钢做成。

思考题与习题

1. 轴心受拉构件和轴心受压构件各应计算哪些内容？
2. 受压构件稳定问题分为几类？如何保证实腹式轴心受压构件的整体稳定？
3. 什么是受压构件局部失稳？如何保证实腹式轴心受压构件的局部稳定？
4. 实腹式和格构式构件常用何种截面？格构式的肢间距离根据什么原则确定？
5. 画出柱头和柱脚构造各两种。
6. 铰接柱脚的靴梁和隔板主要起什么作用？

第 4 章　受弯构件

4.1　梁的类型

受弯构件截面形式有实腹式和格构式两类，如图 5.4.1 所示。实腹式受弯构件通常称为梁，在建筑工程中应用比较广泛，例如房屋建筑中的楼盖梁、平台梁、吊车梁、檩条等。格构式受弯构件称为桁架。

按制作方法钢梁可分为型钢梁和组合梁两类。型钢梁构造简单，制造省工，成本较低，因而宜优先采用。型钢梁以热轧工字钢、槽钢和热轧 H 形钢 3 种截面应用较广，其中 H 形钢的截面分布最为合理，翼缘内外边缘平齐，与其他构件连接较方便。当构件跨度及荷载较大，由于受到轧制条件及规格的限制，型钢梁往往不能满足要求，这时常采用组合梁，组合梁一般是由几块钢板焊接成工字形截面或箱形截面(荷载大而梁高度受限时采用)。组合梁截面比较灵活，可使材料在截面上的分布更合理，节省材料。采用冷弯薄壁型钢作檩条等则比较经济，但应特别注意防腐蚀。

钢梁有简支梁、连系梁、悬臂梁等。简支梁虽然耗钢量较大，但便于制造、安装、维修、拆换，而且不受温度变化及支座沉陷的影响，因而应用最为广泛。

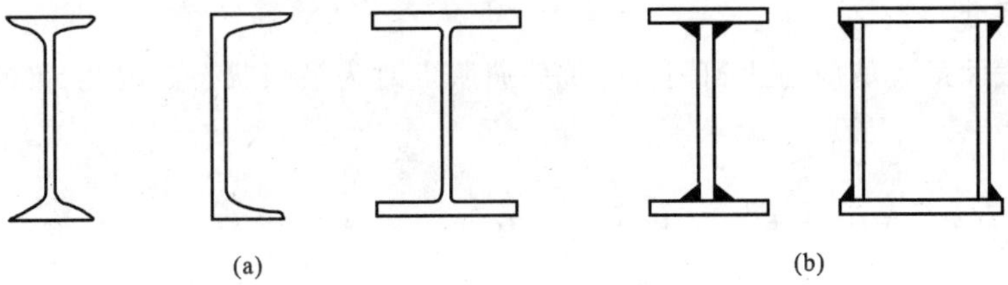

图 5.4.1　钢梁的类型

(a)型钢梁；(b)组合梁

土木工程中的楼盖、屋盖、工作平台等，通常由主梁和次梁等交叉连接组成梁格，并在梁格上铺放能直接承重的板，作用在板上的荷载一般先传给次梁，再由次梁传给主梁，主梁再传给墙柱，最后传给地基。

根据主次梁的排列情况，梁格可分为 3 类。

(1)单向梁格：只有主梁，适用于柱距较小的梁格。

(2)双向梁格：有主梁、次梁两个方向交叉梁，次梁由主梁支撑，是最为常用的梁格类型。

(3)复杂梁格：在主梁间设纵向次梁，在纵向次梁间再设横向次梁。这种梁格传力层次多，梁格构造复杂，故应用较少，只有当荷载很大，主梁间距很大的情况下才采用。

4.2　梁的强度、刚度和稳定性

钢梁的设计应保证安全适用，并符合省材、制造安装简便的要求，而强度、刚度和稳定性要求也是钢梁可靠工作的基本条件。

4.2.1　梁的强度计算

1.抗弯强度

钢梁在弯矩作用下，可分为3个工作阶段，即弹性、弹塑性及塑性阶段。以梁的边缘纤维达到屈服强度作为构件的承载力极限，叫做弹性设计准则。它显然十分安全可靠，可并未充分发挥钢材的强度潜力，只有当荷载增加到全截面形成塑性铰时，才是钢梁的实际承载力极限。显然，梁按塑性设计比按弹性设计更充分地发挥了材料的作用，经济效果较好。但考虑到梁达到塑性弯矩形成塑性铰时，受压翼缘可能过早失去局部稳定，而且变形太大也会影响正常使用。因此，钢结构设计规范对承受静荷载或间接承受动荷载的简支梁只是有限制地利用塑性，计算公式为

单向弯曲，
$$\frac{M}{\gamma w_{\mathrm{n}}}\leqslant f \tag{5.4.1}$$

双向弯曲，
$$\frac{M_x}{\gamma_x w_{\mathrm{n}x}}+\frac{M_y}{\gamma_y w_{\mathrm{n}y}}\leqslant f \tag{5.4.2}$$

式中　M_x、M_y——同一截面处绕 x 轴和 y 轴的弯矩。

$w_{\mathrm{n}x}$、$w_{\mathrm{n}y}$——对 x 轴和 y 轴的净截面抵抗矩。

γ_x、γ_y——分别是截面塑性发展系数，是截面塑性抵抗矩和弹性抵抗矩之比。

f——钢材抗弯矩强度设计值。

对于工字形截面 $\gamma_x=1.05$，$\gamma_y=1.2$。而对直接承受动荷载且须计算疲劳的梁，$\gamma_x=\gamma_y=1.0$，即不允许考虑截面塑性变形，应按弹性设计。

2.抗剪强度

规范以截面最大剪应力达到钢材的抗剪屈服点时为极限状态。因此，梁的剪应力应满足

$$\tau=\frac{VS}{It_{\mathrm{w}}}\leqslant f_{\mathrm{v}} \tag{5.4.3}$$

式中　V——计算截面沿腹板平面作用的剪力。

I——梁的毛截面惯性矩。

S——中和轴以上或以下截面对中和轴的面积矩，按毛截面计算。

t_{w}——腹板厚度。

f_{v}——钢材抗剪强度设计值。

型钢因受轧制条件限制，腹板较厚，只有当最大剪应力处的截面有较大削弱时，才须进行抗剪强度计算。

3.局部承压强度

梁在固定集中荷载(包括支座反力)处未设支撑加劲肋或有移动集中荷载时(如吊车轮压)，必须对腹板计算高度上边缘的局部承压强度进行计算。

4.折算应力

在组合梁的腹板计算高度边缘处，如同时有较大的正应力、剪应力和局部压应力，或同时受有较大的正应力和剪应力，应验算其折算应力。

4.2.2　梁的刚度验算

钢梁设计时，在保证强度的条件下，还应保证其刚度要求。梁的刚度用变形(即挠度)衡量，变形按材料力学公式计算，变形过大不但会影响正常使用，同时会造成不利工作条件。

$$v\leqslant[v] \tag{5.4.4}$$

式中 [v]——梁的容许挠度,见附表 2.2。

刚度验算属正常使用极限状态,故计算时应采用荷载标准值,且不必考虑螺栓孔引起的截面削弱,对动力荷载标准值也不必乘以动力系数。

4.2.3 梁的稳定性验算

1.梁的整体稳定

与受压构件一样,除强度计算外,梁还存在稳定问题,设计时必须验算稳定。从梁的强度出发,又高又窄的梁截面比较经济,但在达到强度极限承载力之前可能先丧失整体稳定。如图 5.4.2 所示的工字形截面梁,在梁的最大刚度平面内,受有垂直荷载作用,在梁的侧面没有足够的支撑时,当荷载增加到某一数值,梁将突然发生侧向位移和扭转的弯扭失稳破坏形式,即弯矩作用平面外失稳破坏。梁丧失整体稳定是突然发生的,事先并无明显预兆,因而比强度破坏更危险,设计、施工中要特别注意。

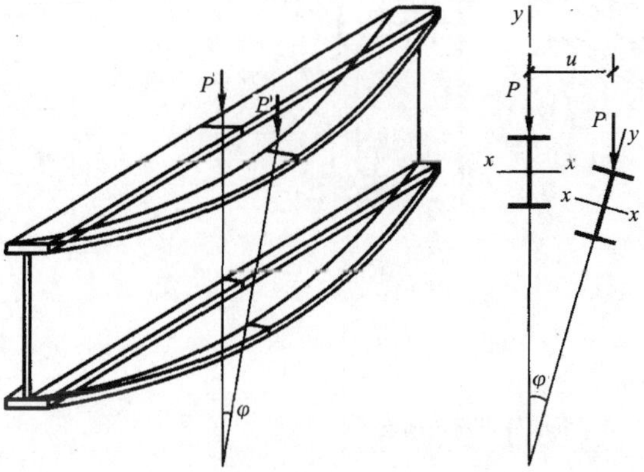

图 5.4.2 梁丧失整体稳定示意

良好的设计应使梁的整体稳定临界荷载尽可能高,最理想的是在梁强度破坏前梁不丧失稳定,需要进行整体稳定验算。提高梁整体稳定的主要方法有:加宽受压翼缘板和减少梁的侧向计算长度 l_1。《钢结构设计规范》规定,当符合下列情况之一时,可不验算梁的整体稳定。

(1)有铺板(各种钢筋混凝土板或钢板)密铺在梁的受压翼缘上并与其牢固相连,能阻止梁的受压翼缘的侧向位移时。

(2)H 形钢或工字形截面简支梁受压翼缘自由长度 l_1 与翼缘的宽度 b_1 之比不超过表 5.4.1规定的数值时(如图 5.4.3(a)所示),梁受压翼缘的跨中侧向连有支撑,可以作为其侧向不动支撑点,l_1则为梁的半跨长度。

(3)箱形截面梁(如图 5.4.4 所示),其截面尺寸满足 $h/b_0 \leqslant 6$,且 $l_1/b_0 \leqslant 95(235/f_{my})$时不必计算梁的整体稳定性。

任何钢梁在其端部支撑处都应采取构造措施,使梁的简支成为夹支,以防止其端部截面的扭转。如在梁端上翼缘处设置侧向支点,可防止产生转动,如图 5.4.3(b)所示。也可在梁端设置加劲肋,使该处截面成刚性,如图 5.4.5 所示。

表 5.4.1　工字形截面简支梁计算整体稳定性的最大值 l_1/b_1

钢　　号	跨中无侧向支撑点的梁		跨中有侧向支撑点的梁,不论荷载作用于何处
	荷载作用在上翼缘	荷 载作用在下翼缘	
Q235 钢	13.0	20.0	16.0
16Mn 钢 16Mn9 钢	10.5	16.5	13.0
Q390 钢	10.0	15.5	12.5
Q420 钢	9.5	15.0	12.0

注:表中 l_1 为梁受压翼缘的自由长度;对距中无侧向支撑点的梁,为其跨度;对跨中有侧向支撑点的梁,为受压翼缘侧向支撑点间的距离(梁的支座处视为有侧向支撑)。

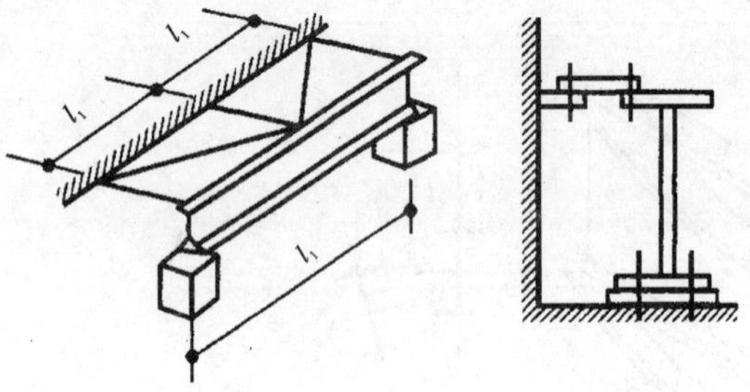

(a)　　(b)

图 5.4.3　侧向有支撑点的梁

(a)跨中侧向连有支撑;(b)梁翼缘处设置侧向支点

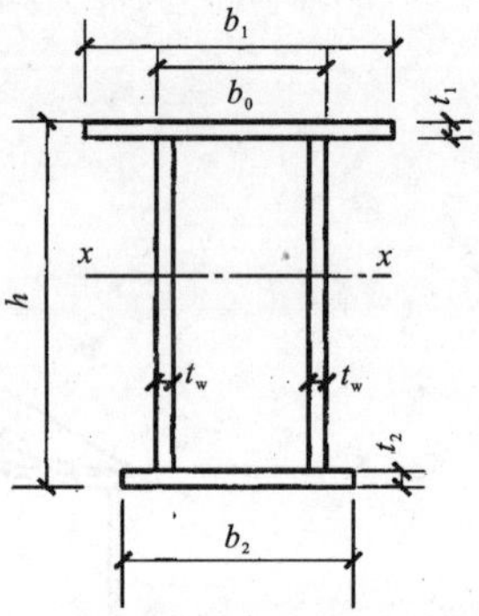

图 5.4.4　箱形截面梁

2.梁的局部稳定

对于组合截面梁,采用宽而薄的翼缘板和高而薄的腹板,对梁的强度和刚度都有好处。但和实腹柱一样,较薄的翼缘和腹板在达到强度极限或梁丧失整体稳定之前,就可能发生波浪形的屈曲(如图 5.4.6 所示),这种现象称为失去局部稳定或局部失稳。梁的翼缘或腹板局部失稳后,屈曲的薄板部分退出工作。虽然整个构件还不至于立即丧失承载能力,但由于屈曲的薄板部分退出工作后,对称截面变成了非对称截面,这将促使整个梁发生整体破坏。

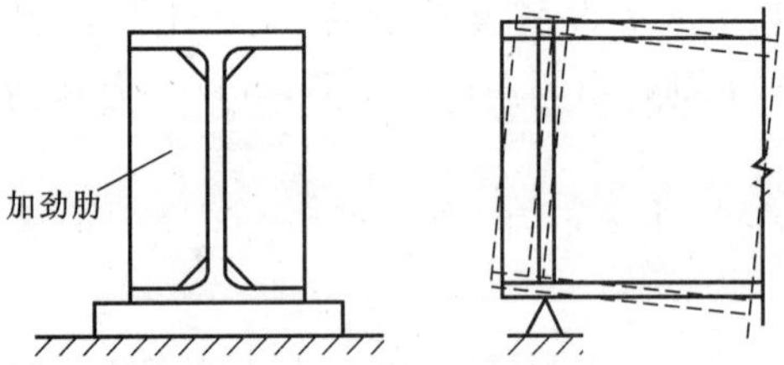

图 5.4.5　夹支的梁支座

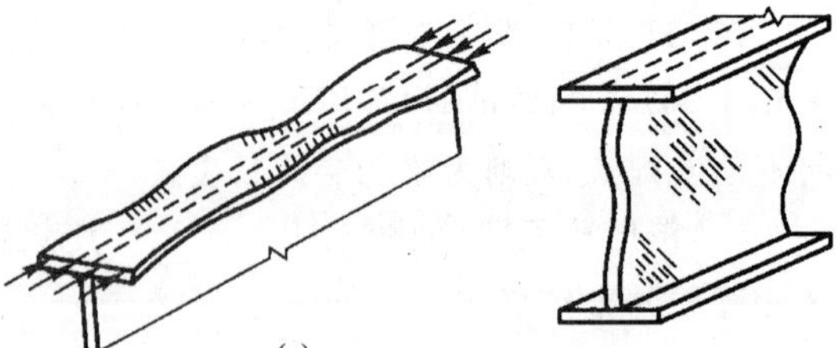

(a)　　(b)

图 5.4.6　梁翼缘和腹板失稳变形情况

(a)梁翼缘失稳变形;(b)腹板失稳变形

梁的局部失稳一般采用构造措施予以避免:对翼缘板采用限制其宽厚比;而对腹板,由于腹板往往比较高而且以承受剪力为主,通常采用在腹板上设置加劲肋。

1)限制翼缘板宽厚比

规范规定,对Ⅰ形截面,梁受压翼缘自由外伸宽度 b 与其厚度 t 之比,应满足式(5.4.5);对箱形截面受压翼缘两腹板间的宽度 b_0 与其厚度 t 之比应满足式(5.4.6)要求。

$$\frac{b}{t} \leqslant 15\sqrt{\frac{235}{f_y}} \tag{5.4.5}$$

$$\frac{b_0}{t} \leqslant 40\sqrt{\frac{235}{f_y}} \tag{5.4.6}$$

2)设置加劲肋

梁腹板的加劲肋有横向、纵向和短向加劲肋 3 种,加劲肋应布置在腹板偏于受压处如图 5.4.7。加劲肋可以用钢板或型钢制成,焊接梁则一般常用钢板。

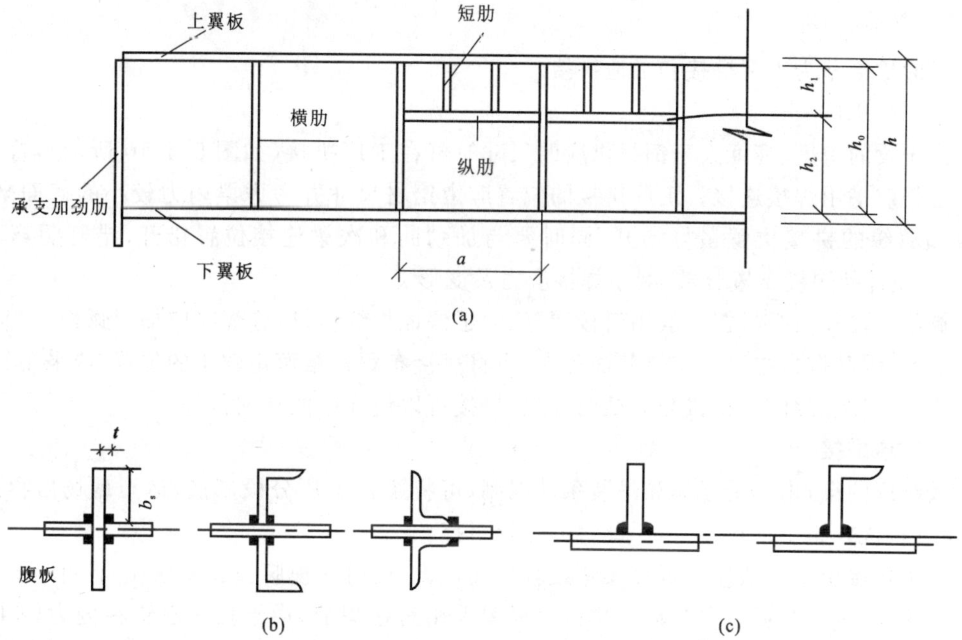

图 5.4.7　加劲肋的布置

(a)加劲肋布置在腹板偏予受压处;(b)加劲肋成对配置;(c)加劲肋单侧配置

加劲肋常在腹板两侧成对配置如图 5.4.7(b)所示。对于仅受静荷载作用或受动荷载作用较小的梁腹板,为了节省钢材和减少制造工作量,其横向和纵向加劲肋可单侧配置如图 5.4.7(c)。

4.3　受弯构件的构造要求

4.3.1　梁与梁的连接

根据具体情况,梁与梁的连接有迭接和侧面连接两种。图 5.4.8 所示为迭接,次梁直接搁置在主梁上,用螺栓和焊缝固定,优点是构造简单,但结构所占空间大,连接刚性较差。

图 5.4.9 所示是次梁通过横向加劲肋和主梁相连。次梁用螺栓或角焊缝和横向加劲肋相连,支反力经加劲肋传给腹板。为了能使次梁靠连在横向加劲肋,次梁的梁端截面要削去上翼

缘、部分腹板和端部一边下翼缘，由于截面有较大的削弱，应验算次梁削端截面的抗剪强度。

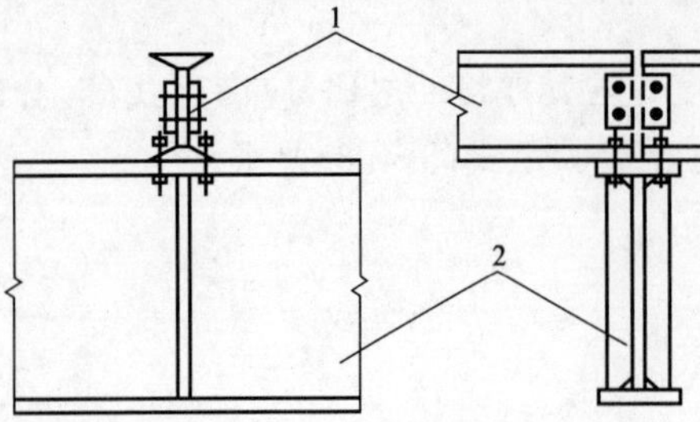

图 5.4.8　简支次梁与主梁迭接

1—次梁；2—主梁；

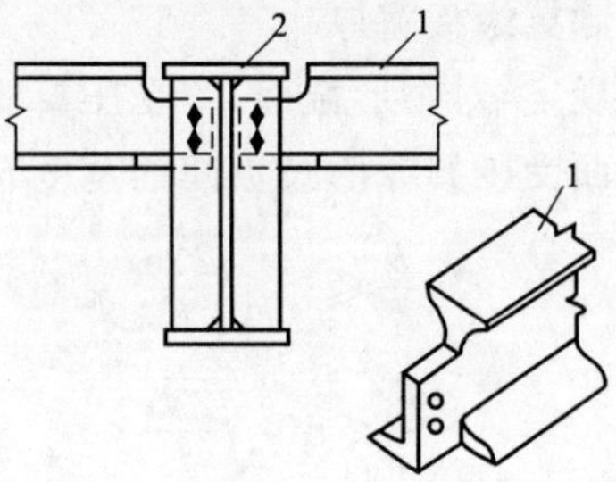

图 5.4.9　简支次梁与主梁侧面连接

1—次梁；2—主梁；

4.3.2　梁的拼接

梁的拼接分为工厂拼接和工地拼接。

1. 工厂拼接

由于梁的跨度、高度大于钢材供应的尺寸时可在工厂拼接(如图 5.4.10 所示)，普通焊接组合梁仍应采用焊接连接。工厂拼接的位置应由钢材尺寸并考虑梁内力较小的截面来确定。腹板和翼缘的拼接位置最好错开，同时要与加劲肋和次梁连接位置错开，错开距离不小于 $10t_w$，以便各种焊缝布置分散，减小焊接应力及变形。

翼缘拼接和腹板拼接一般用对接焊缝，为了保证焊缝质量，施焊时应加引弧板。当采用三级焊缝时，因其抗拉强度不与原截面等强，应将拼接布置在梁弯矩较小的位置，或采用斜焊缝。当采用一、二级焊缝时，拼接与原截面等强，拼接可以设在梁的任何位置。

2. 工地拼接

大跨度的梁，由于受运输和吊装条件限制，可将梁在工厂分段制造，运至现场后再拼接起来，这种拼接在施工现场进行，因此称为工地拼接。

工地拼接位置一般应布置在梁弯矩较小的地方，而且应使腹板和翼缘在同一截面断开(如图 5.4.11 所示)，以便分段运输。拼接处一般采用对接焊缝，由于接头总选在内力较小处，通常直缝就满足受力要求。为了减小焊接应力，应将工厂施焊的翼缘焊缝端部留出 500 mm 左右不焊，留待工地拼接时按图中的施焊顺序最后焊接。

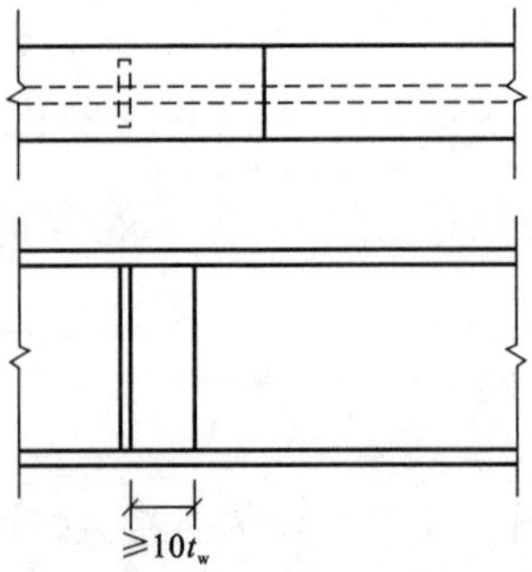

图 5.4.10　焊接梁的工厂拼接

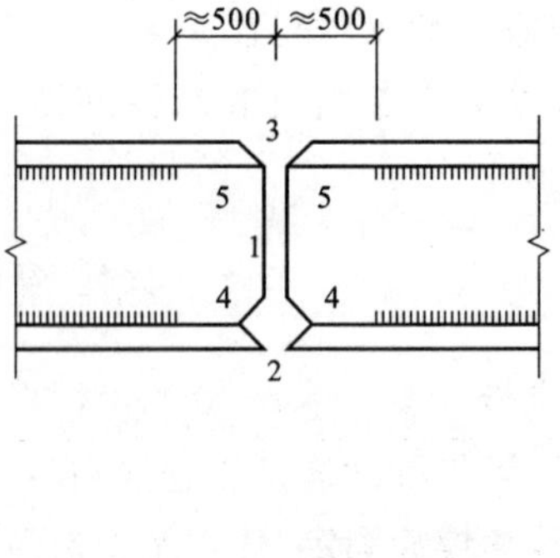

图 5.4.11　焊接梁的工地拼接

(1～5 为施焊顺序)

为使工地安装简便，工地拼接梁用摩擦型高强螺栓作梁的拼接也已比较普遍，如图5.4.12所示。需要高空拼接的梁，由于高空焊接操作不便；或对于较重要的以及承受动荷载的大型组合梁，考虑工地焊接条件差，采用摩擦型高强螺栓拼接更能保证施工质量。

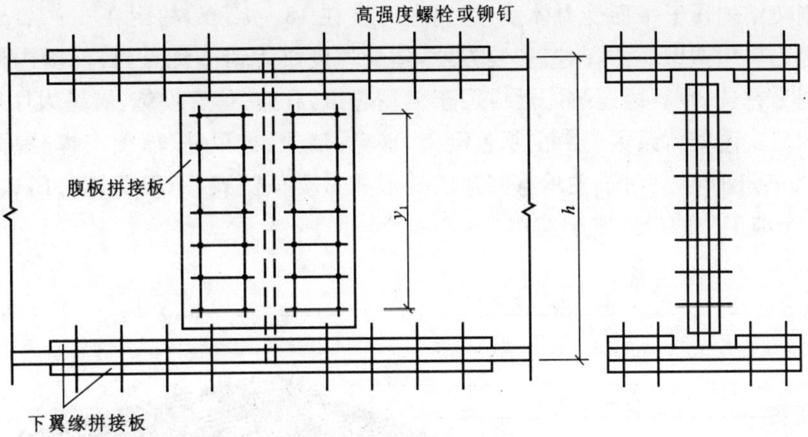

图 5.4.12　梁的工地拼接

思考题与习题

1. 受弯构件的计算应包括哪些内容？
2. 什么是梁的整体稳定？规范规定在什么情况下可不验算梁的整体稳定？
3. 梁的弯扭失稳有什么特点？
4. 如何保证组合梁的整体稳定和局部稳定？
5. 钢梁的工厂拼接与工地拼接各有什么要求？

第5章 门式刚架

门式刚架结构属于平面受力体系，适用在跨度在18～42 m，柱距在6～12 m的单跨或多跨建筑。由于房屋造型简洁，制造安装方便，建造速度快等诸多优点，目前国内外现代化工业厂房把它列为首选，在我国还被广泛应用于大型超市、仓储、体育设施、展览大厅等大空间建筑中。典型的门式刚架体系主要由主承重刚架、檩条、墙梁、抗风柱、屋面支撑、屋面板和基础等组成，如图5.5.1所示。由于主承重刚架的外形非常类似门式，一般简称为门式刚架结构，图5.5.2是一个施工中的门式刚架实例。

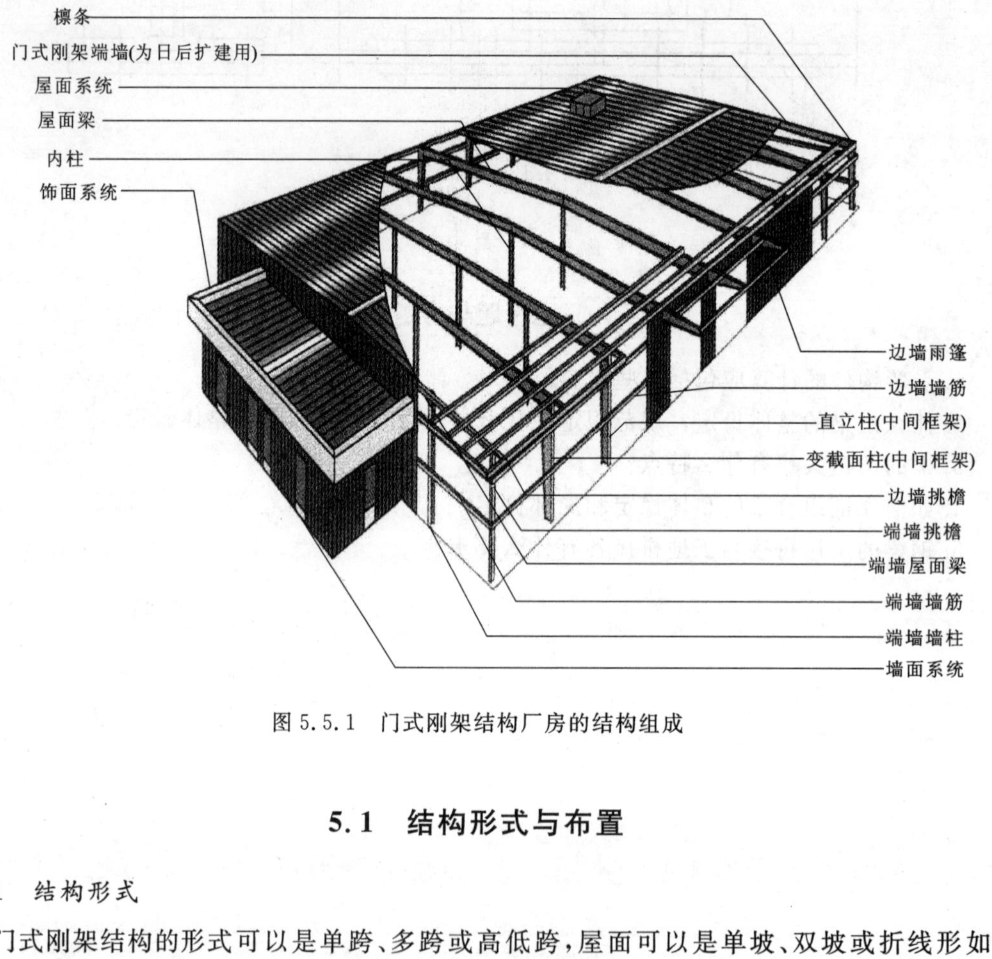

图5.5.1 门式刚架结构厂房的结构组成

5.1 结构形式与布置

5.1.1 结构形式

门式刚架结构的形式可以是单跨、多跨或高低跨，屋面可以是单坡、双坡或折线形如图5.5.3所示，柱底与基础可以是铰接柱脚或刚接柱脚，构件体系（梁、柱）除实腹式外还可以采用格构式。从结构选材来分，有普通型钢、薄壁型钢、钢管、钢板焊接工字钢或H形钢。

1. 实腹式门式刚架

实腹式门式刚架，通常用于跨度为9～36 m，柱高为4.5～9 m，无吊车或吊车起重量较小的钢结构房屋。当跨度不超过15 m，柱高不超过6 m，宜采用等截面；当跨度大于15 m，柱高7 m以上或有吊车时，可考虑用变截面。变截面虽然给构造连接及加工制造带来不便，但综合

图 5.5.2　施工中的门式刚架

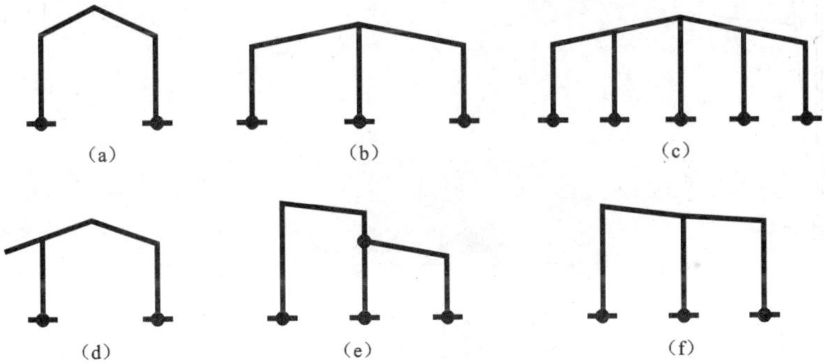

图 5.5.3　门式刚架形式

(a)单跨，(b)双跨，(c)多跨，(d)带挑檐，(c)高低跨，(f)单坡

经济效益非常明显。

实腹式门式刚架的梁、柱截面主要是工字形截面。带选用热轧工字形钢、H 形钢和用 3 块钢板焊成的组合工字钢，因其截面形式简单，受力性能好，在工程中得以广泛应用。焊接工字钢比较省材，当跨度大时工字钢截面的高度可以改变，焊接工字形刚架梁高取 1/30～1/45 的跨度，屋面坡度取 1/8～1/20。多跨刚架的一些中柱可用冷弯薄壁方管。

2. 格构式门式刚架

格构式门式刚架通常用于荷载、跨度、柱高均较大的房屋，如跨度大于 18 m，柱高 7 m 以上，柱距大于 6 m，或有吊车的房屋。当刚架内力较小时，宜采用等截面，其截面为单腹杆或双腹杆的矩形以及三腹杆的三角形。当刚架内力较大时，宜采用变截面。格构刚架的材料选择和截面组成比较灵活，组成形式可以因材制宜。材料可以用普通角钢、槽钢，以及冷弯薄壁槽钢、方钢管和无缝钢管。格构式刚架梁高取 1/15～1/25 跨度，屋面坡度取 1/8～1/20。

5.1.2　结构布置

门式刚架的结构布置应包括定位轴线布置、门式刚架布置、檩条布置、墙梁布置、支撑布置和山墙柱布置等。

1.建筑尺寸

门式刚架的跨度应取横向刚架柱轴线间的距离；门式刚架的高度应取地坪至柱轴线与斜梁轴线交点的高度。

门式刚架定位轴线，纵向以通过柱子下端中心为定位轴线，工业建筑边柱的定位轴线取柱外皮。

柱子轴线：以柱子下端（小头）的中心线引伸平行于柱外翼缘的直线为柱子轴线，斜梁轴线以最小截面中点引伸平行于上翼缘平面的直线为轴线。图 5.5.4 为变截面工字形构件的门式刚架。

门式刚架的间距，即柱网轴线间的纵向距离宜采用 6～9 m。

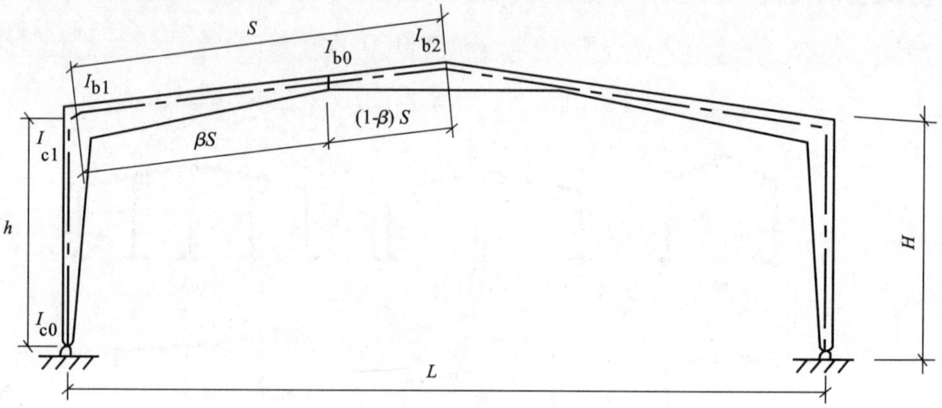

图 5.5.4　变截面工字形构件的门式刚架

2.结构平面布置

我国目前规定纵向温度区段长度（伸缩缝间距）不大于 300 m，设计时以温度区段长度为 220 m 比较合适，有充分理由与经验时可考虑放长一些。横向温度区段不大于 150 m 。

3.檩条和墙梁

屋面檩条一般应该等间距布置，图 5.5.5 为某工程檩条布置图。用于轻屋面的冷弯薄壁型钢实腹式檩条通常用为卷边 Z 形钢檩条和卷边槽钢檩条，其檩条跨度一般不大于 6 m。

卷边 Z 形钢檩条绕主轴 $x-x$ 的刚度较大，在屋面荷载作用下挠度较小，受力较为合理，用钢量省，构造简单，制作、安装方便，且可叠合堆放、运输，占地少，是当前比较经济合理的一种实腹式檩条，为各国所普遍采用。因我国目前的冷弯型钢产品规格所限，其主轴的倾角 θ 多为 20°左右，故卷边 Z 形钢檩条主要用于坡度较大的屋面（≥1/3），如图 5.5.6 所示。此时屋面荷载作用线与截面主轴方向相当接近，较为经济。对于坡度较为平缓（≤1/5）的屋面采用卷边槽钢檩条较为有利。

实腹式檩条的腹板通常垂直于屋面放置，卷边 Z 形钢和卷边槽钢檩条的上翼缘肢尖宜朝屋脊方向，以减小屋面荷载的偏心影响。

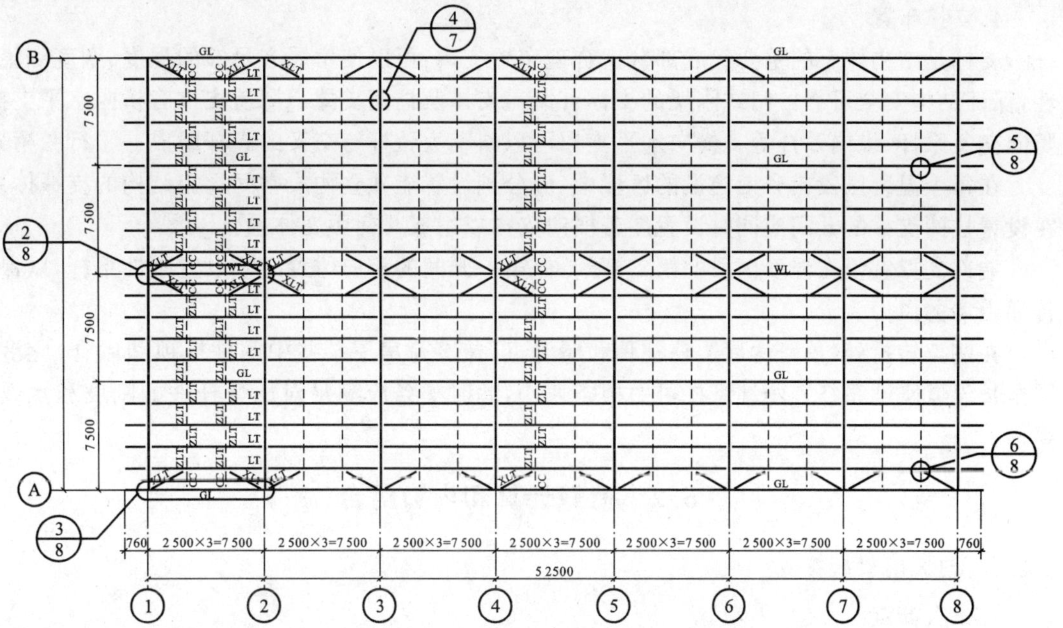

图 5.5.5　某工程的檩条布置

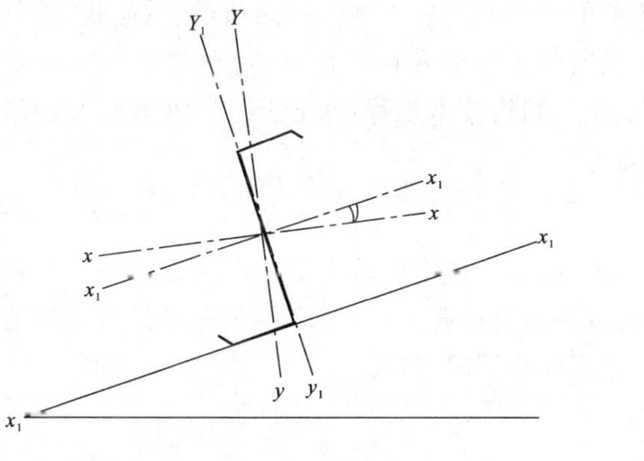

图 5.5.6　卷边 Z 形檩条

x、y—主轴；x_1、y_2—垂直与平行腹板的轴线

实腹式檩条的截面高度可取其跨度的 1/35～1/50，截面宽度一般取高度的 1/2～1/3。通常先选定截面高度，而后由型钢表中选相应的型钢规格。

若实腹式檩条兼作屋面上弦横向水平支撑的压杆或屋面上弦的刚性系杆，其长细比应不大于 200。计算实腹式檩条的长细比时，张紧的檩间拉条可作为檩条的侧向支撑点。

为保证屋面能有效地阻止檩条的侧向失稳和扭转，檩条应与屋面牢固连接。

墙架的作用是固定墙板，承受墙板及水平荷载，并传递到基础或柱上。墙架由墙架柱、墙梁、支撑、拉条等组成。山墙可设置由斜梁、抗风柱、墙梁及其支撑组成的山墙墙架，或采用门式刚架。墙架布置主要依据门窗位置、刚架柱距、房屋长度等布置墙架构件。

4. 支撑布置

支撑是结构体系的重要组成部分。合理布置支撑，可以使房屋有足够的强度、刚度和稳定性，保证结构安全可靠。门式刚架的支撑有屋盖支撑及柱间支撑。屋盖支撑有横向水平支撑、竖向交叉系杆、纵向系杆等。横向水平支撑可以斜梁为弦杆与交叉的腹杆组成一平行弦桁架。

在每个温度区段或分期建设的区段中，应分别设置能独立构成空间稳定结构的支撑体系。在设置柱间支撑的开间应同时设置屋盖横向支撑以组成几何不变体系。

端部支撑宜设在温度区段的第二开间，但第一开间的相应位置必须设置刚性系杆，以保证传递山墙的风力。

在刚架转折处(单跨房屋边柱柱顶和屋脊，以及多跨房屋某些中间柱柱顶和屋脊)应沿房屋全长设置刚性系杆。刚性系杆可由檩条兼作，此时檩条应满足对压弯杆件的刚度和承载力要求。

5.2 荷载计算和内力组合

5.2.1 门式刚架的荷载

1. 永久荷载

永久荷载主要是结构自重和附属部分自重。附属部分自重包括吊顶、管线、门窗以及天窗架等自重。

2. 可变荷载

作用在门式刚架的可变荷载主要有屋面活荷载、雪荷载、风荷载、积灰荷载、吊车荷载和地震作用等。各项荷载的具体取值和计算详见《荷载规范》(GB50009—2001)、《抗震设计规范》及《门式刚架轻型房屋钢结构技术规程》(CECS102:2002)中的有关荷载计算的规定。

5.2.2 荷载效应组合

荷载效应组合应符合的原则：①屋面均布荷载不与雪荷载同时考虑，应取较大值；②积灰荷载应与屋面均布荷载或雪荷载中的较大值同时考虑；③施工或检修集中荷载应与屋面永久荷载组合，而不应与其他可变荷载组合；④多台吊车的组合应符合《荷载规范》中的有关规定；⑤风荷载一般不与地震作用同时考虑。

5.2.3 内力计算

刚架是超静定结构，其设计方法有弹性设计法和塑性设计法。对变截面的门式刚架内力计算应采用弹性分析法，对等截面的刚架也可采用塑性分析法。目前应用弹性分析法较多，本教材仅介绍弹性分析法，内力(弯矩、剪力、轴力)可按结构力学方法求得。

控制截面的内力组合时一般应计算 4 种组合：①N_{max}、M_{max}及相应 V；②N_{max}、M_{min}及相应 V；③N_{min}、M_{max}及相应 V；④N_{min}、M_{min}及相应 V。

先分别计算各种荷载单独作用下的内力，然后按荷载组合种类进行不利内力组合(荷载作用应分别考虑有可能的正向或反向作用)。

控制载面一般可选柱底、柱顶、柱牛腿及梁端、梁跨中等处进行组合并进行截面验算。

5.2.4 门式刚架的变形

1. 门式刚架侧移

门式刚架侧移计算值限值的见表 5.5.1。

表 5.5.1　刚架柱顶位移计算值的限值

吊车情况	其他情况	柱顶位移限值
不设吊车	当采用轻型金属墙板时	$h/60$
	当采用砌体墙时	$h/100$
设有桥式吊车	当吊车有驾驶室时	$h/400$
	当吊车由地面操作时	$h/180$

注：h 为刚架柱高度。

2. 受变构件的挠度与跨度比

受变构件的挠度与跨度比的限值见表 5.5.2。

表 5.5.2　受弯构件的挠度与跨度比的限值

	构件类别	构件挠度限值
竖向挠度	门式刚架斜梁 仅支撑压型钢板屋面和冷弯型钢檩条 尚有吊顶 有悬挂起重机	 $L/180$ $L/240$ $L/400$
	檩条 仅支撑压型钢板屋面 尚有吊顶	 $L/150$ $L/240$
	压型钢板屋面	$L/150$
水平挠度	墙板	$L/100$
	墙梁 仅支撑压型钢板墙 支撑砌体墙	 $L/100$ $L/180$ 且$\leqslant$50 mm

注：(1)表中 L 为构件跨度。

(2)对悬臂梁，按悬臂长度的 2 倍计算受弯构件的跨度。

5.3　构件的截面设计

刚架构件截面设计即确定截面的翼缘与腹板尺寸及加劲肋的设置。计算内容主要是板件的局部稳定验算(即宽厚比验算)和强度验算。

5.3.1　板件的宽厚比验算

为防止翼板的局部失稳，工字形截面构件受压翼缘自由外伸宽度 b 与其厚度 t 之比，不应大于 $15\sqrt{235/f_y}$。为防止腹板的局部失稳，工字形截面梁、柱构件腹板的计算高度 h_0 与其厚度 t_w 之比，不应大于 $250\sqrt{235/f_y}$。

5.3.2　强度计算

工字形截面受弯构件中腹板以承受剪力为主，翼缘以抗弯为主。增大腹板可使构件抗弯能力有较大提高，然而增加腹板厚度的同时也增加其高度，因此耗钢量增加较多。充分利用板件屈曲后的强度是比较经济合理的作法。

1. 受弯构件强度的计算

工字形截面受弯构件在剪力 V、弯矩 M 和轴力 N 共同作用下的强度应符合下列要求。

当 $V\leqslant 0.5V_d$ 时，

$$M\leqslant M_e^N=M_e-N\frac{W_e}{A_e}\tag{5.5.1}$$

当 $0.5V_d < V \leqslant V_d$ 时，

$$M \leqslant M_f^N + (M_e^N - M_f^N)\left[1 - \left(\frac{V}{0.5V_d} - 1\right)^2\right] \tag{5.5.2}$$

当截面为双轴对称时，

$$M_f^N = A_f(h_w + t)\left(f - \frac{N}{2A}\right) \tag{5.5.3}$$

式中 M_e——构件有效截面所承担的弯矩，$M_e = W_e f$。

W_e——构件有效截面最大受压纤维的截面模量。

A_e——有效截面面积。

M_f^N——兼承压力 N 时两翼缘所承担的弯矩。

V_d——腹板抗剪承载力设计值，$V_d = h_w T_w f'_v$。

A——截面毛面积。

t——翼缘厚度。

$h_w t_w$——腹板高度、厚度。

f'_v——腹板屈曲后抗剪强度设计值，详见《门式刚架轻型房屋钢结构技术规程》。

2.梁腹板加劲肋的设置

梁腹板应在与中柱连接处、较大集中荷载作用处和翼缘转折处设置横向加劲肋。同时当利用腹板屈曲后抗剪强度时，横向加劲肋间距 a 宜为 $h_w \sim 2h_w$。

5.4 门式刚架的节点构造

5.4.1 斜梁与柱的连接

门式刚架斜梁与柱的连接，可采用端板竖放(如图 5.5.7(a)所示)、端板斜放(如图 5.5.7(b)所示)和端板平放(如图 5.5.7(c)所示)3 种形式。为避免图 5.5.7(a)中柱顶需采用异型檩条时，可将柱顶板做成倾斜的，如图中的虚线所示。斜梁拼接时宜使用端板与构件外缘垂直，如图 5.5.7(d)所示。端板及其连接节点应符合下列规定。

(1)端板连接图 5.5.7(d)应按所受最大内力设计。当内力较小时，应按能够承受不小于较小被连接截面承载力的一半设计。

(2)主刚架构件的连接应采用高强度螺栓，吊车梁与制动梁的连接宜采用高强度摩擦型螺栓或焊接连接。吊车梁与刚架连接的螺栓孔宜设长圆孔。高强度螺栓直径可根据需要选用，通常采用 M16～M24 螺栓。檩条和墙梁与刚架斜梁和柱的连接通常采用 M12 普通螺栓。

(3)端板连接螺栓应成对称布置。在受拉翼缘和受压翼缘的内外两侧均应设置，并宜使每个翼缘的螺栓群中心与翼缘的中心重合或接近。为此，应采用将端板伸出截面高度范围以外的外伸式连接。

(4)螺栓中心至翼缘板表面的距离，应满足拧紧螺栓时的施工要求，不宜小于 35 mm。

(5)在门式刚架中，受压翼缘的螺栓不宜少于两排。当受拉翼缘两侧各设一排螺栓尚不能满足承载力要求时，可在翼缘内侧增设螺栓，如图 5.6.8 所示，其间距可取 75 mm，且不小于 $3d_0$。

(6)与斜梁端板连接的柱翼缘部分应与端板等厚度，如图 5.6.8 所示。当端板上两对螺栓间的最大距离大于 400 mm 时，应在端板的中部增设一对螺栓。

(7)同时受拉和受剪的螺栓，应验算螺栓在拉剪共同作用下的强度。

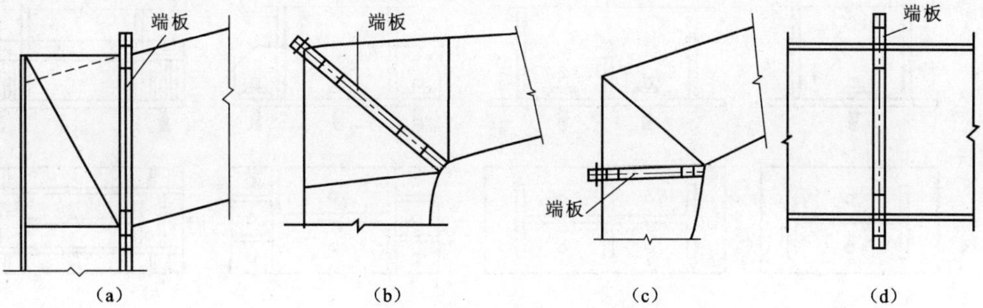

图 5.5.7　刚架横梁与柱的连接及横梁间的拼接

(a)端板竖放;(b)端板斜放;(c)端板平放;(d)横梁拼接

(8)端板的厚度可根据支撑条件如图 5.6.9 除满足受力要求外且不宜小于 16 mm。

(9)刚架构件的翼缘和腹板与端板的连接,应采用全熔透对接焊缝,坡口形式应符合现行国家标准的规定。

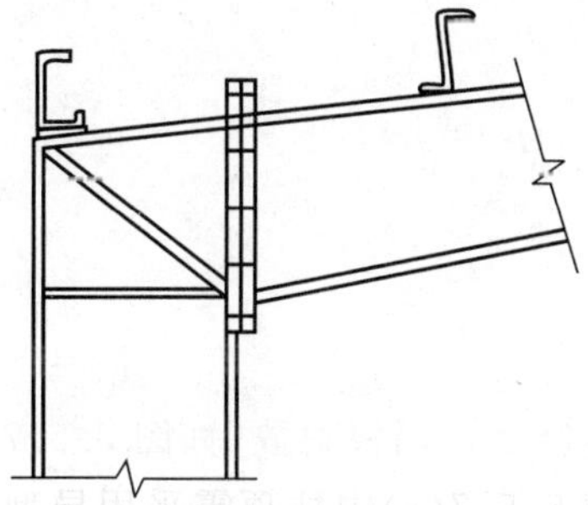

图 5.5.8　端板竖放时的螺栓和檐檩

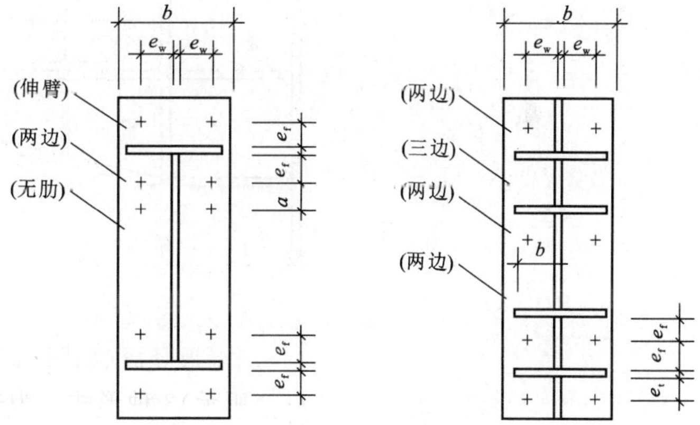

图 5.5.9　端板支撑构造

5.3.2　刚架柱脚

门式刚架轻型房屋钢结构的柱脚宜采用平板式铰接柱脚,如图 5.5.10(a)、图 5.5.1(b)所示,必要时,也可采用刚接柱脚,如图 5.5.10(c)、5.5.10(d)所示。柱脚螺栓不宜用于承受柱脚底部的水平力,此水平力应由底板与混凝土基础间之间的摩擦力(摩擦系数取 0.4)或设置抗剪键来承受。当埋置深度受到限制时,锚栓应牢固地固定在锚板或锚梁上,以传递全部拉力,此时锚栓与混凝土之间的黏结力不予考虑。变截面柱下端的宽度应根据具体情况确定,但不宜小于 200 mm。

5.4.3　牛腿

牛腿的构造要求如图 5.5.11 所示。柱为焊接工字钢截面柱可为等截面或变截面柱。牛腿板件尺寸与柱截面尺寸应相协调。牛腿为悬臂构件,各部分焊缝由计算确定。

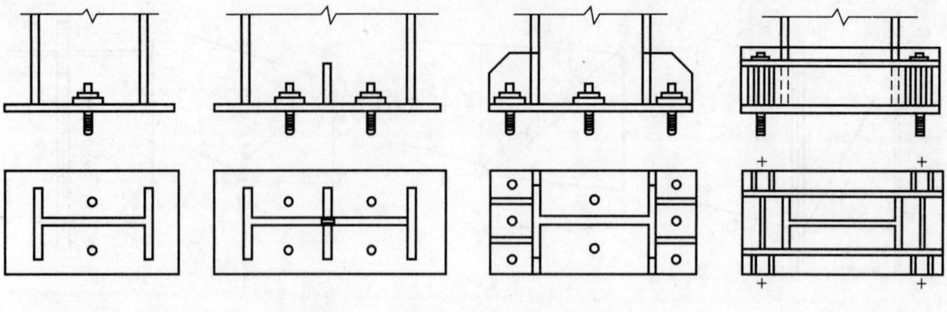

图 5.5.10　门式刚架柱脚形式

(a)、(b)平板式铰接柱脚；(c)、(d)刚接柱脚

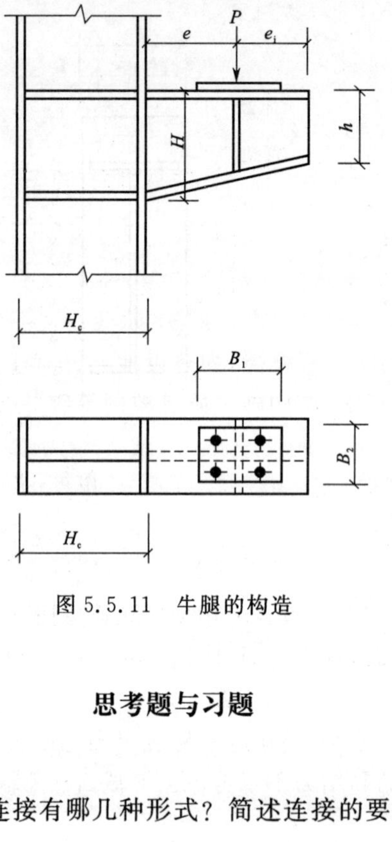

图 5.5.11　牛腿的构造

思考题与习题

1.简述门式刚架的组成。

2.门式刚架斜梁与柱刚性连接有哪几种形式？简述连接的要求。

3.简述檩条的布置与作用。

4.门式刚架轻型房屋在我国建筑结构领域得到广泛采用的原因是什么？

第6篇　结构施工图

第1章　结构施工图概述

1.1　结构施工图的作用

结构施工图是结构设计的最终成果，是一套表达建筑物的结构类型、结构构件布置图及详图、结构材料的图纸。结构施工图是建筑结构施工的指导性文件，它是进行结构构件制作、安装、编制预算和施工进度计划的依据。

1.2　结构施工图的内容

结构施工图的内容包括结构设计说明、结构构件布置图及详图。

1.2.1　结构设计说明

结构设计说明是纲领性文件，它结合现行规范的要求，针对每个工程结构的特殊性，将设计依据、材料要求、选用的标准图集和施工特殊要求等用文字表述方式形成的设计文件。结构设计说明一般要表述的内容：①工程概况，如建设地点、抗震设防烈度、结构类型、结构抗震等级、荷载选用、结构设计使用年限、结构施工质量控制等级等；②结构材料，如混凝土的强度等级、钢筋的级别、砌筑块材和砂浆的强度等级等，钢结构中所选用的钢材类别、安装连接用焊条或螺栓的要求等；③构造要求，如混凝土保护层厚度、钢筋的锚固、钢筋的接头，钢结构焊缝的要求等；④地基基础，如地质情况，不良地基的处理方法和要求，对地基持力层的要求，基础的形式，地基承载力特征值或桩基的单桩承载力设计特征值等；⑤选用的标准图集；⑥施工要求，如对施工顺序、方法、质量标准的要求，与其他工种配合的要求等；⑦其他必要的说明。

1.2.2　结构构件布置图及详图

结构构件布置图及详图包括：①基础图，包括基础平面布置图及基础详图；如有桩基工程时应包括桩位及承台平面布置图、承台配筋及单桩设计图；②柱（墙）布置图及配筋图；③梁布置图及配筋图；④板布置图及配筋图；⑤楼梯详图；⑥节点详图。

思考题与习题

1. 结构施工图的作用是什么？
2. 结构施工图一般包括哪些内容？

第2章 钢筋混凝土结构施工图平面整体设计方法

我国的建筑结构施工图设计在不同时期有两种方法：一是20世纪50年代至20世纪90年代末使用的详图法(又称配筋图)；二是20世纪90年代至今普及的钢筋混凝土结构施工图平面整体设计方法(简称平法)。

2.1 平法施工图的特点

平法的创始人是山东大学教授陈青来。平法的设计理念是将节点构造进行标准化设计，编制标准构造详图，大幅度地提高标准化率和减少设计人员的重复性劳动。

平法是将结构构件的截面尺寸和配筋，按照平面整体表示方法制图规则，整体直接表达在各类构件的结构平面布置图上，再与标准构造详图配合，构成新型的结构设计图纸。

平法改变了传统的那种将构件从结构平面布置图中索引出来，再逐个绘制配筋详图的繁琐方法，平法的优势就是平法的特点。

(1) 采用标准化的设计制图规则，结构施工图表达数字化、符号化，单张图纸的信息量较大并且集中；构件分类明确，层次清晰，表达准确；设计者易掌握全局，易修改、校审，改图可不牵连其他构件，易控制设计质量；平法分结构层设计的图纸与水平逐层施工的顺序完全一致，施工工程师对结构比较容易形成整体概念，有利于施工质量管理。

(2) 采用标准化的构造详图，形象直观，施工易懂易操作。可避免构造做法反复抄袭及伴生的设计失误，保证节点构造在设计与施工两个方面均达到高质量。

(3) 降低设计成本和设计消耗，配套使用的标准设计图集可以重复使用，节约自然资源。

(4) 提高设计效率，缩短结构设计周期，从而显著降低了结构设计人员的工作强度。

2.2 平法施工图的一般规定

一套完整的平法施工图一般是由结构设计总说明、结构构件平面布置图、详图3个部分构成。

2.2.1 结构设计总说明

当采用平法制图时，结构设计总说明中必须包含如下内容。

(1) 写明本设计图采用的是平面整体表示方法，并注明所选用平法标准图集的名称与图集编号。

(2) 混凝土结构的使用年限。

(3) 当有抗震设防要求时，应写明抗震设防烈度及结构抗震等级。

(4) 各类构件的混凝土强度等级与钢筋种类。

(5) 构件钢筋的接头形式及有关要求。

(6) 构件的环境类别。

(7) 当标准构造详图有多种做法可选择时，应写明采用何种做法。

(8) 其他特殊要求。

2.2.2 结构构件平面布置图

结构构件平面布置图是依据各类构件的平法制图规则，在按结构层(标准层)绘制的平面布置图上直接表示各构件的编号、截面尺寸和配筋。

平法施工图应当用表格或其他方式注明各结构层的层号、楼面标高及层高。

2.2.3 详图

详图包含楼梯详图、节点详图、标准构造详图。标准构造详图按照结构设计总说明中所注明的平法标准图集选用。

2.3 柱平法施工图制图规则

本节根据国家平法标准图集《混凝土结构施工图平面整体表示方法制图规则和构造详图》(03G101—1)介绍柱平法施工图制图规则。

2.3.1 柱平法施工图的表达方法

柱平法施工图是在柱平面布置图上,采用列表标注方式或截面标注方式表达柱截面尺寸和配筋。

柱平面布置图应分别按柱的不同结构层(标准层),选用适当比例绘制。

柱的编号由柱类型代号及序号组成,并应符合表 6.2.1 的规定。

表 6.2.1 柱的编号

柱类型	代号	序号
框架柱	KZ	XX
框支柱	KZZ	XX
芯柱	XZ	XX
梁上柱	LZ	XX
剪力墙上柱	QZ	XX

2.3.2 柱平法施工图的标注方式

1.柱截面标注方式

柱截面标注方式是在标准层绘制的柱平面布置图的柱截面上,分别在同一编号的柱中选择一个截面,以直接标注截面尺寸和配筋具体数值的方式表达柱平法施工图。如图 6.2.1 柱截面标注方式所示。

2.柱列表标注方式

柱列表标注方式是在柱平面布置图上(一般只需绘制一张柱平面布置图),分别在同一编号的柱中选择一个截面,标注几何参数代号,在柱表中标注柱号、柱段起止标高、几何尺寸和配筋的具体数值并配以各种柱截面形状及其箍筋类型图的方式表达柱平法施工图,如图6.2.2柱列表标注方式所示。

层号	标高(m)	层高(m)
屋面2	65.670	
塔层2	62.370	3.30
屋面1(塔层1)	59.070	3.30
16	55.470	3.60
15	51.870	3.60
14	48.270	3.60
13	44.670	3.60
12	41.070	3.60
11	37.470	3.60
10	33.870	3.60
9	30.270	3.60
8	26.670	3.60
7	23.070	3.60
6	19.470	3.60
5	15.870	3.60
4	12.270	3.60
3	8.670	3.60
2	4.470	4.20
1	-0.030	4.50
-1	-4.530	4.50
-2	-9.030	4.50

结构层楼面标高
结 构 层 高

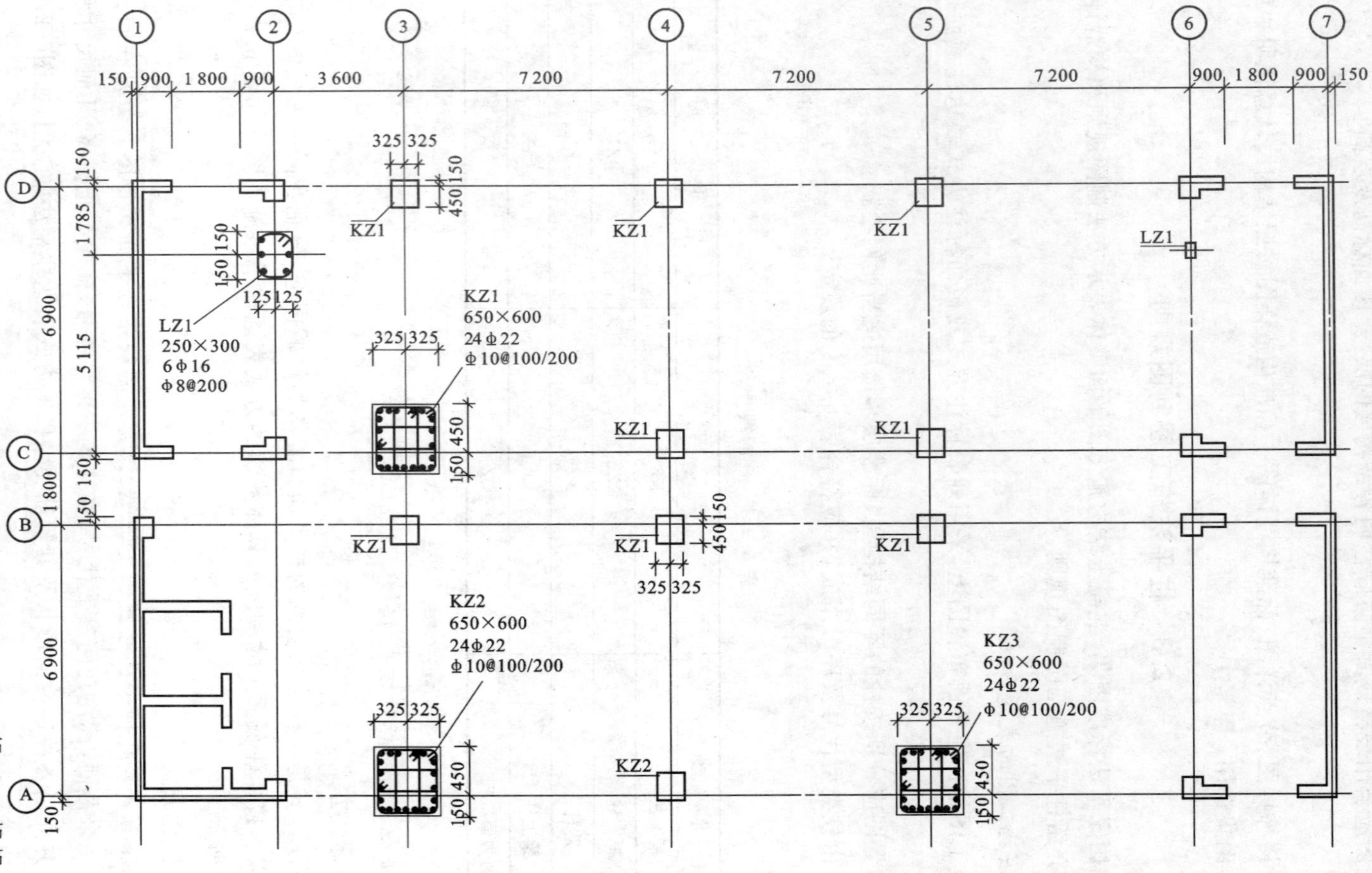

19.470—37.470柱平法施工图

图 6 .2 .1　柱截面标注方式

屋面2	65.670	
塔层2	62.370	3.30
屋面1（塔层1）	59.070	3.30
16	55.470	3.60
15	51.870	3.60
14	48.270	3.60
13	44.670	3.60
12	41.070	3.60
11	37.470	3.60
10	33.870	3.60
9	30.270	3.60
8	26.670	3.60
7	23.070	3.60
6	19.470	3.60
5	15.870	3.60
4	12.270	3.60
3	8.670	3.60
2	4.470	4.20
1	-0.030	4.50
-1	-4.530	4.50
-2	-9.030	4.50
层号	标高（m）	层高（m）

结构层楼面标高
结构层高

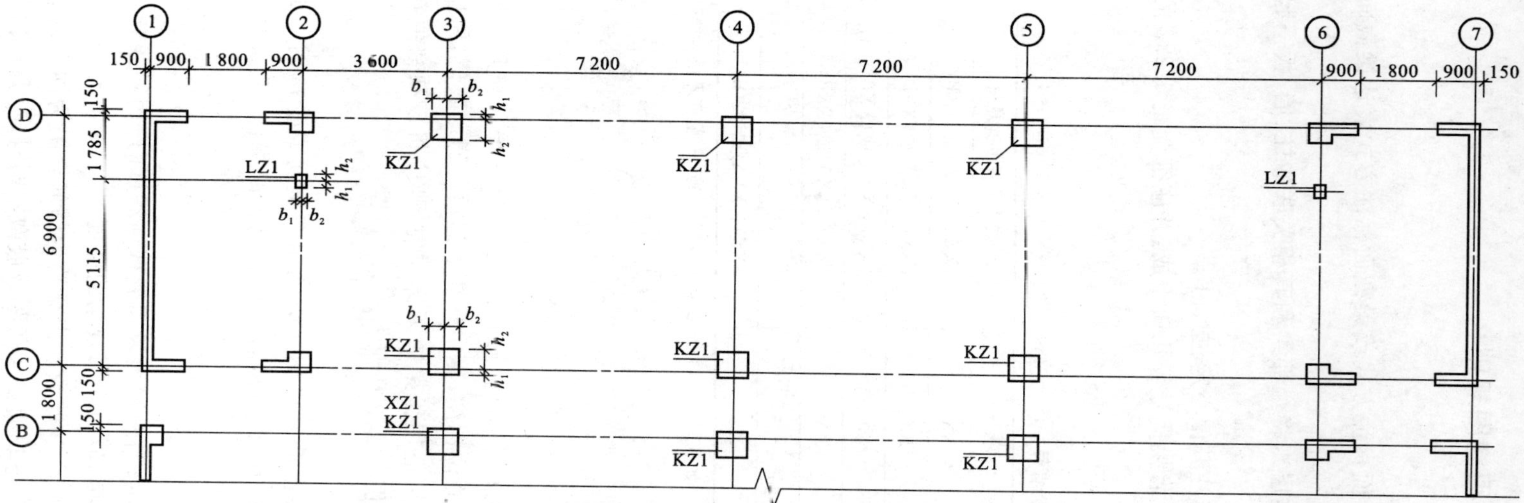

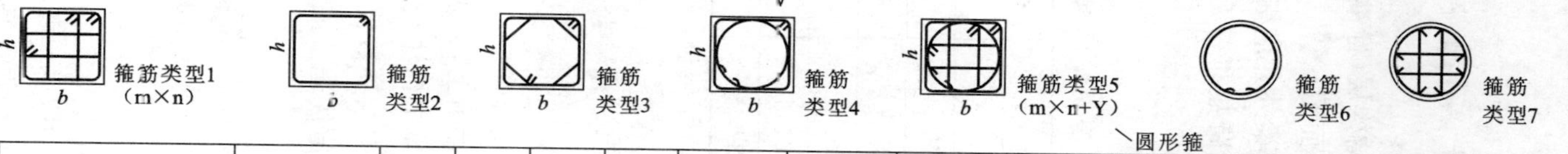

柱表

柱号	标高	$b\times h$（圆柱直径D）	b_1	b_2	h_1	h_2	全部纵筋	角筋	b边一侧中部筋	h边一侧中部筋	箍筋类型号	箍筋	备注
KZ1	-0.30—19.470	750×700	375	375	150	550	24Φ25				1（5×4）	Φ10@100/200	
	19.470—37.470	650×600	325	325	150	450		4Φ22	5Φ22	4Φ20	1（4×4）	Φ10@100/200	
	37.470—59.070	550×500	275	275	150	350		4Φ22	5Φ22	4Φ20	1（4×4）	Φ8@100/200	
XZ1	-0.030—8.670						8Φ25				按标准构造详图	Φ10@200	③×Ⓑ轴KZ1中设置

-0.030—59.070柱平法施工图（局部）

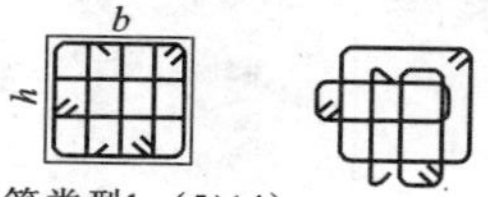

箍筋类型1.（5×4）

图 6.2.2　柱列表标注方式

2.4 梁平法施工图制图规则

2.4.1 梁平法施工图的表达方法

梁平法施工图是在梁平面布置图上，采用梁平面标注方式或梁截面标注方式表达梁截面尺寸和配筋。

梁平面布置图应分别按梁的不同结构层（标准层），将全部梁和其相关联的柱、墙、板一起选用适当比例绘制（板的配筋单独绘平面图）。

对于轴线未居中的梁，除贴柱边的梁外并应标注其偏心定位尺寸。

梁的编号由梁的类型、代号、序号、跨数和有无悬挑代号等几项组成，并应符合表 6.2.2 的规定。

表 6.2.2 梁编号

梁类型	代号	序号	跨数及是否带有悬挑
楼层框架梁	KL	XX	(XX)、(XXA)或(XXB)
屋面框架梁	WKL	XX	(XX)、(XXA)或(XXB)
框支梁	KZL	XX	(XX)、(XXA)或(XXB)
非框架梁	L	XX	(XX)、(XXA)或(XXB)
悬挑梁	XL		
井字梁	JZL	XX	(XX)、(XXA)或(XXB)

注：(XXA)为一端悬挑，(XXB)为二端悬挑，悬挑不计入跨数。如 KL2(5A)表示 2 号框架梁，5 跨，一端有悬挑梁。L9(7B)表示 9 号非框架梁，7 跨，两端有悬挑。

2.4.2 梁平法施工图的标注方式

1.梁平面标注方式

梁平面标注方式是在梁的平面布置图上，分别在不同编号的梁中各选出一根并在其上标注截面尺寸和配筋。梁平面标注包括集中标注与原位标注，集中标注表达梁的通用数值，原位标注表达梁的特殊数值。当集中标注中某项数值不适用于梁的某部位时，则应将该项数值在该部位原位标注，施工时，原位标注取值优先。如图 6.2.3 所示。

1)梁集中标注的内容

按梁的编号、截面尺寸、箍筋、贯通纵筋（或架立筋）、梁侧面纵向构造钢筋或受扭钢筋配置、梁面相对高差等内容依次标注。其中前 5 项必须标注，最后一项有高差时标注，无高差时不注。

(1) 梁编号。见表 6.2.2。

(2) 截面尺寸。当为等截面梁时，用 $b\times h$ 表示；当悬臂梁采用变截面高度时，用斜线分隔根部与端部的高度值，即为 $b\times h_1/h_2$，h_1为根部高度，h_2为端部较小的高度。

(3) 梁的箍筋。包括箍筋的钢筋种类、直径、间距和肢数。当梁跨内箍筋全跨为同一间距和肢数时直接标注，肢数写在括号内。箍筋加密区与非加密区间距或肢数不同时应用斜线“/”分隔。当抗震结构中的非框架梁、悬挑梁、井字梁及非抗震结构中的各类梁采用不同箍筋间距及肢数时，应先标注端部箍筋的个数、钢筋种类、直径、肢数，在斜线后标注跨中部分的箍筋间距及肢数。

例如：ϕ8－100/200(2)表示箍筋为 HPB 235，直径为 ϕ8，加密区间距为 100 mm，非加密区

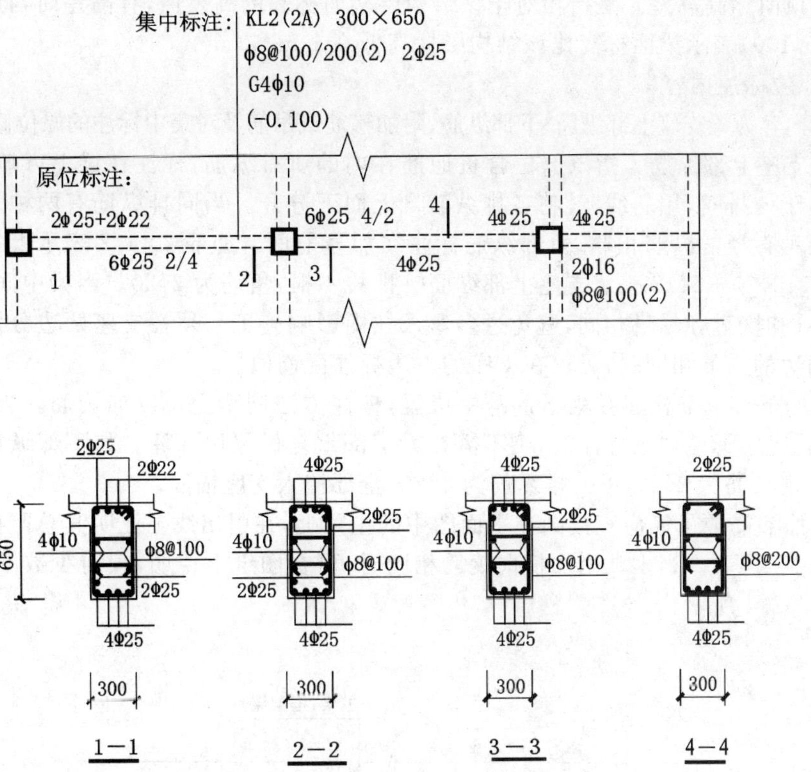

注：本图 4 个梁截面系采用传统表示方法绘制，用于对比按平面注写方式表达的同样内容。实际采用平面注写方式表达时，不须绘制梁截面配筋图和相应截面号。

图 6.2.3　梁平面标注方式

间距为 200 mm，均为双肢箍。ϕ8－100(4)/150(2)表示直径为 ϕ8，加密区间距为 100 mm，四肢箍；非加密区为间距 150 mm，双肢箍。

(4) 梁的上部贯通筋或架立筋的根数。所注规格根数根据结构受力要求及箍筋肢数等构造要求确定。当同排纵筋中既有贯通筋又有架立筋时，应采用加号"＋"将两者相联，标注时须将梁角部贯通筋写在加号的前面，架立筋写在加号后面的括号内。当全部采用架立筋时，则将其全部写入括号内，因为架立筋与支座纵筋的搭接与纵筋之间的搭接长度是不同的。如 2ϕ20＋(2ϕ12)常用于四肢箍时，2ϕ20 为梁角部贯通筋，2ϕ12 为架立钢筋。单跨非框架梁时的架立筋不必加括号。

当梁上部纵筋和下部纵筋均为贯通筋，且多数跨相同时，可同时标注上部与下部贯通筋的配筋值，但应用分号"；"隔开，少数跨不同时，采用原位标注来纠正。例如 2ϕ18；2ϕ20 表示上部配置 2ϕ18 贯通筋，下部配置 2ϕ20 贯通筋。

(5)梁侧面纵向构造钢筋或受扭钢筋配置。当梁腹板高度 $h_w \geqslant 450$ mm 时，须配置纵向构造钢筋，所注规格与根数应符合规范规定。此项标注以大写字母 G 打头，紧跟标注设置在梁两个侧面的总配筋值，且对称配置。当梁侧面需配置受扭纵向钢筋时，此项标注值以大写字母 N 打头，紧跟标注配置在梁两个侧面的总配筋值，且对称配置并同时满足梁侧面纵向构造钢筋的间距要求而不重复配置。如 G4ϕ12 表示梁每侧各配置 2ϕ12 纵向构造钢筋；N4ϕ14 表示梁每侧各配置 2ϕ14 受扭纵筋。受扭纵筋应按受拉考虑锚固与搭接，而架立钢筋锚固与搭接长度

可取 $15d$。

(6) 梁顶面标高高差。是指相对于该结构层楼面标高的高差值，有高差时，将其写入括号内。如(－0.100)表示梁面标高比该结构层标高低 0.1 m。

2) 梁原位标注内容

其标注内容为梁支座上部纵筋、下部纵筋、附加箍筋或吊筋及对集中标注的原位修正信息等。

(1) 梁支座上部纵筋。指该部位含贯通筋在内的所有纵筋，标注在梁上方该支座处。当上部纵筋多于一排时，用斜线"/"将各排纵筋自上而下分开。当同排纵筋有两种直径时，用加号"＋"将两种直径的纵筋相联，角部纵筋标注在加号前面。如 6ϕ20 4/2 表示上排为 4ϕ20 而下排为 2ϕ20；2ϕ20＋2ϕ18 表示支座上部纵筋一排共 4 根，角筋为 2ϕ20。当梁中间支座两边的上部纵筋不同时(直径尽量相同，避免过多弯入柱内影响施工)，须在支座两边分别标注；当梁中间支座两边的纵筋相同时，可仅在支座的一边标注配筋值。

(2) 梁的下部纵筋标注在梁下部跨中位置，标注方法同梁上部纵向钢筋。当下部纵筋均为贯通筋，且集中标注中已标注时，则不需在梁下部重复做原位标注。如下部纵筋 6ϕ20 2/4，则表示上一排纵筋为 2ϕ20，下一排纵筋为 4ϕ20，全部伸入支座锚固。

(3) 附加箍筋或吊筋应直接画在平面图中的主梁上，在引出线上注明其总配筋值(附加箍筋肢数注在括号内)。当多数附加横向钢筋相同时，可在图纸上说明，仅对少数不同值在原位引注，如图 6.2.4 所示。

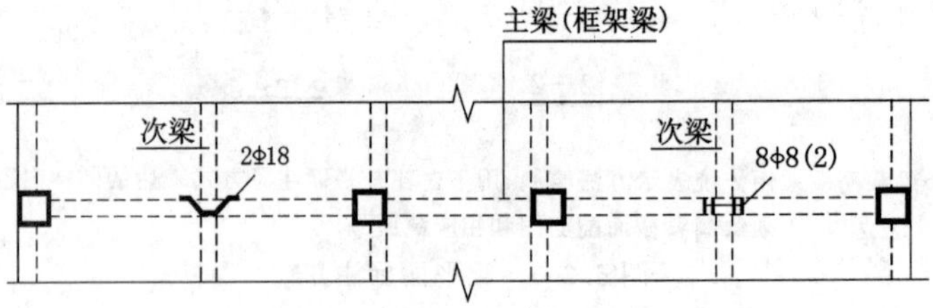

图 6.2.4　附加箍筋和吊筋的画法

(4) 对集中标注信息的修正。根据原位标注优先原则，当梁上集中标注的内容一项或几项不适用于某跨或某悬挑部分时，则在该跨或该悬臂部位原位标注其实际数值。

3) 井字梁标注

井字梁一般由非框架梁组成，井字梁编号时，无论几根同类梁与其相交，均应作为一跨处理，井字梁相交的交点处不作为支座，如需设置附加箍筋时，应在平面图上注明。柱上的框架梁作为井字梁的支座，此时井字梁可用单粗虚线表示(当井字梁高出板面时可用单粗实线表示)；作为其支座的框架柱上梁可采用双细虚线表示(当梁高出板面时可用双细实线表示)，以便区分。

4) 局部梁布置过密的标注

在梁平法施工图中，当局部梁布置过密无法标注时，可将过密区域用虚线框出，放大后再用平面标注方式表示。

梁平面标注方式如图 6.2.5 所示。

2.梁截面标注方式

梁截面标注方式是在分标准层绘制的梁平面布置图上，分别在不同编号的梁中各选择一根用剖切符号引出配筋图，并在其上标注截面尺寸和配筋。如图 6.2.6 所示。

屋面2	65.670	
塔层2	62.370	3.30
屋面1（塔层1）	59.070	3.30
16	55.470	3.60
15	51.870	3.60
14	48.270	3.60
13	44.670	3.60
12	41.070	3.60
11	37.470	3.60
10	33.870	3.60
9	30.270	3.60
8	26.670	3.60
7	23.070	3.60
6	19.470	3.60
5	15.870	3.60
4	12.270	3.60
3	8.670	3.60
2	4.470	4.20
1	-0.030	4.50
-1	-4.530	4.50
-2	-9.030	4.50
层号	标高（m）	层高（m）

结构层楼面标高
结构层高

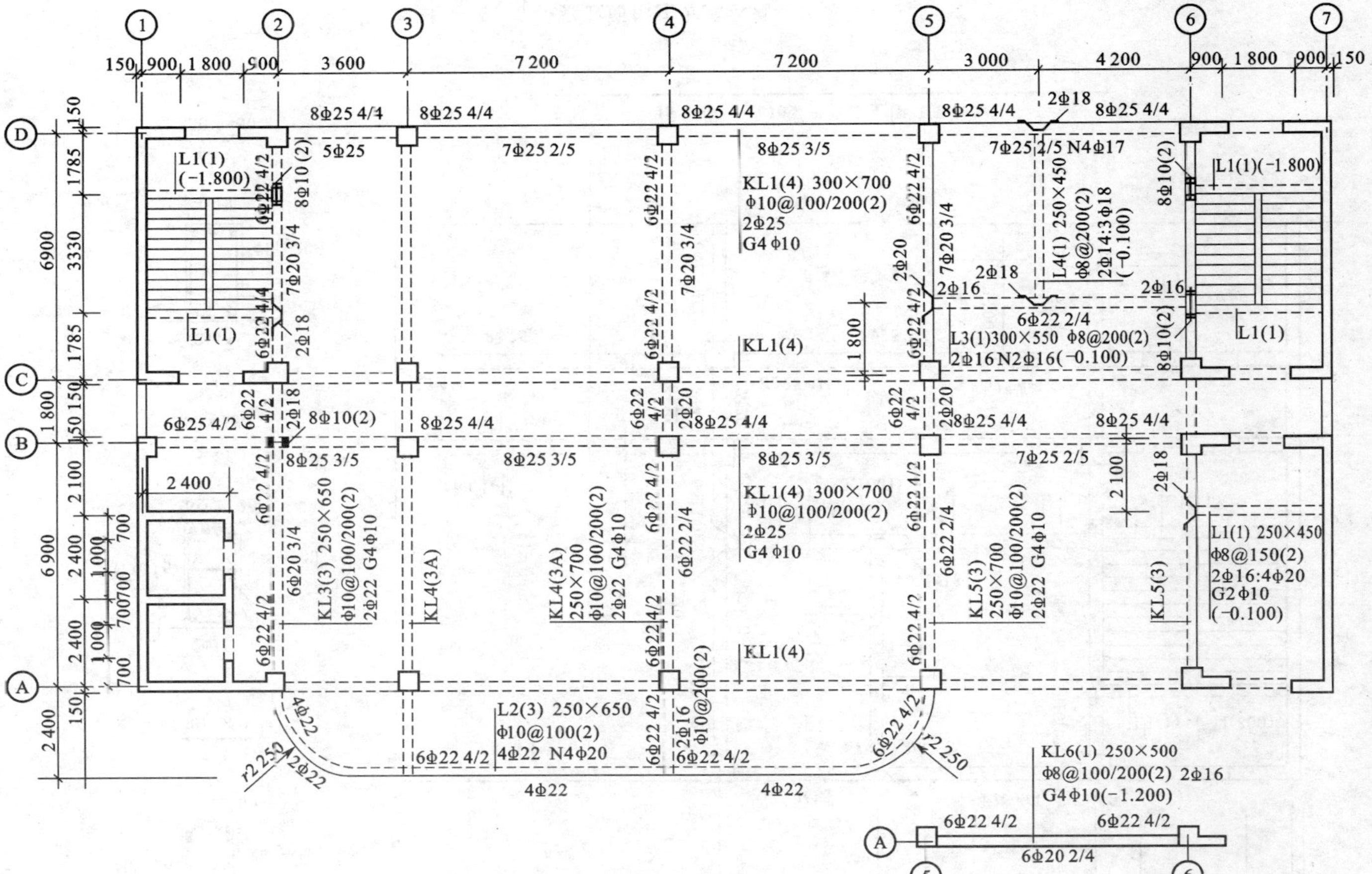

15.870—26.670梁平法施工图

图 6 .2 .5 梁平面标注方式示例

屋面2	65.670	
塔层2	62.370	3.30
屋面1（塔层1）	59.070	3.30
16	55.470	3.60
15	51.870	3.60
14	48.270	3.60
13	44.670	3.60
12	41.070	3.60
11	37.470	3.60
10	33.870	3.60
9	30.270	3.60
8	26.670	3.60
7	23.070	3.60
6	19.470	3.60
5	15.870	3.60
4	12.270	3.60
3	8.670	3.60
2	4.470	4.20
1	-0.030	4.50
-1	-4.530	4.50
-2	-9.030	4.50
层号	标高(m)	层高(m)

结构层楼面标高
结 构 层 高

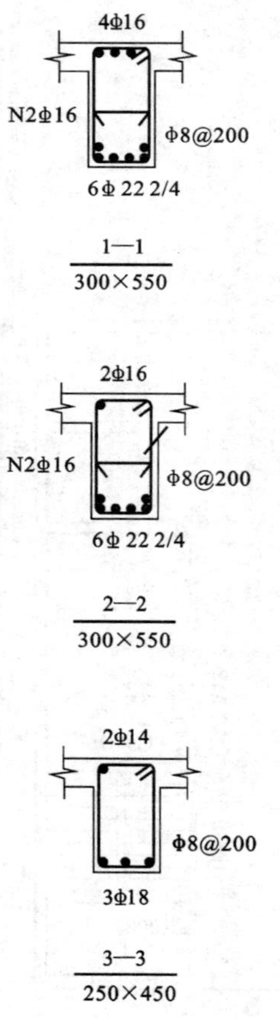

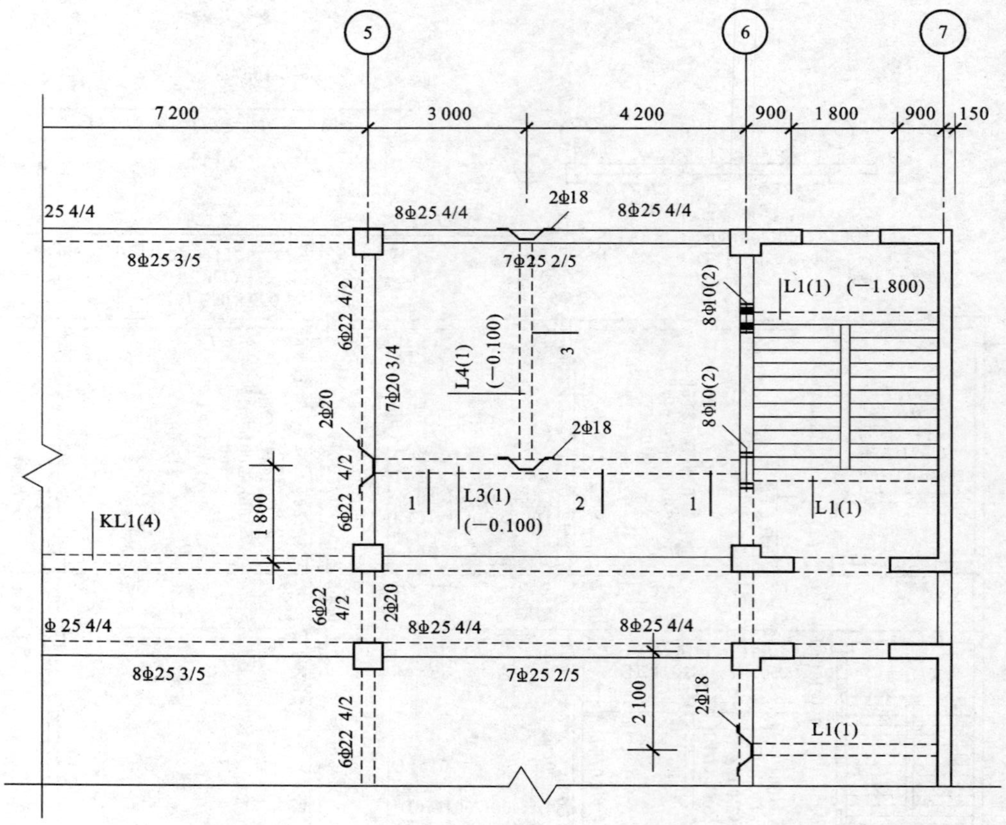

15.870—26.670梁平法施工图（局部）

图 6 .2 .6 梁截面标注方式示例

对所有梁按表 6.2.2 规定编号，从相同编号的梁中选一根梁，先将单边截面剖切符号及编号画在该梁上，再将截面配筋详图画在本图或其他图上。当某梁的顶面标高与结构层标高不同时，尚应在梁的编号后标注梁顶面标高的高差（标注规定同前）。

在梁截面配筋详图上标注截面尺寸 $b\times h$、上部筋、下部筋、侧面构造筋或受扭筋和箍筋的具体数值时，表达方式同前。

截面标注方式常可与平面标注方式结合使用，对于梁布置过密的局部或为表达异型截面梁的尺寸及配筋时常采用截面标注方式表达。

3.其他规定

(1)为施工方便，凡框架梁的所有支座和非框架梁（不含井字梁）的中间支座上部纵筋的延伸长度 a_0 取为：第一排非贯通筋从柱（梁）边起延伸长度为 $1/3l_n$；第二排非贯通筋的延伸长度为 $1/4l_n$。l_n 对于端支座为本跨净跨；对于中间支座为相邻两跨较大跨的净跨值。有特殊要求时应予以注明。

(2)对于井字梁，其端部支座钢筋和中间支座上部纵筋的延伸长度 a_0 值，应由设计者在原位加注具体数值予以注明，采用平面标注方式时，则在原位标注支座上部纵筋后面括号内加注具体延伸长度值；当采用截面标注方式时，则在梁端截面配筋图上标注的上部纵筋后面括号内加注具体延伸长度值。

(3)悬臂梁（包括梁的悬挑部分）上部第一排纵筋延伸至梁端头并下弯，第二排纵筋延伸至 $3/4l_n$（l_n 为净跨）。当具体工程的纵筋弯下点位置不同时由设计人员另加注明。

(4)当梁与填须充墙拉结时，其构造详图由设计者补充绘制。

2.5 剪力墙平法施工图制图规则

2.5.1 剪力墙平法施工图的表达方式

剪力墙平法施工图就是在剪力墙平面布置图上，采用截面标注方式或列表标注方式来表达剪力墙截面尺寸及配筋。

剪力墙平面布置图应分别按剪力墙的不同结构层（标准层），采用适当比例绘制。当剪力墙比较简单且采用列表标注方法时也可与柱平面布置图合并绘制。

对于轴线未居中的剪力墙（包括端柱），应标注其偏心定位尺寸。

剪力墙的编号规定按照剪力墙柱、剪力墙身、剪力墙梁（简称为墙柱、墙身、墙梁）3 类构件分别进行编号。

墙柱编号由墙柱类型代号和序号组成，表达形式应符合表 6.2.3 的规定。

表 6.2.3 墙柱编号

墙柱类型	代号	序号
约束边缘暗柱	YAZ	XX
约束边缘端柱	YDZ	XX
约束边缘翼墙(柱)	YYZ	XX
约束边缘转角墙(柱)	YJZ	XX
构件边缘端柱	GDZ	XX
构件边缘暗柱	GAZ	XX
构件边缘翼墙(柱)	GYZ	XX
构件边缘转角墙(柱)	GJZ	XX
非边缘暗柱	AZ	XX
扶壁柱	FBZ	XX

墙身编号由墙身代号、序号以及墙身所配置的水平和竖向分布钢筋的排数组成，表达形式为 QXX(X 排)。

墙梁编号由墙梁类型代号和序号组成，表达形式应符合表 6.2.4 的规定。

表 6.2.4 墙梁编号

墙柱类型	代号	序号
连梁(无交叉暗撑及无交叉钢筋)	LL	XX
连梁(有交叉暗撑)	LL(JC)	XX
连梁(有交叉钢筋)	LL(JG)	XX
暗梁	AL	XX
边框梁	BKL	XX

注：在具体工程中，当某些墙身需要设置暗梁或边框梁时，宜在剪力墙平法施工图中绘制其平面位置并编号以明确具体位置。

2.5.2 剪力墙平法施工图的标注方式

1. 剪力墙截面标注方式

剪力墙截面标注方式是在分标准层绘制的剪力墙平面布置图上，直接在墙柱、墙身、墙梁上标注截面尺寸和配筋。如图 6.2.7 所示。

选用适当比例原位放大绘制剪力墙平面布置图，其中对墙柱绘制配筋截面图；对所有墙柱、墙身、墙梁按规定分别进行编号，并分别在相同编号的墙柱、墙身、墙梁中选择一根墙柱、一道墙身、一根墙梁进行标注，其标注方式按下列规定进行。

(1)从相同编号的墙柱中选择一个截面，标注全部纵筋及箍筋的具体数值。

(2)从相同的墙身中选一道墙身，按顺序引注墙编号(应包括标注在括号内墙身双向分布筋的排数)、墙身厚度、水平分布筋、竖向分布筋和拉筋的具体数值。

(3)从相同编号的墙梁中选择一根墙梁，按顺序引注的内容为：

①当连梁无斜向交叉暗撑时，标注墙梁编号、墙梁截面尺寸 $b\times h$、墙梁箍筋、上部纵筋、下部纵筋和墙梁顶面标高高差的具体数值。即相对于墙梁所在结构层楼面标高的高差值，高于者为正值，反之为负值，无高差时不注；②当连梁设有斜向交叉暗撑时，还要以 JC 打头附加标注一根暗撑的全部纵筋。并标注×2 表明有两根暗撑相互交叉，以及箍筋的具体数值(用斜线分隔箍筋加密与非加密区的不同间距)，交叉暗撑截面尺寸按标准构造详图施工时可不注；③当连梁设有斜向交叉钢筋时，还要以 JG 打头附加标注一道斜向钢筋的配筋值，并标注×2 表示共两道斜向交叉钢筋；④当墙身水平分布钢筋不能满足连梁、暗梁及边框梁的梁侧面纵向构造钢筋的要求时，应补充注明梁侧面纵筋的具体数值，标注时以大写字母 G 打头，紧跟标注一侧的直径与间距，两侧对称配置。

2. 剪力墙列表标注方式

剪力墙列表标注方式是分别在墙柱表、墙身表和墙梁表中，对应于剪力墙平面布置图上的编号，绘制截面配筋图并标注截面尺寸与配筋。如图 6.2.8 所示。

1)墙柱表中应表达的内容

(1)标注墙柱编号和绘制墙柱的截面配筋图，并标注几何尺寸。

(2)标注各段墙起止标高。自墙柱根部往上以变截面位置或截面未变但配筋改变处为界

屋面2	65.670	
塔层2	62.370	3.30
屋面1（塔层1）	59.070	3.30
16	55.470	3.60
15	51.870	3.60
14	48.270	3.60
13	44.670	3.60
12	41.070	3.60
11	37.470	3.60
10	33.870	3.60
9	30.270	3.60
8	26.670	3.60
7	23.070	3.50
6	19.470	3.60
5	15.870	3.60
4	12.270	3.60
3	8.670	3.60
2	4.470	4.20
1	-0.030	4.50
-1	-4.530	4.50
-2	-9.030	4.50
层号	标高（m）	层高（m）

底部加强部位（2、1、-1、-2 层）

结构层楼面标高
结 构 层 高

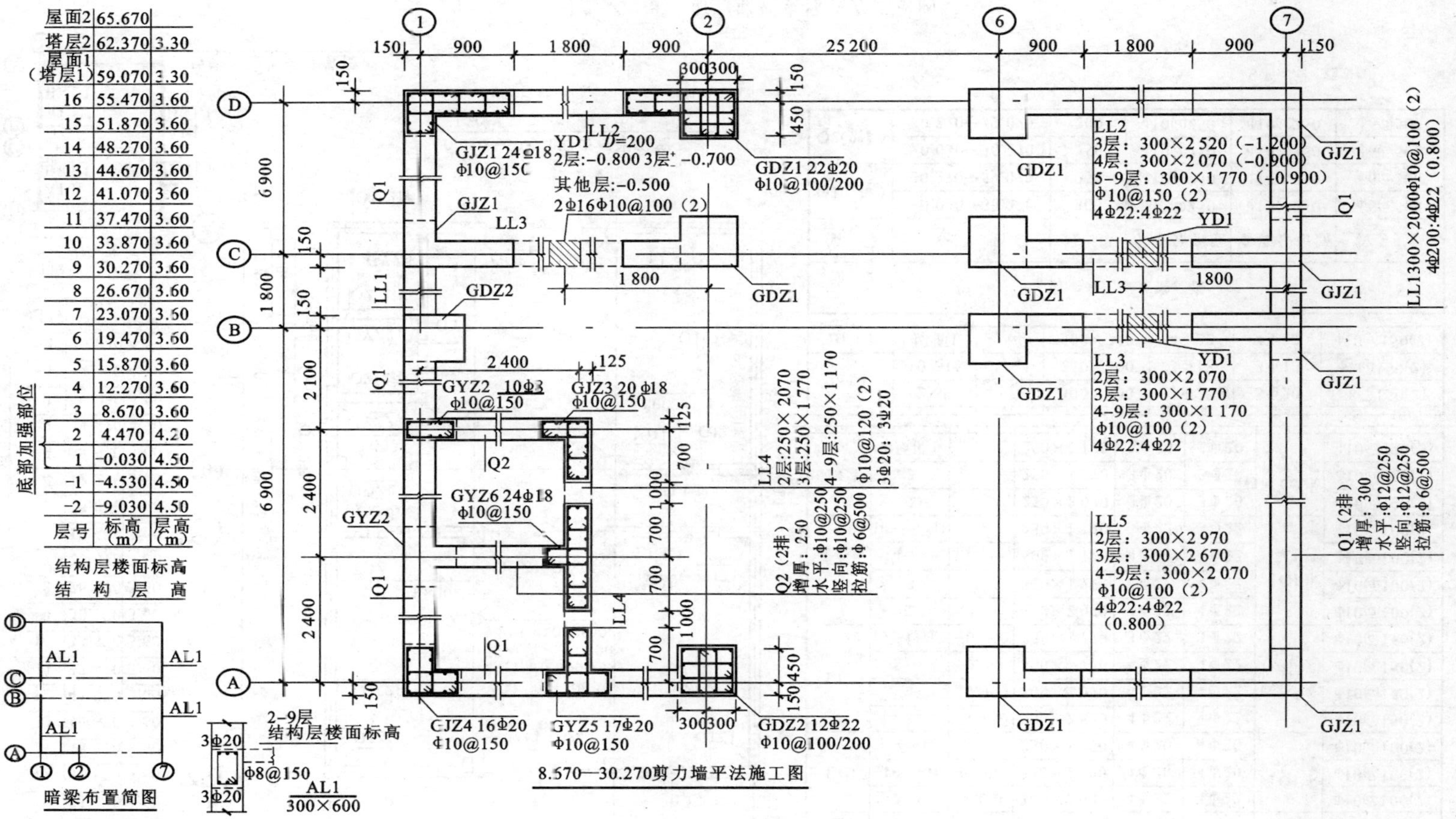

图6.2.7 剪力墙截面标注方式

层号	标高（m）	层高（m）
屋面2	65.670	
塔层2	62.370	3.30
屋面1（塔层1）	59.070	3.30
16	55.470	3.60
15	51.870	3.60
14	48.270	3.60
13	44.670	3.60
12	41.070	3.60
11	37.470	3.60
10	33.870	3.60
9	30.270	3.60
8	26.670	3.60
7	23.070	3.60
6	19.470	3.60
5	15.870	3.60
4	12.270	3.60
3	8.670	3.60
2	4.470	4.20
1	-0.030	4.50
-1	-4.530	4.50
-2	-9.030	4.50

底部加强部位

结构层楼面标高
结 构 层 高

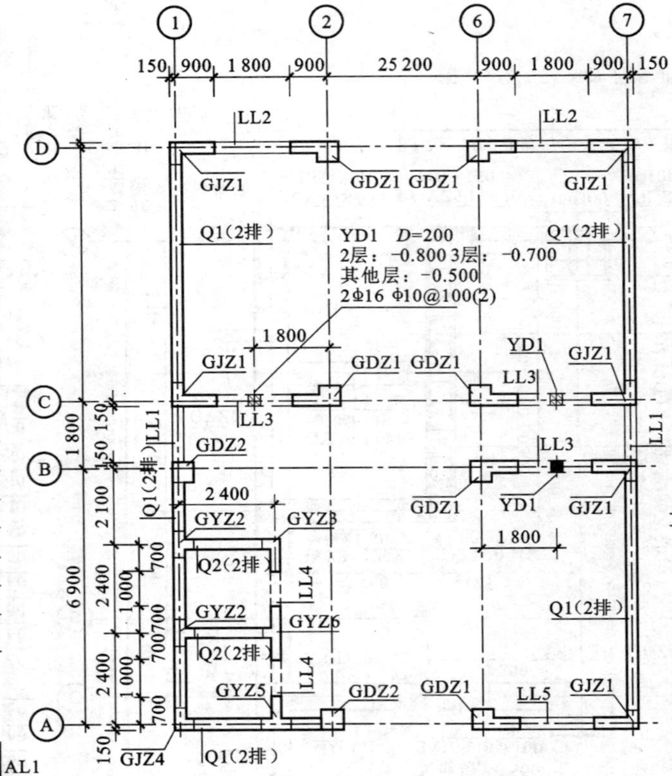

-0.030—59.070剪力墙平法施工图

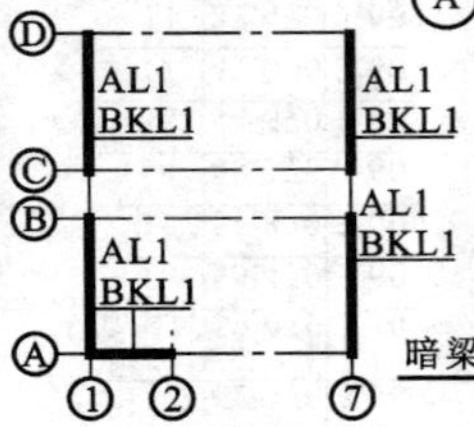

暗梁，边框梁布置简图

剪 力 墙 梁 表

编号	所在楼层号	梁顶相对标高高差	梁截面 $b \times h$	上部纵筋	下部纵筋	侧面纵筋	箍 筋
LL1	2—9	0.800	300×2 000	4Φ22	4Φ22	同Q1水平分布筋	Φ10@100(2)
	10—16	0.800	250×2 000	4Φ20	4Φ20		Φ10@100(2)
	屋面		250×12 00	4Φ20	4Φ20		Φ10@100(2)
LL2	3	-1.200	300×2 520	4Φ22	4Φ22	同Q1水平分布筋	Φ10@150(2)
	4	-0.900	300×2 070	4Φ22	4Φ22		Φ10@150(2)
	5—9	-0.900	300×1 770	4Φ22	4Φ22		Φ10@150(2)
	10—屋面1	-0.900	250×1 770	3Φ22	3Φ22		Φ10@150(2)
LL3	2		300×2 070	4Φ22	4Φ22	同Q1水平分布筋	Φ10@100(2)
	3		300×1 770	4Φ22	4Φ22		Φ10@100(2)
	4—9		300×1 170	4Φ22	4Φ22		Φ10@100(2)
	10—屋面1		250×1 170	3Φ22	3Φ22		Φ10@100(2)
LL4	2		250×2 070	3Φ20	3Φ20	同Q2水平分布筋	Φ10@120(2)
	3		250×1 770	3Φ20	3Φ20		Φ10@120(2)
	4屋面1		250×1 170	3Φ20	3Φ20		Φ10@120(2)
AL1	2—9		300×600	3Φ20	3Φ20		Φ8@150(2)
	10—16		250×500	3Φ18	3Φ18		Φ8@150(2)
BKL1	屋面1		500×750	4Φ22	4Φ22		Φ10@150(2)

剪 力 墙 梁 表

编 号	标 高	墙 厚	水平分布筋	垂直分布筋	拉 筋
Q1（2排）	-0.030—30.270	300	Φ12@250	Φ12@250	Φ6@500
	30.270—59.070	250	Φ10@250	Φ10@250	Φ6@500
Q2（2排）	-0.030—30.270	250	Φ10@250	Φ10@250	Φ6@500
	30.270—59.070	200	Φ10@250	Φ10@250	Φ6@500

图 6 .2 .8 剪力墙列表标注方式示例

分段标注。根部标高指基础顶面标高(如为框支剪力墙结构则指框支梁顶面标高)。

(3)标注各段墙柱纵向钢筋和箍筋,标注值应与在表中绘制的截面配筋图对应一致。

2)墙身表中应表达的内容

(1)标注剪力墙身编号(含水平与竖向分布筋的排数,标注在括号内)。

(2)标注各段墙身起止标高,从墙身根部往上以变截面位置或截面未变但配筋改变处为界标注。根部标高规定同墙柱。

(3)标注水平分布筋、竖向分布筋和拉筋的钢筋种类、直径与间距。所标注的数值指一排水平分布和竖向分布筋的规格与间距。具体设置几排已经在墙身编号后面表达。

3)墙梁表中应表达的内容

(1)标注墙梁的编号。

(2)标注墙梁所在的楼层号。

(3)标注墙梁顶面标高的高差(标注方法同一般楼面梁)。

(4)标注墙梁截面尺寸 $b\times h$,上部纵筋、下部纵筋、箍筋的具体数值。

(5)当连梁设有斜向交错暗撑 LL(JC)或斜向交叉钢筋 LL(JG)时,标注一根暗撑或一道斜向交叉钢筋的配筋总数,并标注×2。

(6)墙梁侧面纵筋的标注方法同截面标注方式。

3.剪力墙洞口的表达方法

无论采用列表标注方式还是截面标注方式,剪力墙上洞口位置均在剪力墙体布置图上原位表达(采用加阴影线表示)。洞口的表达方法如下。

(1)在剪力墙平面图上绘制洞口示意,并标注洞口中心的平面定位尺寸。

(2)在洞口中心位置引注洞口编号(矩形洞口为 JD××,圆形洞口为 YD××,××表示序号)。

(3)标注洞口几何尺寸,矩形为洞口宽 $b\times$洞高 h,圆形洞口为圆口直径 D。

(4)标注洞口中心相对标高,洞口中心比楼(地)面结构标高高时为正值,反之为负值。

(5)标注洞口边的补强钢筋。

2.6 标准构造详图

国家平法标准图集《混凝土结构施工图平面整体表示方法制图规则和构造详图》(03G101—1)中包含了大量的标准构造详图。构造详图是根据国家现行《混凝土结构设计规范》、《建筑抗震设计规范》、《高层建筑混凝土结构技术规程》等有关规定,对各类构件的保护层厚度、锚固长度、钢筋接头做法、纵筋切断点位置、连接节点构造及其他细部构造进行适当的简化和归并后给出的标准做法,以供设计人员根据具体工程选用,并作为施工图的重要组成部分。设计人员也可根据工程实际情况,按国家有关规范对其作出必要的修改,并在结构设计总说明中阐述。

思考题与习题

1.柱平法施工图有哪几种表达方法?每种表达方法的标注方式有哪些规定?

2.梁平法施工图有哪几种表达方法?每种表达方法的标注方式有哪些规定?

3.剪力墙平法施工图有哪几种表达方法?每种表达方法的标注方式有哪些规定?

第 3 章　结构施工图识读

3.1　结构施工图识读的方法与步骤

3.1.1　结构施工图识读的方法

一幢建筑物的施工图分为建筑施工图(建施)、结构施工图(结施)、给水排水施工图(水施)、暖通空调施工图(暖施)、电气照明施工图(电施)等。各工种图纸相互配合,紧密联系。为了准确地理解施工图中所表示的内容,必须掌握正确的识读方法。

结构施工图的识读是一个由浅入深的渐进过程,识读方法一般归纳为:从上往下、从左往右看,从前往后看,从粗到细、从大到小看,文字说明与图样对照看,结施与建施结合、其他设施参照看。

(1)从上往下、从左往右看,是施工图识读的一般顺序。

(2)从前往后看、指根据建筑物的施工先后顺序,从基础、墙柱、楼面到屋面依次看。

(3)从粗到细、从大到小看,指先粗看一遍,了解工程的概况、结构方案等,再仔细看每一张图纸,熟悉结构平面布置及节点详图。

(4)图中的文字说明是施工图的重要组成部分,应对照图样逐条阅读。

(5)结施应与建施结合起来看。一般先看建施图,了解建筑体型、平面布局、层数与层高、墙柱布置、材料构造等基本情况,然后再对照相应的建施图,看结施图,注意两类图纸相同的地方、不同的地方以及相关联的地方:①相同的地方,如轴线位置与编号、墙体厚度、柱的截面尺寸等应相同;过梁位置应与洞口相对应;楼面梁兼作过梁时,梁底标高应为洞口顶标高等。

②不同的地方,如建筑标高与结构标高是不同的,它们的差值应符合装饰层的厚度;房屋的门窗洞口及非承重墙只在建施图中表达,而结施图往往不表达;③相关联的地方,如在建施图中的非承重墙的位置,结施图中应设楼面梁予以支撑,在建施图中底层墙体位置,应为结构图中承墙的基础,雨篷、阳台结施图要与建施图结合看。

在结构施工图识读中,还要注意施工图中难免存在的问题,常见的有:①设计遗漏,该表达的没有表达或者表达不清,无法施工;②设计矛盾,比如结施和建施图中出现不符合的情况;③设计不合理,如按图操作会造成施工困难或无法施工;④设计错误,图纸中存在违反设计、施工规范的内容。

因此识读过程中要边看边整理汇总,提出图纸中存在的问题,留待技术交底或图纸会审时提出,以便得到解决。

3.1.2　结构施工图识读的步骤

结构施工图识读的步骤如下。

(1)识读图纸目录,了解建筑类型,设计单位,图纸种类及数量,并检查全套各工种图纸是否齐全,图名与图纸编号是否相符等。

(2)初步识读结构设计总说明,了解工程概况,将所采用的标准图集编号摘抄下来,并准备好标准图集,供看图时使用。

(3)初步识读建施图。识读次序依次为:建筑设计总说明、总平面图、建筑平面图、立面图、剖面图、构造详图。初步识读建施图后，形成建筑物的大致轮廓形象，为下一步作好准备。

(4)识读结施图。结施图识读次序依次为：①识读结构设计总说明，并准备好结施图所采用的标准图集及地质勘察资料。②识读基础平面图、详图和地质勘察资料，基础平面图应与建筑底层平面图结合起来看图。③识读柱(墙)平面布置图，根据对应的建筑平面图，校对柱(墙)的布置是否合理，柱(墙)网尺寸、柱(墙)截面尺寸与轴线的关系尺寸有无错误。④识读梁、板结构平面布置图，对照建施平面图中房间的分隔、墙体的布置，检查各构件的平面定位尺寸是否正确、布置是否合理，有无遗漏，楼板的类型、布置、板面标高是否正确等。⑤详细识读各平面图中每一构件的编号、截面尺寸、标高、配筋及其构造详图，并与建施图结合，检查有无错误与矛盾。⑥涉及采用标准图集的，应详细识读规定的标准图集。

3.2　结构设计总说明的识读

结构设计总说明，作为结施图的第一张，内容带有全局性，是以文字说明为主的纲领性文件。结构设计总说明的识读要点如下。

(1)识读工程概况：熟悉该工程抗震设防烈度、结构类型、结构抗震等级、荷载选用、结构设计使用年限、砌体结构施工质量控制等级等。

(2)识读结构材料：熟悉该工程混凝土的强度等级、钢筋的级别以及砌体部分块材和砌筑砂浆的强度等级等，钢结构中所选用的结构用钢材的情况及焊条的要求或螺栓的要求等。

(3)识读构造要求：熟悉该工程混凝土保护层厚度、钢筋的锚固、钢筋的接头，钢结构焊缝的要求等。

(4)识读基础说明：熟悉该工程地质情况，不良地基的处理方法和要求，对地基持力层的要求，基础的形式，地基承载力特征值或桩基的单桩承载力设计特征值等。

(5)识读并熟悉该工程选用的标准图集。

(6)识读施工要求：熟悉该工程对施工顺序、方法、质量标准的要求，与其他工种配合的要求等。

(7)识读其他必要的说明。

总之，尽管结构设计总说明由于各地区设计习惯不同而有差异，编排顺序也随具体工程而各有不同，但都是对结构施工图纸的补充，很多文字说明又恰恰是图样无法表达的内容，对标准图集的一些变更也在说明中予以交代。因此要逐条认真识读，并结合施工图的识读全面理解。

3.3　基础平法施工图的识读

由于上部结构形式和地基的多样性，基础也存在多种形式。基础一般分为浅基础和深基础两类。浅基础有柱下独立基础、柱下条形基础、墙下条形基础、筏板基础、箱形基础；深基础指桩基础。

基础形式虽然多种多样，但其基础施工图的识读内容和识读步骤基本相同，分述如下。

3.3.1　基础平法施工图的内容

基础平法施工图包括基础平面布置图及基础详图。桩基础平面图包括桩位布置图和桩基承台平面布置图，其详图包括承台、联系梁及单桩配筋图。

基础平面图是假想一个水平剖切面在相对标高+0.000处将建筑物剖开，移去上部建筑物和覆盖土层后所作的水平投影图。基础平面图主要表示基础的墙、柱及基础构件等平面位置。基础详图是基础构件的大样图。

基础施工图主要包括下列内容。

(1)图名和比例。

(2)轴线网。

(3)基础的平面布置,反应基础和相对标高+0.000以下的墙、柱、梁的形状大小及定位,桩基础时应标明各桩的定位尺寸。

(4)基础构件的大样图。

(5)管沟的位置及宽度,管沟墙及沟盖板的布置。

(6)施工说明,也可在结构设计总说明中统一编写。

3.3.2 基础平法施工图的识读

基础平法施工图的识读应结合地质勘察资料,先看基础平面图,再看基础详图,识读要点如下。

(1)识读基础说明和地质资料。熟悉该工程基础形式,基础材料,基础构造及施工要求。

(2)识读轴线网。对照建筑图中的底层平面图检查轴线网,二者必须一致。

(3)识读柱、基础、基础梁的布置,并根据建施图底层平面的墙柱布置,检查各构件布置和定位尺寸是否正确。对于桩基础,阅读桩位平面图时,应检查桩的定位尺寸是否齐全,不同桩型表达是否清楚,桩位图与基础平面图中的基础是否相符合。

(4)识读基础、基础梁详图,检查截面尺寸和配筋是否标注齐全。

(5)识读管沟的宽度及分布位置、墙体留洞位置,并与相应水施图、暖施图或电施图校对无误。

3.4 梁、柱(剪力墙)平法施工图的识读

梁、柱(剪力墙)平法施工图,是根据国家平法标准图集《混凝土结构施工图平面整体表示方法制图规则和构造详图》(03G101-1)绘制的施工图,识读的前提是熟练掌握平法图集中有关柱(剪力墙)的制图规则。

3.4.1 梁平法施工图的识读

梁平法施工图的识读要点如下。

(1)识读结构设计总说明中有关梁的内容和梁平法施工图中的文字说明。

(2)识读轴线网,并结合建筑平面图,校对轴线网是否一致。

(3)识读各标准层梁的平面布置,并结合建筑平面图,检查梁的平面布置是否合理,梁定位尺寸是否正确,填充墙下梁有无遗漏。

(4)识读梁的标注,包括梁编号、跨数、截面尺寸、配筋、相对标高,并检查标注是否存在遗漏或错误。

(5)识读平法图集中有关梁的标准构造详图。初学者由于对标准构造详图的不熟悉,往往对梁的配筋做法理解不够透彻,建议自已动手画出梁的配筋立面图,全面理解梁的配筋。

3.4.2 柱(剪力墙)平法施工图的识读

柱(剪力墙)平法施工图的识读要点如下。

(1)识读结构设计总说明中有关柱(剪力墙)的内容和柱(剪力墙)平法施工图中的文字说明。

(2)识读轴线与柱(剪力墙)网,并结合建筑平面图,校对轴线与柱(剪力墙)网是否一致。

(3)识读各标准层柱(剪力墙)的定位尺寸与截面尺寸,并结合建筑平面图,校对其柱(剪力墙)定位尺寸是否一致。

(4)识读各标准层柱(剪力墙)的配筋,并检查有无遗漏和错误。

(5)识读平法图集中有关柱(剪力墙)的标准构造详图。初学者由于对标准构造详图的不熟悉,往往对柱(剪力墙)的配筋做法理解不够透彻,建议自己动手画出柱(剪力墙)的配筋立面图,全面理解柱(剪力墙)的配筋。

3.5 板结构平法施工图的识读

板结构(楼屋面结构)平法施工图反映板的平面布置、厚度、配筋。板结构平法施工图的识读要点如下。

(1)识读结构设计总说明中有关板的内容和板结构平面施工图中的文字说明。

(2)识读轴线网,并结合建筑平面图,校对轴线网是否一致。

(3)识读各标准层板的平面布置,并结合建施图,查看楼、电梯间的位置、预留各种孔洞口位置、屋面有水箱时,结合水施图,查看水箱位置及编号是否正确,雨篷、挑檐、空调搁板等位置是否正确,有无遗漏。

(4)识读各标准层板的标高,根据建施图的建筑标高和楼面粉刷做法,查看板面结构标高是否正确、有无遗漏。

(5)识读各标准层板的厚度及配筋,并检查是否存在遗漏或错误。

3.6 楼梯详图和节点详图的识读

3.6.1 楼梯详图的识读

楼梯详图由楼梯平面图,楼梯剖面图,楼梯构件详图组成。

楼梯平面图反映楼梯踏步板、平台板、楼梯梁等构件的平面位置。楼梯剖面图反映楼梯踏步板、平台板、楼梯梁等构件沿高度方向的布置。楼梯构件详图反映楼梯梁、楼梯踏步板、平台板的截面尺寸及配筋。

楼梯详图的识读要点如下。

(1)识读楼梯平面图,并结合楼梯建施图,检查轴线网、踏步板、平台板、楼梯梁的平面布置是否一致。

(2)识读楼梯剖面图,并结合楼梯建施图,检查踏步板、平台板、楼梯梁沿高度方向的布置是否一致,标高是否正确。

(3)识读楼梯构件详图,并校对构件各尺寸、标高、编号等是否正确,再校对各构件的配筋情况,注意受拉区内折角的配筋构造是否符合要求。

3.6.2 节点详图的识读

节点详图是对平法施工图中平面表达不清楚之处的有效补充。

节点的通用详图一般可在结构设计总说明中表达;套用标准图集的构件,构件详图及节点详图可查阅有关标准图集;但是有些构件尚须单独绘制节点详图,比如檐沟、雨蓬、线脚等。

识读节点详图时,注意截面尺寸、配筋是否正确;结合建施图,检查尺寸与标高是否一致;结合结构平面图,检查平面索引位置及编号是否正确。

思考题与习题

1.结构施工图的识读方法和步骤是什么？

2.结构设计总说明包括哪些主要内容？

3.识读柱、梁、剪力墙平法施工图的要点是什么。

4.楼梯详图的识读要点是什么？

附　录

附录1　各种直径钢筋的公称截面面积、计算截面面积及理论质量

附表1.1　钢筋的计算截面面积及理论质量

公称直径(mm)	不同根数钢筋的计算截面面积(mm^2)									单根钢筋理论质量($kg \cdot m^{-1}$)
	1	2	3	4	5	6	7	8	9	
6	28.3	57	85	113	142	170	198	226	255	0.222
6.5	33.2	66	100	133	166	199	232	265	299	0.260
8	50.3	101	151	201	252	302	352	402	453	0.395
8.2	52.8	106	158	211	264	317	370	423	475	0.432
10	78.5	157	236	314	393	471	550	628	707	0.617
12	113.1	226	339	452	565	678	791	904	1017	0.888
14	153.9	308	461	615	769	923	1 077	1 231	1 385	1.21
16	201.1	402	603	804	1 005	1 206	1 407	1 608	1 809	1.58
18	254.5	509	763	1 017	1 272	1 527	1 781	2 036	2 290	2.00
20	314.2	628	942	1 256	1 570	1 884	2 199	2 513	2 827	2.47
22	380.1	760	1 140	1 520	1 900	2 281	2 661	3 041	3 421	2.98
25	490.9	982	1 473	1 964	2 454	2 945	3 436	3 927	4 418	3.85
28	615.8	1 232	1 847	2 463	3 079	3 695	4 310	4 926	5 542	4.83
32	804.2	1 609	2 413	3 217	4 021	4 826	5 630	6 434	7 238	6.31
36	1 017.9	2 036	3 054	4 072	5 089	6 107	7 125	8 143	9 161	7.99
40	1 256.6	2 513	3 770	5 027	6 283	7 540	8 796	10 053	11 310	9.87
50	1 964.0	3 928	5 892	7 856	9 820	11 784	13 748	15 712	17 676	15.42

注:表中直径 d=8.2 mm 的计算截面面积及理论质量仅运用于有纵肋的热处理钢筋。

附表 1.2 每米板宽内的钢筋截面面积

钢筋间距（mm）	当钢筋直径（mm）为下列数值时的钢筋截面面积（mm²）													
	3	4	5	6	6/8	8	8/10	10	10/12	12	12/14	14	14/16	16
70	101	179	281	404	561	719	920	1 121	1 369	1 616	1 908	2 199	2 536	2 872
75	94.3	167	262	377	524	671	859	1 047	1 277	1 508	1 780	2 053	2 367	2 681
80	88.4	157	245	354	491	629	805	981	1 198	1 414	1 669	1 924	2 218	2 513
85	83.2	148	231	333	462	592	758	924	1 127	1 331	1 571	1 811	2 088	2 365
90	78.5	140	218	314	437	559	716	872	1 064	1 257	1 484	1 710	1 972	2 234
95	74.5	132	207	298	414	529	678	826	1 008	1 190	1 405	1 620	1 868	2 116
100	70.6	126	196	283	393	503	644	785	958	1 131	1 335	1 539	1 775	2 011
110	64.2	114	178	257	357	457	585	714	871	1 028	1 214	1 399	1 614	1 828
120	58.9	105	163	236	327	419	537	654	798	942	1 112	1 283	1 480	1 676
125	56.5	100	157	226	311	402	515	628	766	905	1 068	1 232	1 420	1 608
130	54.4	96.6	151	218	302	387	495	604	737	870	1 027	1 184	1 366	1 547
140	50.5	89.7	140	202	281	359	460	561	684	808	954	1 100	1 268	1 436
150	47.01	83.8	131	189	262	335	429	523	639	754	890	1 026	1 183	1 340
160	44.1	78.5	123	177	246	314	403	491	599	707	834	962	1 110	1 257
170	41.5	73.9	115	166	231	296	379	462	564	665	786	906	1 044	1 183
180	39.2	69.8	109	157	218	279	358	436	532	628	742	855	985	1 117
190	37.2	66.1	103	149	207	265	339	413	504	595	702	810	934	1 058
200	35.3	62.8	98.2	141	196	251	322	393	479	565	667	770	888	1 005
220	32.1	57.1	89.3	129	178	228	302	357	436	514	607	700	807	914
240	29.4	52.4	81.9	118	164	209	268	327	399	471	556	641	740	838
250	28.3	50.2	78.5	113	157	201	258	314	383	452	534	616	710	804
260	27.2	48.3	75.5	109	151	193	248	302	368	435	514	592	682	773
280	25.2	44.9	70.1	101	140	180	230	281	342	404	477	550	634	718
300	23.6	41.9	66.5	94	131	168	215	262	320	377	445	513	592	670
320	22.1	39.2	61.4	88	123	157	201	245	299	353	417	481	554	628

注：表中钢筋直径中的 6/8、8/10……等是指两种直径的钢筋间隔放置。

附录 2　钢材的强度和钢结构受弯构件的挠度

附表 2.1　钢材的强度设计值　　（N/mm^2）

钢材		抗拉、抗压和抗弯 f	抗剪 f_v	端面承压(刨平顶紧) f_{ce}
牌号	厚度或直径(mm)			
Q235 钢	≤16	215	125	325
	(>16)～40	205	120	
	(>40)～60	200	115	
	(>60)～100	190	110	
Q345 钢	≤16	310	180	400
	(>16)～35	295	170	
	(>35)～50	265	155	
	(>50)～100	250	145	
Q390 钢	≤16	380	205	415
	(>16)～35	335	190	
	(>35)～50	315	180	
	(>50)～100	295	170	
Q420 钢	≤16	380	220	440
	(>16)～35	360	210	
	(>35)～50	340	195	
	(>50)～100	325	185	

注：表中厚度是指计算点的钢材厚度，对轴心受拉和轴心受压构件系指截面中较厚板件的厚度。

附表 2.2　钢结构受弯构件挠度容许值

项次	构件类别	挠度容许值	
		$[v_T]$	$[v_Q]$
1	吊车梁和吊车桁架(按自重和起重量最大的一台吊车计算挠度)		
	(1)手动吊车和单梁吊车(含悬挂吊车)	1/500	
	(2)轻级工作制桥式吊车	1/800	
	(3)中级工作制桥式吊车	1/1 000	
	(4)重级工作制桥式吊车	1/1 200	
2	手动或电动葫芦的轨道梁	1/400	
3	有重轨(重量等于或大于 38kg/ m)轨道的工作平台梁	1/600	
	有轻轨(重量等于或小于 24kg/ m)轨道的工作平台梁	1/400	
4	楼(屋)盖梁或桁架,工作平台梁(第 3 项除外)和平台板		
	(1)主梁或桁架(包括设有悬挂起重设备的梁和桁架)	1/400	1/500
	(2)抹灰顶棚的次梁	1/250	1/350
	(3)除(1)、(2)款外的其他梁(包括楼梯梁)	1/250	1/300
	(4)屋盖檩条		
	支撑无积灰的瓦楞铁和石棉瓦等屋面者	1/150	
	支撑压型金属板、有积灰的瓦楞铁和石棉瓦等屋面者	1/200	
	支撑其他屋面材料者	1/200	
	(5)平台板	1/150	
5	墙架构件(风荷载不考虑阵风系数)		
	(1)支柱		1/400
	(2)抗风桁架(作为连续支柱的支撑时)		1/1 000
	(3)砌体墙的横梁(水平方向)		1/300
	(4)支撑压型金属板、瓦楞铁和石棉瓦墙面的横梁(水平方向)		1/200
	(5)带有玻璃窗的横梁(竖直和水平方向)	1/200	1/200

注:(1)l 为受弯构件的跨度(对悬臂梁和伸臂梁为悬伸长度的 2 倍)。

(2)$[v_T]$为永久和可变荷载标准值产生的挠度(如有起拱应减去拱度)的容许值;

$[v_Q]$为可变荷载标准值产生的挠度的容许值。

附录 3 常用型钢表

附表 3.1 普通工字钢

符号：h——高度；
b——翼缘宽度；
d——腹板厚；
t——翼 缘 平 均 厚 度；
I——惯性矩；
W——截面抵抗矩；

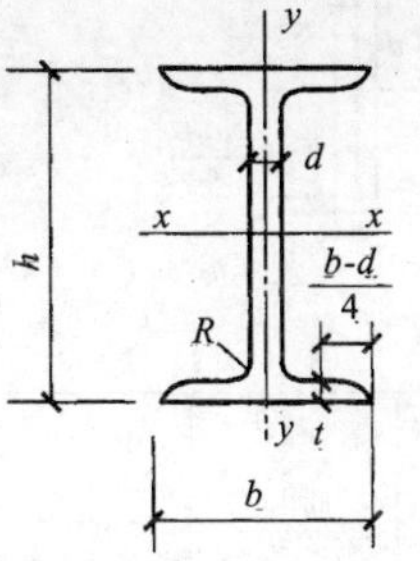

i——回转半径；
S_x——半截面的面积矩。
长度：型号 10～18，
长 5～19 m；
型号 20～63，
长 6～19 m。

型号	尺寸(mm)					截面积 (cm²)	质量 (kg・m⁻¹)	x—x 轴				y—y 轴		
	h	b	d	t	R			I_x (cm⁴)	W_x (cm³)	i_x (cm)	I_x/S_x (cm)	I_y (cm⁴)	W_y (cm³)	i_y (cm)
10	100	68	4.5	7.6	6.5	14.3	11.2	245	49	4.14	8.59	33	9.7	1.52
12.6	126	74	5.0	8.4	7.0	18.1	14.2	488	77	5.19	16.8	47	12.7	1.61
14	140	80	5.5	9.1	7.5	21.5	16.9	712	102	5.79	12.0	64	16.1	1.73
16	160	88	6.0	9.9	8.0	26.1	20.5	1 130	141	6.58	13.8	93	21.2	1.89
18	180	94	6.5	10.7	8.5	30.6	24.1	1 660	185	7.36	15.4	122	26.0	2.00
20a	200	100	7.0	11.4	9.0	35.5	27.9	2 370	237	8.15	17.2	158	31.5	2.12
b	200	102	9.0	11.4	9.0	39.5	31.1	2 500	250	7.96	16.9	169	33.1	2.06
22a	220	110	7.5	12.3	9.5	42.0	33.0	3 400	309	8.99	18.9	225	40.9	2.31
b	220	112	9.5	12.3	9.5	46.4	36.4	3 570	325	8.78	18.7	239	42.7	2.27
25a	250	116	8.0	13.0	10.0	48.5	38.1	5 020	402	10.18	21.6	280	48.3	2.40
b	250	118	10.0	13.0	10.0	53.5	42.0	5 280	423	9.94	21.3	309	52.4	2.40
28a	280	122	8.5	13.7	10.5	65.4	43.4	7 110	508	11.3	24.6	345	56.6	2.49
b	280	124	10.0	13.7	10.5	61.0	47.9	7 480	534	11.1	24.2	379	61.2	2.49
a	320	130	9.5	15.0	11.5	67.0	52.7	11 080	692	12.8	27.5	460	70.8	2.62
32b	320	132	11.5	15.0	11.5	73.4	57.7	11 620	726	12.6	27.1	502	76.0	2.61
c	320	134	13.5	15.0	11.5	79.9	62.8	12 170	760	12.3	26.8	544	81.2	2.61
a	360	136	10.0	15.8	12.0	76.3	59.9	15 760	875	14.4	30.7	552	81.2	2.69
36b	360	138	12.0	15.8	12.0	83.5	65.6	16 530	919	14.1	30.3	582	84.3	2.64
c	360	140	14.0	15.8	12.0	90.7	71.2	17 310	962	13.8	29.9	612	87.4	2.60
a	400	142	10.5	16.5	12.5	86.1	67.6	21 720	1 140	15.9	34.1	660	93.2	2.77
40b	400	144	12.5	16.5	12.5	94.1	73.8	22 780	1 140	15.6	33.6	692	96.2	2.71
c	400	146	14.5	16.5	12.5	102	80.1	23 850	1 190	15.2	33.2	727	99.6	2.65
a	450	150	11.5	18.0	13.5	102	80.4	32 240	1 430	17.7	38.6	855	114	2.89
45b	450	152	13.5	18.0	13.5	111	87.4	33 760	1 500	17.4	38.0	894	118	2.84
c	450	154	15.5	18.0	13.5	120	94.5	35 280	1 570	17.1	37.6	938	122	2.79
a	500	158	12.0	20	14	119	93.6	46 470	1 860	19.7	42.8	1 120	142	3.07
50b	500	160	14.0	20	14	129	101	48 560	1 940	19.4	42.4	1 170	146	3.01
c	500	162	16.0	20	14	139	109	50 640	2 080	19.0	41.8	1 220	151	2.96
a	630	176	13.0	22	15	155	122	93 920	2 981	24.6	54.2	1 701	193	3.31
63b	630	178	15.0	22	15	167	131	98 080	3 164	24.2	53.5	1 812	204	3.29
c	630	180	17.0	22	15	180	141	102 250	3 298	23.8	52.9	1 925	214	3.27

附表 3.2　普通槽钢

符号:同普通工字钢

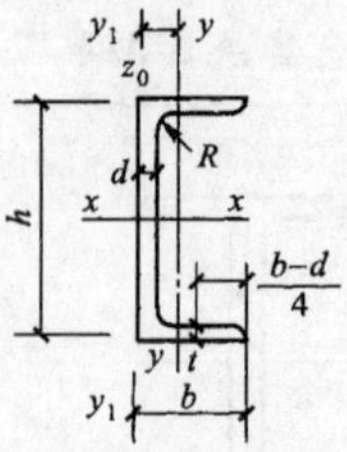

长度:型号 5～8,长 5～12 m;
型号 10～18,长 5～19 m;
型号 20～40,长 6～19 m。

型号	尺寸/(mm)					截面积 (cm²)	质量 (kg・m⁻¹)	x—x 轴			y—y 轴			y_1—y_1 轴	Z_q (cm)
	h	b	d	t	R			I_x (cm⁴)	W_x (cm³)	i_x (cm)	I_y (cm⁴)	W_y (cm³)	i_y (cm)	I_{y1} (cm⁴)	
5	50	37	4.5	7.0	7.0	6.9	5.4	26	10.4	1.94	8.3	3.55	1.10	20.9	1.35
6.3	63	40	4.8	7.5	7.5	8.4	6.6	51	16.1	2.45	11.9	4.50	1.18	28.4	1.36
8	80	43	5.0	8.0	8.0	10.2	8.0	101	25.3	3.15	16.6	5.79	1.27	37.4	1.43
10	100	48	5.3	8.5	8.5	12.7	10.0	198	39.7	3.95	25.6	7.8	1.41	55	1.52
12.6	126	53	5.5	9.0	9.0	15.7	12.4	391	62.1	4.95	38.0	10.2	1.57	77	1.59
14a	140	58	6.0	9.5	9.5	18.5	14.5	564	80.5	5.52	53.2	13.0	1.70	107	1.71
b	140	60	8.0	9.5	9.5	21.3	16.7	609	87.1	5.35	61.1	14.1	1.69	121	1.67
16a	160	63	6.5	10.0	10.0	21.9	17.2	866	108	6.28	73.3	16.3	1.83	144	1.80
b	160	65	8.5	10.0	10.0	25.1	19.7	934	117	6.10	83.4	17.5	1.82	161	1.75
18a	180	68	7.0	10.5	10.5	25.7	20.2	1 273	141	7.04	98.6	20.0	1.96	190	1.88
b	180	70	9.0	10.5	10.5	29.3	23.0	1 370	152	6.84	111	21.5	1.95	210	1.84
20a	200	73	7.0	11.0	11.0	28.8	22.6	1 780	178	7.86	128	24.2	2.11	244	2.01
b	200	75	9.0	11.0	11.0	32.8	25.8	1 914	191	7.64	144	25.9	2.09	268	1.95
22a	220	77	7.0	11.5	11.5	31.8	25.0	2 394	218	8.67	158	28.2	2.23	298	2.10
b	220	79	9.0	11.5	11.5	36.2	28.4	2 571	234	8.42	176	30.0	2.21	326	2.03
a	250	78	7.0	12.0	12.0	34.9	27.5	3 370	270	9.82	175	30.5	2.24	322	2.07
25b	250	80	9.0	12.0	12.0	39.9	31.4	3 530	282	9.40	196	32.7	2.22	353	1.98
c	250	82	11.0	12.0	12.0	44.9	35.3	3 696	295	9.07	218	35.9	2.21	384	1.992
a	280	82	7.5	12.5	12.5	40.0	31.4	4 765	340	10.9	218	35.7	2.33	388	2.10
28b	280	84	9.5	12.5	12.5	45.6	35.8	5 130	366	10.6	242	37.9	2.30	428	2.02
c	280	86	11.5	12.5	12.5	51.2	40.2	5 495	393	10.3	268	40.3	2.29	463	1.95
a	320	88	8.0	14.0	14.0	48.7	38.2	7 598	475	12.5	305	46.5	2.50	552	2.24
32b	320	90	10.0	14.0	14.0	55.1	43.2	8 144	509	12.1	336	49.2	2.47	593	2.16
c	320	92	12.0	14.0	14.0	61.5	48.3	8 690	543	11.9	374	52.6	2.47	643	2.09
a	360	96	9.0	16.0	16.0	60.9	47.8	11 870	660	14.0	455	63.5	2.73	818	2.44
36b	360	98	11.0	16.0	16.0	68.1	53.4	12 650	703	13.6	497	66.8	2.70	880	2.37
c	360	100	13.0	16.0	16.0	75.3	59.1	13 430	746	13.4	536	70.0	2.67	948	2.34
a	400	100	10.5	18.0	18.0	75.0	58.9	17 580	879	15.3	592	78.8	2.81	1 068	2.49
40b	400	102	12.5	18.0	18.0	83.0	65.2	18 640	932	15.0	640	82.5	2.78	11 36	2.44
c	400	104	14.5	18.0	18.0	91.0	71.5	19 710	986	14.7	688	86.2	2.75	1 221	2.42

附表 3.3　等肢角钢

角钢型号		单角钢 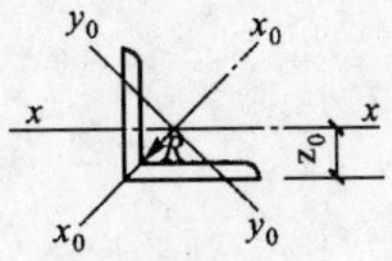										双角钢 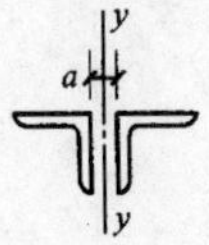			
		圆角	重心距	截面积	质量	惯性距	截面抵抗矩		回转半径			f_{y1}，当 a 为下列数值			
		R	Z_0			l_w	W_{max_x}	W_{min_x}	i_x	i_{x0}	i_{r0}	6 mm	8 mm	10 mm	12 mm
		mm		cm²	kg/ m	cm⁴	cm³		cm			cm			
∟20×	3	3.5	6.0	1.13	0.89	0.4	0.67	0.29	0.59	0.75	0.39	1.08	1.16	1.25	1.34
	4	3.5	6.4	1.46	1.14	0.5	0.78	0.36	0.58	0.73	0.38	1.11	1.19	1.28	1.37
∟25×	3	3.5	4.3	1.43	1.12	0.81	1.12	0.46	0.76	0.95	0.49	1.28	1.36	1.44	1.53
	4	3.5	7.6	1.86	1.46	1.03	1.36	0.59	0.74	0.93	0.48	1.30	1.38	1.46	1.55
∟30×	3	4.5	8.5	1.75	1.37	1.46	1.72	0.68	0.91	1.15	0.59	1.47	1.55	1.63	1.71
	4	4.5	8.9	2.28	1.79	1.84	2.05	0.87	0.90	1.13	0.58	1.49	1.57	1.66	1.74
	3	4.5	10.0	2.11	1.65	2.58	2.58	0.99	1.11	1.39	0.71	1.71	1.75	1.86	1.95
∟36×	4	4.5	10.4	2.76	2.16	3.29	3.16	1.28	1.09	1.38	0.70	1.73	1.81	1.89	1.97
	5	4.5	10.7	3.38	2.65	3.95	3.70	1.56	1.08	1.36	0.70	1.74	1.82	1.91	1.99
	3	5	10.9	2.36	1.85	3.59	3.3	1.23	1.23	1.55	0.79	1.85	1.93	2.01	2.09
∟40×	4	5	11.3	3.09	2.42	4.60	4.07	1.60	1.22	1.54	0.79	1.88	1.96	2.04	2.12
	5	5	11.7	3.79	2.98	5.53	4.73	1.96	1.21	1.52	0.78	1.90	1.98	2.06	2.14
	3	5	12.2	2.66	2.09	5.17	4.24	1.58	1.40	1.76	0.90	2.06	2.14	2.21	2.20
∟45×	4	5	12.6	3.49	2.74	6.65	5.28	2.05	1.38	1.74	0.89	2.08	2.16	2.24	2.32
	5	5	13.0	4.20	3.37	8.04	6.19	2.51	1.37	1.72	0.88	2.11	2.18	2.26	2.34
	6	5	13.3	5.08	3.98	9.33	7.0	2.95	1.36	1.70	0.88	2.12	2.20	2.28	2.36
	3	5.5	13.4	2.27	2.33	7.18	5.36	1.96	1.55	1.96	1.00	2.26	2.33	2.41	2.49
∟50×	4	5.5	13.8	3.90	3.06	9.26	6.71	2.56	1.54	1.94	0.99	2.28	2.35	2.43	2.51
	5	5.5	14.2	4.80	3.77	11.21	7.89	3.13	1.53	1.92	0.98	2.30	2.38	2.45	2.53
	6	5.5	14.6	5.69	4.46	13.05	8.94	3.68	1.52	1.91	0.98	2.32	2.40	2.48	2.56
	3	6	14.8	3.34	2.62	10.2	6.89	2.48	1.75	2.20	1.13	2.49	2.57	2.64	2.71
∟56×	4	6	15.3	4.39	3.45	13.2	8.63	3.24	1.73	2.18	1.11	2.52	2.59	2.67	2.75
	5	6	15.7	5.41	4.25	16.0	10.2	3.97	1.72	2.17	1.10	2.54	2.62	2.69	2.77
	8	6	16.8	8.37	6.57	23.6	14.0	6.03	1.68	2.11	1.09	2.60	2.67	2.75	2.83
	4	7	17.0	4.98	3.91	19.0	11.2	4.13	1.96	2.46	1.26	2.80	2.87	2.94	3.02
	5	7	17.4	6.14	4.82	23.2	13.3	5.08	1.94	2.45	1.25	2.82	2.89	2.97	3.04
∟63×	6	7	17.8	7.29	5.72	27.1	15.2	6.0	1.93	2.43	1.24	2.84	2.91	2.99	3.06
	8	7	18.5	9.51	7.47	34.5	18.6	7.75	1.90	2.40	1.23	2.87	2.95	3.02	3.10
	10	7	19.3	11.66	9.15	41.1	21.2	9.39	1.88	2.36	1.22	2.91	2.99	3.07	3.15

续表

角钢型号		单角钢 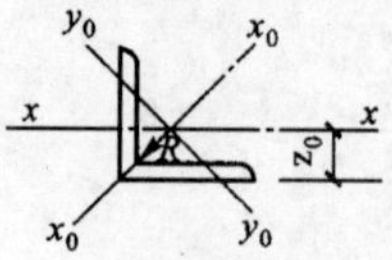 圆角 R	重心距 Z_0	截面积	质量	惯性距 l_w	截面抵抗矩 $W_{\max_x}$	$W_{\min_x}$	回转半径 i_x	i_{x0}	i_{y0}	双角钢  f_{y1}，当 a 为下列数值 6 mm	8 mm	10 mm	12 mm
		(mm)		(cm²)	(kg/m)	(cm⁴)	(cm³)		(cm)			(cm)			
└70×	4	8	18.6	5.57	4.37	26.4	14.2	5.14	2.18	2.74	1.40	3.07	3.14	3.21	3.28
	5	8	19.1	6.87	5.40	32.2	16.8	6.32	2.16	2.73	1.39	3.09	3.17	3.24	3.31
	6	8	19.5	8.16	6.41	37.8	19.4	7.48	2.15	2.71	1.38	3.11	3.19	3.26	3.34
	7	8	19.9	9.42	7.40	43.1	21.6	8.59	2.14	2.69	1.38	3.13	3.21	3.28	3.36
	8	8	20.3	10.7	8.37	48.2	23.8	9.68	2.12	2.68	1.37	3.15	3.23	3.30	3.38
└75×	5	9	20.4	7.38	5.82	40.0	19.6	7.32	2.33	2.92	1.50	3.30	3.37	3.45	3.52
	6	9	20.7	8.80	6.90	47.0	22.7	8.64	2.31	2.90	1.49	3.31	3.38	3.46	3.53
	7	9	21.1	10.2	7.98	53.0	25.4	9.93	2.30	2.89	1.48	3.33	3.40	3.48	3.55
	8	9	21.5	11.5	9.03	60.0	27.9	11.2	2.28	2.88	1.47	3.35	3.42	3.50	3.57
	10	9	22.2	14.1	11.1	72.0	32.4	13.6	2.56	2.84	1.46	3.38	3.46	3.53	3.61
└80×	5	9	21.5	7.91	6.21	48.8	22.7	8.34	2.48	3.13	1.60	3.49	3.56	3.63	3.71
	6	9	21.9	9.40	7.38	57.3	26.1	9.87	2.47	3.11	1.59	3.51	3.58	3.65	3.72
	7	9	22.3	10.9	8.52	65.6	29.4	11.4	2.46	3.10	1.58	3.53	3.60	3.67	3.75
	8	9	22.7	12.3	9.66	73.5	32.4	12.8	2.44	3.08	1.57	3.55	3.62	3.69	3.77
	10	9	23.5	15.1	11.9	88.4	37.6	15.6	2.42	3.04	1.56	3.59	3.66	3.74	3.81
└90×	6	10	24.4	10.6	8.35	82.8	33.9	12.6	2.79	3.51	1.80	3.91	3.98	4.05	4.13
	7	10	24.8	12.3	9.66	94.8	38.2	14.5	2.78	3.50	1.78	3.93	4.00	4.07	4.15
	8	10	25.2	13.9	10.9	106	42.1	16.4	2.76	3.48	1.78	3.95	4.02	4.09	4.17
	10	10	25.9	17.2	13.5	129	49.7	20.1	2.74	3.45	1.76	3.98	4.05	4.13	4.20
	12	10	26.7	20.3	15.9	149	56.0	23.0	2.71	3.41	1.75	4.02	4.10	4.17	4.25
└100×	6	12	26.7	11.9	9.37	115	43.1	15.7	3.10	3.90	2.00	4.30	4.37	4.44	4.51
	7	12	27.1	13.8	10.8	132	48.6	18.1	3.09	3.89	1.99	4.31	4.39	4.46	4.53
	8	12	27.6	15.6	12.3	148	53.7	20.5	3.08	3.88	1.98	4.34	4.41	4.48	4.56
	10	12	28.4	19.3	15.1	179	63.2	25.1	3.05	3.84	1.96	4.38	4.45	4.52	4.60
	12	12	29.1	22.8	17.9	209	71.9	29.5	3.03	3.81	1.95	4.41	4.49	4.56	4.63
	14	12	29.9	26.3	20.6	236	79.1	33.7	3.00	3.77	1.94	4.45	4.53	4.60	4.68
	16	12	30.6	29.6	23.3	262	89.6	37.8	2.98	3.74	1.94	4.49	4.56	4.64	4.72
└110×	7	12	29.6	15.2	11.9	177	59.9	22.0	3.41	4.30	2.20	4.72	4.79	4.86	4.92
	8	12	30.1	17.2	13.5	199	64.7	25.0	3.40	4.28	2.19	4.75	4.82	4.89	4.96
	10	12	30.9	21.3	16.7	242	78.4	30.6	3.38	4.25	2.17	4.78	4.86	4.93	5.00
	12	12	32.6	25.2	19.8	283	89.4	36.0	3.35	4.22	2.15	4.81	4.89	4.96	5.03
	14	12	31.4	29.1	22.8	321	99.2	41.3	3.32	4.18	2.14	4.85	4.93	5.00	5.07

角钢型号		单角钢 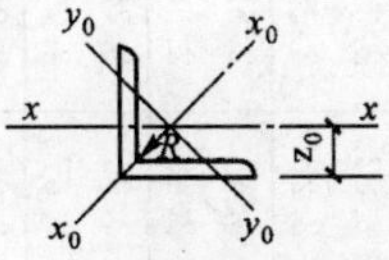										双角钢 			
		圆角 R	重心距 Z_0	截面积	质量	惯性距 l_w	截面抵抗矩 W_{max_x}	截面抵抗矩 W_{min_x}	回转半径 i_x	回转半径 i_{x0}	回转半径 i_{r0}	f_{y1}，当 a 为下列数值 6 mm	8 mm	10 mm	12 mm
		(mm)		(cm²)	(kg/m)	(cm⁴)	(cm³)		(cm)			(cm)			
└125×	8	14	33.7	19.7	15.5	297	88.1	32.5	3.88	4.88	2.50	5.34	5.41	5.48	5.55
	10	14	34.5	24.4	19.1	362	105	40.0	3.85	4.85	2.49	5.38	5.45	5.52	5.59
	12	14	35.3	28.9	22.7	423	120	41.2	3.83	4.82	2.46	5.41	5.48	5.56	5.63
	14	14	36.1	33.4	26.2	482	133	54.2	3.80	4.78	2.45	5.45	5.52	5.60	5.67
	10	14	38.2	27.4	21.5	515	135	50.6	4.34	5.46	2.78	5.98	6.05	6.12	6.19
└140×	12	14	39.0	32.5	25.5	604	155	59.8	4.31	5.43	2.76	6.02	6.09	6.16	6.23
	14	14	39.8	37.6	29.5	689	173	68.7	4.28	5.40	2.75	6.05	6.12	6.20	6.27
	16	14	40.6	42.5	33.4	770	190	77.5	4.26	5.36	2.74	6.09	6.16	6.24	6.31
	10	16	43.1	31.5	24.7	779	180	66.7	4.98	6.27	3.20	6.78	6.85	6.92	6.99
└160×	12	16	43.9	37.4	29.4	917	208	79.0	4.95	6.24	3.18	6.82	6.89	6.96	7.02
	14	16	44.7	43.3	34.0	1048	234	90.9	4.92	6.20	3.16	6.85	6.92	6.99	6.07
	16	16	45.5	49.1	38.5	1175	258	103	4.89	6.17	3.14	6.89	6.96	7.03	7.10
	12	16	48.9	42.2	33.2	1321	271	101	5.59	7.05	3.58	7.63	7.70	7.77	7.84
└180×	14	16	49.7	48.9	38.4	1514	305	116	5.56	7.02	3.56	7.66	7.73	7.81	7.87
	16	16	50.5	55.5	43.5	1701	338	131	5.54	6.08	3.55	7.70	7.77	7.84	7.91
	18	16	51.3	62.0	48.6	1875	365	146	5.50	6.94	3.51	7.73	7.80	7.87	7.94
	14	18	54.6	54.6	42.9	2104	387	145	6.20	7.82	3.98	8.47	8.53	8.60	8.67
	16	18	55.4	62.0	48.7	2366	428	164	6.18	7.79	3.96	8.50	8.57	8.04	8.71
└200×	18	18	56.2	69.3	54.4	2621	467	182	6.15	7.75	3.94	8.54	8.61	8.67	8.75
	20	18	56.9	76.5	60.1	2867	503	200	6.12	7.72	3.93	8.56	8.64	8.71	8.78
	24	18	58.7	90.7	71.2	3338	570	236	6.07	7.64	3.90	8.65	8.73	8.80	8.87

附表 3.4 不等肢角钢

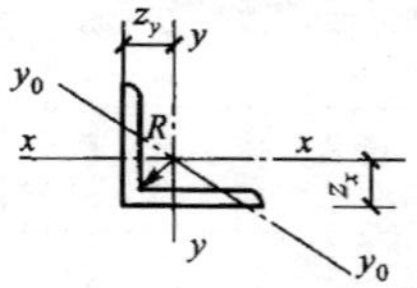

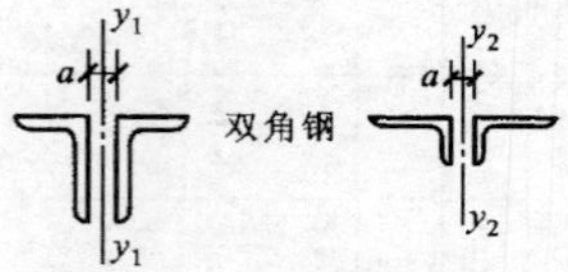

角钢型号		单角钢 圆角 R	重心距 Z_x	重心距 Z_y	截面积	质量	惯性距 I_x	惯性距 I_y	回转半径 i_x	回转半径 i_y	回转半径 i_{y0}	i_{y1}，当 a 为下列数 6 mm	8 mm	10 mm	12 mm	i_{y2}，当 a 为下列数 6 mm	8 mm	10 mm	12 mm
		(mm)			(cm²)	(kg/m)	(cm⁴)		(cm)			(cm)				(cm)			
∟25×16×	3	3.5	4.2	8.6	1.16	0.91	0.22	0.70	0.44	0.78	0.34	0.84	0.93	1.02	1.11	1.40	1.48	1.57	1.65
	4	3.5	4.6	9.0	1.50	1.18	0.27	0.88	0.43	0.77	0.34	0.87	0.96	1.05	1.14	1.42	1.51	1.60	1.68
∟32×20×	3	3.5	4.9	10.8	1.48	1.17	0.46	1.53	0.55	1.01	0.43	0.97	1.05	1.14	1.22	1.71	1.79	1.88	1.96
	4	3.5	5.3	11.2	1.94	1.52	0.57	1.93	0.54	1.00	0.42	0.99	1.08	1.16	1.25	1.74	1.82	1.90	1.99
∟40×25×	3	4	5.9	13.2	1.89	1.48	0.93	3.03	0.70	1.28	0.54	1.13	1.21	1.30	1.38	2.06	2.14	2.22	2.31
	4	4	6.3	13.7	1.47	1.94	1.18	3.93	0.69	1.26	0.54	1.16	1.24	1.32	1.41	2.09	2.17	2.26	2.34
∟45×28×	3	5	6.4	14.7	2.15	1.69	1.34	4.45	0.79	1.44	0.61	1.23	1.31	1.39	1.47	2.28	2.36	2.44	2.52
	4	5	6.8	15.1	2.81	2.20	1.70	4.69	0.78	1.42	0.60	1.25	1.33	1.41	1.50	2.30	2.38	2.49	2.55
∟50×32×	3	5.5	7.3	16.0	2.43	1.91	2.02	6.24	0.91	1.60	0.70	1.38	1.45	1.53	1.61	2.49	2.56	2.64	2.72
	4	5.5	7.7	16.5	3.18	2.49	2.58	8.02	0.90	1.59	0.69	1.40	1.48	1.56	1.64	2.52	2.59	2.67	2.75
∟56×36×	3	6	8.0	17.8	2.74	2.15	2.92	8.88	1.03	1.80	0.79	1.51	1.58	1.66	1.74	2.75	2.83	2.90	2.98
	4	6	8.5	18.5	3.59	2.82	3.76	11.4	1.02	1.79	0.79	1.54	1.62	1.69	1.77	2.77	2.85	2.93	3.01
	5	6	8.8	18.7	4.41	3.47	4.49	13.9	1.01	1.77	0.78	1.55	1.63	1.71	1.79	2.80	2.87	2.96	3.04
∟63×40×	4	7	9.2	20.4	4.06	3.18	5.23	16.5	1.14	2.02	0.88	1.67	1.74	1.82	1.90	3.09	3.16	3.24	3.32
	5	7	9.5	208	4.99	3.92	6.31	20.0	1.12	2.00	0.87	1.68	1.76	1.83	1.91	3.11	3.19	3.27	3.35
	6	7	9.9	21.2	5.91	4.64	7.29	23.4	1.11	1.98	0.86	1.70	1.78	1.86	1.94	3.13	3.21	3.29	3.37
	7	7	10.3	21.5	6.80	5.34	8.24	26.5	1.10	1.96	0.86	1.73	1.80	1.88	1.97	3.15	3.23	3.30	3.39
∟70×45×	4	7.5	10.2	22.4	4.55	3.57	7.55	23.2	1.29	2.26	0.98	1.84	1.92	1.99	2.07	3.40	3.48	3.56	3.62
	5	7.5	10.6	22.8	5.61	4.40	9.13	27.9	1.28	2.23	0.98	1.86	1.94	2.01	2.09	3.41	3.49	3.57	3.64
	6	7.5	10.9	23.2	6.65	5.22	10.6	32.5	1.26	2.21	0.98	1.88	1.95	2.03	2.11	3.43	3.51	3.58	3.66
	7	7.5	11.3	23.6	7.66	6.01	12.0	37.2	1.25	2.20	0.97	1.90	1.98	2.06	2.14	3.45	3.53	3.61	3.69

附表 3.4 续表

单角钢

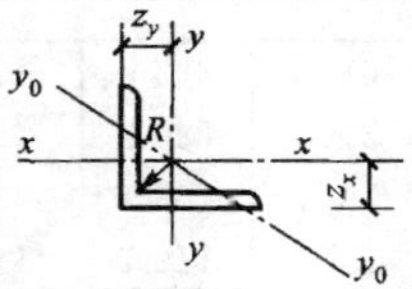

双角钢

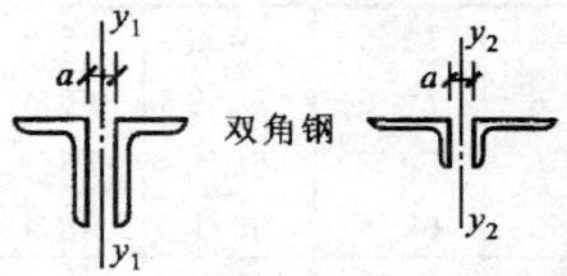

角钢型号		圆角 R	重心距 Z_x	重心距 Z_y	截面积	质量	惯性距 I_x	惯性距 I_y	回转半径 i_x	回转半径 i_y	回转半径 i_{y0}	i_{y1}，当 a 为下列数 6mm	8mm	10mm	12mm	i_{y2}，当 a 为下列数 6mm	8mm	10mm	12mm
			mm	mm	cm²	kg/m	cm⁴	cm⁴	cm	cm	cm	cm	cm	cm	cm	cm	cm	cm	cm
∟75×50×	5	8	11.7	24.0	6.12	4.81	12.6	34.9	1.44	2.39	1.10	2.05	2.13	2.20	2.28	3.60	3.68	3.76	3.83
	6	8	12.1	24.4	7.26	5.70	14.7	41.1	1.42	2.38	1.08	2.07	2.15	2.22	2.30	3.63	3.71	3.78	3.86
	8	8	12.9	25.2	9.47	7.43	18.5	52.4	1.40	2.35	1.07	2.12	2.19	2.27	2.35	3.67	3.75	3.83	3.91
	10	8	13.6	26.0	11.6	9.10	22.0	62.7	1.38	2.33	1.06	2.16	2.23	2.31	2.40	3.72	3.80	3.88	3.98
∟80×50×	5	8	11.4	26.0	6.37	5.00	12.3	42.0	1.42	2.56	1.10	2.02	2.09	2.17	2.24	3.87	3.95	4.02	4.10
	6	8	11.8	26.5	7.56	5.93	14.9	49.5	1.41	2.55	1.08	2.04	2.12	2.19	2.27	3.90	3.98	4.06	4.14
	7	8	12.1	26.9	8.72	6.86	17.0	56.2	1.39	2.54	1.08	2.06	2.13	2.21	2.28	3.92	4.00	4.08	4.15
	8	8	12.5	27.3	9.87	7.74	18.8	62.8	1.38	2.52	1.07	2.08	2.15	2.23	2.31	3.94	4.02	4.10	4.18
∟90×55×	5	9	12.5	29.1	7.21	5.66	18.3	60.4	1.59	2.90	1.23	2.22	2.29	2.37	2.44	4.32	4.40	4.47	4.55
	6	9	12.9	29.5	8.56	6.72	21.4	71.0	1.58	2.88	1.23	2.24	2.32	2.39	2.46	4.34	4.42	4.49	4.57
	7	9	13.3	30.0	9.83	7.76	24.4	81.0	1.57	2.86	1.22	2.26	2.34	2.41	2.49	4.37	4.45	4.52	4.60
	8	9	13.6	30.4	11.2	8.78	27.1	91.0	1.56	2.85	1.21	2.28	2.35	2.43	2.50	4.39	4.47	4.55	4.62
∟100×63×	6	10	14.3	32.4	9.62	7.55	30.9	99.1	1.79	3.21	1.38	2.49	2.56	2.63	2.71	4.78	4.85	4.93	5.00
	7	10	14.7	32.8	11.1	8.72	35.8	113	1.78	3.20	1.38	2.51	2.58	2.66	2.73	4.80	4.87	4.95	5.03
	8	10	15.0	33.2	12.6	9.88	39.4	127	1.77	3.18	1.37	2.52	2.60	2.67	2.75	4.82	4.89	4.97	5.05
	10	10	15.8	34.0	15.5	12.1	47.1	154	1.74	3.15	1.35	2.57	2.64	2.72	2.79	4.86	4.94	5.02	5.09
∟100×80×	6	10	19.7	29.5	10.6	8.35	61.2	107	2.40	3.17	1.72	3.30	3.37	3.44	3.52	4.54	4.61	4.69	4.76
	7	10	20.1	30.0	12.3	9.66	70.1	123	2.39	3.16	1.72	3.32	3.39	3.46	3.54	4.57	4.64	4.71	4.79
	8	10	20.5	30.4	13.9	10.9	78.6	138	2.37	3.14	1.71	3.34	3.41	3.48	3.56	4.59	4.66	4.74	4.81
	10	10	21.3	31.2	17.2	13.5	94.6	167	2.35	3.12	1.69	3.38	3.45	3.53	3.60	4.63	4.70	4.78	4.85
∟110×70×	6	10	15.7	35.3	10.6	8.35	42.9	133	2.01	3.54	1.54	2.74	2.81	2.88	2.97	5.22	5.29	5.36	5.44
	7	10	16.1	35.7	12.3	9.66	49.0	153	2.00	3.53	1.53	2.76	2.83	2.90	2.98	5.24	5.31	5.39	5.46
	8	10	16.5	36.2	13.9	10.9	54.9	172	1.98	3.51	1.53	2.78	2.85	2.93	3.00	5.26	5.34	5.41	5.49
	10	10	17.2	37.0	17.2	13.5	65.9	208	[illegible]	3.48	1.51	2.81	2.89	2.96	3.04	5.30	5.38	5.46	5.53

附表 3.4 续表

角钢型号		单角钢 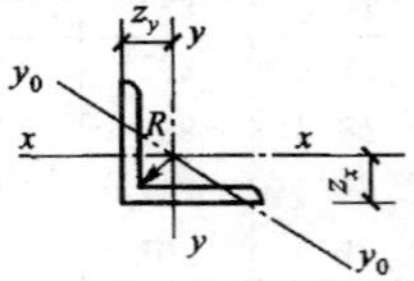										双角钢 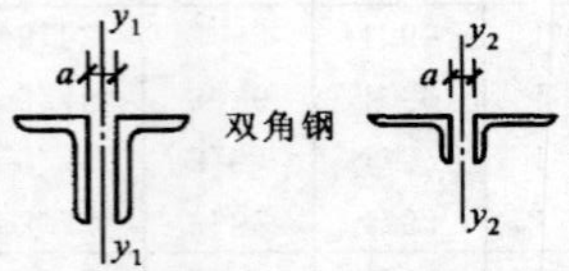							
		圆角	重心距		截面积	质量	惯性距		回转半径			i_{y1}，当 a 为下列数				i_{y2}，当 a 为下列数			
		R	Z_x	Z_y			I_x	I_y	i_x	i_y	i_{y0}	6mm	8mm	10mm	12mm	6mm	8mm	10mm	12mm
		mm			cm^2	kg/m	cm^4		cm			cm				cm			
└125×80×	7	11	18.0	40.1	14.1	11.1	74.4	228	2.30	4.02	1.76	3.11	3.18	3.26	3.32	5.89	5.97	6.04	6.12
	8	11	18.4	40.6	16.0	12.6	83.5	257	2.28	4.01	1.75	3.13	3.20	3.27	3.34	5.92	6.00	6.07	6.15
	10	11	19.2	41.4	19.7	15.5	101	312	2.26	3.98	1.74	3.17	3.24	3.31	3.38	5.96	6.04	6.11	6.19
	12	11	20.0	42.2	23.4	18.3	117	364	2.24	3.95	1.72	3.21	3.28	3.35	3.43	6.00	6.08	6.15	6.23
└140×90×	8	12	20.4	45.0	18.0	14.2	121	366	2.59	4.50	1.98	3.49	3.56	3.63	3.70	6.58	6.65	6.72	6.79
	10	12	21.2	45.8	22.3	17.5	146	445	2.56	4.47	1.96	3.52	3.59	3.66	3.74	6.62	6.69	6.77	6.84
	12	12	21.9	46.6	26.4	20.7	170	522	2.54	4.44	1.95	3.55	3.62	3.70	3.77	6.66	6.74	6.81	6.89
	14	12	22.7	47.4	30.5	23.9	192	594	2.51	4.42	1.94	3.59	3.67	3.74	3.81	6.70	6.78	6.85	9.93
└160×100×	10	13	22.8	52.4	25.3	19.9	205	669	2.85	5.14	2.19	3.84	3.91	3.98	4.05	7.56	7.63	7.70	7.78
	12	13	23.6	53.2	30.1	23.6	239	785	2.82	5.11	2.17	3.88	3.95	4.02	4.09	7.60	7.67	7.75	7.82
	14	13	24.3	54.0	34.7	27.2	271	896	2.80	5.08	2.16	3.91	3.98	4.05	4.12	7.64	7.71	7.79	7.86
	16	13	25.1	54.8	39.3	30.8	302	1 003	2.77	5.05	2.16	3.95	4.02	4.09	4.17	7.68	7.75	7.83	7.91
└180×110×	10	14	24.4	58.9	28.4	22.3	278	956	3.13	5.80	2.42	4.16	4.23	4.29	4.36	8.47	8.56	8.63	8.71
	12	14	25.2	59.8	33.7	26.5	325	1 125	3.10	5.78	2.40	4.19	4.26	4.33	4.40	8.53	8.61	8.68	8.76
	14	14	25.9	60.6	39.0	30.6	370	1 287	3.08	5.75	2.39	4.22	4.29	4.36	4.43	8.57	8.65	8.72	8.80
	16	14	26.7	61.4	44.1	34.6	412	1 443	3.06	5.72	2.38	4.26	4.33	4.40	4.47	8.61	8.69	8.76	8.84
└200×125×	12	14	28.3	65.4	37.9	29.8	483	1 571	3.57	6.44	2.74	4.75	4.81	4.88	4.95	9.39	9.47	9.54	9.61
	14	14	29.1	66.2	43.9	34.4	551	1 801	3.54	6.41	2.73	4.78	4.85	4.92	4.99	9.43	9.50	9.58	9.65
	16	14	29.9	67.0	49.7	39.0	615	2 023	3.52	6.38	2.71	4.82	4.89	4.96	5.03	9.47	9.54	9.62	9.69
	18	14	30.6	67.8	55.5	43.5	677	2 233	3.49	3.33	2.75	4.55	4.92	4.99	5.07	9.51	9.58	9.66	9.74

附表 3.5 宽、中、窄缘 H 形钢

类别	型号 高度×宽度	截面尺寸(mm)				截面面积 (cm²)	理论质量 (kg·m⁻¹)	截面特性参数					
								惯性矩(cm²)		惯性半径(cm)		截面模量(cm³)	
		$H\times B$	l_1	l_2	r			l_x	l_y	i_x	i_y	W_x	W_y
HW	100×100	100×100	6	8	10	21.90	17.2	383	134	4.18	2.47	76.5	26.7
	125×125	125×125	6.5	9	10	30.31	23.8	847	294	5.29	3.11	136	47.0
	150×150	150×150	7	10	13	40.55	31.9	1660	564	6.39	3.73	221	75.1
	175×175	175×175	7.5	11	13	51.43	40.3	2900	984	7.50	4.37	331	112
	200×200	200×200	8	12	16	64.28	50.5	4770	1 600	8.61	4.99	477	160
		#200×204	12	2	16	72.28	56.7	5 030	1 700	8.35	4.85	503	167
	250×250	250×250	9	14	16	92.18	72.4	10 800	3 650	10.8	6.29	867	292
		#250×255	14	14	16	104.7	82.2	11 500	3 880	10.5	6.09	919	304
	300×300	#294×302	12	12	20	108.3	85.0	17 000	5 520	12.5	7.14	1 160	365
		300×300	10	15	20	120.4	94.5	20 500	6 760	13.1	7.49	1 370	450
		300×305	15	15	20	135.4	106	21 600	7 100	12.6	7.24	1 440	466
	300×350	#344×348	10	16	20	146.0	115	22 300	11 200	15.1	8.78	1 940	646
		350×350	12	19	20	173.9	137	40 300	1 3600	15.2	8.84	2 300	776
	400×400	#388×402	15	15	24	179.2	141	49 200	16 300	16.6	9.52	2 540	809
		#394×398	11	18	24	187.6	147	56 400	18 900	17.3	10.0	2 860	951
		400×400	13	21	24	219.5	172	66 900	22 400	17.5	10.1	3 340	1 120
		#400×408	21	21	24	251.5	197	71 100	23 800	16.8	9.73	3 560	1 170
		#414×405	18	28	24	296.2	233	93 000	31 000	17.7	10.2	4 490	1 530
		#428×407	20	35	24	361.4	284	119 000	39 400	18.2	10.4	5 580	1 930
		*458×417	30	50	24	529.3	415	187 000	60 500	18.8	10.7	8 180	2 900
		*498×432	45	70	24	770.8	605	298 000	94 400	19.7	11.1	12 000	4 370
HM	150×100	148×100	6	9	13	27.25	21.4	1 040	151	6.17	2.35	140	30.2
	200×150	194×150	6	9	16	39.76	31.2	2 740	508	8.30	3.57	283	67.7
	250×175	244×175	7	11	16	56.24	44.1	6 120	985	10.4	4.18	502	113
	300×200	294×200	8	12	20	73.03	57.3	11 400	1 600	12.5	4.69	779	160
	350×250	340×250	9	14	20	101.5	79.7	21 700	3 650	14.6	6.00	1 280	292
	400×300	390×300	10	16	24	136.7	107	38 900	7 210	16.9	7.26	2 000	481
	450×300	440×300	11	18	24	157.4	124	56 100	8 110	18.9	7.18	2 550	541
	500×300	482×300	11	15	28	146.4	115	60 800	6 770	20.4	6.80	2 520	451
HM	500×300	488×300	11	18	28	164.4	129	71 400	8 120	20.8	7.03	2 930	541
	600×300	582×300	12	17	28	174.5	137	10 300	7 670	24.3	6.63	3 530	511
		588×300	12	20	28	192.5	151	118 000	9 020	24.8	6.85	4 020	601
		#594×302	14	23	28	222.4	175	137 000	10 600	24.9	6.90	4 620	701

续表

类别	型号 高度×宽度	截面尺寸(mm)				截面面积 (cm^2)	理论质量 ($kg \cdot m^{-1}$)	截面特性参数					
								惯性矩(cm^2)		惯性半径(cm)		截面模量(cm^3)	
		$H \times B$	l_1	l_2	r			l_x	l_y	i_x	i_y	W_x	W_y
HW	100×50	100×50	5	7	10	12.16	9.54	192	14.9	3.98	1.11	38.5	5.96
	126×60	125×60	6	8	10	17.01	13.3	417	29.3	4.95	1.31	66.8	9.75
	150×75	150×75	5	7	10	18.16	14.3	679	49.6	6.12	1.65	90.6	13.2
	175×90	175×90	5	8	10	23.21	18.2	1 220	97.6	7.26	2.05	140	21.7
	200×100	198×99	4.5	7	13	23.59	18.5	1 610	114	8.27	2.20	163	23.0
		200×100	5.5	8	13	27.57	21.7	1 880	134	8.25	2.21	188	26.8
	250×125	248×124	5	8	13	32.89	25.8	3 560	255	10.4	2.78	287	41.1
		250×125	6	9	13	37.87	29.7	4 080	294	10.4	2.79	326	47.0
	300×150	298×149	5.5	8	16	41.55	32.6	6 460	443	12.4	3.26	433	59.4
		300×150	6.5	9	16	47.53	37.3	7 350	508	12.4	3.27	490	67.7
	350×175	346×174	6	9	16	53.19	41.8	11 200	792	14.5	3.86	649	91.0
		350×175	7	11	16	63.66	50.0	13 700	985	14.7	3.93	782	113
	#400×150	#400×150	8	13	16	71.12	55.8	18 800	734	16.3	3.21	942	97.9
	400×200	396×199	7	11	16	72.16	56.7	20 000	1450	16.7	4.48	1 010	145
		400×200	8	13	16	84.12	66.0	23 700	1 740	16.8	4.54	1 190	174
	#450×150	#450×150	9	14	20	83.41	65.5	27 100	793	18.0	3.08	1 200	106
	450×200	446×199	8	12	20	84.95	66.7	29 000	1 580	18.5	4.31	1 300	159
		450×200	9	14	20	97.41	76.5	33 700	1 870	18.6	4.38	1 500	187
	#500×150	#500×150	10	16	20	98.23	77.1	38 500	907	19.8	3.04	1 540	121
	500×200	496×199	9	14	20	101.3	79.5	41 900	1 840	20.3	4.27	1 690	185
		500×200	10	16	20	114.2	89.6	47 800	2 140	20.5	4.33	1 910	214
		#506×201	11	19	20	131.3	103	56 500	2 580	20.8	4.43	2 230	257
	600×200	596×199	10	15	24	121.2	95.1	69 300	1 980	23.9	4.04	2 330	199
		600×200	11	17	24	135.2	106	78 200	2 280	24.1	4.11	2 610	228
		#606×201	12	20	24	153.3	120	91 000	3 720	24.4	4.21	3 000	271
	700×300	#692×300	13	20	28	211.5	166	172 000	9 020	28.6	6.53	4 980	602
		700×300	13	24	28	235.5	185	201 000	1 0800	29.3	6.78	5 760	722
	*800×300	*729×300	14	22	28	243.4	191	254 000	9 930	32.3	6.39	6 400	662
		*800×300	14	26	28	267.4	210	292 000	11 700	33.0	6.62	7 290	782
	*900×300	*890×299	15	23	28	270.9	213	345 000	10 300	35.7	6.16	7 760	688
		*900×300	16	28	28	309.8	243	411 000	12 600	36.4	6.39	9 140	843
		*912×302	18	34	28	364.0	286	498 000	15 700	37.0	6.56	10 900	1 040

注:(1)“#”表示的规格为非常用规格。

(2)“*”表示的规格为目前国内尚未生产。

附表 3.6　部分 T 形钢

类别	型号 高度×宽度	截面尺寸(mm)					截面面积 (cm^2)	理论质量 ($kg\cdot m^{-1}$)	截面特性参数							对应 H 形钢系列
									惯性矩 (cm^4)		惯性半径 (cm)		截面模量 (cm^3)		重心 (cm)	
		h	B	t_1	t_2	r			I_{w}	I_y	l_x	i_y	W_x	W_y	C_x	型号
TW	50×100	50	100	6	8	10	10.95	8.56	16.1	66.9	1.21	2.47	4.03	13.4	1.00	100×100
	62.5×125	62.5	125	6.5	9	10	15.16	11.9	35.0	147	1.52	3.11	6.91	23.5	1.19	125×125
	75×150	75	150	7	10	13	20.28	15.9	66.4	282	1.81	3.73	10.8	37.6	1.37	150×150
	87.5×175	87.5	175	7.5	11	13	25.71	20.2	115	492	2.11	4.37	15.9	56.2	1.55	175×175
	100×200	100	200	8	12	16	32.14	25.2	185	801	2.40	4.99	22.3	80.1	1.73	200×200
		#100	204	12	12	16	36.14	28.3	256	851	2.66	4.85	32.4	83.5	2.09	
	125×250	125	250	9	14	16	46.09	36.2	412	1 820	2.99	6.29	39.5	146	2.08	250×250
		#125	255	14	14	16	52.34	41.1	589	1 940	3.36	6.09	59.4	142	2.58	
	150×300	#147	302	12	12	20	54.16	42.5	858	2 760	3.98	7.14	72.3	183	2.83	300×300
		150	300	10	15	20	60.22	47.3	798	3 380	3.64	7.49	63.7	225	2.47	
		150	305	15	15	20	67.72	53.1	1 110	3550	4.05	7.24	92.5	233	3.02	
	175×350	#172	348	10	16	20	73.00	57.3	1230	5 620	4.11	8.78	84.7	323	2.67	350×350
		175	350	12	19	20	86.94	68.2	1520	6 790	4.18	8.84	104	388	2.86	
	200×400	#194	402	15	15	24	89.62	70.3	2480	8 130	5.26	9.52	158	405	3.69	400×400
		#197	398	11	18	24	93.8	73.6	2 050	94 60	4.67	10.0	123	476	3.01	
		200	400	13	21	24	109.7	86.1	2 480	11 200	4.75	10.1	147	560	3.21	
		#200	408	21	21	24	125.7	98.7	3 650	11 900	5.39	9.73	229	584	4.07	
		#207	405	18	28	24	148.1	116	3 620	15 500	4.95	10.2	213	766	3.68	
		#214	407	20	35	24	180.7	142	4 380	19 700	4.92	10.4	250	967	3.90	
TM	74×100	74	100	6	9	13	13.63	10.7	51.7	75.4	1.95	2.35	8.80	15.1	1.55	150×100
	97×150	97	150	6	9	16	19.88	15.6	135	254	2.50	3.57	15.8	33.9	1.78	200×150
	122×175	122	175	7	11	16	28.12	22.1	289	492	3.20	4.18	29.1	56.3	2.27	250×175
	147×200	147	200	8	12	20	36.52	28.7	572	802	3.96	4.69	48.2	80.2	2.82	300×200
	170×250	170	250	9	14	20	50.76	39.9	1 020	1 830	4.48	6.00	73.1	146	3.09	350×175
	200×300	195	300	10	16	24	68.37	53.7	1 730	3 600	5.03	7.26	108	240	3.40	400×300
	220×300	220	300	11	18	24	78.69	61.8	2 680	4 060	5.84	7.18	150	270	4.05	450×300
	250×300	241	300	11	15	28	73.23	57.5	3 420	3 380	6.83	6.80	178	226	4.90	500×300
		244	300	11	18	28	82.23	64.5	3 620	4 060	6.64	7.03	184	271	4.65	
	300×300	291	300	12	17	28	87.25	68.5	6 360	3 830	8.54	6.63	280	256	6.39	600×300
		294	300	12	20	28	96.25	75.5	6 710	4 510	8.35	6.85	288	301	6.08	
		#297	302	14	23	28	111.2	87.3	7 920	5 290	8.44	6.90	339	351	6.3	

续表

类别	型号 高度×宽度	截面尺寸(mm)					截面面积 (cm²)	理论质量 (kg·m⁻¹)	截面特性参数							对应H形钢系列
									惯性矩 (cm^4)		惯性半径 (cm)		截面模量 (cm^3)		重心 (cm)	
		h	B	t_1	t_2	r			I_w	I_y	l_x	i_y	W_x	W_y	C_x	型号
TN	50×50	50	50	5	7	10	6.079	4.79	11.9	7.45	1.40	1.11	3.18	2.98	1.27	100×50
	62.5×60	62.5	60	6	8	10	8.499	6.67	27.5	14.6	1.80	1.31	5.96	4.88	1.63	125×60
	75×75	75	75	5	7	10	9.079	7.11	42.7	24.8	2.17	1.65	7.46	6.61	1.78	150×75
	87.5×90	87.5	90	5	8	10	11.60	9.11	70.7	48.8	2.47	2.05	10.4	10.8	1.92	175×90
	100×100	99	99	4.5	7	13	11.80	9.26	94.0	56.9	2.82	2.20	12.1	11.5	2.13	200×100
		100	100	5.5	8	13	13.79	10.8	115	67.1	2.88	2.21	14.8	13.4	2.27	
	125×125	124	124	5	8	13	16.45	12.9	208	128	3.56	2.78	21.3	20.6	2.62	250×125
		125	125	6	9	13	18.94	14.8	249	147	3.62	2.79	25.6	23.5	2.78	
	150×150	149	149	5.5	8	16	20.77	16.3	395	221	4.36	3.26	33.8	29.7	3.22	300×150
		150	150	6.5	9	16	23.76	18.7	465	254	4.42	3.27	40.0	33.9	3.38	
	175×175	173	174	6	9	16	26.60	20.9	681	396	5.06	3.86	50.0	45.5	3.68	350×175
		175	175	7	11	16	31.83	25.0	816	492	5.06	3.93	59.3	56.3	3.74	
	200×200	198	199	7	11	16	36.08	28.3	1 190	724	5.76	4.48	76.4	72.7	4.17	400×200
		200	200	8	13	16	42.06	33.0	1 400	868	5.76	4.54	88.6	86.8	4.23	
	225×200	223	199	8	12	20	42.54	33.4	1 880	790	6.65	4.31	109	79.4	5.07	450×200
		225	200	9	14	20	48.71	38.2	2 160	936	6.66	4.38	124	93.6	5.13	
	250×200	248	199	9	14	20	50.64	39.7	2 840	922	7.49	4.27	150	92.7	5.90	500×200
		250	200	10	16	20	57.12	44.8	3 210	1 070	7.50	4.33	169	107	5.96	
		#253	201	11	19	20	65.65	51.5	3 670	1 290	7.48	4.43	190	128	5.95	
	300×200	298	199	10	15	24	60.62	47.6	5 200	991	9.27	4.04	236	100	7.76	600×200
		300	200	11	17	24	67.60	53.1	5 820	1 140	9.28	4.11	262	114	7.81	
		#303	201	12	20	24	76.63	60.1	6 580	1 360	9.26	4.21	292	135	7.76	

注:(1)“#”表示的规格为非常用规格。

(2)“*”表示的规格为目前国内尚未生产。

参考文献

[1] 中华人民共和国国家标准.建筑结构可靠度设计统一标准(GB 50068—2001)[S].北京:中国建筑工业出版社,2001.

[2] 中华人民共和国国家标准.建筑结构荷载规范(GB 50009—2001)[S].北京:中国建筑工业出版社,2001.

[3] 中华人民共和国国家标准.混凝土结构设计规范(GB 50010—2002)[S].北京:中国建筑工业出版社,2002.

[4] 中华人民共和国国家标准.砌体结构设计规范(GB 50003—2001)[S].北京:中国建筑工业出版社,2001.

[5] 中华人民共和国国家标准.建筑抗震设计规范(GB 50011—2001)[S].北京:中国建筑工业出版社,2001.

[6] 中华人民共和国国家标准.钢结构设计规范(GB 50017—2003)[S].北京:中国建筑工业出版社,2003.

[7] 陶红林.建筑结构[M].北京:化学工业出版社,2002.

[8] 胡兴福.建筑结构[M].北京:高等教育出版社,2005.

[9] 丁天庭.建筑结构[M].北京:高等教育出版社,2003.

[10] 程文瀼,颜德姮,康谷怡.混凝土建筑结构设计[M].北京:中国建筑工业出版社,2003.

[11] 中华人民共和国行业标准.高层建筑混凝土结构技术规程(JGJ 3—2002)[S].北京:中国建筑工业出版社,2002.

[12] 方鄂华.高层建筑钢筋混凝土结构概念设计[M].北京:机械工业出版社,2004.

[13] 包世华,张铜生.高层建筑结构设计和计算[M].北京:清华大学出版社,2005.

[14] 罗负午.建筑结构[M].武汉:武汉理工大学出版社,2005.

[15] 施楚贤.砌体结构理论与设计[M].北京:中国建筑工业出版社,2003.

[16] 叶燕华.砌体结构[M].北京:中国水利水电出版社,2004.

[17] 中国工程建设标准化协会标准.门式钢架轻型房屋钢结构技术规程[S].北京:中国计划出版社,2003.

[18] 国家建筑标准设计图集.混凝土结构施工图平面整体表示方法制图规则和构造详图(03G101—1)[S].北京:中国建筑标准设计研究所出版,2003.